PLC 응용제어기술

이 해 기 저

도서출판 태영문화사

머 리 말

21세기 산업사회의 생산 설비 시스템은 생산성 향상, 안전성 확보, 인건비 상승 등의 요인으로 인하여 모든 생산공정들이 자동화 설비로 구축됨에 따라 PLC는 자동화를 추진하는데 있어 핵심 장비로 자리 잡고 있는 실정이다.

따라서 산업현장의 전기관련 기술자들에게는 PLC를 자유로이 활용하여 자동화 시스템 운전에 적응할 수 있는 능력을 갖추는 것은 무엇보다도 시급하고 중요한 과제로 부각되고 있다.

따라서 본 교재는 자동화 분야의 직무능력을 향상시키기 위하여 PLC 이론 및 실습을 함으로서 개인의 능력을 한층 발휘할 수 있는 기술참고서로 활용할 수 있도록 교재를 집필하였다.

PLC의 기종은 국내 산업계에서 점유율이 높은 기종인 MASTER-K PLC를 선정하여 기초과정부터 응용과정에 이르기까지 다양한 내용을 익힐 수 있도록 구성하였고, 국제표준화규격(IEC1131)을 채택한 GLOFA-GM 기종에 대해서도 기본적이고 필수적인 내용을 다루었다.

제1장은 PLC 전반에 대한 개요를 소개하였으며, 제2장, 제3장, 제4장은 MASTER-K PLC기종의 명령어 및 프로그래밍 기법에 대하여 설명하고 제5장, 제6장, 제7장은 GLOFA-GM 기종의 프로그래밍 기법을 다루었다.

제8장, 제9장에서는 PLC 응용사례 및 자동화 응용 프로그램 부분으로 산업현장의 기술자들이 PLC를 이용하여 자동화를 구현하는데 도움이 되도록 구성하여 유익한 기술 참고서가 되리라 생각된다.

짧은 기간에 집필하다보니 내용의 부족한 부분이 있으리라 생각되는데 강의를 하면서 향후 수정과 보완을 지속적으로 진행할 것이다.

끝으로 본 교재를 통하여 산업현장에서 자동화 시스템 구축에 조금이라도 도움이 되었으면 하는 바램을 갖는다.

저자 씀

차 례

제1장 PLC 기초

1.1 PLC 개요 ··· 15
  1.1.1 PLC의 출현 배경 및 정의 ··· 15
  1.1.2 PLC의 특징 ··· 17
  1.1.3 PLC의 이용분야 ··· 18
1.2 PLC의 구조 ··· 19
  1.2.1 PLC의 종류 ··· 19
  1.2.2 PLC의 전체 구성 ··· 21
1.3 PLC 프로그램 기초 ··· 33
  1.3.1 프로그램 처리방식 ··· 33
  1.3.2 PLC 동작 이해 ··· 34
  1.3.3 CPU의 연산처리 ··· 35
  1.3.4 PLC 프로그램 언어 ··· 36
  1.3.5 PLC 프로그램의 작성 ··· 40
✿ 연습문제 ··· 45

제2장 MASTER-K PLC

2.1 MASTER-K PLC의 개요 ··· 47
2.1.1 MASTER-K PLC의 특징과 기본구성 ··· 47
2.1.2 MASTER-K PLC시스템의 구성 ··· 48
2.1.3 입출력 메모리 할당 ··· 50
2.1.4 내부 메모리 할당 ··· 51
2.2 기종별 메모리의 구성 ··· 53
2.2.1 MASTER-K10S1 ··· 53
2.2.2 MASTER-K200S ··· 54
2.2.3 MASTER-K1000S ··· 55
2.3 MASTER-K PLC 명령어 ··· 56
2.3.1 기본 명령어 ··· 56
2.3.2 응용 명령어 ··· 60
연습문제 ··· 74

제3장 KGLWIN 사용하기

3.1 KGLWIN의 특성 ··· 75
3.2 PLC와의 접속방법 ··· 76
3.3 화면구성 및 메뉴 ··· 77
3.3.1 전체 화면 구성 ··· 77
3.3.2 메뉴 설명 ··· 78
3.3.3 도구 모음 ··· 83
3.4 프로젝트 및 프로그램 작성 ··· 84
3.4.1 프로젝트의 개념 및 PLC기종 변경 ··· 84
3.4.2 프로젝트 만들기 ··· 85

3.4.3 래더 프로그램 작성하기 ··· 87
3.4.4 니모닉 프로그램의 작성 ··· 93
3.4.5 프로젝트 저장 ··· 95
3.4.6 프로젝트 열기 ··· 96
3.4.7 변수/설명문 편집하기 ··· 96
3.5 PLC와 통신하기 ··· 97
3.5.1 접속하기 ··· 97
3.5.2 접속+다운로드+런+모니터시작 ··· 99
3.5.3 온라인 편집하기 ··· 99
3.5.4 모니터링 하기 ··· 101
3.5.5 현재값 변경하기 ··· 102
3.6 디버깅 ··· 105
3.6.1 디버그 기능 ··· 105
3.6.2 디버그 메뉴 ··· 106
3.6.3 현재값 변경 ··· 112
◉ 연습문제 ··· 114

제4장 MASTER-K 프로그래밍

4.1 접점 및 접속 명령 ··· 115
4.1.1 LOAD, LOAD NOT, OUT ··· 115
4.1.2 AND, AND NOT ··· 116
4.1.3 OR, OR NOT ··· 117
4.2 종료 명령 ··· 118
4.2.1 END ··· 118
4.3 무처리 명령 ··· 119
4.3.1 NOP ··· 119

4.4 결합 명령 ······ 120
4.4.1 AND LOAD(Mnemonic 용) ······ 120
4.4.2 OR LOAD(Mnemonic 용) ······ 122
4.4.3 MPUSH, MLOAD, MPOP(Mnemonic 용) ······ 124
4.5 반전명령 ······ 126
4.5.1 NOT ······ 126
4.6 마스터 콘트롤 명령 ······ 127
4.6.1 MCS, MCSCLR ······ 127
4.7 펄스 출력 명령(D, D NOT) ······ 128
4.7.1 D ······ 128
4.7.2 D NOT ······ 130
4.8 상태 유지 명령(SET, RST) ······ 131
4.8.1 SET ······ 131
4.8.2 RST ······ 132
4.9 순차제어, 후입 우선 명령(STEP CONTROLER) ······ 134
4.9.1 순차 제어(SET S) ······ 134
4.9.2 후입 우선(OUT S) ······ 135
4.10 타이머 명령(TON, TOFF, TMR, TMON, TRTG) ······ 136
4.10.1 ON Delay(TON) ······ 136
4.10.2 OFF Delay(TOFF) ······ 138
4.10.3 적산 타이머(TMR) ······ 139
4.10.4 모노스테이블(TMON) ······ 141
4.10.5 리트리거블(TRTG) ······ 142
4.11 카운터 명령(CTU, CTD, CTUD, CTR) ······ 143
4.11.1 UP 카운터(CTU) ······ 143
4.11.2 DOWN 카운터(CTD) ······ 145
4.11.3 UP-DOWN 카운터(CTUD) ······ 146
4.11.4 RING 카운터(CTR) ······ 147

4.12 프로그램 예제 ········ 149
4.12.1 LOAD, AND, OR의 예제(펌프 자동제어) ········ 149
4.12.2 LOAD, AND, OR의 예제(전동기의 정 · 역 운전) ········ 150
4.12.3 LOAD, OR, AND NOT의 예제(퀴즈 프로그램 우선제어) ········ 151
4.12.4 LOAD, AND NOT, OR LOAD의 예제 ········ 153
(두개의 스위치에 의한 출력반전회로(3로 스위치))
4.12.5 D의 예제(기동되는 전동기의 대수 증가제어) ········ 154
4.12.6 SETS, MCS의 예제(대차의 순차기동 제어) ········ 156
4.12.7 TON, TOFF의 예제(컨베이어 제어) ········ 159
4.12.8 TMR의 예제(공구수명 경보회로) ········ 160
4.12.9 TMON의 예제(접점의 BOUNCE 방지회로) ········ 162
4.12.10 TRTG의 예제(반송장치 고장 검출회로) ········ 162
4.12.11 TRRG의 예제(자동문의 제어) ········ 163
4.12.12 TON, TMON, CTU의 예제 ········ 164
(카운터 기능을 이용한 타이머의 시간 연장 회로)
4.12.13 CTU의 예제(동작되는 전동기의 대수 증감 제어) ········ 165
4.12.14 TON의 예제(신호등 제어(1)) ········ 167
4.12.15 TON, MCS의 예제(신호등 제어(2)) ········ 169
4.12.16 TMON의 예제(간이 엘리베이터 제어회로) ········ 173
✿ 연습문제 ········ 175

제5장 GLOFA-GM PLC

5.1 GLOFA-GM PLC ········ 179
5.2 GLOFA-GM 시리즈의 성능 규격 ········ 181
5.3 GLOFA-GM4 PLC 시스템 ········ 182
5.3.1 특징 ········ 182
5.3.2 성능규격 ········ 182

5.3.3 시스템 구성 ··· 184
5.4 데이터 메모리의 구성 ··· 185
5.4.1 변수의 표현 방식 ··· 185
5.4.2 네임드(Named) 변수의 종류(속성) ··· 187
5.4.3 네임드(Named) 변수의 데이터 형(Type) ··· 187
5.4.4 네임드(Named) 변수의 메모리 할당 ··· 190
5.5 연산 처리 ··· 190
5.5.1 스캔 타임(Scan time) ··· 190
5.5.2 운전 모드 ··· 192
5.5.3 리스타트 모드 ··· 193
◎ 연습문제 ··· 197

제6장 GMWIN 사용하기

6.1 GMWIN의 특징 ··· 199
6.2 프로젝트의 구조 ··· 200
6.3 프로젝트 작성 ··· 201
6.3.1 접속방식 ··· 202
6.3.2 프로젝트의 생성 ··· 204
6.3.3 프로그램의 정의 ··· 205
6.3.4 프로그램의 편집 ··· 206
6.3.5 프로그램의 컴파일 ··· 212
6.3.6 프포그램 전송 ··· 213
6.4 화면 구성 ··· 214
6.4.1 메 뉴 ··· 215
6.4.2 도구모음 ··· 221
6.4.3 도구상자 ··· 223
6.4.4 상태표시줄 ··· 223

6.5 대화상자 사용법 ········ 224
6.6 GMWIN에서 생성되는 파일들 ········ 225
6.7 파일 열기 ········ 225
6.8 파일 저장 ········ 226
6.8.1 새로운 파일 저장 ········ 226
6.8.2 작업 중 파일 저장 ········ 227
6.8.3 다른 이름으로 저장 ········ 227
6.9 파일 닫기 ········ 228
연습문제 ········ 229

제7장 GLOFA-GM 프로그래밍

7.1 명령어의 종류 ········ 231
7.1.1 시퀀스 연산자 ········ 231
7.1.2 펑션 ········ 231
7.1.3 펑션 블록 ········ 232
7.2 시퀀스 연산자 ········ 232
7.2.1 시퀀스 연산자 일람표 ········ 232
7.2.2 시퀀스 연산자 프로그램 예 ········ 234
7.2.3 셋(Set) 코일 및 리셋(Reset) 코일 ········ 236
7.3 기본 펑션 ········ 238
7.3.1 기본 펑션 일람표 ········ 239
7.3.2 전송 펑션 ········ 241
7.3.3 형변환 펑션 ········ 242
7.3.4 비교 펑션 ········ 247
7.4 기본 펑션 블록 ········ 254
7.4.1 기본 펑션 블록 일람표 ········ 254

7.4.2 카운터 ··· 255
7.4.3 타이머 ··· 264
✪ 연습문제 ··· 273

제8장 PLC응용제어

8.1 따라하기 ··· 275
8.2 타이머 응용회로 ··· 278
8.2.1 카운터를 이용한 장시간 타이머 ··· 278
8.2.2 TON을 이용한 프리커 회로 ··· 278
8.2.3 TMON을 사용하지 않은 One Shot 회로 ··· 278
8.2.4 5회 카운트 후 3초간 점등 ··· 279
8.3 스위치를 누를 때마다 출력을 반전시키기 ··· 279
8.3.1 D를 이용한 것 ··· 279
8.3.2 내부 보조 릴레이를 이용한 것 ··· 280
8.4 순차제어 ··· 280
8.4.1 1회만 순차 Shift 동작 ··· 280
8.4.2 순차 Shift(1) ··· 281
8.4.3 순차 Shift(2) ··· 281
8.4.4 3회 카운트 후 순차 Shift ··· 282
8.4.5 스위치(P001)를 누를 때마다 출력 Shift ··· 283

제9장 자동화 응용 프로그램

9.1.1 전동기 제어회로 ··· 285
9.1.2 단상 유도전동기 운전회로 ··· 288
9.1.3 3상 유도전동기의 2개소 기동 운전회로 ··· 290

9.1.4 3상 유도전동기의 한시 운전회로 ··· 292
9.1.5 3상 유도전동기의 정역 운전회로 ··· 295
9.1.6 타이머를 사용한 자동 $Y-\Delta$ 기동회로 ··· 297
9.1.7 기동 보상기회로 ··· 299
9.1.8 1개의 PBS로 전동기의 운전·정지회로 ··· 302
9.1.9 $Y-\Delta$(스타-델타) 운전회로 ··· 304
9.1.10 타이머를 사용한 전동기의 연속교환 운전회로 ··· 307
9.1.11 역상 제동회로 ··· 309
9.1.12 세척통 제어회로 ··· 312
9.1.13 전동기의 동작수 증감 제어회로 ··· 314
9.1.14 탱크 수위 조절회로 ··· 317
9.1.15 주차장 제어 설비회로 ··· 321
9.1.16 입력값에 따라 출력제어회로 ··· 324
9.1.17 네온사인장치 ··· 327

부 록

부록 1. 기능·규격 ··· 337
부록 2. 일반 사양 ··· 338
부록 3. 특수 릴레이(F/M) ··· 340
부록 4. A4 KGLWIN 용어 ··· 346

제 1 장 PLC 기초

1.1 PLC 개요

1.1.1 PLC의 출현 배경 및 정의

공장의 설비 자동화는 대부분 시퀀스(Sequence) 제어로 이루어져 있다. 이 시퀀스 제어는 계전기나 전자 개폐기와 같은 유접점 회로나 반도체 소자를 이용한 무접점 회로를 사용하고 있다.

자동화에 시퀀스 제어를 처음 도입할 당시는 모두 유접점 회로를 사용하는데, 이 유접점 회로는 비교적 간단한 시퀀스 제어에는 저렴하게 회로를 구성할 수 있는 장점을 가지고 있으나 수명에 한계가 있고, 제어 환경의 변화시 모든 회로를 다시 만들어야 하는 단점이 있어 사용이 축소되고 무접점 시퀀스가 이를 대신하고 있다. 또한 시퀀스 제어에 의한 자동화를 위해서는 모든 설비들을 현장에 설치하여 최종 동작 점검시까지 여러 차례 시퀀스 수정이 이루어져야 함으로 이 때마다 배선과 납땜을 다시 해야 하는 번거로움이 있다.

산업화가 진척되면서 생산 체계가 소품종 대량 생산에서 다품종 소량 생산으로 변경되고 생산 기술의 발전 속도가 빨라짐에 따라 자동화 시스템의 변경이 빈번해졌다. 따라서 자동화 설비의 시퀀스 회로도 변경이나 시스템 전체의 재제작이 이루어져야 했다. 이와같은 구조적 결점을 해결하기 위해 1969년 GM(General Motor)이 자동차의 조립라인에 사용할 새로운 제어장치를 구매하기 위하여 표 1-1과 같은 제어장치가 구비해야 할 10가지 조건을 명시한 것이 PLC의 출현 동기가 되었다.

표 1-1 GM사의 새로운 제어장치의 10가지 조건

① 프로그램 작성 및 변경이 용이하고 현장에서도 쉽게 시퀀스를 작성, 변경할 수 있을 것.
② 점검 및 보수가 용이하고 부품은 플러그인(Plug-in) 방식일 것.
③ 릴레이 제어반보다 신뢰성이 높을 것.
④ 릴레이 제어반보다 소형일 것.
⑤ 상위 컴퓨터와 데이터 전송이 가능할 것.
⑥ 릴레이 제어반이나 무접점 제어반보다 가격면에서 유리할 것.
⑦ 입력은 교류 115[V]를 받을 수 있을 것.
⑧ 출력은 교류 115[V] 2[A]를 공급할 수 있을 것.
⑨ 전체 시스템의 변경을 최소화하면서, 기본 시스템은 확장이 가능할 것.
⑩ 4000 Word까지 확장 가능한 프로그램 메모리를 가지고 있을 것.

표 1-2 년도별 PLC 발전사

년 대	1970년대	1975년대	1980년대	1985년대	1990년대	1995년대
기초기술	IC사용 PLC	범용 마이크로 프로세서의 PLC	미국의 GM이 MAP제안	시스템화 지향	CIM화 대응	
PLC발전	RELAY대체 (PLC실용화)	재이용도확대	대규모화 기능확대	고성능화 저가격화	FA 시스템의 중핵 CONTROLER화	
시장 NEEDS의 변천	대량생산 (기계제어)		다품종 소·중량생산(FMS)		다품종 대량생산(FA. CIM)	
PLC H/W 기술	H/W WIRING	8 Bit MPU	16 Bit MPU	16 Bit MPU H/W LOGIC	32 Bit MPU 대규모 ASIC	64 Bit MPU
통신네트워크	I/O 중심		I/O분산	CPU 분산		Network 분산
micro-processor	4 Bit CPU →		8 Bit CPU →	16 Bit CPU →	32 Bit CPU →	64 Bit CPU →

현재 PLC를 다음과 같이 정의하고 있다.

> 논리연산, 순서조작, 한시, 계수 및 산술연산 등의 제어동작을 실행시키기 위해 제어 순서를 일련의 명령어 형식으로 기억하는 메모리를 가지고, 이 메모리의 내용에 따라 기계와 프로세서의 제어를 디지털 혹은 아날로그 입·출력을 통해서 행하는 디지털 조작형의 공업용 전자장치

실제로 현재의 PLC는 산업용 릴레이 제어반보다 우수하게 설계된 특수목적의 컴퓨터로서 다양한 제어기능이 가능한 종합형 제어 시스템이다.

PLC 출현 당초에는 논리연산 기능에 착안하여 프로그래머블 로직 컨트롤러로 명칭을 붙였으나 현재는 수치연산 기능, 비교 기능 등이 가미되어 있다. PLC의 규격을 최초로 제정한 단체는 1976년 미국 NEMA(National Electrical Manufac -turers Association)이다. 그 뒤를 이어 독일(DIN)에서도 1979년 PLC 규격을 제정하였다.

1.1.2 PLC의 특징

PLC는 각종 릴레이류, 타이머, 카운터, 가감산 장치 등을 조합하여 사용하던 종래의 제어반을 반도체를 사용하여 소형화하고 기능을 더욱 강화하는 한편, 제어내용의 설정 및 수정을 용이하게 할 수 있는 프로그램 방식의 범용 제어장치라할 수 있다.

PLC는 대부분이 마이크로프로세서 내장형이나 마이크로 컴퓨터를 제품으로 기본적으로는 컴퓨터와 같다.

PLC의 가장 큰 특징이라고 하면 [제어회로의 설계와 해석, 테스트 및 프로그램의 변경이 가능하다는 것]이다. 그 외 일반적인 특성을 들면 다음과 같다.

① 프로그래밍 소프트웨어의 융통성
② 조작의 편리성
③ 제어기기의 납기단축
④ 제어장치의 고 기능화
⑤ 유지보수의 용이성
⑥ 제어장치의 고 신뢰성
⑦ I/O 등의 프로세스 직결성

⑧ 제어장치의 소형화와 고 경제성

⑨ 기획설계의 우수성

⑩ 배선감소와 설치면적의 축소

표 1-3은 종래의 릴레이 시퀀스와 PLC의 특징을 비교 정리한 것이다.

표 1-3 릴레이 제어반과 PLC의 비교

구분	릴레이 제어반	P. L. C
제어방식	· 하드 로직	· 소프트 로직
제어기능	· 릴레이(직렬, 병렬 접점) · 타이머 · 프리셋 카운터(기능은 한정적이고 규모에 따라 대형화)	· 릴레이(AND, OR, NOT) · 업다운 카운터 · 시프트 레지스터 · 간단한 가감산(고기능, 대규모의 제어를 소형으로 실현가능)
제어요소	· 유접점(한정된 수명, 저속제어)	· 무접점(긴 수명, 고속제어, 고신뢰성)
제어내용변경	· 기구부품간의 배선 변경	· 프로그램 변경만으로 가능
공사기간	· 사양 결정 후 제어반 제작 · 검사, 시운전 기간의 장기화	· 사양결정과 하드의 취합이 병행 · 검사, 시운전 기간의 단축
시스템 특성	· 독립된 제어장치	· 시스템 확장 용이 · 컴퓨터와 연결 가능
보전성	· 보수 및 수리 공사시 장시간 소요	· 고신뢰성, 장수명으로 보수 및 수리 공사가 쉽다.
크기	· 소형화가 곤란	· 소형화가 가능

1.1.3 PLC의 이용분야

설비의 자동화와 고능률화의 요구에 따라 PLC의 적용범위는 크게 확대되고 있다. 특히, 공장자동화와 FMS(Flexible Manufacturing System)에 따른 PLC의 요구는 과거 중규모 이상의 릴레이 제어반 대체 효과에 현재 고기능화, 고속화의 추세로 소규모 공작기계에서 대규모 시스템 설비에 이르기까지 적용되고 있다. 표 1-4는 PLC제어 대상에 따른 적용분야를 나타낸 것이다.

표 1-4 PLC의 이용분야

분 야	제 어 대 상
식료산업	컨베이어 총괄제어 생산라인 자동제어
제철, 제강산업	작업장 하역 제어, 원료수송 제어, 압연라인 제어, 하역운반 제어
섬유, 화학공업	원료수입 출하 제어, 컨베이어 제어, 직조 염색라인 제어
자동차 산업	전송라인 제어, 자동조립 라인 제어, 도장라인 제어, 용접기 제어
기계산업	산업용 로봇 제어, 공작기계 제어, 송・배수펌프 제어
상・하수도	정수장 제어, 하수처리 제어, 송・배수펌프 제어
물류산업	자동창고 제어, 하역설비 제어, 반송라인 제어
공장설비	압축기 제어
공해방지사업	쓰레기 소각로 자동 제어, 공해방지기 제어

1.2 PLC의 구조

1.2.1 PLC의 종류

PLC는 외형에 따라 일체형(Block형) PLC와 조립형(모듈형) PLC로 나눌 수 있다.

일체형 PLC는 비교적 소형의 PLC에 적용되는 방식으로 1개의 케이스에 전원부, CPU부, 메모리부, 입출력부, 고속카운터부 등이 들어 있어 취급이 간단하다.

일체형 PLC의 특징은 다음과 같다.

① 모든 장치가 집적되어 있어 소형이다.
② 저가이다.
③ 접점의 확장이 어렵다.
④ PLC나 상위 컴퓨터와의 시리얼 통신이 가능하나 고도의 통신은 불가능하다.
⑤ 아날로그 신호의 처리, 위치결정과 같은 고도의 기능 발휘가 어렵다.
⑥ 적재 가능한 로직의 STEP 수가 제한적이다.

따라서 일체형 타입의 PLC는 고도의 기능이 필요치 않는 간단한 설비의 자동화나 단독설비의 자동화에 적합하다.

그림 1-1은 일체형 PLC의 예를 나타내고 있다.

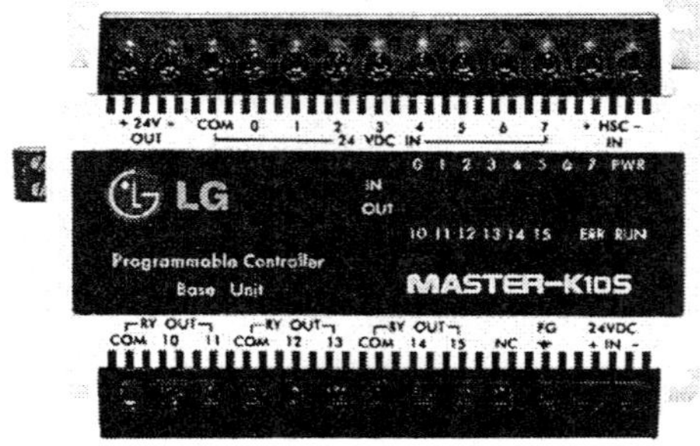

•• 그림 1-1 일체형 PLC의 외관 ••

조립형 PLC는 전원 모듈과 CPU 모듈을 기본으로 하여 입력 모듈, 출력 모듈, D/A변환 모듈, A/D변환 모듈, 위치제어 모듈, PID 제어 모듈, 고속카운터 모듈 등의 특수 기능을 조합하여 베이스에 설치하여 사용한다. 그림 1-2는 조립형 PLC의 예를 나타낸 것이다.

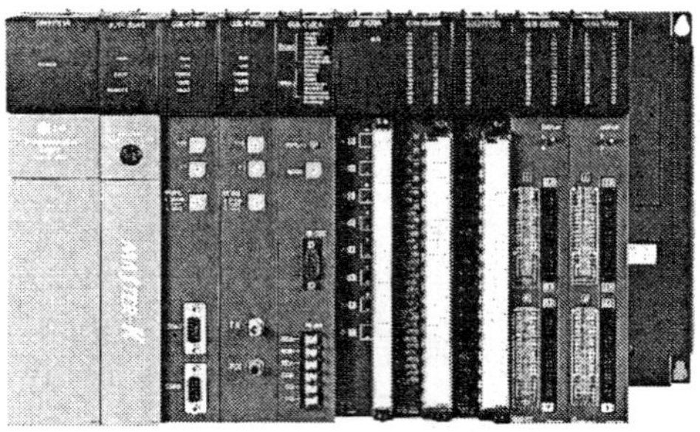

•• 그림 1-2 조립형 PLC의 외관 ••

조립형 PLC의 특성은 다음과 같다.

① 입출력 점수의 변경이 비교적 자유롭다. 8, 16, 32점 단위로 입출력을 증설할 수 있다.

② 고도의 기능이 발휘되는 입출력장치를 추가시킬 수 있다.

③ 고속 CPU의 장착으로 신호의 고속처리 및 대용량 데이터의 처리가 가능하다.

④ PLC 간의 통신이나 상위 컴퓨터와의 다양하고 고속의 통신이 지원된다.

⑤ 고가이다.

소형 PLC에서는 간단한 연산기능, 아날로그 신호처리 등이 가능하며 중형이상의 시스템의 경우는 시스템이 커지는 것에 비례하여 아날로그 신호처리 기능이 확대되고 고급연산 INTELLIGENT I/O, 고급 PROGRAMMER, NETWORK 기능 등이 부가된다.

1.2.2 PLC의 전체 구성

PLC는 사람의 두뇌에 해당하는 CPU(Central Processing Unit ; 중앙처리장치)와 장치 사이의 신호를 주고 받는 입력출력부(PI/O ; Process Input-Output), 시퀀스 회로의 내용 프로그램을 기록 저장하는 기억부(Memory), PLC의 각 부에 전원을 공급하는 전원부 및 PLC의 용이한 취급 및 기능 향상을 위한 주변기기 등으로 구성된다.

또한 PLC는 릴레이 제어반과 같이 배선은 하지 않고, 그 대신에 제어회로에 해당하는 프로그램을 작성하고, 작성된 프로그램은 주변기기를 통해 메모리에 기록 저장된다. 이 조작을 쓰기(Write)라고 한다. PLC가 운전을 개시하면 우선 메모리에서 프로그램을 하나씩 끄집어 낸다. 이 동작을 읽기(Read)라고 한다. 끄집어낸 프로그래의 내용을 해석하고 그것에 따라 입력부의 상태를 조사하여, 그 결과에 따라 출력부로 동작을 명령한다.

이와 같은 일련의 동작은 매우 빠른 속도로 메모리에 기록되어 있는 모든 내용을 순차적으로 실행한다. 이와 같이 하여 출력부에 접속되어 있는 출력기기가 작동하며, 기기나 장치가 프로그램에 따라 제어된다. 그림 1-3은 PLC의 전체 구성도이다.

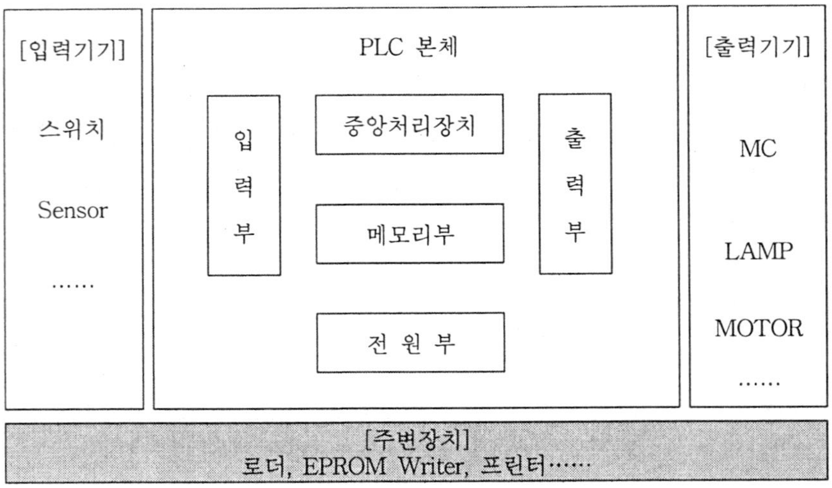

•• 그림 1-3 PLC의 전체 구성도 ••

1 PLC의 일반 사양

PLC의 사용을 위한 일반 사양은 표 1-5와 같이 사용상의 일반적인 조건을 나타낸다. 일반 사양은 PLC의 종류에 거의 관계가 없으며 사용상의 주의할 점 및 전원 전압 등이 표시되어 있다.

표 1-5 PLC의 일반사양의 예

구 분	사 양
전원전압	DC 24[V] AC 110/220[V] 단상, 50/60[Hz]
소비전력(최대)	90[W]
허용 정전시간	10[mS]
외부공급전원용량(DC 24[V])	2.5[A]
사 용 온 도	0~55[℃]
보 존 온도	−10~70[℃]
습 도	20~90[%] RH(이슬 맺힘이 없을 것)
분 위 기	부식성 가스가 없을 것.
노이즈 내량	1500[V] 1[μs](Impulse Noise)
절 연 내 압	AC 1500[V] 1분
절 연 저 항	DC 500[V] 10[M] 이상(DC 메가 사용)

구 분	사 양
내 진 동	16.7[Hz] 복진폭 2[mm] 2시간(KSC 0903기준)
내 충 역	10[G](X, Y, Z 방향 각각 3회)(KSC 0905 기준)
접 지	제3종 접지(100[Ω] 이하)

2 CPU 유닛

PLC의 CPU부는 PC(개인용 컴퓨터)의 구조와 거의 동일하다. 또한 그들의 기능도 거의 동일하다. PLC의 CPU 사양은 표 1-6과 같다.

(1) 제어방식

① 내장 프로그램(stored program) 방식 : 모든 시퀀스 프로그램을 메모리에 저장하여 두고 이것을 차례대로 꺼내어 CPU가 이를 해석하여 실행하는 방식이다.

표 1-6 CPU의 성능 사양

<table>
<tr><th colspan="2">항 목</th><th>성 능 규 격</th><th>비 고</th></tr>
<tr><td colspan="2">제어방식</td><td>Stored program 방식
반복연산, 정주기 연산, 인터럽트 연산</td><td></td></tr>
<tr><td colspan="2">입출력 제어 방식</td><td>스캔동기 일괄처리 방식</td><td>Direct 입출력 함수에 의한 즉시 입출력 가능</td></tr>
<tr><td colspan="2">프로그램 언어</td><td>Ladder Diagram(LD)
Instruction List(IL)
Sequential Function Chart(SFC)</td><td></td></tr>
<tr><td rowspan="4">명령어 종류</td><td>operator</td><td>LD : 13개, IL : 21개</td><td></td></tr>
<tr><td>기본 함수</td><td>109개</td><td></td></tr>
<tr><td>기본 함수 블럭</td><td>11개</td><td></td></tr>
<tr><td>전용 함수 블럭</td><td>특수기능 모듈별 전용 함수 블럭</td><td></td></tr>
<tr><td rowspan="3">연산 처리 속도</td><td>operator</td><td>0.2[μs]/명령</td><td></td></tr>
<tr><td>기본 함수</td><td>0.2[μs]/Step</td><td></td></tr>
<tr><td>기본 함수 블럭</td><td></td><td></td></tr>
<tr><td colspan="2">프로그램 메모리 용량</td><td>128k Byte(32k Step)</td><td></td></tr>
<tr><td colspan="2">입출력 점수</td><td>512점</td><td></td></tr>
</table>

항 목		성능규격	비 고
데이터 메모리	직접변수영역	2k～16k	파라미터로 영역 설정
	심볼릭변수영역	52k Byte～직접변수영역	
타이머		점수는 제한 없음 시간범위 : 0.01～4294967.29초(1,193시간)	1점당 심볼릭 변수 영역 20Byte 점유
카운터		점수는 제한 없음 계수범위 : −32768～+32767	1점당 심볼릭 변수 영역 8Byte 점유
운전모드		Run, Stop, Pause, Debug	
정전시 Data 보존		변수 정의시 보존으로 설정한 데이터	
프로그램 블록수		108개	
프로그램	스캔	태스크 프로그램으로 등록하지 않은 프로그램	
	정주기 태스크	32개	
	외부접점태스크	8개	
	내부접점태스크	16개	
	초기화	2개	
자기진단 기능		연산 지연 감시, 메모리 이상, 입출력 이상, 베터리 이상, 전원 이상 등	
리스타트 모드		콜드, 웜, 핫 리스타트	
증성베이스 수		3개	
소비전류[A]		0.13	

② 정주기 반복 실행 : 프로그램 메모리에 저장되어 있는 프로그램을 처음부터 끝까지 순차적으로 실행하고 맨 끝 실행문을 실행하고는 다시 처음으로 돌아가는 제어방식이다.

③ 인터럽트 제어 방식 : 외부 및 내부의 인터럽트가 발생했을시 인터럽트 수행 프로그램을 실행하는 것이다.

3 입 · 출력부

PLC의 입 · 출력부는 현장의 외부기기에 직접 접속하여 사용한다.

PLC내부는 DC 5[V]의 전원(TTL레벨)을 사용하지만 입 · 출력부는 다른 전압 레벨을 사용하므로 PLC내부와 입 · 출력의 접속(interface)은 시스템 안정에 결정적인 요소가 된다.

PLC의 입출력부는 다음의 사항이 요구된다.

① 외부 기기와 전기적 규격이 일치해야 한다.

② 외부 기기로부터 노이즈가 CPU쪽에 전달되지 않도록 해야 한다.(포토 커플러(photocoupler)를 이용)

③ 외부 기기와의 접속이 용이해야 한다.

④ 입출력의 각 접점 상태를 감시할 수 있어야 한다.(LED 부착)

입력부는 외부 기기의 상태를 검출하거나 조작 패널을 통해 외부 장치의 움직임을 지시하고, 출력부는 외부 기기를 움직이거나 상태를 표시한다.

입출력부에 접속되는 외부 기기 예는 표 1-7과 같다.

표 1-7 PLC 입출력부에 접속되는 기기

I/O	구분	부착장소	외부기기의 명칭
입력부	조작 입력	제어반 및 조작반	푸시버튼 스위치 선택 스위치 토글 스위치
	검출 입력 (센서)	기계 장치	리밋 센서 광전 센서 근접 센서 레벨 센서
출력부	구동 출력 (액추에이터)	기계 장치	전자 밸브 전자 클러치 전자 브레이크 전자 개폐기
	표시경보 출력	제어반 및 조작반	파일럿 램프 부저

(1) PLC의 입력부

PLC의 입력부에서는 외부 기기로부터의 신호를 CPU로 전달해 주는 역할을 한다. 입력에 이용되는 외부 기기의 전원은 DC 24[V], AC 220[V] 등이 주로 사용되고 특수 입력 모듈로는 아날로그 디지털 변환기 입력(A/D) 모듈, 고속 카운터(High speed counter) 모듈 등이 있다. 입력부의 회로와 단자는 그림 1-4와 같다.

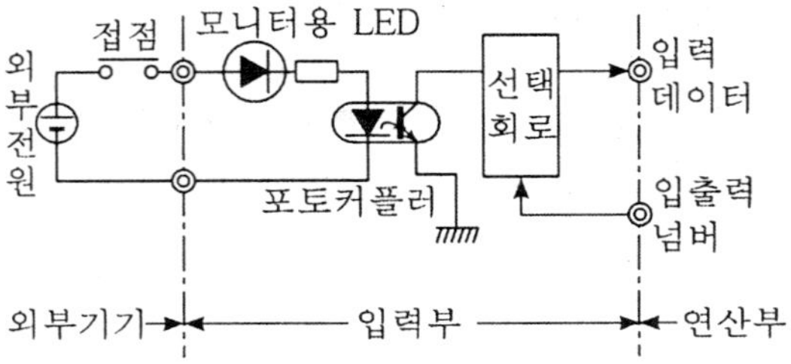

(a) 입력부 회로

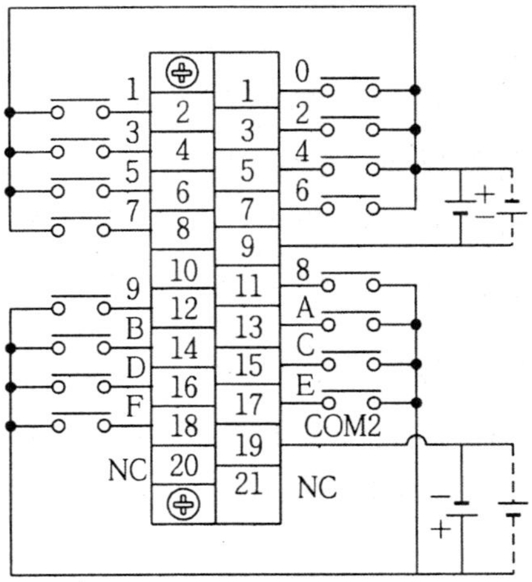

(b) 입력단자(DC 24[V]형)

•• 그림 1-4 ••

그림에서와 같이 입력부는 CPU부와 포토 커플러에 의해서 전기적으로 절연되어 있어서 외부의 잡음이나 낙뢰 등의 영향을 막을 수 있도록 되어 있다.

표 1-8 입력 유닛의 사양

입력형식		DC입력	AC입력
정격 입력 전압		DC 24[V](무극성)	AC 100-120[V] 50/60[Hz]
정격 입력 전류		10[mA]/점	10[mA]/점
동작 전압	ON	19[V] 이상	AC 80[V] 이상
	OFF	6[V] 이하	AC 30[V] 이하
응답 시간	OFF → ON	10[mS] 이하	15[mS]
	ON → OFF	10[mS] 이하	10[mS]
입력표시		녹색 LED	녹색 LED
절연방식		포토 커플러 절연	포토 커플러 절연

(2) PLC의 출력부

PLC의 출력부는 PLC내부의 결과를 출력부에 접속된 램프나 솔레노이드 등의 외부장치에 전달하여 구동시키는 부분이다. 출력의 종류에는 릴레이 출력, 트랜지스터 출력, 트라이액(TRIAC) 출력 등이 있고, 그 밖의 출력 모듈로는 디지털 아날로그 변환(D/A) 출력 모듈, 위치 결정 모듈 등이 있다.

(가) 계전기(Relay) 출력형

계전기 출력의 기본구성은 그림 1-5와 같다. 계전기 접점형의 출력은 교류, 직류에 모두 사용할 수 있다. 그러나 계전기 소자 자체의 전기적, 기계적 수명에 한계가 있으며 접촉 불량에도 주의를 해야 한다.

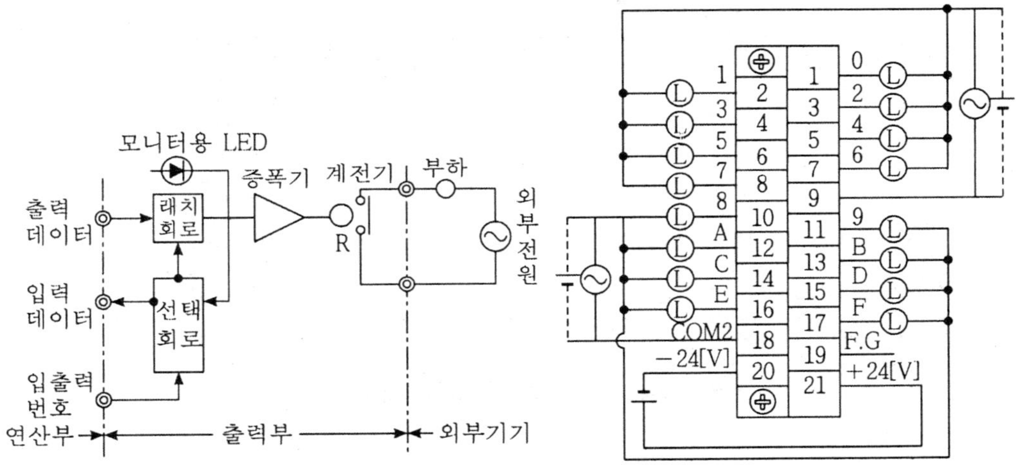

(a) 출력부 회로 (b) 출력 단자(RY형)

•• 그림 1-5 ••

(나) 트랜지스터(Transistor) 출력형

트랜지스터 출력 모듈은 릴레이를 이용한 접점 출력에 비하여 수명이 길고 고빈도의 동작에 용이하다. 그러나 신호변환 요소로 반도체 소자인 트랜지스터를 이용한 것이기 때문에 출력기기의 전원은 DC에 한정되고 접점 출력이나 트라이액 출력에 비해 개폐전류도 작다.

그림 1-6은 트랜지스터 출력으로 절연타입의 회로예이다.

이 회로는 포토 커플러에 의하여 내부회로와 출력 트랜지스터간을 절연하고 있기 때문에 외부에 접속한 전자 솔레노이드나 릴레이의 ON/OFF에 의하여 내부회로가 영향을 받는 일은 없다.

또한 이 회로 예에서는 내부에 스파크 킬러용 보호 다이오드가 내장되어 있다.

트랜지스터 출력의 경우에도 절연형식과 비절연 형식에 관계없이 정격전압, 최대부하 전류는 엄밀히 지키지 않으면 안된다. 특히 트랜지스터 출력인 경우에는 출력전류의 돌입전류에 대해 세심한 주의를 기울일 필요가 있다.

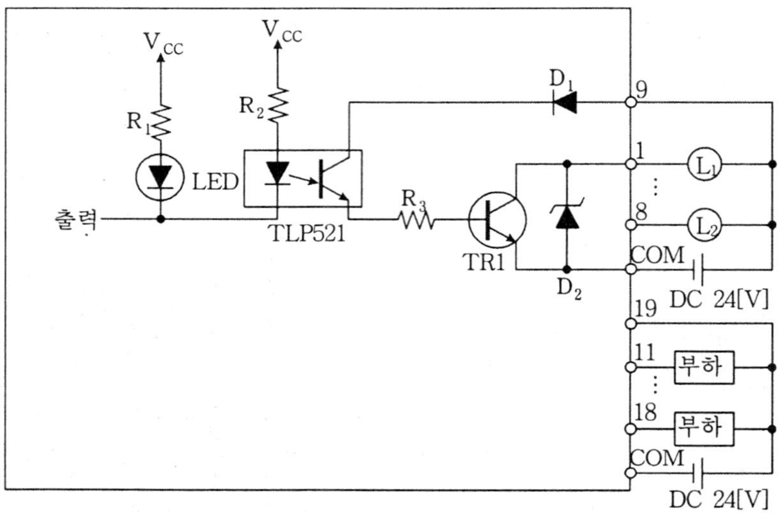

•• 그림 1-6 트랜지스터 출력형 ••

(다) 트라이액 출력형

트라이액 출력 모듈은 출력 증폭 요소로 트라이액을 사용한 것으로 응답속도가 통상 1[ms] 이하로 접점 출력에 비해 10배 이상 고속이며, 구동 개폐 부하 용량도 비교적 크다. 따라서 개폐 빈도가 큰 부하나 전자 솔레노이드 등의 코일부하로 대용량 부하인 경우는 트라이액 출력 모듈을 사용하는 것이 바람직하다. 이것은 접점 출력 모듈을 사용할 경우, 부하 전류의 크기가 증가함에 따라 수명이 대폭적으로 단축되는 원인이 되기 때문이다.

그림 1-7은 트라이액 출력 모듈의 회로예로써 포토 커플러에 의해 내부회로와 절연된 상태를 보여주고 있다.

트라이액의 특성상 트라이액 출력의 외부전원은 AC이어야만 한다. 모든 출력모듈에 있어서 마찬가지로 부하전압, 최대 부하전류 등에 대해서는 절대로 이들 조건이 지켜지지 않으면 안된다.

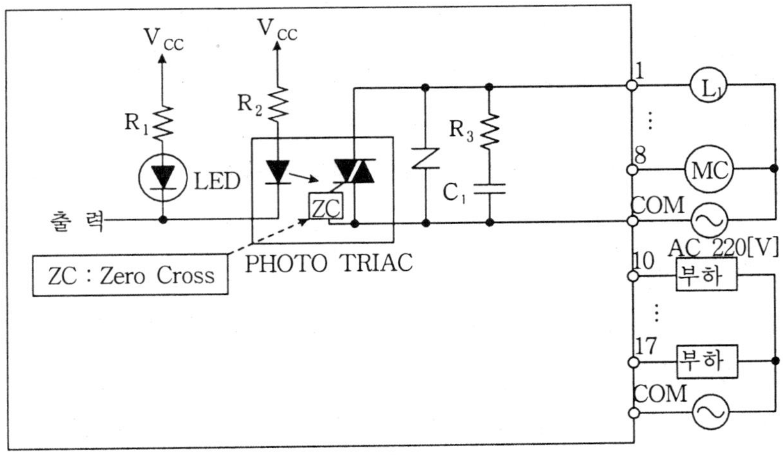

•• 그림 1-7 트라이액 출력형 ••

출력 유닛은 출력 접점의 형태에 따라 릴레이 출력, TR 출력, SSR 출력 유닛이 있다. 출력 유닛의 사양은 표 1-9와 같다.

표 1-9 출력 유닛의 사양

출력형식		릴레이 출력	SSR 출력	TR 출력
정격 부하 전압		AC 250[V] DC 30[V]	AC 85~250[V] 50/60[Hz]	DC 24[V]
정격 부하 전류		2[A]/점 8[A]/8점	2[A]/점 5[A]/8점	2[A]/점 5[A]/8점
응답 시간	OFF → ON	10[mS] 이하	1[mS] 이하	1[mS] 이하
	ON → OFF	10[mS] 이하	1[mS] 이하	1[mS] 이하
출 력 표 시		녹색 LED		
절 연 방 식		포토 커플러 절연		

(3) 입출력 제어 방식

입력 유닛으로부터 접점상태를 읽어들여 이를 바탕으로 첫 스텝부터 끝까지 순차적으로 명령을 수행한 다음 프로그램의 실행에 의해 변화된 결과를 출력 유닛에 출력하는 일련의 작업을 스캔(scan)이라 한다.

입출력 유닛의 제어 방식은 Indirect 방식으로 프로그램의 0 스텝 실행전에 일괄하여 실행한다. 이에 대한 블록선도는 그림 1-8과 같다.

•• 그림 1-8 입출력 제어 블록선도 ••

4 아날로그 신호

전압, 전류, 온도, 압력, 유량, 속도 등과 같이 연속해서 변화하는 물리량을 아날로그 값이라 부른다. 하루 중 온도는 그림 1-9와 같이 시간과 함께 연속적으로 변화한다. 아날로그 신호는 컴퓨터나 PLC와 같은 디지털 기기의 CPU에 신호로 입력할 수 없다. 따라서 물리량(아날로그 값)을 전기적 신호 즉, 직류전압 또는 전류형태로 변환하고 이 전기신호를 디지털로 변환하여 입력하여야 한다. 또한 아날로그 신호로 동작하는 서보모터나, 모터 가변속 장치와 같은 기계장치에 아날로그 신호를 출력하기 위해서는 CPU의 디지털 신호를 아날로그로 변환시켜 출력한다.

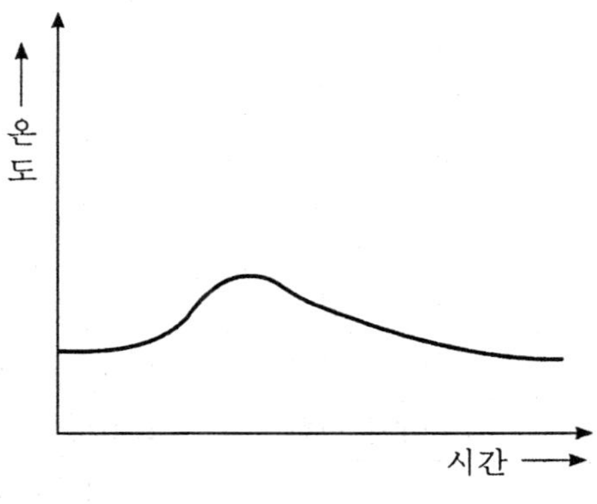

•• 그림 1-9 아날로그 신호 ••

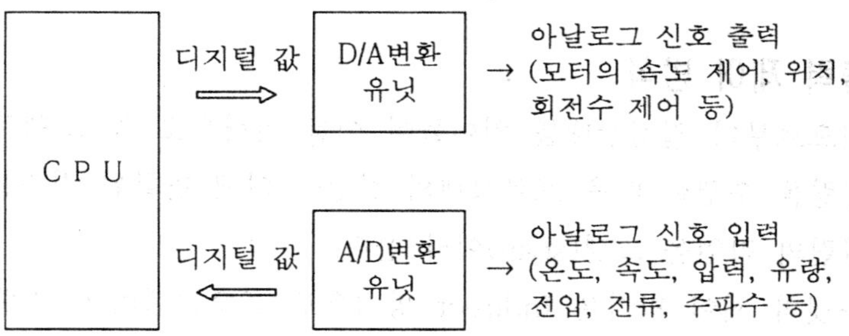

•• 그림 1-10 PLC에서 아날로그 신호의 처리 ••

5 아날로그 입력 유닛(A/D변환기)

아날로그/디지털(Analog/Digital) 변환을 위한 유닛이다. PLC의 CPU에 아날로그 신호를 입력하기 위해 사용한다. 아날로그 값을 디지털 값으로 변환하는 원리는 그림 1-11과 같이 입력된 아날로그 값을 그에 상응하는 디지털 값으로 나타낸다. AD변환기는 종류에 따라 입력 전압의 범위와 출력 비트수, 변환 시간이 다르다. AD변환기는 출력 비트수에 의해 분해능이 결정된다. 분해능은 다음과 같은 식에 의해 결정된다. 따라서 분해능은 출력 비트가 클수록 커진다.

분해능 $= 2^N$(N 은 출력 비트수) ①

따라서 구별 가능한 최소 변화 전압은 다음과 같다.

전압범위(V)/ 2^N (N 은 출력 비트수) ②

예를 들어 0~5[V] 사이의 아날로그 입력을 8Bit 출력으로 변환한다면, 이 때 아날로그 입력이 2[V]일 때 디지털 값이 얼마인지를 계산하여 보면

분해능 $= 2^8 = 256$

입력이 0[V]에서 5[V]까지 변할 때 0부터 255까지의 디지털이 출력된다.

디지털 값이 변화하기 위한 최소 전압의 변화=5/256=0.019531

따라서 디지털 값은 2[V]/0.019531[V]=102.4≒102가 된다.

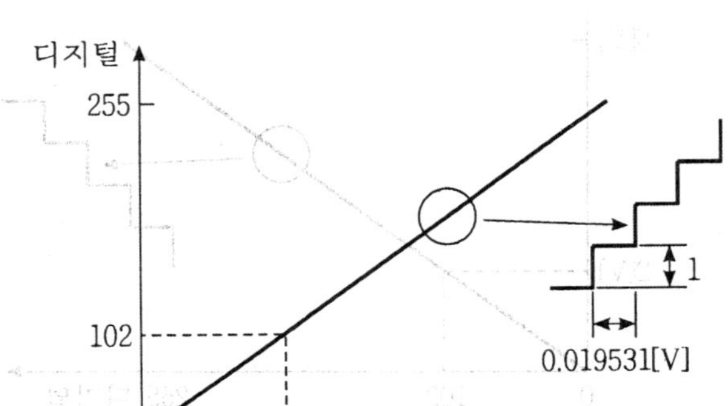

•• 그림 1-11 아날로그 값의 디지털 화 ••

그림 1-11에서 아날로그에 대응하는 디지털 값을 직선으로 그렸으나 실제는 그림의 오른쪽과 같이 0.019531[V]의 전압차를 가진 256개의 계단으로 구성되어 있다. AD변환기는 병렬비교기형, 단경사형, 쌍경사형, 축사 근사형 등이 있다.

통상 아날로그 모듈은 제어의 효율성을 높이기 위해, 특수 모듈에 별도의 CPU와 메모리를 채용하여 독립적으로 기능을 수행하여 PLC CPU에 데이터를 전송한다. 그리고 메모리는 CPU와 버퍼 메모리(공용메모리)를 사용한다.

6 아날로그 출력 유닛(D/A변환기)

디지털/아날로그(Digital/Analog) 변환을 위한 유닛이다. 앞 절에서 언급한 바와 같이 PLC의 CPU에서 아날로그 신호를 출력하기 위해 사용한다. 디지털 값의 아날로그 값화하는 원리는 그림 1-12와 같이 출력된 디지털 값을 그에 상응하는 아날로그 값으로 나타낸다. 분해능은 입력되는 디지털의 비트수에 비례하며(2^N) 0[V]에서 기준 전압 사이의 아날로그 신호로 변환한다.

0[V]~5[V]의 전압 출력의 아날로그 출력에서 디지털 값 102에 대응하는 아날로그 값을 구해보기로 하자. 먼저 분해능은 256, 전압차는 5[V], 따라서 디지털 1의 변화는 아날로그 신호 0.019531[V](5/256)이다. 그래서, 102×0.019531[V]≒2[V]가 계산된다.

통상 아날로그 모듈은 제어의 효율성을 높이기 위해, 특수 모듈에 별도의 CPU와 메모리를 채용하여 독립적으로 기능을 수행하여 PLC CPU에 데이터를 전송한다. 그리고 메모리는 CPU와 버퍼 메모리(공용메모리)를 사용한다.

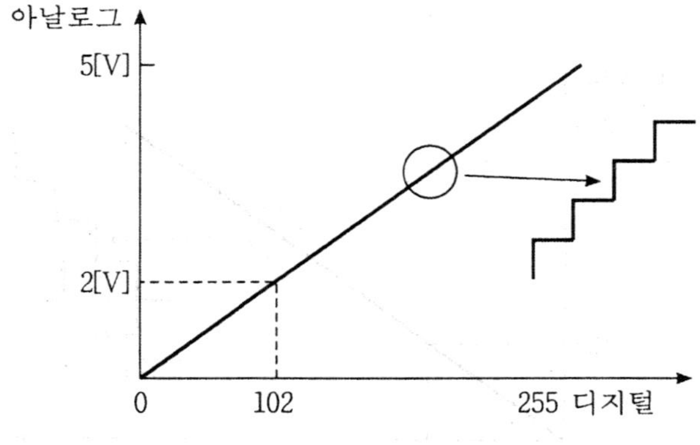

•• 그림 1-12 디지털의 아날로그 화 ••

1.3 PLC 프로그램 기초

1.3.1 프로그램 처리방식

PLC시퀀스와 릴레이 시퀀스의 가장 근본적인 차이점은 그림 1-13에 나타낸 것과 같이 "직렬처리와 병렬처리"라는 동작상의 차이에 있다.

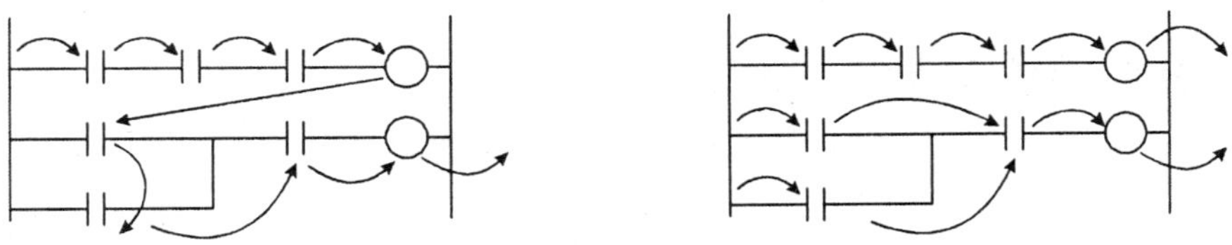

(a) 직렬 처리 방식　　(b) 병렬 처리 방식

•• 그림 1-13 연산 처리 방식 ••

PLC는 메모리에 있는 프로그램을 순차적으로 현상하는 직렬 처리 방식이고, 릴레이 시퀀스는 여러 회로가 전기적인 신호에 의해 동시에 동작하는 병렬 처리 방식이다. 따라서 PLC는 어느 한 순간을 포착해 보면 한 가지 일 밖에 하지 않는다.

먼저 그림 1-14 (a)의 시퀀스도를 이용하여 PLC와 릴레이의 동작상의 차이점을 설명한다.

(a)　　(b)

•• 그림 1-14 시퀀스도 ••

릴레이 시퀀스에서는 전원이 투입되어 접점 A와 B, 그리고 접점 D와 E가 동시에 닫히면, 출력 C와 F는 동작하고 어느 한 쪽이 빠를수록 먼저 동작한다.

이에 비하면 PLC는 연속 순서에 따라 C가 먼저 출력되고 다음에 F가 출력된다. PLC와 릴레이의 동작상의 차이점 그림 1-14 (b)의 경우에서 살펴보면, 먼저 릴레이 시퀀스에서는 접점 J가 닫히면 동시에 H가 동작되어 출력 I는 동작될 수 없다.

PLC의 연산처리 개념은 프로그램을 해석할 때 매우 중요하다.

PLC는 직렬 연산 처리되므로 최초의 연산때 G가 닫히면 I가 출력되고 J가 닫히면 H가 출력된다. 둘째번 연산때 비로서 최초의 연산때 출력된 H에 의해서 I의 출력이 해제된다.

1.3.2 PLC 동작 이해

(1) PLC 기본 약호(명령어)

릴레이 로직과 유사한 형태의 스위치 형태의 입력과 출력 코일이 있다.

표 1-10

구 분	릴레이 로직	PLC 로직	내 용
A접점	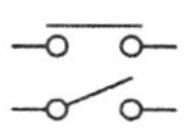	—| |—	평상시 개방(open)되어 있는 접점 N.O.(Normally Open) PLC : 외부입력, 내부출력 ON/OFF 상태를 입력
B접점	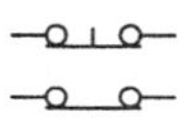	—|/|—	평상시 폐쇄(Closed)되어 있는 접점 N.C.(Normally Closed) PLC : 외부입력, 내부출력 ON/OFF 상태의 반전된 상태를 입력
C접점	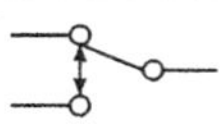	없음	a, b 접점 혼합형으로 PLC에서는 로직의 조합으로 표현
출력코일	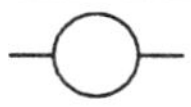	—( )—	이전까지의 연산 결과 접점 출력
응용명령	없음	—[ ]—	PLC 응용 명령을 수행

(2) 기초 용어 정의

① 점(point) : 입력 8점, 출력 6점의 PLC는 스위치나 센서 등 입력기기를 최대 8개, 램프나 릴레이 등 출력기기를 6개를 연결할 수 있음을 뜻한다.
PLC의 입출력 용량을 표시할 때 사용한다.

② 스텝(Step) : PLC명령의 최소 단위로 A접점, B접점, 출력코일 등의 명령이 1스텝에 해당하는 명령이고, 기타 응용 명령어의 경우 하나의 명령어가 다수의 스텝을 점유한다. 프로그램 용량 및 CPU 속도를 표시하는 단위로 사용된다.(용량 : 30k step, 속도 : sec/step)

③ 스캔타임(Scan Time) : 사용자 작성 프로그램의 1회 수행에 걸리는 시간을 의미한다. 스텝수가 많은 프로그램의 경우 스캔 타임은 증가된다.

④ WDT(Watch Dog Timer) : 프로그램 연산 폭주나 CPU기능고장에 의하여 출력을 하지 못할 경우 설정한 시간(WDT) 대기 후 에러를 발생시키는 시스템 감시 타이머이다.
기본 200[ms]로 설정되어 있으며 파라미터 지정에 의해 변경시킬 수 있다.

⑤ 파라미터(parameter) : 프로그램과 함께 PLC에 저장되어 운전 데이터로 통신, 시스템 환경 등을 지정한다.

1.3.3 CPU의 연산처리

PLC가 프로그램을 수행하기 전에 입력 Unit에서 입력 Data를 Read하여 Data Memory의 입력용 영역(P)에 일괄 저장 후 프로그램 0번 Step부터 END까지 수행하고 자기진단, Timer, Counter 등의 처리를 한 후 Data Memory의 입력용 영역(P)의 Data를 출력 Unit에 일괄 출력하는 일련의 동작을 1 스캔(scan)이라고 한다. PLC의 내부 동작은 이 scan 동작의 주기적인 반복으로 이루어진다.

먼저 입력 Refresh후 프로그램 0번 Step부터 END까지 수행하고, 자기진단 후 출력 Refresh를 수행하게 된다. 이후 다시 입력 Refresh부터 같은 동작을 반복 수행하게 된다. 이 과정을 그림 1-15에 나타내었다.

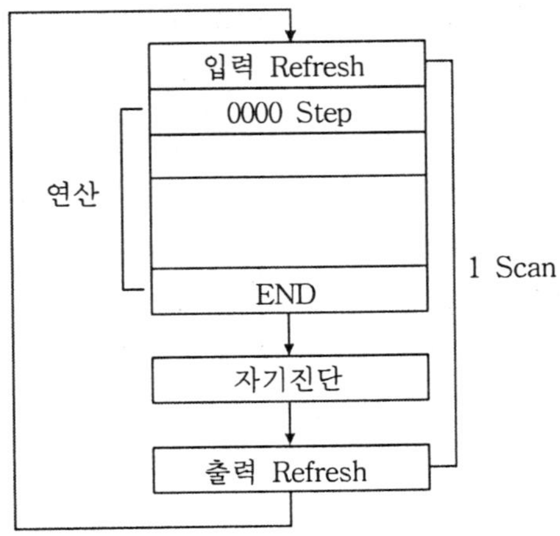

•• 그림 1-15 CPU의 연산처리 ••

① 입력 Refresh : 프로그램을 수행하기 전에 입력 Unit에서 입력 Data를 Read하여 Data Memory의 입력용 영역(P)에 일괄 저장한다.
② 출력 Refresh : 프로그램 수행 완료 후 Data Memory의 입력용 영역(P)의 Data를 출력 Unit에 일괄 출력한다.
③ 즉시 입출력 명령을 사용한 경우(IORF) : 명령에서 설정된 입출력 카드에 대하여 프로그램 실행 중 입출력을 Refresh한다.
④ 출력의 OUT명령을 실행한 경우 : Sequence Program의 연산 결과를 Data Memory의 출력용 영역(P)에 저장하고 END명령수행 후 출력 Refresh에 해당 접점을 ON 또는 OFF 시킨다.

1.3.4 PLC 프로그램 언어

오늘날 PLC는 고기능화, 대용량화, 고속처리화로 발전하고 있으며 사용자의 입장에서 사용하기 쉬워야 한다는 점이 핵심이다.

PLC는 사용자가 고도의 지식이나 특별한 훈련을 받지 않고도 프로그램을 작성할 수 있고 수정, 변경, 편집이 용이해야 하며 기술상의 제약이 적고 제어내용을 정확히 표현할 수 있는 것이 필수적이다.

이 같은 요구에 대응하기 위해서 프로그램 언어와 프로그래밍 툴이 매우 중요한 요소가 되고 있다.

(1) 래더 다이어그램(Ladder Diagram)방식

래더란 접점의 심벌(a접점, b접점 등)의 접속 상태를 2개의 세로선(제어전원선) 안에 기입하여 마치 사다리(Ladder)와 비슷하여 그와 같은 명칭이 되었다.

이 래더 다이어그램은 유접점 릴레이회로를 그대로 PLC언어로 유용한 것이며 릴레이 작동을 이해할 수 있으면 용이하게 판독할 수 있는 언어이다.

릴레이 시퀀스회로에서는 세로쓰기의 시퀀스도를 사용하지만 PLC에서는 가로쓰기의 래더도를 사용한다.

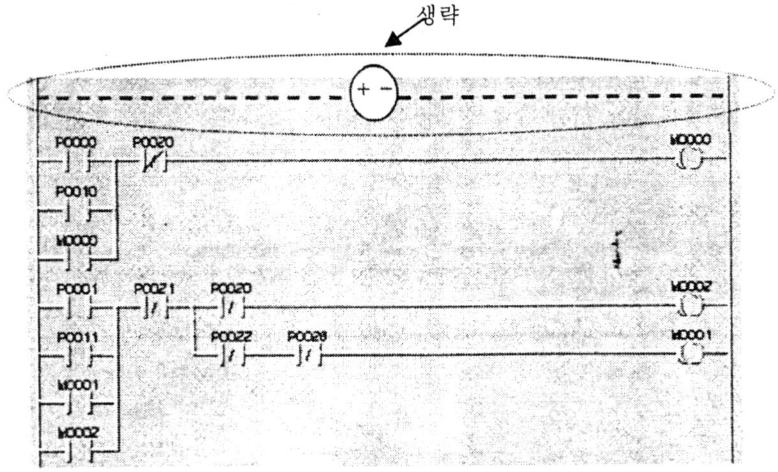

• • 그림 1-16 래더 프로그램 예 • •

래더도 내에서 시퀀스 신호의 흐름은 좌측의 전원선에서 우측의 전원선으로 흐른다. 우측에서 좌측으로는 흐르지 않으며 이 신호의 흐름은 PLC 동작시 프로그램을 해독하는 순서에 의한 것이다.

그림 1-16은 래더도 형태의 프로그램 예를 나타낸 것이다.

(2) 니모닉(Mnemonic)방식

LOAD, OR, AND, OR NOT, OUT 등의 니모닉 기호를 명령어로 사용하여 프로그램하는 방식이다.

예컨데 접점의 직렬접속을 AND, 병렬접속을 OR, b접점을 NOT 등으로 표시하여 회로의 접속상태를 상정하기 쉬운 기호가 사용된다.

PLC에 따라 기종별로 독자적인 명령어가 사용되며, 니모닉 방식에서는 제어내용을 논리에 치중한 명령어로 표시하기 위해 명령어의 순서 자체가 PLC에 대한 처리순서를 표시하는 셈이 되므로 제어내용의 논리에 따라 순서대로 명령어로 변환할 필요가 있다.

그림 1-17은 니모닉 프로그램의 예이다.

LOAD	P000
AND NOT	P001
OR	P002
OUT	P020

• • 그림 1-17 니모닉 프로그램 예 • •

(3) SFC(Sequential Function Chart)방식

SFC란 시시각각 변화하는 공정 진행 동작을 상태천이도로 표시하고 이 그림으로부터 PLC의 명령어로 바꾸어 프로그래밍하는 방법이다. 플로우차트와 비슷한 구조의 프로그램 언어이다.

종래의 복잡한 시퀀스 회로나 논리회로를 설계하지 않더라도 PLC 프로그래밍이 용이해진다. 이 방식은 IEC(국제전기표준회의)규격(안)으로 최근 주목받고 있으며 향후 이 방식의 PLC 개발이 추진될 것으로 생각된다.

이 SFC 방식은 여러 프로그램언어의 표준화, 규격화 활동의 일환으로 탄생한 것이다. SFC는 제어 대상의 프로세서 동작을 기술하는 언어이며 다음과 같은 특징이 있다.

① 2차원 표현이므로 제어처리의 흐름을 눈으로 볼 수 있다.

② 프로그램 표현이 간단 명료하기 때문에 현장기술자도 간단히 습득 이해할 수 있다.

③ 프로그램이 계층화되어 계층별로 분할할 수 있으므로 프로그램 설계의 분업화가 가능하고 디버그, 시운전, 보수가 간단하게 된다.

④ 래더 언어 해독절차와는 달리 필요 최소한의 프로그램만을 해독하므로 실행처리시간(스캔 시간)의 대폭적인 단축을 기대할 수 있다.

그림 1-18은 SFC 프로그램의 예이다.

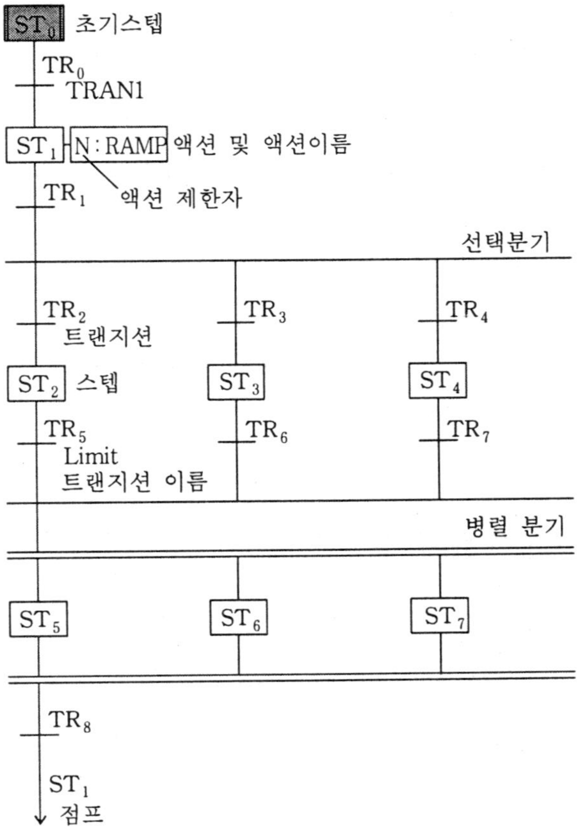

•• 그림 1-18 SFC 프로그램 예 ••

(4) 고급언어

그림으로 표현하는 언어와 글자로 표현하는 언어에는 각기 장단점이 있다. 글자로 표현하는 니모닉의 기능을 극대화하기 위하여 일반 컴퓨터와 같이 고급언어를 사용할 수 있는 PLC가 근래에 등장하였다. BASIC, C, PASCAL 등의 고급 프로그램 언어와 비슷한 고유의 언어를 제공하는 PLC에서부터 일반적인 프로그램 언어를 지원하는 PLC도 존재한다.

최근 범용의 내장형 제어기(embedded controller) 하드웨어를 사용하여 소프트웨어로 PLC를 구성하는 제품도 등장하고 있다. 일부는 범용의 PC(개인용 컴퓨터, 특히 IBM 호환) 하드웨어를 그대로 사용하기도 한다(PC-based PLC). 이러한 제품에서는 고급언어의 중요성이 더욱 강조된다.

(5) PLC 언어의 표준화

래더 언어의 경우에 릴레이 로직 명령군은 각 제조 업체에 따라서 큰 차이를 보이지 않으나, 데이터 처리 명령군의 경우에는 각 제조 업체별로 수백 종의 고유 명령군을 가지고 있다. 마찬가지로 니모닉, FBD 및 고급언어의 경우에도 제조 업체별로 호환성이 없다. 이러한 문제를 해결하기 위하여 최근 제정된 국제 PLC 언어 표준화로는 IEC-1131-3이 있다. IEC-1131-3에서 PLC에서 지원하는 데이터 형식과 5종의 언어 즉 래더 언어, 니모닉, FBD, ST(Structural Text, 고급언어), SFC의 표준안을 제시한다. 현재 유럽을 중심으로 표준화가 진행되고 있으며, 국내 업체의 경우에도 이 표준을 따르는 PLC를 개발하고 있으며, 일부 제품이 출하되었다.

1.3.5 PLC 프로그램의 작성

1 프로그램 작성 순서

일반적인 시퀀스 회로를 PLC용 프로그램화할 경우는 PLC가 가지고 있는 기능 중에 적합한 것을 찾아서 PLC가 이해할 수 있도록 만들어주어야 한다.

시퀀스를 이해하고 프로그램을 작성하기 위해서는 다음의 세가지 사항을 고려하여야 한다.

① 제어대상의 특성을 완전히 이해하여야 한다.
② 센서나 작동기기들에 관한 특성과 PLC의 특성을 알고 있어야 한다.
③ 시퀀스의 기재된 각종 기호를 이해할 수 있어야 한다.

PLC 프로그램을 작성하기 이전에 자동화 대상에 대한 시스템 설계가 이루어져야 하는데 순서는 그림 1-19와 같다. 시스템의 설계가 완료되면 적정한 PLC와 센서 및 동작기기를 선정한 후 그림 1-20과 같은 순서로 프로그램을 작성한다. 실제 모터의 정역 운전을 가지고 프로그램을 작성해 보기로 하자.

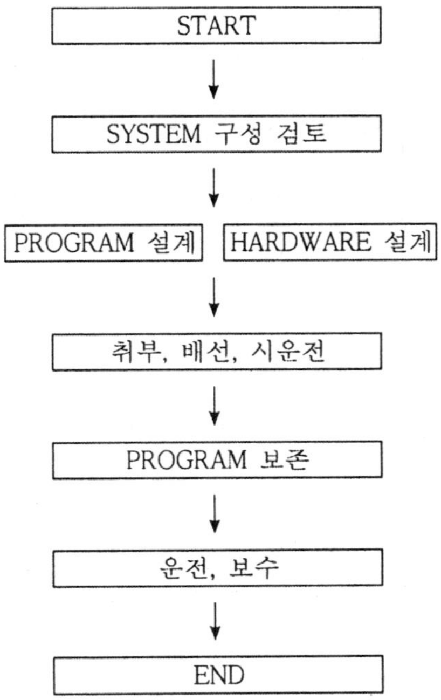

●● 그림 1-19 시스템 설계 순서 ●●

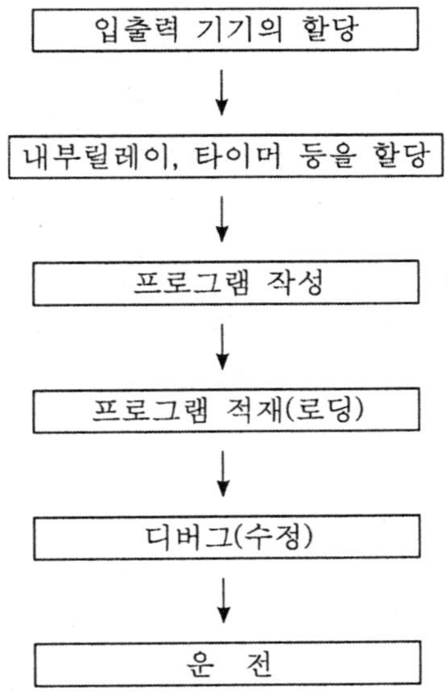

●● 그림 1-20 프로그램 순서 ●●

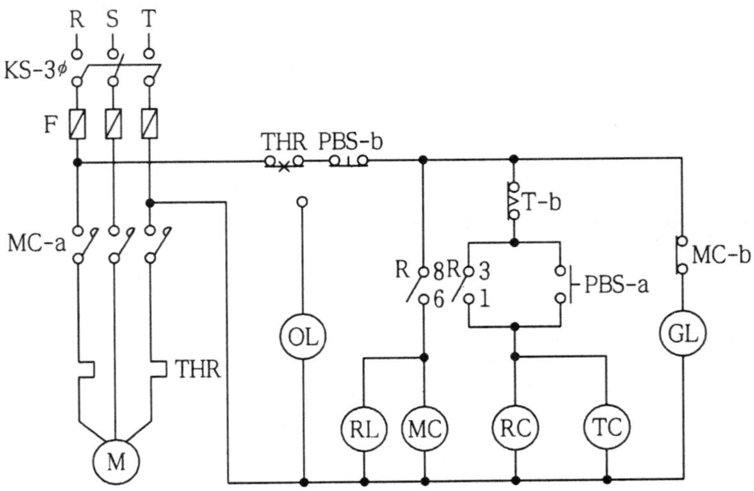

●● 그림 1-21 계전기, 타이머를 이용한 유도전동기의 운전회로 ●●

표 1-11 입출력 할당표

입력기기	접속단자		출력기기	접속단자	
	MASTER PLC	GLOFA PLC		MASTER PLC	GLOFA PLC
THR	P000	%IX0.0.0	OL	P010	%QX0.1.0
PBS-b	P001	%IX0.0.1	RL	P011	%QX0.1.1
PBS-a	P002	%IX0.0.2	MC	P012	%QX0.1.2
			GL	P013	%QX0.1.3

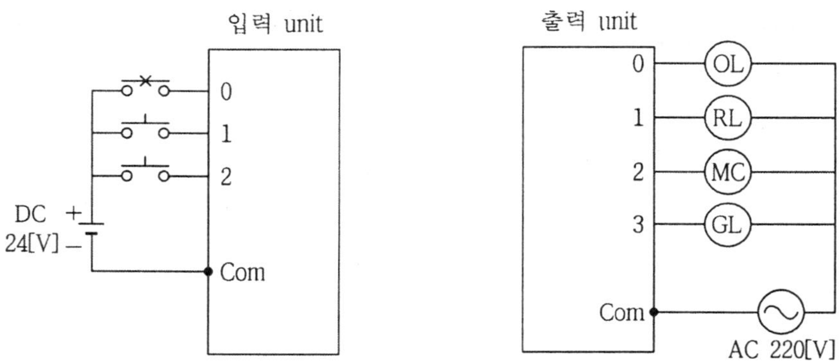

• • 그림 1-22 PLC의 입출력 결선도 • •

(1) 내부 릴레이, 타이머 등의 할당

일반적인 PLC의 경우 많은 수의 내부접점(심볼릭 변수)을 가지고 있다. 내부접점은 PLC의 입출력 단자에 접속되지 않는 보조 릴레이이다. 이 보조 릴레이를 내부 릴레이 또는 심볼릭 변수라 한다. 대부분의 PLC에서는 타이머나, 카운터 기능을 가지고 있어 내부 릴레이처럼 외부에 접속되지 않고 PLC 내부에서 처리된다.

예 Ⓡⓒ ⇒ M000

(2) 프로그램 작성

릴레이 시퀀스 회로를 PLC용 회로로 작성하고 작성된 시퀀스 회로를 PLC에 적재하기 위한 프로그램을 작성한다. GRAPHIC LOADER에서 직접 입력하여 작성한다. 그래픽 로더는 직접 시퀀스를 보면서 작성할 수 있어 매우 유용하다. 복잡한 프로그램은 코딩용지에 기입 후 프로그램을 로더로 PLC에 적재한다.

(3) 프로그램 적재

작성된 프로그램은 그래픽 로더에서 컴파일 후 PLC로 프로그램을 전송하여 PLC에 적재한다. 적재 방법은 MARKER나 기종에 따라 다양하다.

(4) 디버그(수정)

적재된 프로그램을 실행하여 정상인지를 확인하여 비정상적인 부분이 있으면 수정, 컴파일, 적재의 순으로 다시 작업한다.

(5) 운 전

정상적으로 동작하는 프로그램은 프로그램을 ROM화하여 운전에 사용한다.

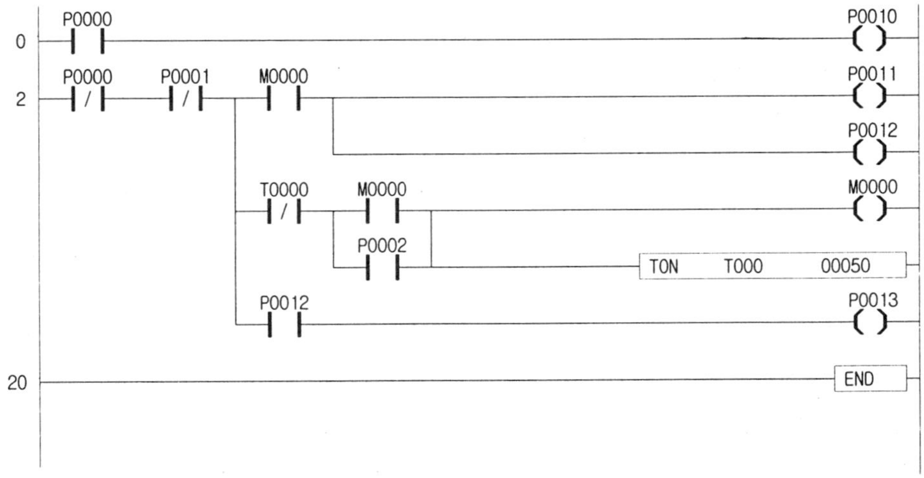

(a) MASTER-K PLC

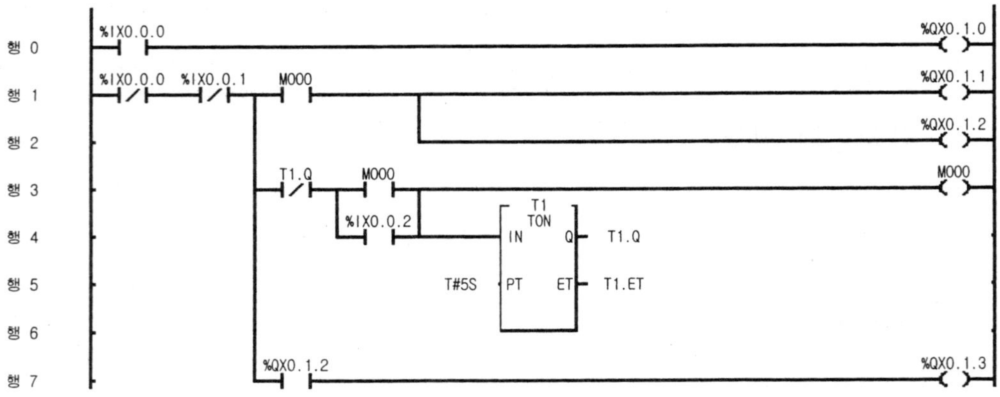

(b) GLOFA PLC

• • 그림 1-23 프로그램의 예 • •

연 습 문 제

1. PLC의 정의를 쓰시오.

2. PLC가 출현하게 된 배경을 설명하시오.

3. PLC의 특징과 이용분야를 설명하시오.

4. PLC와 계전기 시퀀스회로를 비교하여 설명하시오.

5. PLC의 내부 구성을 나타내는 블록선도를 작도하고 각부의 기능을 설명하시오.

6. 일체형 PLC와 모듈형 PLC의 차이점과 각각의 특징에 대하여 설명하시오.

7. PLC 출력부의 종류를 열거하고 각각의 특징에 대하여 설명하시오.

8. PLC 프로그램의 특징을 설명하시오.

9. PLC 프로그램용 언어에 대하여 설명하시오.

10. PLC 프로그램의 작성순서에 대하여 설명하시오.

11. PLC의 내부동작에서 1 스캔이란 무엇을 의미하는가?

12. 전동기의 기동, 정지 시퀀스회로를 PLC로 동작시키는 경우 하드웨어 배선방법에 대하여 설명하시오.

제 2 장 MASTER-K PLC

2.1 MASTER-K PLC의 개요

2.1.1 MASTER-K PLC의 특징과 기본구성

MASTER-K PLC는 고기능, 고신뢰성 PLC로서 I/O점수 10점대의 초소형 K10S부터 1000점대의 K1000S에 이르기까지 다양한 모델을 갖추고 있어서 적용 시스템에 따라 선택을 쉽게 할 수 있다. 특히 K1000S는 명령의 처리속도가 0.2 [μs]로 고속화 하여 고속 정밀제어가 가능하다. 또한, Link, Analog, PID, 위치제어등 특수기능도 내장하고 있다. MASTER-K 시리즈의 특징은 다음과 같다.

① 다양한 기종 : 제어 점수에 따른 다양한 기종으로 최적의 제어 시스템 구축이 가능하다.

② 연산 시간의 고속화 : 연산 시간의 고속화로 실시간 입·출력 제어 및 시스템 감시가 가능하다.

③ 다양한 특수 모듈 : 아날로그 모듈에 위치제어 모듈까지 다양한 종류의 특수 모듈 적용이 가능하다.

④ 강력한 네트워크 : RS-232C/RS-485 Serial 및 Fnet 등 다양하다.

⑤ 윈도우 환경의 S/W : MASTER-K Series 프로그래밍 S/W 패키지 KGL WIN은 Windows 버전에서 사용할 수 있으며 GSIKGL 및 KGL-DOS에서 작성된 프로그램을 변환하여 사용이 가능하다.

PLC 단위시스템은 크게 베이스(BASE), 전원부(SMPS), CPU부, 입출력부(DI,

DO, 특수, 통신)로 구분할 수 있다.

위의 구성을 하나의 제품에 포함한 블록형에는 MASTER-K 시리즈 K10S1, K10S, K30S, K60S, K80S 등이 있다.

이밖에 모듈형에는 K200S, K300S, K1000S 등이 있다.

① 모듈형의 구성 : 모듈형 PLC는 그림 2-1과 같이 기본 시스템은 전원부가 가장 좌측에 위치하며, 다음에 CPU부, 이후에 입출력부가 위치하게 된다. 각각의 구성품은 베이스 위에 정착되며 베이스의 슬롯 수는 전원부와 CPU를 제외한 슬롯 수로 표시한다.

입·출력 모듈은 위치(Slot)에 관계없이 사용자 설계 사양에 맞추어 장착할 수 있으며 이때, 각 입출력 모듈은 CPU가 자동으로 인식하게 된다.

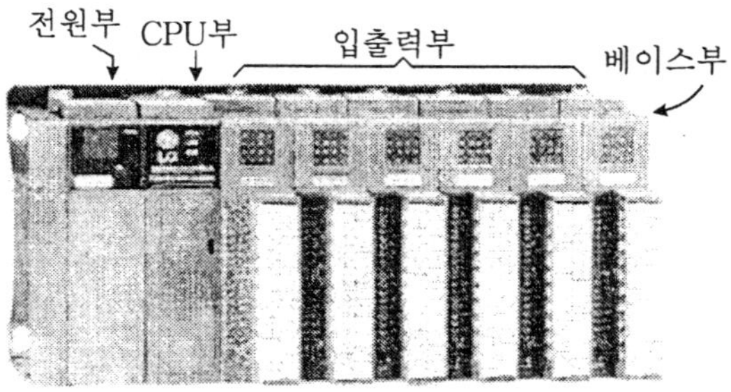

•• 그림 2-1 모듈형 PLC의 구성 ••

· 전원부 : 구성품의 구동전원을 공급한다.
· 베이스부 : 구성품을 지지하며 모듈간의 데이터 이동의 통로가 된다.
· CPU부 : 사용자 작성 프로그램의 저장, 운전을 수행하며, 이 때 발생한 데이터를 저장하고 입출력부를 제어한다.
· 입출력부 : 외부입력기기(센서, 스위치), 외부출력기기(램프, 릴레이, 솔레노이드), 결선용 모듈 및 이외의 각종 특수 모듈을 칭함.

2.1.2 MASTER-K PLC시스템의 구성

MASTER-K 시리즈의 PLC시스템을 구축하기 위해서는 기본적으로 그림 2-2와 같이 K10S~K1000S PLC를 비롯하여 프린터, 노트북 컴퓨터(혹은 데스크탑형 컴퓨터), 로더(KLD-150S), 접속케이블류 등이 필요하다.

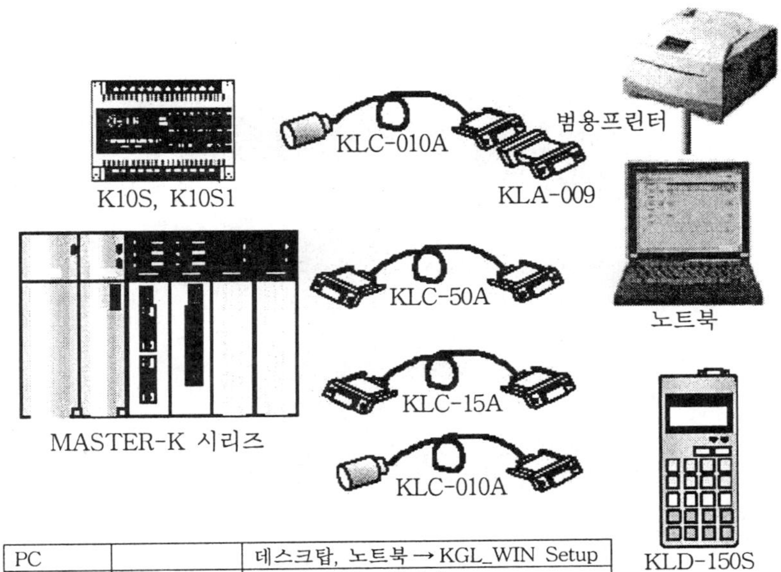

PC		데스크탑, 노트북 → KGL_WIN Setup
핸디로더	KLD-150S	휴대용 프로그램기기
EPROM WRITER	KEW-150S	EPROM에 프로그램 저장시 사용
케이블	KLC-50A	PC ↔ PLC
	KLC-15A	핸디로더 ↔ PLC
	KLC-10A	핸디로더 ↔ PLC(K10S, K10S1)
어뎁터	KLA-009	핸디로더케이블로 PC접속시

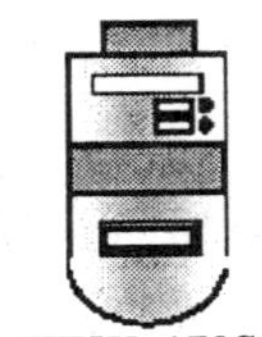

•• 그림 2-2 MASTER-K PLC시스템의 구성 ••

(1) PLC 증설 시스템

K1000S의 경우 최대 입출력 제어점은 1024점이다.

8슬롯 베이스에 32점 모듈(K300S, 1모듈당 최대 점수)을 모두 장착하였을 경우 총 256점(8×32)으로 최대 제어점수 1024의 1/4이다. 1024점을 모두 하나의 베이스에서 제어할 경우 32슬롯의 베이스가 필요하며, 이런 베이스가 존재하더라도 전원부의 용량, 외형의 크기가 커져서 사실상 사용이 불가능하다.

증설 시스템이란 위와 같은 문제에 대한 해결책으로 32슬롯의 베이스를 8슬롯 단위로 나눈 후 각 베이스간을 증설 케이블로 연결하여 마치 하나의 베이스 위에서 모든 입출력을 제어하는 효과를 갖는다.

이와 같은 경우 CPU가 장착된 베이스를 기본 베이스라고 하며, 전원, CPU, 입출력이 장착되고 증설 케이블 취부용 Connector 1개를 포함한다. 증설 베이스에는 CPU없이 전원, 입출력으로만 구성되고 증설 케이블 취부용 Connector 2개를 포함한다.

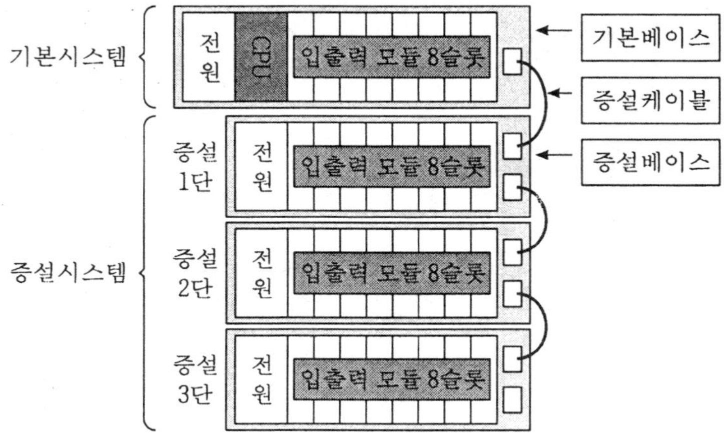

•• 그림 2-3 ••

2.1.3 입출력 메모리 할당

PLC 프로그램 작성, 외부 입출력 결선 및 유지 보수에 있어서 PLC 외부 단자대와 PLC 메모리와의 대응 관계를 정확히 이해하여야 한다.

(1) PLC 외부 입출력(P)

외부 입출력 번호의 할당은 첨자(Device 이름)'P'로 표현하며 형식은 그림 2-4와 같다.

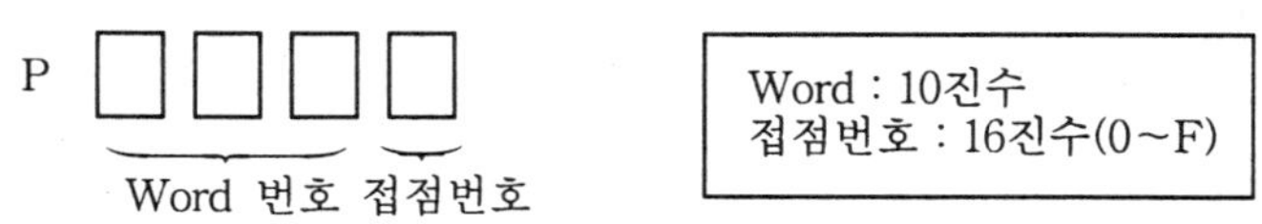

•• 그림 2-4 P영역의 번호여부 ••

① 카드 번호 : PLC 16점 단위로 카드 번호가 설정된다. 32점을 갖고 있는 모듈의 경우 하나의 모듈에 2개의 카드가 내재된 것으로 이해하면 된다.(그림 2-5 참조)

		P000 P001	P002 P003	P004	P005	P006 P007	P008 P009	P010 P011	P012 P013
POWER	CPU	입력32점	입력32점	입력16점	아날로그입력	고속카운터	위치결정	출력32점	출력32점
		①	②	③	④	⑤	⑥	⑦	⑧

•• 그림 2-5 카드 번호의 부여 ••

2.1.4 내부 메모리 할당

PLC 외부 입출력에 관계되지 않는, 즉 P영역을 제외한 모든 메모리 영역을 내부 메모리라고 한다. ON/OFF, Data 등이 외부 입력이나 출력에 직접적으로 의존하지 않고, 오로지 PLC기동시 내부에서만 연산이 이루어지는 메모리를 통칭한다.

특히, 접점(Bit)영역으로 사용될 때 릴레이 시퀀스의 보조 릴레이와 동작이 유사하여 보조 접점 혹은 보조 릴레이라고도 한다.

(1) 내부 메모리의 종류

① 보조 릴레이 M : PLC 내부 릴레이로서 외부로 직접 출력은 불가능하지만 입출력 릴레이와 연결하면 외부 출력이 가능하다.
프로그램 연산 중 내부 정보를 가공할 때 정보를 전달해 주는 용도로 사용된다. a, b 접점의 사용이 가능하며, 식별자로서 M의 기호를 사용한다.

② 정전유지 릴레이 K(불휘발성영역) : 보조 릴레이와 사용 용도는 동일하나 PLC 정전시 정전이전의 Data를 보존하여 정전 복구시 Data가 복구된다.

③ 특수 릴레이 F : PLC의 내부 시스템 상태, 펄스 등을 제공하는 내부 접점으로 PLC 이상 체크 및 특수한 기능을 제공한다.

④ Data Register D : 수치 연산을 위해 내부 데이터를 저장하는 영역으로 기본 16Bit(1Word) 또는 32Bit(2Word)단위로 데이터의 쓰고 읽기가 가능하다.
파라미터 사용에 의해 일부 영역을 불휘발성영역으로 사용할 수 있다.

⑤ 타이머 T : 시간을 제어하는 용도로 사용되며 타이머 일치 접점과 설정시간이 경과된 시간을 저장하는 별도의 영역으로 구성된다.

⑥ 카운터 C : 수를 세는 용도로 사용되며 카운터 일치 접점과 설정값, 경과값을 저장하는 별도의 영역으로 구성된다.

⑦ 기타 : 링크릴레이 L, 간접지정 Register : #D

(2) 내부 메모리의 구조

① Bit(접점)영역 : 비트영역 메모리 구조는 그림 2-6과 같으며 외부 입출력 카드의 형태로 CPU 내부에 각 영역이 구성되어 있다고 이해하면 된다.

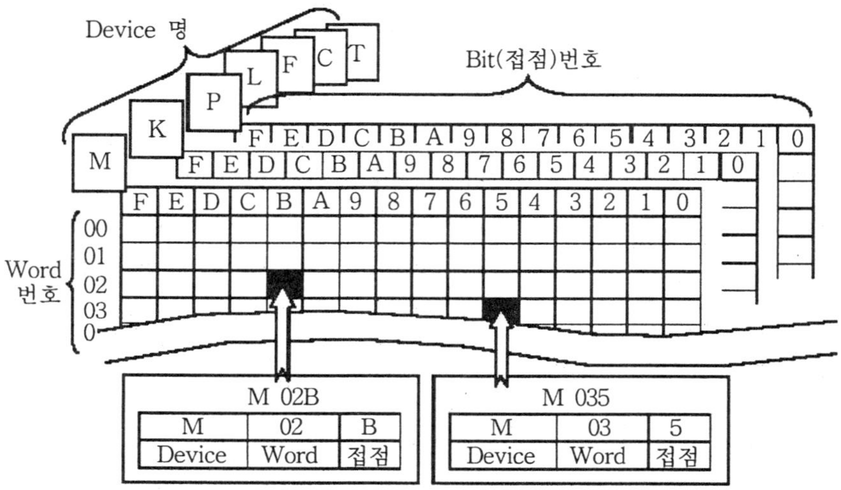

• • 그림 2-6 내부 메모리의 구조 • •

② Word 영역 : Word 번호만으로 표현되며 접점 영역으로는 사용되지 않고 수치 Data의 연산, 저장용으로 사용된다. 1개의 카드 번호는 16Bit 영역에 해당하고 표현할 수 있는 최대 수치는 65535(16진수 : FFFF)이며 비트 영역의 Device도 카드 번호만으로 지정되는 명령에서는 수치 Data를 표현한다.

예 [MOV h1234 M01] : M01카드에 16진수 1234를 저장

	F	E	D	C	B	A	9	8	7	6	5	4	3	2	1	0
M01	0	0	0	1	0	0	1	0	0	0	1	1	0	1	0	0
HEX	1				2				3				4			

※ BLD, BAND, BOR 등의 비트 분할명령을 이용하면 데이터 레지스터 D영역도 Bit 사용이 가능하다.(K80S, K200S, 300S, 1000S)

2.2 기종별 메모리의 구성

2.2.1 MASTER-K10S1

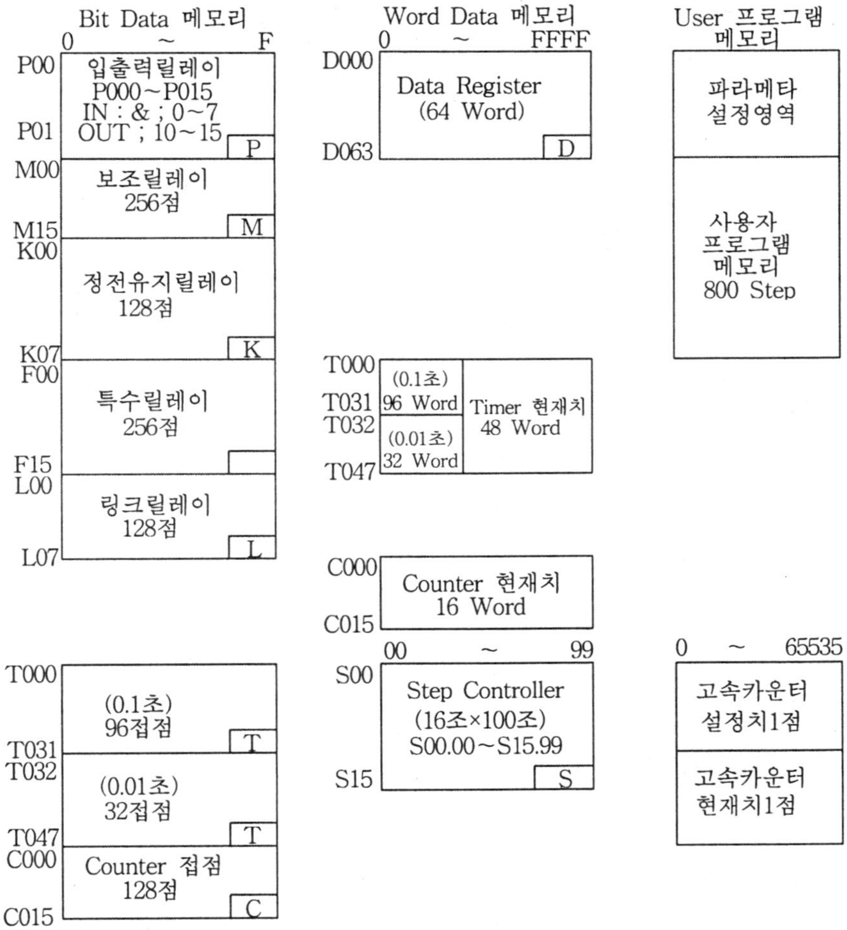

◈ 기본 불휘발성 영역(가변불가)

K	L	T	C	D	S
K000~K07F	L000~L07F	0.1초 : T024~T031 0.01초 : T044~T047	C012~C015	D048~D063	S12~S15

2.2.2 MASTER-K200S

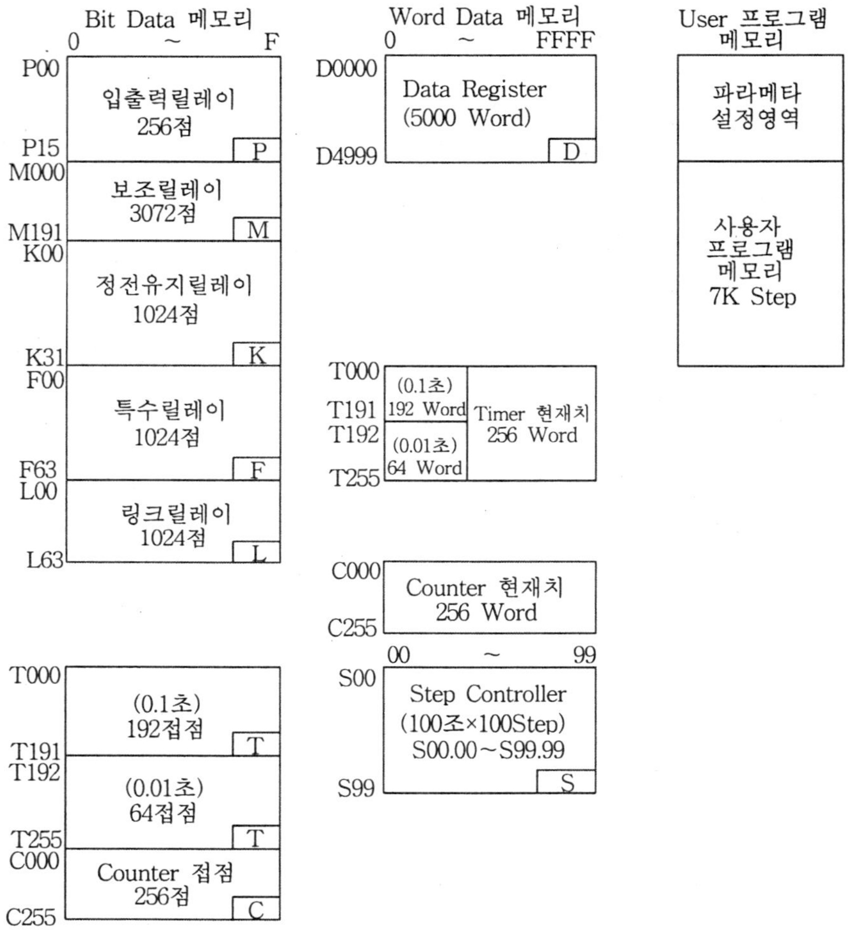

◈ 기본 불휘발성 영역

K	M, L	T	C	D	S
K000~K31F	변경 가능	0.1초 : T144~T191 0.01초 : T240~T255	C192~C255	D3500~D4500	S80~S99

2.2.3 MASTER-K1000S

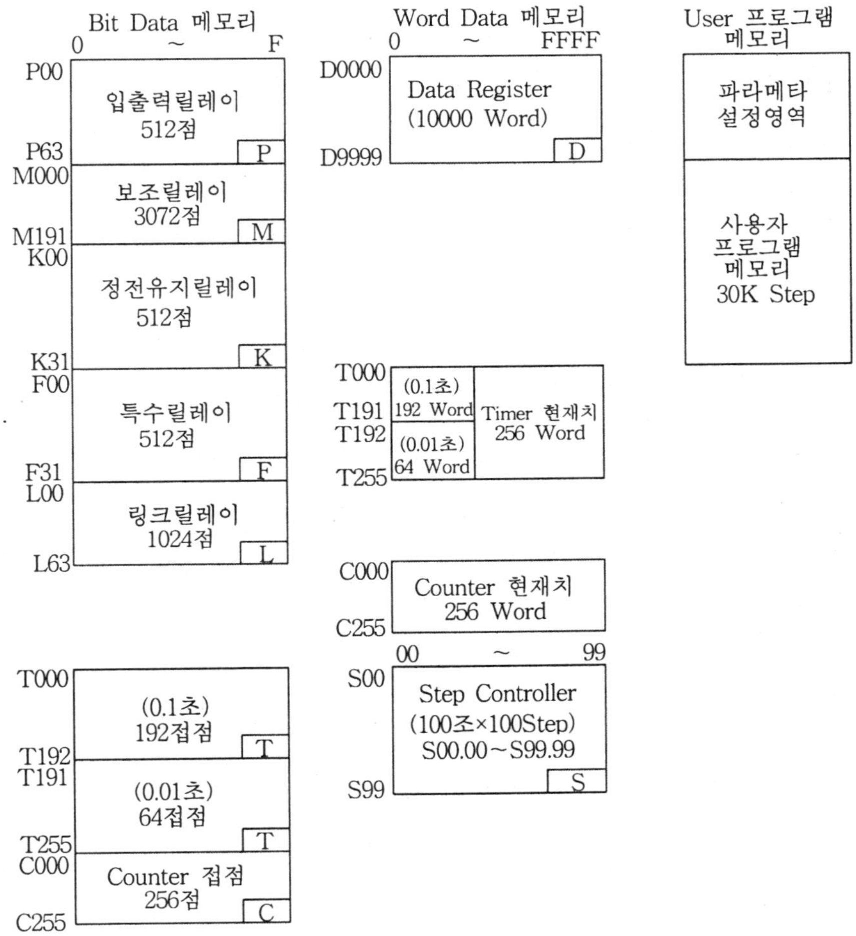

◈ 기본 불휘발성 영역

K	M, L	T	C	D	S
K000~K31F	변경 가능	0.1초 : T144~T191 0.01초 : T240~T255	C192~C255	D6000~D8999	S80~S99

2.3 MASTER-K PLC 명령어

2.3.1 기본 명령어

(1) 접점 명령

명 칭	Function NO.	심 벌	기 능
LOAD	-	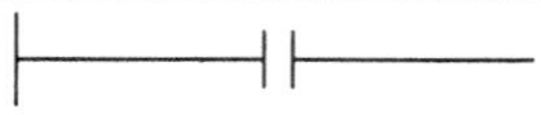	a접점 연산개시
LOAD NOT	-	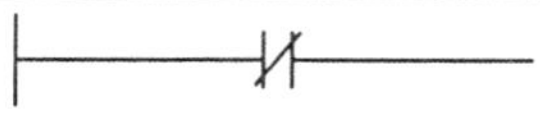	b접점 연산개시
AND	-	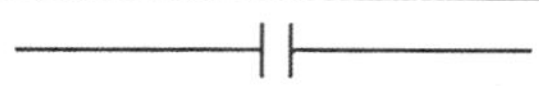	a접점 직렬 접속
AND NOT	-	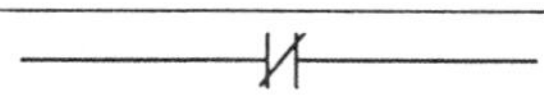	b접점 직렬 접속
OR	-	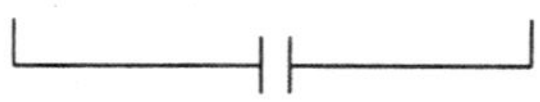	a접점 병렬 접속
OR NOT	-	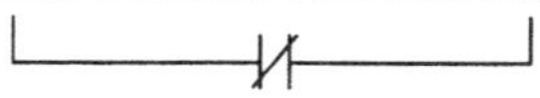	b접점 병렬 접속

(2) 결합 명령

명 칭	Function NO.	심 벌	기 능
AND LOAD	-	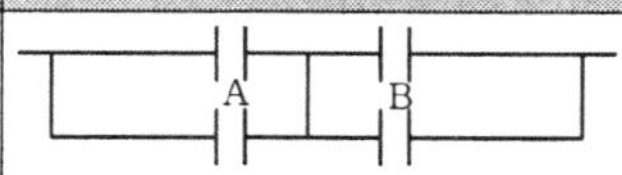	A, B 블록 직렬접속
OR LOAD	-	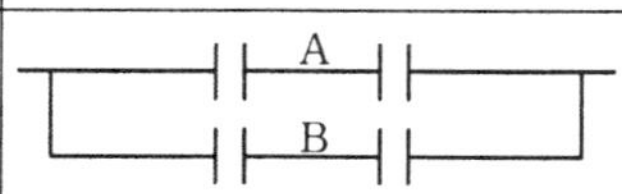	A, B 블록 병렬접속
MPUSH	005	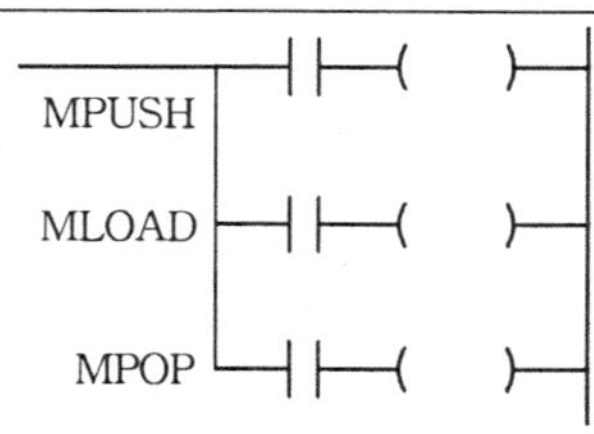	현재까지의 연산결과 Push
MLOAD	006		분기점에서 이전 연산결과 Load
MPOP	007		분기점에서 이전 연산결과 Pop

(3) 반전명령

명 칭	Function NO.	심 벌	기 능
NOT	-	─*─	NOT명령 전까지의 연산결과를 반전

(4) 마스터 콘트롤 명령

명 칭	Function NO.	심 벌	기 능
MCS	010	─[MCS n]─	마스터 콘트롤 Set(n : 0~7)
MCSCLR	011	─[MCSCLR n]─	마스터 콘트롤 Clear(n : 0~7)

(5) 출력 명령

명 칭	Function NO.	심 벌	기 능
D	017	─[D Ⓓ]─	입력조건 상승시 1스캔 Pulse출력
D NOT	018	─[D NOT Ⓓ]─	입력조건 하강시 1스캔 Pulse출력
SET	-	─[SET Ⓓ]─	접점출력 On 유지(Set)
RST	-	─[RST Ⓓ]─	접점출력 Off 유지(Reset)
OUT	-	─( )─┤	연산결과 출력

(6) 순차/후입 우선 명령

명 칭	Function NO.	심 벌	기 능
SET S	-	─[SET Sxx.xx]─	순차제어 (스텝콘트롤러)
OUT S	-	─(Sxx.xx)─┤	후입우선 (스텝콘트롤러)

(7) 종료 명령

명 칭	Function NO.	심 벌	기 능
END	001	─[END]─	Program의 종료

(8) 무처리 명령

명 칭	Function NO.	심 벌	기 능
NOP	000	래더 표현 없음	무처리(NO Operation), 니모닉에서 사용

(9) 타이머 명령

<table>
<tr><th>명 칭</th><th>Function NO.</th><th>심 벌</th><th>기 능</th></tr>
<tr><td>TON</td><td>-</td><td>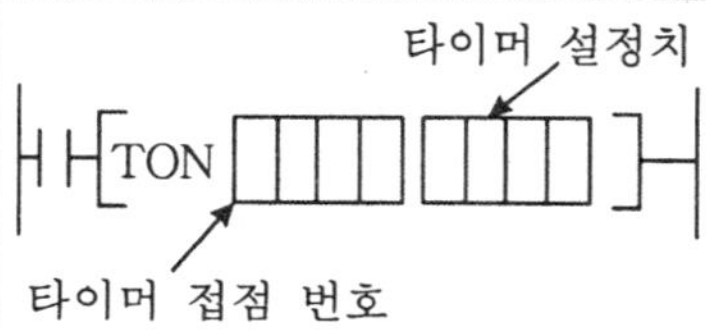
</td><td>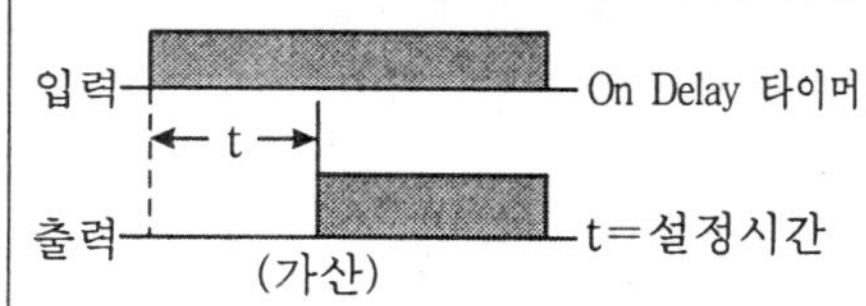
</td></tr>
<tr><td>TOFF</td><td>-</td><td>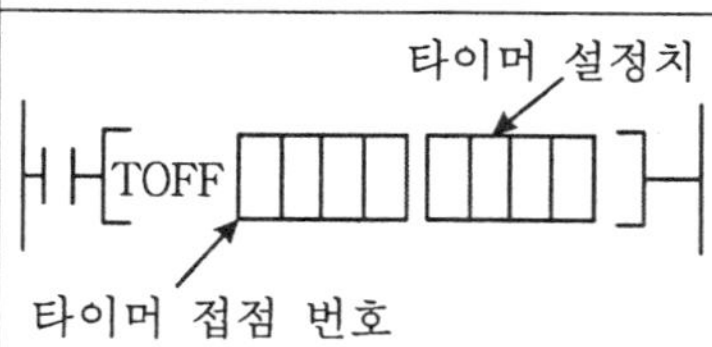
</td><td>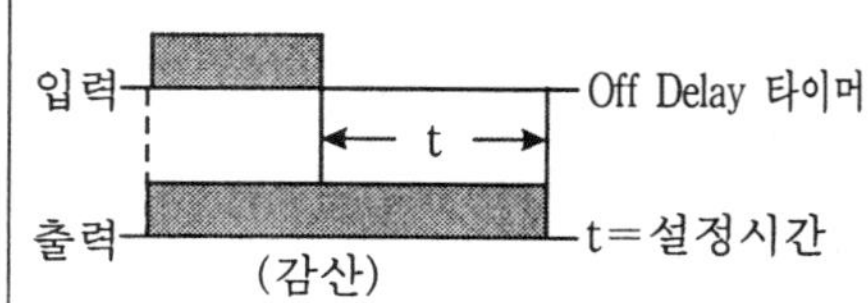
</td></tr>
<tr><td>TMR</td><td>-</td><td>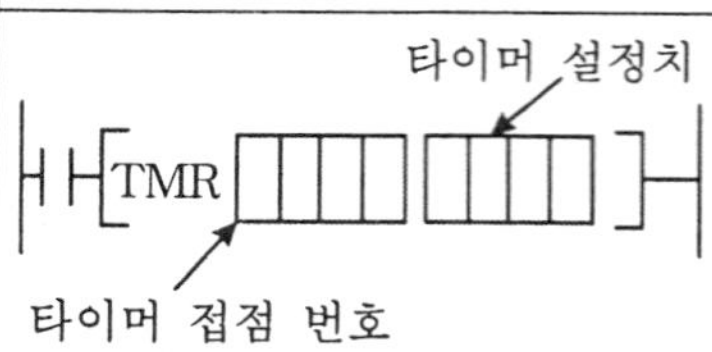
</td><td>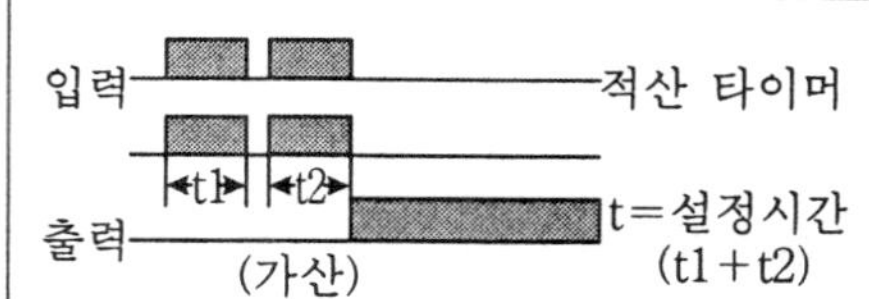
</td></tr>
<tr><td>TMON</td><td>-</td><td>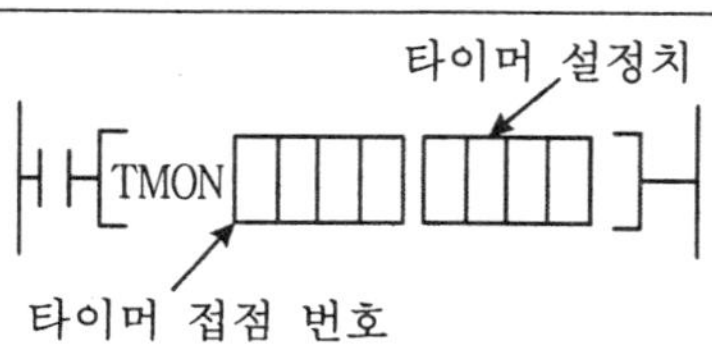
</td><td>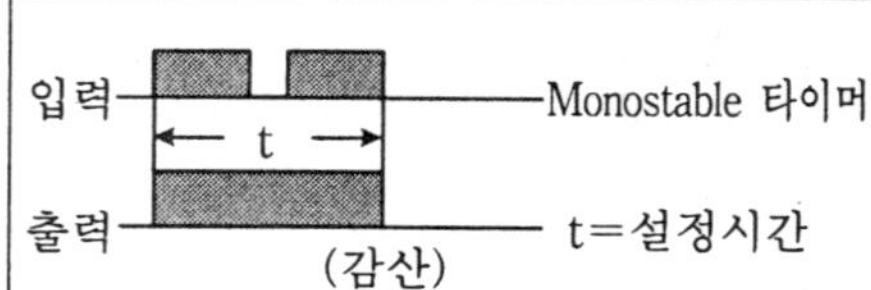
</td></tr>
</table>

명 칭	Function NO.	심 벌	기 능
TRTG	-	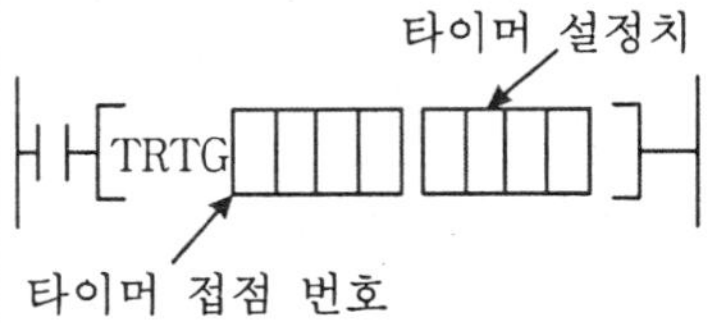	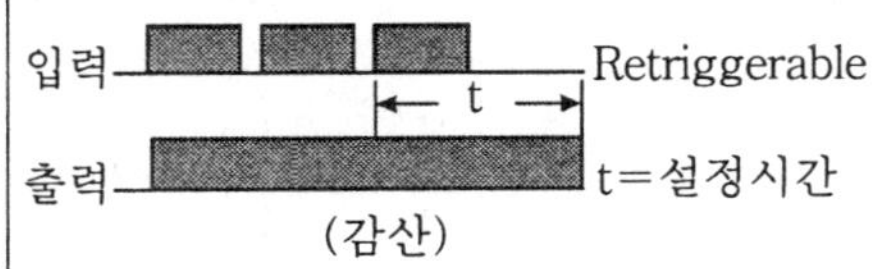(감산)

(10) 카운터 명령

명 칭	Function NO.	심 벌	기 능
CTD	-	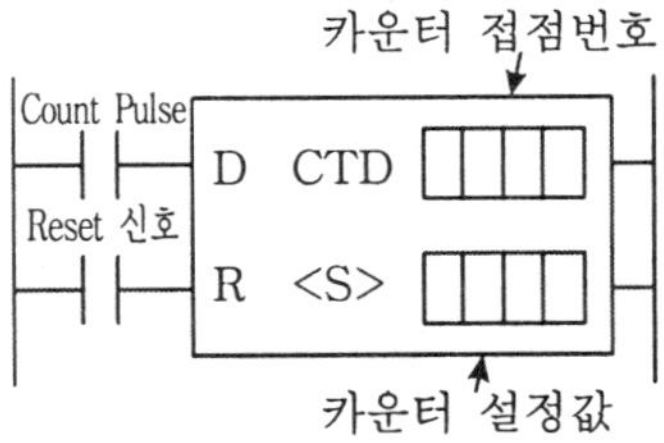(감산)	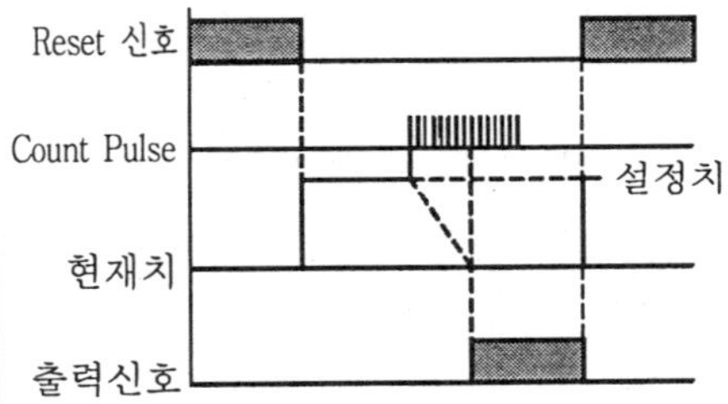
CTU	-	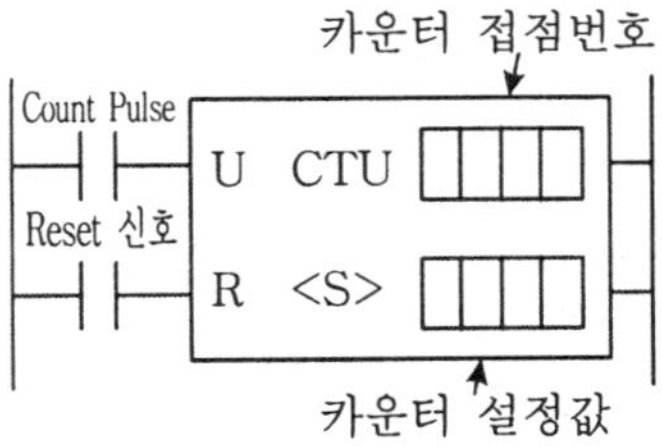(가산)	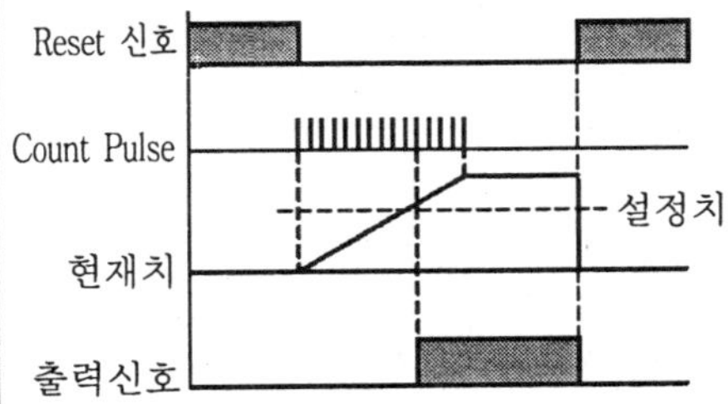
CTUD	-	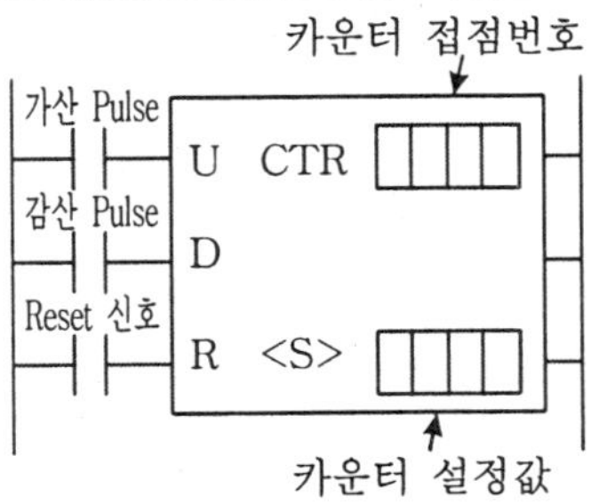(가감산)	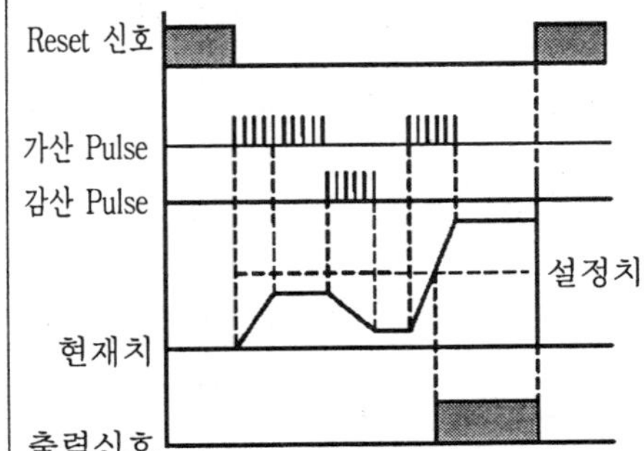

명 칭	Function NO.	심 벌	기 능
CTR	-	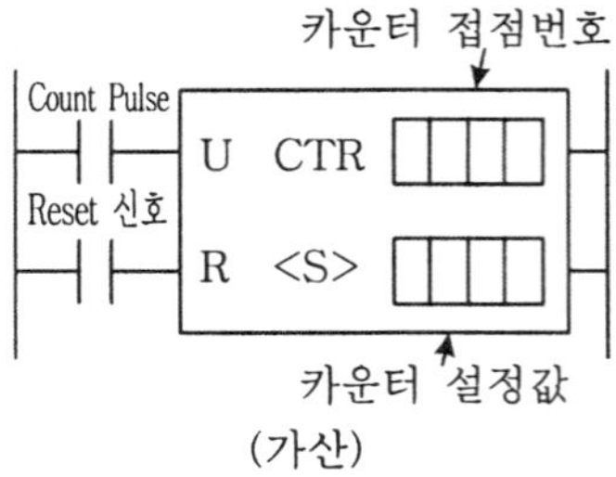	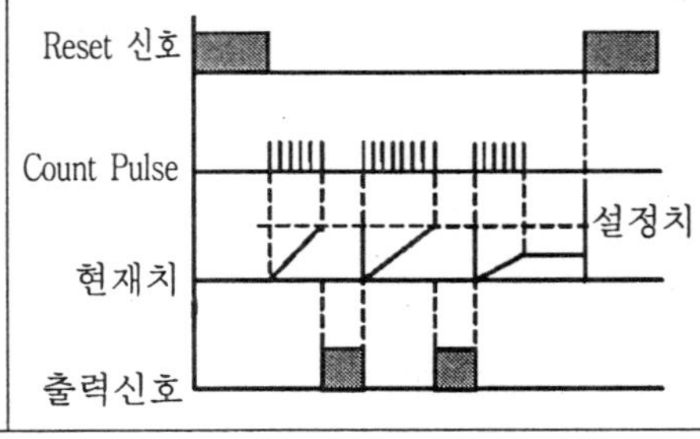

2.3.2 응용 명령어

(1) 데이터 전송 명령

명 칭	Function NO.	심 벌	기 능
MOV	080	–[MOV S Ⓓ]–	MOVE S ——→ Ⓓ
MOVP	081	–[MOVP S Ⓓ]–	
DMOV	082	–[DMOV S Ⓓ]–	
DMOVP	083	–[DMOVP S Ⓓ]–	
CMOV	084	–[CMOV S Ⓓ]–	Complement Move S 1 0 1 0 ⋯ 1 0 1 ↓ Ⓓ 0 1 0 1 ⋯ 0 1 0
CMOVP	085	–[BCMOVP S Ⓓ]–	
DCMOV	086	–[DCMOV S Ⓓ]–	
DCMOVP	087	–[DCMOVP S Ⓓ]–	
GMOV	090	–[GMOV S Ⓓ Z]–	Group Move S [ ] → [ ] [ ] → [ ] Z [ ] → [ ]
GMOVP	091	–[GMOVP S Ⓓ Z]–	

명 칭	Function NO.	심 벌	기 능
FMOV	092	─[FMOV S Ⓓ Z]─	File Move 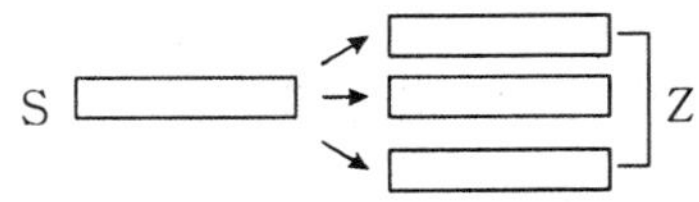
FMOVP	093	─[FMOVP S Ⓓ Z]─	
BMOV	100	─[BMOV S Ⓓ CW]─	비트 Move 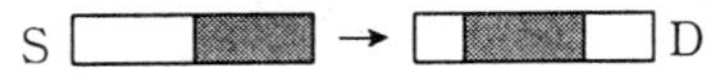
BMOVP	101	─[BMOVP S Ⓓ CW]─	

(2) 변환 명령

명 칭	Function NO.	심 벌	기 능
BCD	060	─[BCD S Ⓓ]─	BIN S → BCD Ⓓ (BCD 변환)
BCDP	061	─[BCDP S Ⓓ]─	
DBCD	062	─[DBCD S Ⓓ]─	
DBCDP	063	─[DBCDP S Ⓓ]─	
BIN	064	─[BIN S Ⓓ]─	BCD S → BIN Ⓓ (BIN 변환)
BINP	065	─[BINP S Ⓓ]─	
DBIN	066	─[DBIN S Ⓓ]─	
DBINP	067	─[DBINP S Ⓓ]─	

(3) 비교 명령

명 칭	Function NO.	심 벌	기 능
CMP	050	─[CMP S_1 S_2]─┤	S_1과 S_2를 비교
CMPP	051	─[CMPP S_1 S_2]─┤	
DCMP	052	─[DCMP S_1 S_2]─┤	
DCMPP	053	─[DCMPP S_1 S_2]─┤	
TCMP	054	─[TCMP S_1 S_2]─┤	Table Compare
TCMPP	055	─[TCMPP S_1 S_2]─┤	
DTCMP	056	─[DTCMP S_1 S_2]─┤	
DTCMPP	057	─[DTCMPP S_1 S_2]─┤	
LOAD= LOADD=	028 029	─[= S_1 S_2]─┤	S_1과 S_2의 내용을 비교하여 결과를 Result Bit(BR)에 저장 (Signed 연산)
LOAD> LOADD>	038 039	─[> S_1 S_2]─┤	
LOAD< LOADD<	048 049	─[< S_1 S_2]─┤	
LOAD>= LOADD>=	058 059	─[>= S_1 S_2]─┤	
LOAD<= LOAD<=	068 069	─[<= S_1 S_2]─┤	※MASTER-K 80S 이상 기종에만 적용됨
LOAD<> LOADD<>	078 079	─[<> S_1 S_2]─┤	

명 칭	Function NO.	심 벌	기 능
AND= ANDD=	094 095	─[= S_1 S_2]─	S_1과 S_2의 내용 비교결과와 BR을 AND하여 Result Bit (BR)에 저장 (Signed 연산)
AND> ANDD>	096 097	─[> S_1 S_2]─	
AND< ANDD<	098 099	─[< S_1 S_2]─	
AND>= ANDD>=	106 107	─[>= S_1 S_2]─	
AND<= ANDD<=	108 109	─[<= S_1 S_2]─	
AND< > ANDD< >	118 119	─[< > S_1 S_2]─	
OR= ORD=	188 189	└[= S_1 S_2]┘	S_1과 S_2의 내용을 비교결과와 BR을 OR하여 Result Bit (BR)에 저장 (Signed 연산)
OR> ORD>	196 197	└[> S_1 S_2]┘	
OR< ORD<	198 199	└[< S_1 S_2]┘	
OR>= ORD>=	216 217	└[>= S_1 S_2]┘	
OR<= ORD<=	218 219	└[<= S_1 S_2]┘	
OR< > ORD< >	228 229	└[< > S_1 S_2]┘	

(4) 증감 명령

명 칭	Function NO.	심 벌	기 능
INC	020	─[INC Ⓓ]─	Increment Ⓓ+1→Ⓓ
INCP	021	─[INCP Ⓓ]─	
DINC	022	─[DINC Ⓓ]─	
DINCP	023	─[DINCP Ⓓ]─	

명 칭	Function NO.	심 벌	기 능
DEC	024	─[DEC Ⓓ]─	Decrement Ⓓ−1→Ⓓ
DECP	025	─[DECP Ⓓ]─	
DDEC	026	─[DDEC Ⓓ]─	
DDECP	027	─[DDECP Ⓓ]─	

(5) 회전 명령

명 칭	Function NO.	심 벌	기 능
ROL	030	─[ROL Ⓓ]─	좌회전 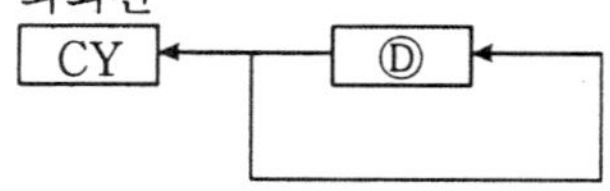
ROLP	031	─[ROLP Ⓓ]─	
DROL	032	─[DROL Ⓓ]─	
DROLP	033	─[DROLP Ⓓ]─	
ROR	034	─[ROR Ⓓ]─	우회전 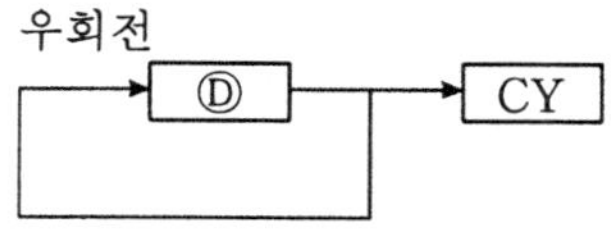
RORP	035	─[RORP Ⓓ]─	
DROR	036	─[DROR Ⓓ]─	
DRORP	037	─[DRORP Ⓓ]─	
RCL	040	─[RCL Ⓓ]─	Carry Flag 포함 좌회전 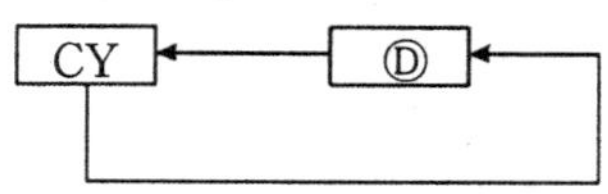
RCLP	041	─[RCLP Ⓓ]─	
DRCL	042	─[DRCL Ⓓ]─	
DRCLP	043	─[DRCLP Ⓓ]─	

명 칭	Function NO.	심 벌	기 능
RCR	044	─[RCR Ⓓ]─┤	Carry Flag 포함 우회전 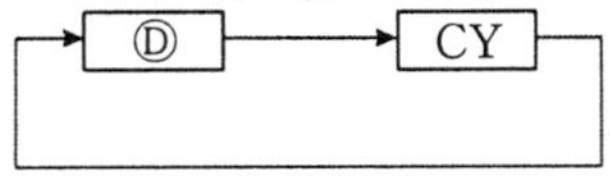
RCRP	045	─[RCRP Ⓓ]─┤	
DRCR	046	─[DRCR Ⓓ]─┤	
DRCRP	047	─[DRCRP Ⓓ]─┤	

(6) 이동 명령

명 칭	Function NO.	심 벌	기 능
BSFT	074	─[BSFT S E]─┤	비트 Shift
BSFTP	075	─[BSFTP S E]─┤	
WSFT	070	─[WSFT S E]─┤	워드 Shift
WSFTP	071	─[WSFTP S E]─┤	
SR	237	─[SR D N]─┤	Shift

(7) 교환 명령

명 칭	Function NO.	심 벌	기 능
XCHG	102	─[XCHG D_1 D_2]─┤	교환 $D_1 \longleftrightarrow D_2$
XCHGP	103	─[XCHGP D_1 D_2]─┤	
DXCHG	104	─[DXCHG D_1 D_2]─┤	
DXCHGP	105	─[DXCHGP D_1 D_2]─┤	

(8) BIN 사칙 연산

명 칭	Function NO.	심 벌	기 능
ADD	110	―[ADD S_1 S_2 Ⓓ]―|	Binary Add S_1+S_2 ――→ Ⓓ
ADDP	111	―[ADDP S_1 S_2 Ⓓ]―|	
DADD	112	―[DADD S_1 S_2 Ⓓ]―|	
DADDP	113	―[DADDP S_1 S_2 Ⓓ]―|	
SUB	114	―[SUB S_1 S_2 Ⓓ]―|	Binary Subtract S_1-S_2 ――→ Ⓓ
SUBP	115	―[SUBP S_1 S_2 Ⓓ]―|	
DSUB	116	―[DSUB S_1 S_2 Ⓓ]―|	
DSUBP	117	―[DSUBP S_1 S_2 Ⓓ]―|	
MUL	120	―[MUL S_1 S_2 Ⓓ]―|	Binary Multiply $S_1 \therefore S_2$ ――→ Ⓓ (하위) Ⓓ+1(상위)
MULP	121	―[MULP S_1 S_2 Ⓓ]―|	
DMUL	122	―[DMUL S_1 S_2 Ⓓ]―|	
DMULP	123	―[DMULP S_1 S_2 Ⓓ]―|	
DIV	124	―[DIV S_1 S_2 Ⓓ]―|	Binary Divide $S_1 \div S_2$ ――→ Ⓓ (몫) Ⓓ+1(나머지)
DIVP	125	―[DIVP S_1 S_2 Ⓓ]―|	
DDIV	126	―[DDIV S_1 S_2 Ⓓ]―|	
DDIVP	127	―[DDIVP S_1 S_2 Ⓓ]―|	
MULS	072	―[MULS S_1 S_2 Ⓓ]―|	$S_1 * S_2$ ――→ Ⓓ (하위) Ⓓ +1(상위) (signed 연산)
MULSP	073	―[MULSP S_1 S_2 Ⓓ]―|	
DMULS	076	―[DMULS S_1 S_2 Ⓓ]―|	
DMULSP	077	―[DMULSP S_1 S_2 Ⓓ]―|	

명 칭	Function NO.	심 벌	기 능
DIVS	088	─[DIVS S_1 S_2 Ⓓ]─	
DIVSP	089	─[DIVSP S_1 S_2 Ⓓ]─	$S_1 * S_2$ ──▶ Ⓓ (몫) Ⓓ +1(나머지)
DDIVS	128	─[DDIVS S_1 S_2 Ⓓ]─	(signed 연산)
DDIVSP	129	─[DDIVSP S_1 S_2 Ⓓ]─	

(9) BCD 사칙 연산

명 칭	Function NO.	심 벌	기 능
ADDB	130	─[ADDB S_1 S_2 Ⓓ]─	
ADDBP	131	─[ADDBP S_1 S_2 Ⓓ]─	BCD Add
DADDB	132	─[DADDB S_1 S_2 Ⓓ]─	S_1+S_2 ──▶ Ⓓ
DADDBP	133	─[DADDBP S_1 S_2 Ⓓ]─	
SUBB	134	─[SUBB S_1 S_2 Ⓓ]─	
SUBBP	135	─[SUBBP S_1 S_2 Ⓓ]─	BCD Subtract
DSUBB	136	─[DSUBB S_1 S_2 Ⓓ]─	S_1-S_2 ──▶ Ⓓ
DSUBBP	137	─[DSUBBP S_1 S_2 Ⓓ]─	
MULB	140	─[MULB S_1 S_2 Ⓓ]─	
MULBP	141	─[MULBP S_1 S_2 Ⓓ]─	BCD Multiply
DMULB	142	─[DMULB S_1 S_2 Ⓓ]─	$S_1 \therefore S_2$ ──▶ Ⓓ (하위) Ⓓ +1(상위)
DMULBP	143	─[DMULBP S_1 S_2 Ⓓ]─	
DIVB	144	─[DIVB S_1 S_2 Ⓓ]─	
DIVBP	145	─[DIVBP S_1 S_2 Ⓓ]─	BCD Divide
DDIVB	146	─[DDIVB S_1 S_2 Ⓓ]─	$S_1 \div S_2$ ──▶ Ⓓ (몫) Ⓓ +1(나머지)
DDIVBP	147	─[DDIVBP S_1 S_2 Ⓓ]─	

(10) 논리 연산

명 칭	Function NO.	심 벌	기 능
WAND	150	─[WAND S_1 S_2 Ⓓ]─	Word AND S_1 AND S_2 ──▶ Ⓓ
WANDP	151	─[WANDP S_1 S_2 Ⓓ]─	
DWAND	152	─[DWAND S_1 S_2 Ⓓ]─	
DWANDP	153	─[DWANDP S_1 S_2 Ⓓ]─	
WOR	154	─[WOR S_1 S_2 Ⓓ]─	Word OR S_1 OR S_2 ──▶ Ⓓ
WORP	155	─[WORP S_1 S_2 Ⓓ]─	
DWOR	156	─[DWOR S_1 S_2 Ⓓ]─	
DWORP	157	─[DWORP S_1 S_2 Ⓓ]─	
WXOR	160	─[WXOR S_1 S_2 Ⓓ]─	Word Exclusive OR S_1 XOR S_2 ──▶ Ⓓ
WXORP	161	─[WXORP S_1 S_2 Ⓓ]─	
DWXOR	162	─[DWXOR S_1 S_2 Ⓓ]─	
DWXORP	163	─[DWXORP S_1 S_2 Ⓓ]─	
WXNR	164	─[WXNR S_1 S_2 Ⓓ]─	Word Exclusive NOR S_1 XNR S_2 ──▶ Ⓓ
WXNRP	165	─[WXNRP S_1 S_2 Ⓓ]─	
DWXNR	166	─[DWXNR S_1 S_2 Ⓓ]─	
DWXNRP	167	─[DWXNRP S_1 S_2 Ⓓ]─	

(11) 표시 명령

명 칭	Function NO.	심 벌	기 능
SEG	174	─[SEG S Ⓓ CW]─	7 Segment 표시 출력
SEGP	175	─[SEGP S Ⓓ CW]─	

명 칭	Function NO.	심 벌	기 능
ASC	190	─[ASC S Ⓓ CW]─┤	ASCII 코드로 변환
ASCP	191	─[ASCP S Ⓓ CW]─┤	

(12) 시스템 명령

명 칭	Function NO.	심 벌	기 능
FALS	204	─[FALS n]─┤	자기진단(고장표시)
DUTY	205	─[DUTY Ⓓ n_1 n_2]─┤	n_1 스캔동안 On, n_2 스캔동안 Off
WDT	202	─[WDT]─┤	Watch Dog Timer Clear
WDTP	203	─[WDTP]─┤	
OUTOFF	208	─[OUTOFF]─┤	전출력 Off
STOP	008	─[STOP]─┤	PLC 운전을 종료

(13) 처리 명령

명 칭	Function NO.	심 벌	기 능
BSUM	170	─[BSUM S Ⓓ]─┤	Bit Summary Word 내의 Data 중 "1"의 개수 Count
BSUMP	171	─[BSUMP S Ⓓ]─┤	
DBSUM	172	─[DBSUM S Ⓓ]─┤	
DBSUMP	173	─[DBSUMP S Ⓓ]─┤	
ENCO	176	─[ENCO S Ⓓ Z]─┤	Encode
ENCOP	177	─[ENCOP S Ⓓ Z]─┤	
DECO	178	─[DECO S Ⓓ Z]─┤	Decode
DECOP	179	─[DECOP S Ⓓ Z]─┤	

명 칭	Function NO.	심 벌	기 능
FILR	180	[FILR S Ⓓ Z]	File Table Read
FILRP	181	[FILRP S Ⓓ Z]	
DFILR	182	[DFILR S Ⓓ Z]	
DFILRP	183	[DFILRP S Ⓓ Z]	
FILW	184	[FILW S Ⓓ Z]	File Table Write
FILWP	185	[FILWP S Ⓓ Z]	
DFILW	186	[DFILW S Ⓓ Z]	
DFILWP	187	[DFILWP S Ⓓ Z]	
DIS	194	[DIS S Ⓓ Z]	데이터 Distribution(분산) · Nibble 단위(4비트)
DISP	195	[DISP S Ⓓ Z]	
UNI	192	[UNI S Ⓓ Z]	데이터 Union(결합) · Nibble 단위(4비트)
UNIP	193	[UNIP S Ⓓ Z]	
IORF	200	[IORF S_1 S_2]	I/O Refresh
IORFP	201	[IORFP S_1 S_2]	

(14) 분기 명령

명 칭	Function NO.	심 벌	기 능
JMP	012	[JMP n]	Jump
JME	013	[JME n]	Jump End
CALL	014	[CALL n]	Subroutine Call
CALLP	015	[CALLP n]	
SBRT	016	[SBRT n]	Subroutine
RET	004	[RET]	Retum

(15) Loop 명령

명 칭	Function NO.	심 벌	기 능
FOR	206	─[FOR n]─┤	반복실행
NEXT	207	─[NEXT]─┤	
BREAK	220	─[BREAK]─┤	For~Next Loop를 빠져 나옴

(16) 캐리 플래그 관련 명령

명 칭	Function NO.	심 벌	기 능
STC	002	─[STC]─┤	Set 캐리 플래그
CLC	003	─[CLC]─┤	클리어 캐리 플래그

(17) 에러 플래그 Reset 명령

명 칭	Function NO.	심 벌	기 능
CLE	009	──[CLE]─┤	에러 래치 플래그인 F115를 클리어

(18) 특수 모듈 관련 명령

명 칭	Function NO.	심 벌	기 능
GET	230	─[GET n N D n]┤	특수 모듈 공용 RAM으로 데이터 Read (CPU←공용RAM) ↑ 데이터
GETP	231	─[GETP n N D n]┤	
PUT	234	─[PUT n N S n]┤	특수 모듈 공용 RAM으로 데이터 Write (CPU←공용RAM) ↑ 데이터
PUTP	235	─[PUTP n N S n]┤	

(19) 데이터 링크 관련 명령

명 칭	Function NO.	심 벌	기 능
READ	244	─[READ t s D S n X]─	FUEA 모듈을 이용하여 지정국번 모듈 데이터를 Read
WRITE	245	─[WRITE t s S D n X]─	FUEA 모듈을 이용하여 지정국번 모듈에 데이터를 Write
RGET	232	─[RGET t s D S n X]─	FUEA 모듈을 이용하여 Remote 국에 정착된 모듈 데이터를 Read
RPUT	233	─[RPUT t s S D n X]─	FUEA 모듈을 이용하여 Remote 국에 정착된 모듈 데이터 Write
CONN (MINIMAP)	246	──[CONN t s X]─	[MiniMap 전용명령] 통신국과의 통신채널 설립을 위해서 사용
STATUS	247	──[STATUS t s DX]─	상대국의 상태를 알고자 할 때 사용

(20) 인터럽트 관련 명령

명 칭	Function NO.	심 벌	기 능
EI	238	─[EI n]─	인터럽트 허가(채널별)
DI	239	─[DI n]─	인터럽트 금지(채널별)
EI	221	─[EI]─	인터럽트 허가(전체널)
DI	222	─[DI]─	인터럽트 금지(전체널)
TDINT n	226	─[TDINT n]─	정주기 인터럽트
INT n	227	─[INT n]─	외부입력 인터럽트
IRET	228	─[IRET]─	인터럽트 루틴(Routine) 종료 표시

(21) 부호 반전 명령

명 칭	Function NO.	심 벌	기 능
NEG	240	[NEG Ⓓ]	Ⓓ로 지정된 영역의 내용을 2의 보수 값을 Ⓓ영역에 저장
NEGP	241	[NEGP Ⓓ]	
DNEG	242	[DNEG Ⓓ]	
DNEGP	243	[DNEGP Ⓓ]	

(22) 데이터 레지스터(D) 영역 비트 제어 명령

명 칭	Function NO.	심 벌	기 능
BLD	248	[B D N]	Device D영역의 N번째 비트를 현재의 연산결과로 한다.
BLDN	249	[BN D N]	Device D영역의 N번째 비트를 반전하여 현재의 연산결과로 한다.
BAND	250	─┤├─[B D N]	Device D영역의 N번째 비트를 현재의 연산결과와 AND 한다.
BANDN	251	─┤├─[BN D N]	Device D영역의 N번째 비트를 반전하여 현재의 연산결과와 AND 한다.
BOR	252	┤├ 병렬 [B D N]	Device D영역의 N번째 비트를 현재의 연산 결과와 OR 한다.
BORN	253	┤├ 병렬 [BN D N]	Device D영역의 N번째 비트를 반전하여 현재의 연산결과와 OR한다.
BOUT	236	[BOUT D N]	Device D영역의 N번째 비트를 현재의 연산결과로 출력한다.
BSET	223	[BSET D N]	조건 만족 시 Device D영역의 N번째 비트를 Set한다.
BRST	224	[BRST D N]	조건 만족 시 Device D영역의 N번째 비트를 Reset한다.

연 습 문 제

1. MASTER-K PLC의 특징과 기본 구성에 대하여 설명하시오.

2. MASTER-K PLC의 시스템 구성에 대하여 설명하시오.

3. MASTER-K PLC의 입출력 메모리의 할당에 대하여 설명하시오.

4. MASTER-K PLC의 내부 메모리의 구조에 대하여 설명하시오.

5. MASTER-K PLC의 내부 메모리 종류에 대하여 설명하시오.

6. MASTER-K 80S의 메모리의 구성에 대하여 설명하시오.

7. MASTER-K 1000S의 메모리의 구성에 대하여 설명하시오.

8. 핸디로더의 기능에 대하여 설명하시오.

9. 핸디로더의 각 키보드 기능에 대하여 설명하시오.

10. 핸디로더의 이용하여 프로그램을 입력하는 방법을 설명하시오.

11. MASTER-K PLC의 기본 명령어의 종류를 열거하고 그 기능을 설명하시오.

12. MASTER-K PLC의 응용 명령어의 종류를 열거하고 그 기능을 설명하시오.

제 3 장 KGLWIN 사용하기

3.1 KGLWIN의 특징

KGLWIN은 MASTER-K 시리즈 전기종에 대해서 프로그램을 작성하고, 디버깅하는 소프트웨어 툴이며 다음과 같은 특징을 갖고 있다.

① MASTER-K 시리즈간의 프로그램 호환기능 : MASTER-K 시리즈 전기종에서 작성한 프로그램을 간단하게 기종변환하여 사용할 수 있다.

② 프로젝트 단위의 PLC 시스템 구성 : 프로그램 및 파라미터와 변수/설명문을 모두 프로젝트에 포함시켜 프로젝트 단위로 파일을 관리하며, 필요에 따라 프로그램, 파라미터, 변수/설명문을 별도의 파일로 보관하거나, 보관된 파일을 사용해 프로젝트를 구성할 수 있다.

③ 편리한 인터페이스 : 프로그램의 편집 및 수정이 용이하고, PLC와 다양한 방식의 접속기능을 지원한다. 그 밖의 사용자의 편의를 극대화 시키기 의한 풍부한 기능을 보유하고 있다.

④ 온라인 편집지원 : 런 중 프로그램의 수정이 가능하며, 프로그램의 편집이나 수정 후에 프로그램을 다운로드하지 않아도 자동으로 프로그램이 PLC에 다운로드되는 온 라인 편집을 할 수 있다.

⑤ 풍부한 PLC 정보 읽기 : PLC의 에러상황 및 네트워크 연결 상태 등 PLC의 상태를 다양하게 모니터 할 수 있으며, 프로그램에서도 사용할 수 있다.

⑥ KGL-DOS 및 GSIKGL과의 호환성 : KGL-DOS 및 GSIKGL에서 작성한 프로그램 및 파라미터, 변수/설명문을 KGLWIN에서 사용할 수 있다.

⑦ 다양한 디버그 기능의 지원 : 각종 디버그 기능이 풍부하며, 트리거 기능(K80S/200S/300S/1000S 시리즈)을 구현하여 정확한 시스템 진단을 용이하게 할 수 있다.

3.2 PLC와의 접속방법

KGLWIN과 PLC의 접속은 접속 방식과 접속 단계 2가지 옵션을 지정해 주어야 한다. 접속 방식에는 RS-232C를 이용한 접속, 모뎀을 이용한 접속, 통신 모듈(PC용 MK Fnet/Mnet 보드)을 이용한 접속의 3가지 방식이 있으며, 접속단계는 로컬 접속, 리모트 1단, 리모트 2단의 3가지 단계가 있다.

(1) RS-232C를 이용한 접속

① MASTER-K 전 기종에 해당되는 연결 방식이다.

② RS-232C 케이블을 그림 3-1과 같이 컴퓨터의 시리얼 통신포트(COM1~COM4)를 통해 PLC와 직접 접속한다.

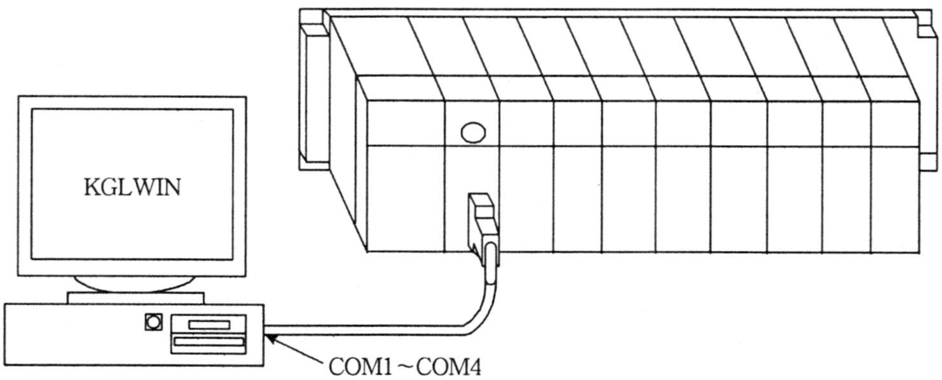

• • 그림 3-1 RS-232C 케이블을 이용한 접속 • •

③ 9핀대 9핀의 케이블의 접속규격은 그림 3-2와 같다.

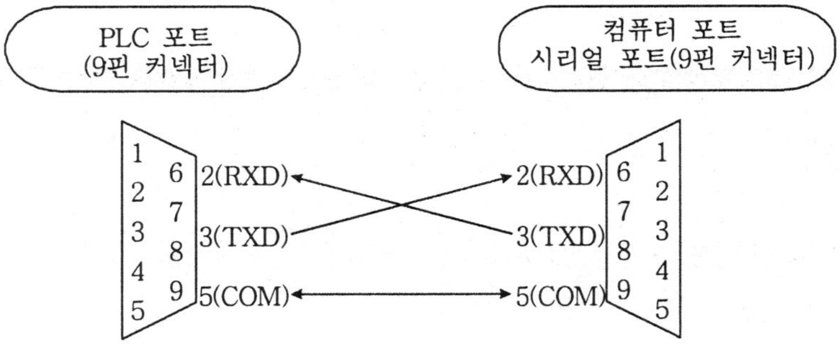

• • 그림 3-2 9핀 커넥터의 접속 방법 • •

3.3 화면구성 및 메뉴

3.3.1 전체 화면 구성

KGLWIN의 전체 화면은 다음과 같이 이루어져 있다.

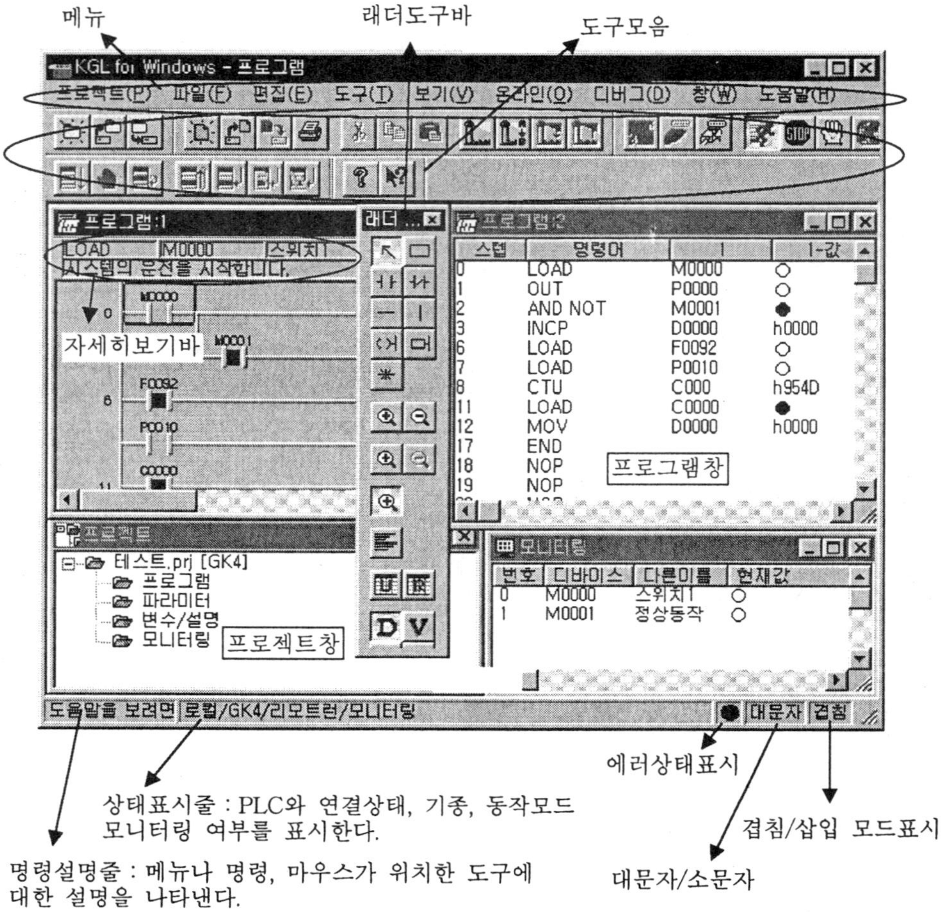

3.3.2 메뉴 설명

① 메뉴를 선택하면 명령들이 나타나고, 원하는 명령을 마우스 또는 키로 선택하면 명령을 실행할 수 있다. 생략기호(…)가 붙은 명령을 선택하면 하위의 대화상자가 나타나며, ▶가 붙은 명령은 하위 명령을 가진 명령이다.

② 단축키(Ctrl+X, Ctrl+C)가 있는 메뉴인 경우에는 단축키를 눌러서 직접 명령을 선택할 수 있다.

(1) 프로젝트

명 령		설 명
새 프로젝트		프로젝트를 처음 생성 한다.
프로젝트 열기		기존의 프로젝트를 연다.
프로젝트 저장		프로젝트를 저장한다.
다른 이름으로 저장		프로젝트를 다른 이름으로 저장한다.
프로젝트 닫기		프로젝트를 닫는다.
이진파일	읽기	이진파일을 읽는다.
	쓰기	프로젝트의 프로그램/파라미터를 이진파일로 만든다.
별도파일로 아이템 저장 ▶		프로그램, 파라미터, 변수/설명문을 파일로 저장한다.
별도파일로 아이템 변경 ▶		프로그램, 파라미터, 변수/설명문을 다른 파일로 변경한다.
옵션		KGLWIN의 각종 옵션을 설정한다.
인쇄 Ctrl+P		활성화되어 있는 창의 내용을 인쇄한다.
미리보기		프린트 내용을 미리 본다.
프로젝트 인쇄		편집중인 프로젝트를 인쇄한다.
프린터 설정		프린터 옵션을 설정한다.
1. 새프로젝트 1.kpr		최근 작업 프로젝트를 작업하는 차례로 나타낸다.
종료		KGLWIN을 끝마친다.

(2) 파일

명 령		설 명
새 파일	Ctrl+N	파일을 처음 생성한다.
열기	Ctrl+O	기존의 파일을 연다.
저장	Ctrl+S	활성화된 창의 파일을 저장한다.
다른 이름으로 저장		프로그램을 다른 이름으로 저장한다.
최근 파일		최근 사용한 프로그램 파일을 나타낸다.

(3) 편집

명 령		설 명
잘라 내기	Ctrl+X	블록을 잡아 삭제하면 클립보드에 복사한다.
복사	Ctrl+C	블록을 잡아 클립보드에 복사한다.
붙여 넣기	Ctrl+V	클립보드로부터 편집창에 복사한다.
지우기	DEL	블록을 잡아 삭제한다.
삽입모드	Insert	커서가 삽입모드로 변환한다.

명 령		설 명
라인 삽입	Ctrl+M	커서가 위치한 라인 아래에 라인을 삽입한다.
라인 삭제	Ctrl+U	커서가 위치한 라인을 삭제한다.
렁 커멘트 편집	Ctrl+E	커서가 위치한 렁의 커멘트를 편집한다.
블록 설정		블록을 설정한다.
프로그램 최적화		래더 프로그램을 최적화 시켜준다.
찾기	Ctrl+F	원하는 문자열을 찾는다.
바꾸기	Ctrl+H	원하는 문자열을 찾아 새로운 문자로 바꾼다.
다시 찾기	Ctrl+F3	이전에 실행한 찾기(Find) 또는 바꾸기(Replace)를 반복 실행
역방향 찾기	Ctrl+B	역방향으로 원하는 문자열을 찾는다.
스텝찾기	Ctrl+G	원하는 위치로 커서를 이동한다.

(4) 도구(래더 프로그램 창에서만 가능)

명 령	설 명
화살표	화살표 모드로 전환한다.
영역	블록설정 모드로 전환한다.
평상시 열린접점 F3	평상시 열린접점 선택모드로 전환한다.
평상시 닫힌접점 F4	평상시 닫힌접점 선택모드로 전환한다.
수평선 F5	수평선 선택모드로 전환한다.
수직선 F6	수직선 선택모드로 전환한다.
출력명령 F9	출력코일 선택모드로 전환한다.
응용명령 F10	응용명령 선택모드로 전환한다.
반전명령 N	반전명령 선택모드로 전환한다.

(5) 보기

명 령		설 명
니모닉/래터	Ctrl+Space	프로그램창을 니모닉, 래더로 변경한다.
디바이스명		디바이스명 보기 모드로 전환한다.
변수명		변수명 보기 모드로 전환한다.
디바이스와 변수명		디바이스명과 변수명을 함께 보여준다.
디바이스와 설명문		디바이스명과 설명문을 함께 보여준다.
사용된 디바이스		사용된 디바이스를 보여준다.
디바이스 참조		사용된 디바이스의 스텝수의 명령어를 보여준다.
프로그램 검사(래더)		래더 프로그램에서 프로그램의 오류를 찾아준다.

명 령	설 명
접점수 변경(래더)	한 렁에 입력가능한 접점수를 변경한다(최소 8~최대 30)
화면 확대/축소(래더)	래더 프로그램창의 화면을 축소/확대하는 기능이다.
툴바	래더도구바, 자세히보기바, 명령어리스터바 등을 보이기/숨기기로 실행한다.
프로젝트창	프로젝트창을 Enable/Disable 시킨다.
메시지창	메시지창을 Enable/Disable 시킨다.
HEX형식 모니터	모니터시 HEX 값으로 표시된다.

(6) 온라인

명 령		설 명
접속+쓰기+모드전환(런)+모니터 시작 Ctrl+R		KGLWIN과 옵션에서 지정한 PLC를 접속시켜 사용자가 작성한 프로그램을 PLC에 쓴 후 런모드로 전환 후 모니터링을 시작한다.
접속		KGLWIN과 옵션에서 지정한 PLC를 접속시킨다.
접속 끊기		KGLWIN과 PLC 접속을 해제한다.
모니터		프로그램을 모니터링 한다./모니터링을 끝낸다.
모드 변환	런	PLC 모드를 런으로 전환한다.
	스톱	PLC 모드를 스톱으로 전환한다.
	일시정지	PLC 모드를 일시 정지 시킨다.
	디버그	PLC 모드를 디버그로 전환한다.
PLC 정보 읽기	시스템 모니터	I/O 모듈의 On/Off 정보를 모니터 한다.
	PLC 정보	PLC의 종류, O/S버전 및 에러상태를 모니터 한다.
	I/O 정보	I/O 모듈의 종류 및 특수 모듈의 버전을 모니터 한다.
	링크 정보	링크 정보를 모니터 한다.
	Mnet 정보	Mnet 정보를 모니터 한다.
	고속링크 파라미터	고속링크 파라미터 상태를 모니터 한다.
정보 쓰기	시계정보	PLC의 시계정보를 모니터 하거나 변경한다.
	비밀번호 변경	PLC의 비밀번호를 변경한다.
	Mnet 파라미터	Mnet 파라미터를 설정한다.
	FSM 비상출력	FSM 비상출력값을 설정한다.
다운로드		PLC로 프로그램/파라미터를 다운로드 한다.
업로드		PLC로 부터 프로그램/파라미터를 업로드 한다.
일치확인		PLC와 편집중인 프로젝트의 프로그램/파라미터의 일치를 확인한다.

명 령		설 명
지우기	데이터	디바이스값을 0으로 한다.
	프로그램/파라미터	프로그램을 지우고 파라미터를 디폴트 값으로 한다.
플래시 메모리	읽기	플래시 메모리의 프로그램/파라미터를 읽는다.
	쓰기	플래시 메모리의 프로그램/파라미터를 쓴다.
	일치확인	플래시 메모리와 PLC의 프로그램/파라미터가 일치하는지를 확인한다.
EPROM	타입 설정	EPROM에 타입을 설정한다.
	쓰기	EPROM에 데이터를 쓴다.
	읽기	EPROM의 데이터를 읽는다.
	일치확인	EPROM과 PLC의 데이터가 일치하는지 확인한다.
	BLANK 확인	EPROM이 BLANK인지를 확인한다.

(7) 디버그

명 령	설 명
트레이스 Ctrl+T	한 스텝씩 런 시킨다.
실행	마지막으로 설정된 브레이크 조건으로 디버그를 실행한다.
중지	실행중인 디버그를 중지시킨다.
스텝까지 실행	원하는 스텝까지 디버그를 실행시킨다.
스캔만큼 실행	원하는 스캔만큼 디버그를 실행시킨다.
비트값까지 실행	비트값이 설정치가 될 때까지 실행시킨다.
워드값까지 실행	워드값이 설정치가 될 때까지 실행시킨다.
현재값 변경 Ctrl+I	디바이스의 현재값을 변경한다.
강제 I/O허용	강제 I/O설정을 허용한다.
강제 I/O설정	강제 I/O를 설정한다.
샘플링 트레이스	샘플링 트레이스를 실행한다.
트리거	트리거를 실행한다.

(8) 창

명 령	설 명
새창	현재 활성화 된 창을 새로이 하나의 창으로 연다.
계단식	KGLWIN에 속해 있는 여러 창들을 계단식으로 배열한다.
수평 바둑판식	KGLWIN에 속해 있는 여러 창들을 수평 배열한다.

명 령	설 명
수직 바둑판식	KGLWIN에 속해 있는 여러 창들을 수직 배열한다.
아이콘 정렬	KGLWIN에 속해 있는 아이콘들을 정열한다.
1. 프로그램[파일이름]	현재 활성화되어 있는 프로그램 창을 나타낸다.

(9) 도움말

명 령	설 명
KGLWIN 도움말	KGLWIN의 도움말 항목(목차, 색인)을 보여준다.
명령어 도움말 찾기	커서가 위치한 곳의 명령에 대한 도움말을 보여준다.
도움말 사용법	도움말 사용법을 보여준다.
LG산전 홈페이지	LG산전 홈페이지로 링크된다.
KGLWIN 정보	KGLWIN의 버전, 회사명 등의 정보를 나타낸다.

3.3.3 도구 모음

① KGLWIN에서는 현재 자주 사용되는 메뉴들을 단축 형태인 도구로 제공하고 있다.

② KGLWIN의 기본화면에서 사용하는 도구모음 및 명령이다.

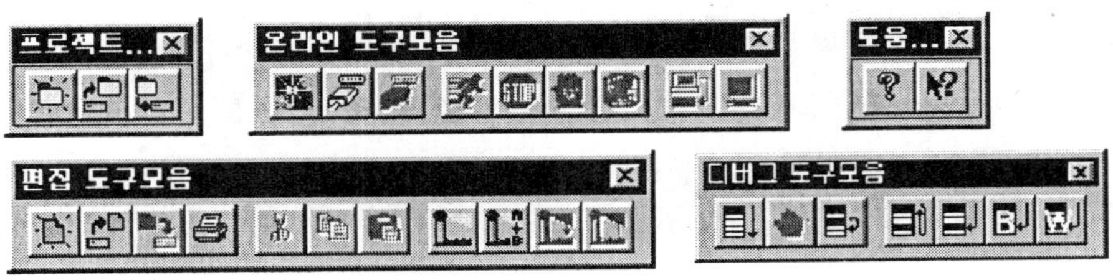

도 구	명 령	도 구	명 령
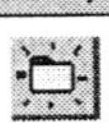	새 프로젝트		접속
	프로젝트 열기		접속 끊기
	프로젝트 저장	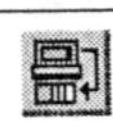	다운로드
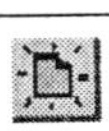	새 파일		모니터 시작/끝
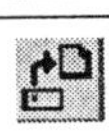	파일 열기	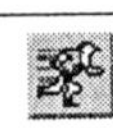	런

도 구	명 령	도 구	명 령
	파일 저장		스톱
	인쇄		일시 정지
	잘라내기		디버그 시작
	복사하기		디버그 런
	붙여넣기		디버그 정지
	찾기		트레이스
	바꾸기		스캔 만큼 실행
	다시 찾기		스텝 만큼 실행
	역방향 찾기		비트값 만큼 실행
	접속+다운로드+런+모니터 시작		워드값 만큼 실행

3.4 프로젝트 및 프로그램 작성

3.4.1 프로젝트의 개념 및 PLC기종 변경

① 프로젝트는 KGL과 PLC를 연결시키기 위한 정보와 PLC의 사용자 프로그램, 파라미터 및 변수/설명문을 관리하기 위한 기본 파일이다.

② KGLWIN은 프로젝트의 개념으로 PLC의 사용자 프로그램을 관리한다.

③ 프로젝트 이름 옆에 PLC의 기종이 나타난다. 기종을 변경하려면 마우스 오른쪽 단추를 클릭하여 등록 정보를 선택한 후, 원하는 기종을 선택하면 된다.

프로젝트의 PLC 기종을 변경할 때 사용한다.

④ 프로젝트는 3개의 아이템(프로그램, 파리미터, 변수/설명문)으로 이루어져 있으며, 모니터링은 창을 열 때 사용한다. 각각의 아이템들은 별도의 파일로 저장할 수 있다.

⑤ 저장된 프로그램, 파라미터, 변수/설명문은 파일로 관리되며, 프로젝트를 만들 경우나 다른 프로젝트에서 불러들여 사용할 수 있다.

⑥ 프로젝트에는 프로그램, 파라미터 및 디바이스 변수/설명 외에도 PLC기종, KGL의 화면 구성 및 모니터링을 위해 등록한 여러 가지 정보들을 함께 저장한다. 따라서 프로젝트를 저장한 후에 다시 열면, 프로젝트를 저장하기 직전의 작업 상태로 창들이 열린다.

⑦ 프로젝트는 *.KPR 파일로 저장된다.

【참고】

① 구 버전의 KGLWIN(버전 2.0이하)에서는 프로젝트의 확장자가 *.PRJ로 관리되었으나 버전 2.0이후의 프로젝트는 *.KPR로 관리한다.

② *.PRJ와 *.KPR 두가지 타입의 프로젝트는 이름만 틀리고 기능면에서는 모두 동일하다. 서로 혼용해서 사용해도 상관없다.

3.4.2 프로젝트 만들기

① KGLWIN의 초기화면에서 메뉴 프로젝트-새프로젝트 (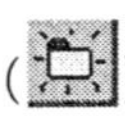)를 선택한다.

② 처음 프로젝트를 만들 때는 기본 프로젝트 생성을 선택한다.

③ 확인 단추를 누르고, 프로젝트 정보를 설정하는 대화상자에서 PLC 기종과 프로그램 언어의 종류 및 제목, 회사, 저자, 설명을 입력한다.

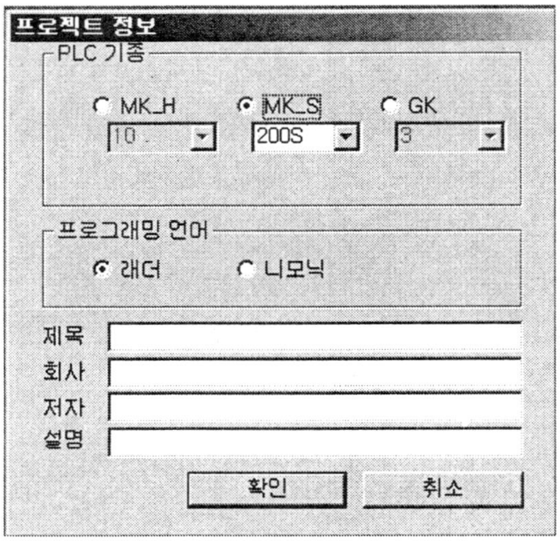

④ 확인 단추를 누르면 자동으로 프로젝트, 메시지, 프로그램 창이 열린다.

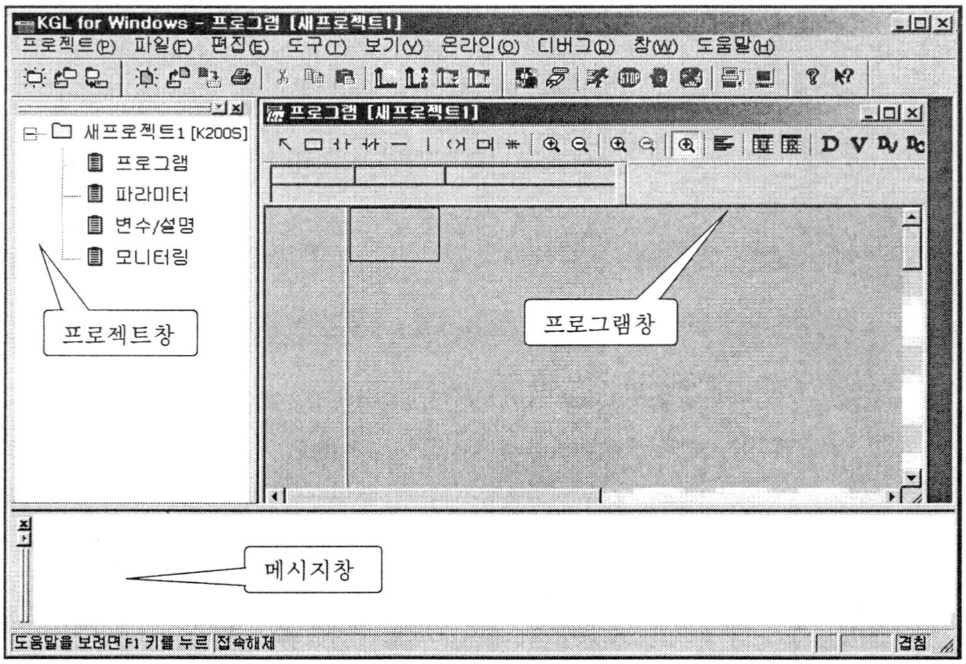

⑤ 기존 파일로부터 생성, DOS KGL 파일로부터 생성, GSIKGL로부터 생성은 기존의 파일을 이용해 프로젝트를 만드는 경우이다.

3.4.3 래더 프로그램 작성하기

① 평상시 열린 접점 도구단추(-| |-⇒F3키)를 선택한 후 원하는 위치에 커서를 위치시킨다.

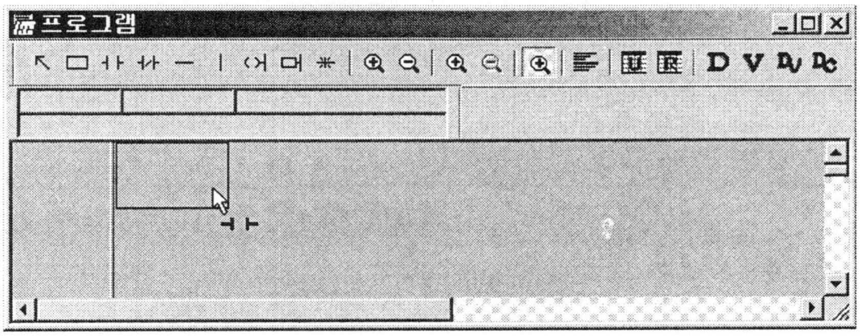

② 왼쪽 마우스를 단추에 클릭하거나 엔터키를 치면 다음과 같이 접점 입력 대화상자가 나타난다.

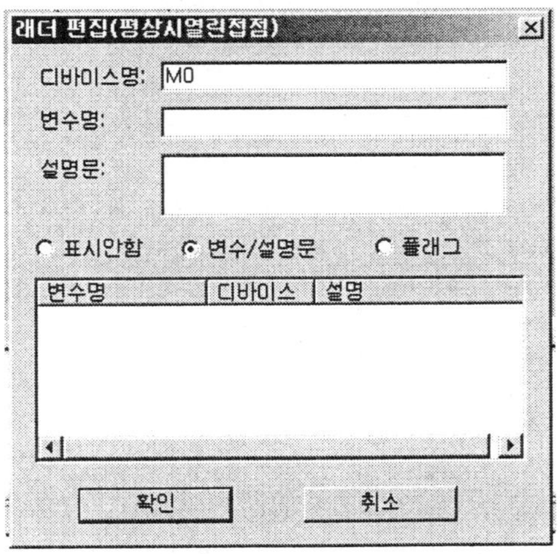

③ 입력하고자 하는 디바이스 값(M0000)을 입력하고 확인 단추를 클릭하거나, 엔터키를 치면 다음과 같이 접점이 입력된다.(변수, 설명문 입력 및 수정도 가능하다.)

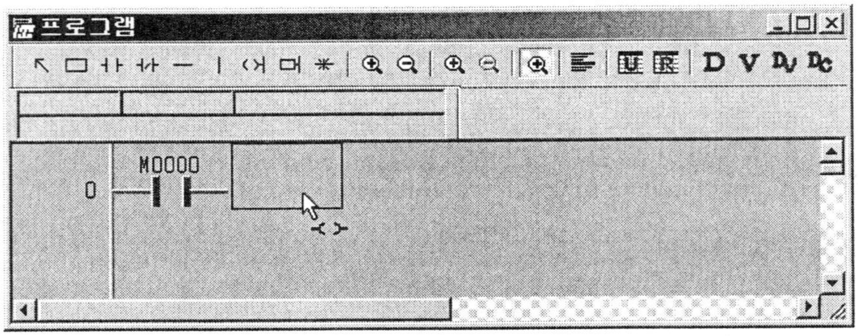

④ 출력코일 도구단추(‹› ⇒F9키)를 선택하고, 커서를 접점 다음칸에 위치시킨 후, 마우스를 클릭하거나 엔터키를 치면 출력코일 입력 대화상자가 나타난다.

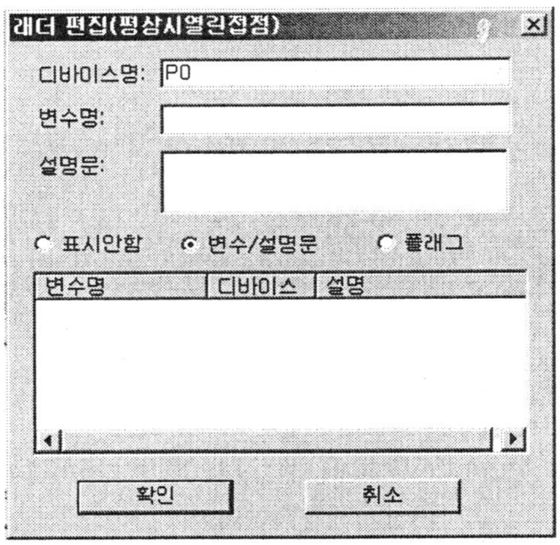

⑤ 출력하고자 하는 출력코일(P0000)을 입력한 후, 확인 단추를 누르거나 엔터키를 친다.

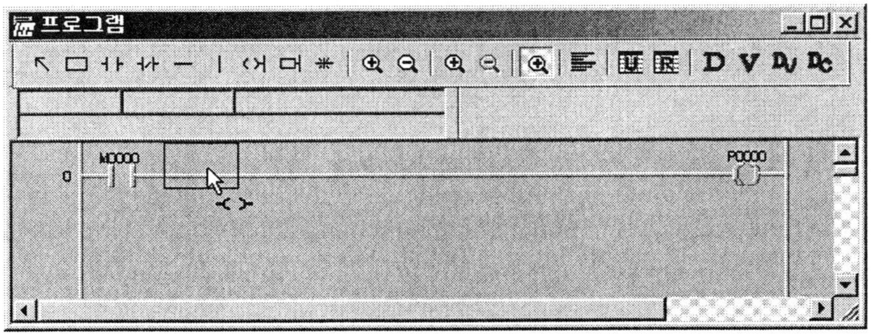

⑥ 래더 도구모음의 수직선입력 도구단추(| ⇒F6키)를 선택하고, 커서의 위치에서 클릭하면 다음과 같이 수직선이 입력된다.

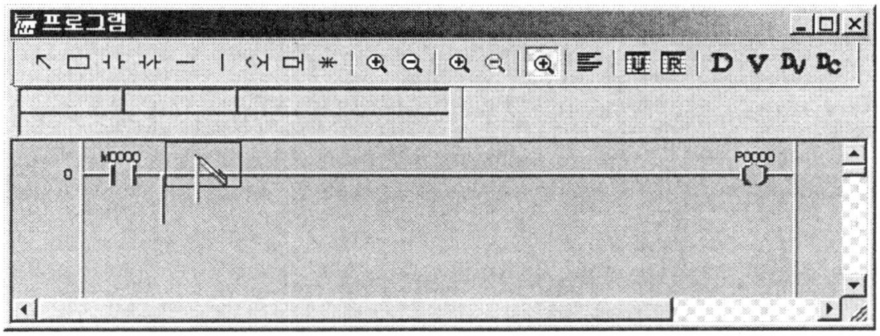

⑦ 수직선을 지울 때는 방향키를 이용하여 선택한 후 Delete키를 누르거나 (backspace키)를 사용한다.

⑧ 커서를 한 렁 아래에 위치시키고, 평상시 닫힌 접점 도구단추(⊣/⊢키)를 선택한 마우스를 클릭하여 닫힌 접점 입력 대화상자를 연다.

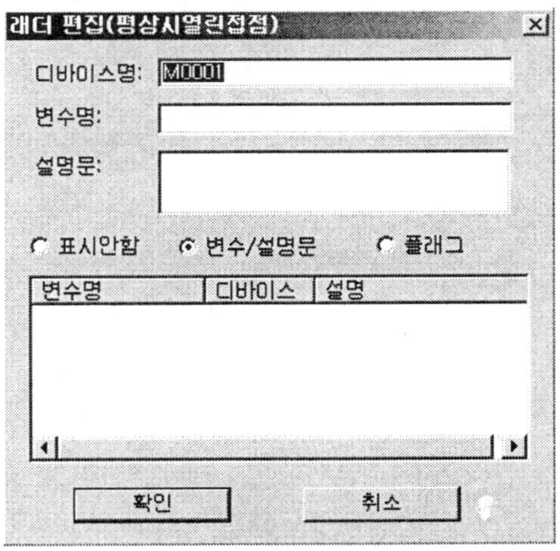

⑨ 디바이스(M0001)을 입력한 후, 확인 단추를 누르거나 엔터키를 치면 다음과 같이 닫힌 접점이 입력된다.

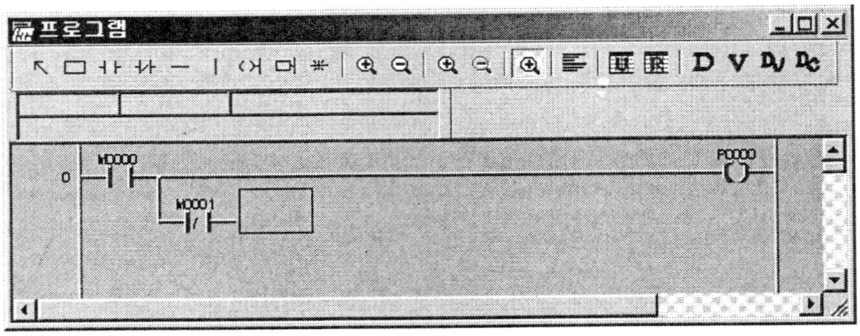

⑩ 응용명령 도구단추(메⇒F10키)를 선택한 후, 커서의 위치에서 마우스를 클릭한다.

⑪ 응용명령 입력 대화상자에 원하는 응용명령(INCP D0000)을 입력하거나 명령을 선택한후 더블클릭을 한 후 디바이스를 입력한다.

⑫ 확인 단추를 클릭하면 다음과 같이 응용명령이 입력된다.

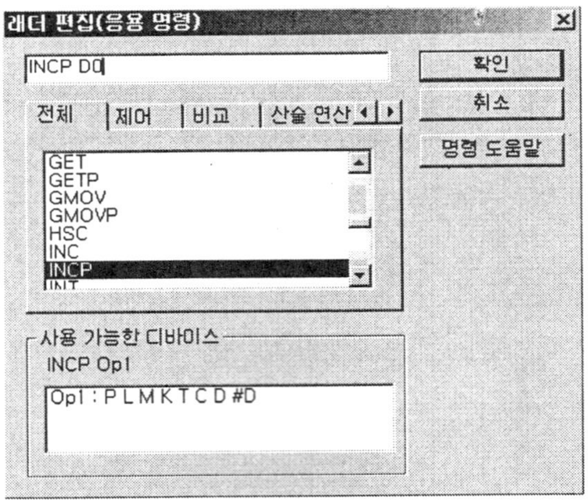

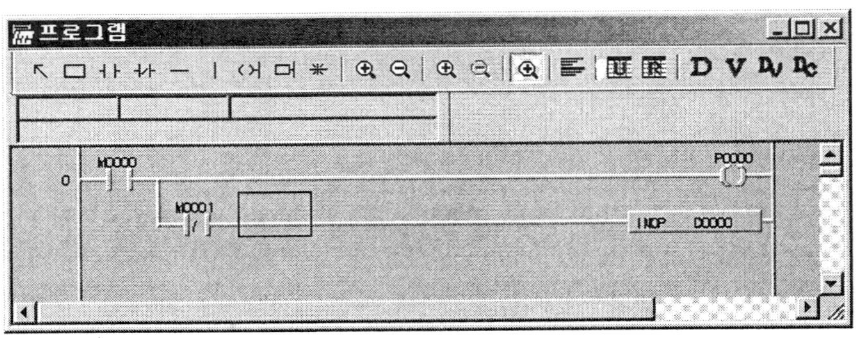

⑬ 사용 가능한 디바이스를 벗어난 입력이 들어오면 아래와 같은 메시지 창이 나타난다.

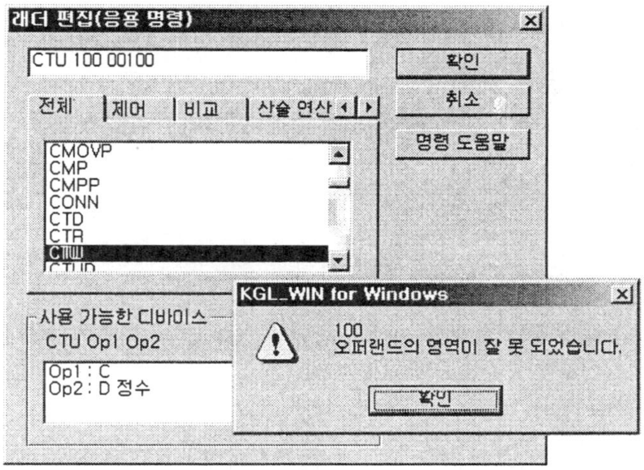

⑭ 다음 렁의 처음위치에서 평상시 열린접점 도구단추(┤├) 선택하고, F93(1초 클릭)을 입력한다.

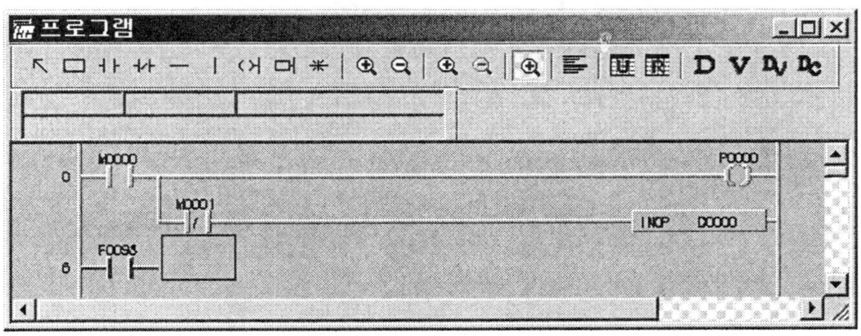

⑮ 응용명령 도구단추(ㅁ)를 선택한 후, "CTU C000 100"을 입력한다.

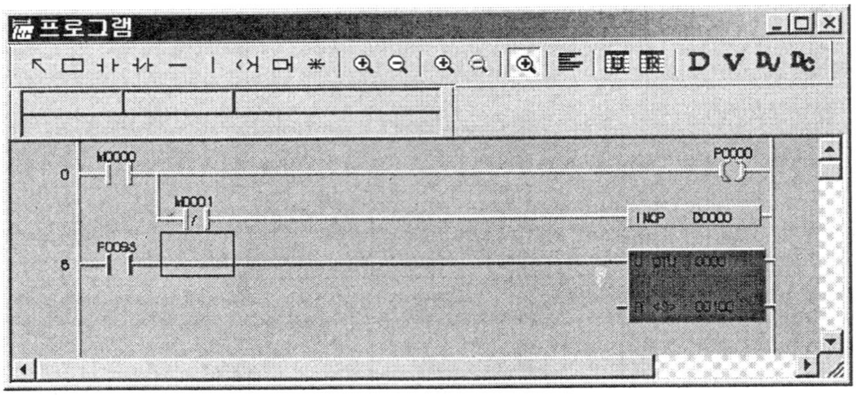

⑯ 리셋 접점을 입력하기 위해 열린접점 도구단추(┤├)를 선택하고 접점(P0010)을 입력한다.

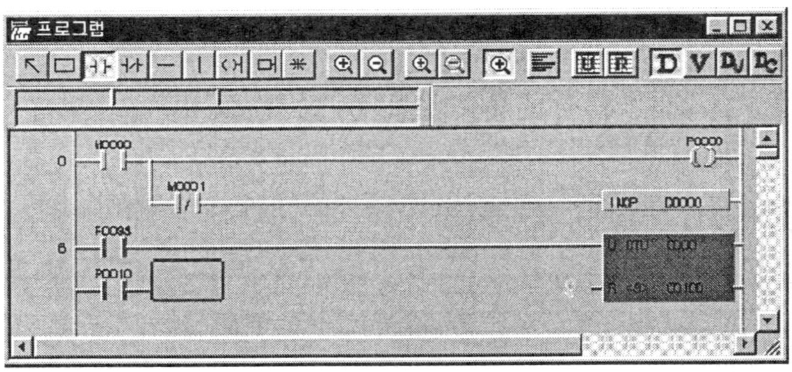

⑰ 미완성된 래더를 완성시키기 위해 수평선 도구단추(─⇒F5키)를 선택하고 연결되지 않은 부분을 연결시켜 준다.

⑱ 커서를 닫힌 접점 아래에 위치시킨 후, 응용명령 도구단추(ㅁ)선택하고 응용명령 입력 대화상자에 END를 입력시킨다.

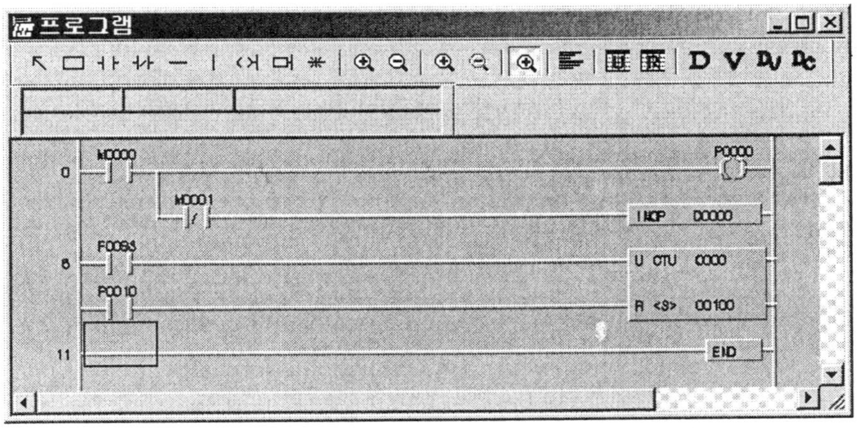

3.4.4 니모닉 프로그램의 작성

① 래더 프로그램 창에서 메뉴 보기-니모닉를 클릭하면, 니모닉 프로그램 화면이 나타난다.

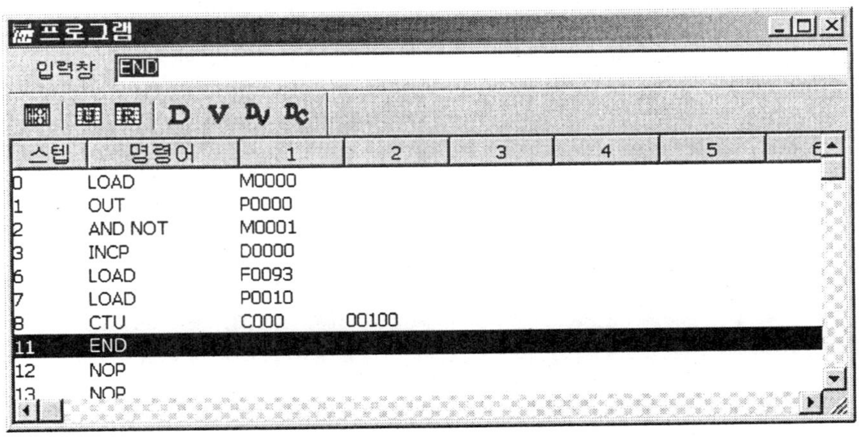

스텝	명령어	1	2
0	LOAD	M0000	
1	OUT	P0000	
2	AND NOT	M0001	
3	INCP	D0000	
6	LOAD	F0093	
7	LOAD	P0010	
8	CTU	C000	00100
11	END		
12	NOP		
13	NOP		

② 니모닉 프로그램을 편집하려면, 편집하려는 스텝에 선택 바를 위치시킨다.

③ 니모닉 프로그램 입력창에서 명령어(LOAD C0000)을 입력한다.

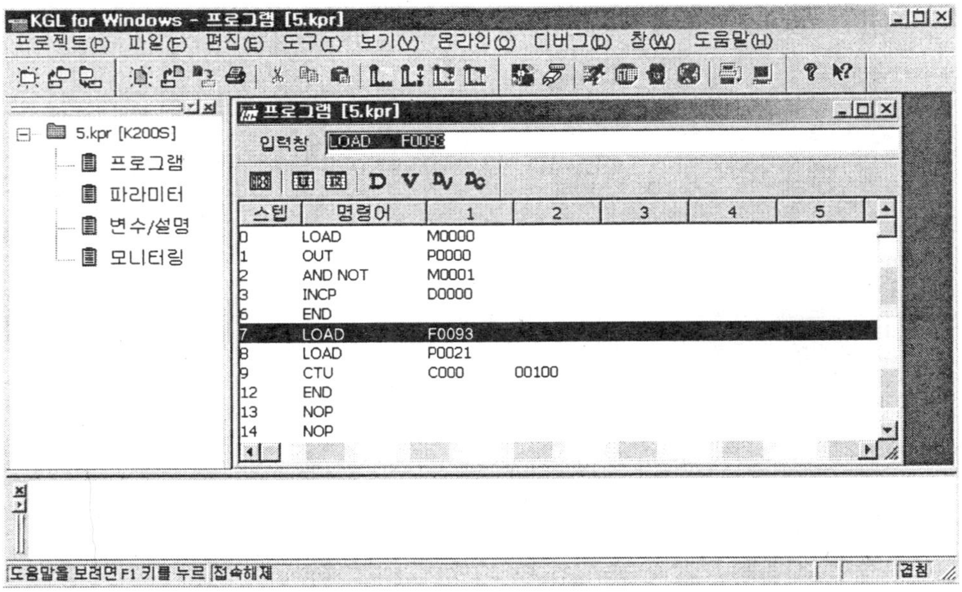

④ 입력 후, 엔터키를 치면, 키보드의 편집모드가 겹침이므로 기존의 END 명령은 삭제되고, LOAD C0000이 입력된다.

⑤ 만일 키보드의 Insert키를 눌러 삽입모드에서 입력하면, END명령은 삭제되지 않는다.

⑥ 계속해서 MOV D0 D1000을 입력하고, END를 입력한다.

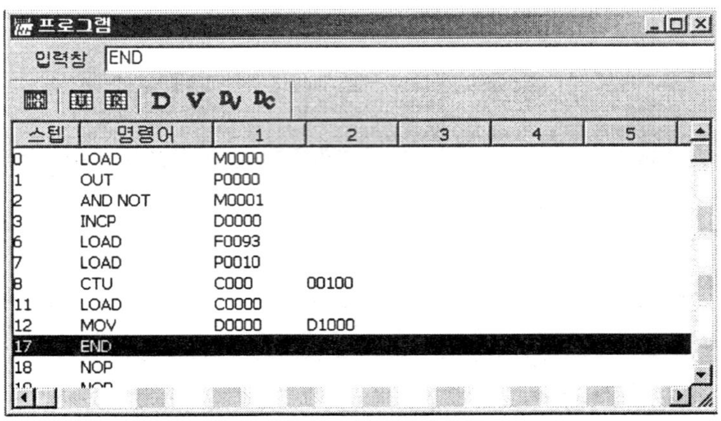

⑦ 다시 레더 창에서 프로그램을 편집하거나 모니터하고자 할 때, 메뉴 보기-래더를 선택하면, 래더 프로그램 편집창으로 전환된다.

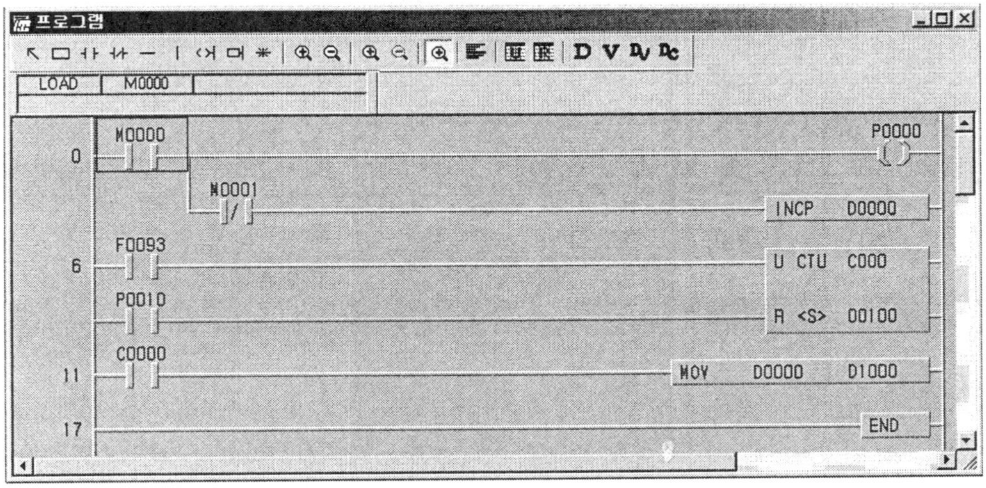

【참고】

① 접점을 삽입하고자 할 경우에는 키보드의 Insert키를 눌러 편집모드를 삽입모드로 변경하고 편집하면 된다.

② 삽입 모드에서 래더프로그램을 편집할 때, 출력 및 응용명령어는 삽입모드가 아닌 수정 모드로 동작한다.(래더 모드에서는 입력 접점만이 삽입모드로 동작함) 출력이나 응용명령어의 삽입을 원하실 경우에는 반드시 니모닉 모드에서 프로그램 편집을 해야 한다.

3.4.5 프로젝트 저장

① 작성한 프로젝트를 저장한다.

② 프로젝트의 저장은 프로젝트에 속한 아이템(프로그램, 파라미터, 변수/설명문)을 모두 저장함을 의미한다.

③ 메뉴 프로젝트-프로젝트 저장( )을 선택한다. 이름이 존재하는 프로젝트 파일을 저장하는 경우에는 아무런 메시지 없이 저장한다.

④ 만약 존재하지 않는 새로운 프로젝트 파일을 저장하는 경우나 메뉴 프로젝트-다른 이름으로 저장을 선택하는 경우에는 아래의 대화상자가 나타난다.

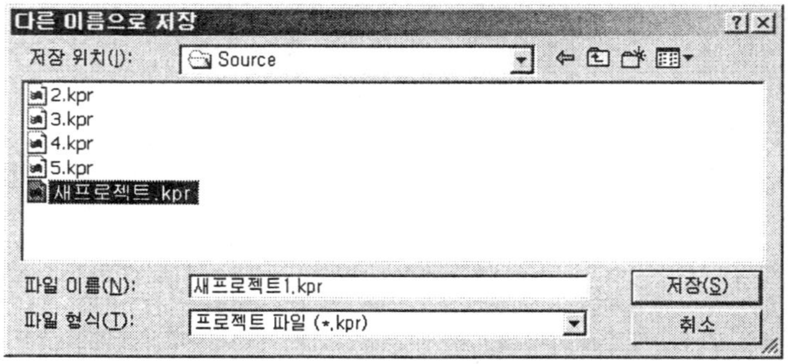

3.4.6 프로젝트 열기

① 이미 작성된 프로젝트를 연다.

② 메뉴 프로젝트-프로젝트 열기( )를 선택하여, 원하는 파일을 선택하고 클릭한다.

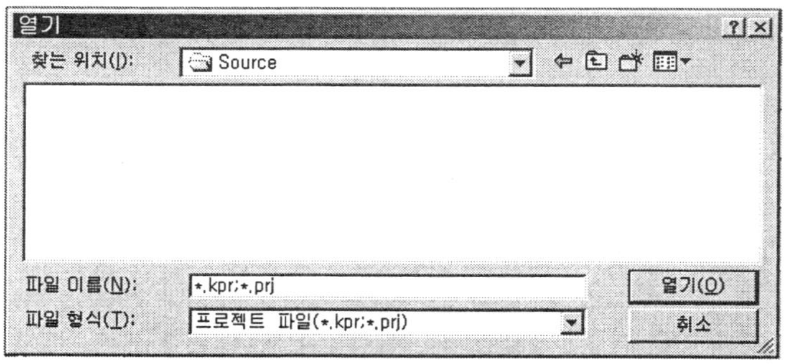

3.4.7 변수/설명문 편집하기

① 프로젝트의 변수/설명을 선택한다.

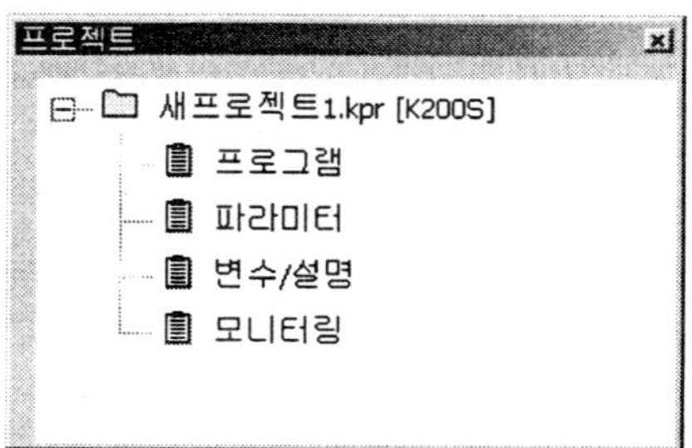

② 변수/설명을 클릭하면, 변수/설명문 창이 나타난다.

③ 엔터키를 치거나 마우스를 클릭하면, 변수/설명문 입력창이 나타난다.

④ 디바이스명을 입력하고 비트, 워드를 설정한 후, 변수와 설명문을 입력한다.

⑤ '저장후 다음 디바이스 편집'을 선택하면 확인 버튼을 누른 후, 자동으로 다음 디바이스 편집창이 나타난다.

⑥ 마찬가지로 다른 디바이스들도 변수/설명문을 입력한다.

⑦ 변수/설명문 보기 : 변수/설명문이 설정된 디바이스에 커서를 위치시키면, 자세히 보기바에 변수/설명문이 나타나고, 메뉴 보기-변수(V)선택하면 위치에 변수가 나타난다.

3.5 PLC와 통신하기

3.5.1 접속하기

① 1장에서 소개한 로컬 접속방법으로 컴퓨터의 시리얼 포트와 PLC의 RS-232C 케이블 접속단자를 연결한 후, 메뉴 온라인-접속( ) 선택한다.

② PLC와 정상적으로 접속되면, PLC와의 연결 상태를 나타내는 설명문이 상태 표시줄에 나타난다.

로컬/K200SA/리모트스톱

③ 만일 정상적으로 접속이 이뤄지지 않으면, 다음과 같은 메시창이 나타난다.

→ PLC와 KGLWIN과의 통신이 이루어지지 않는 경우이다. 접속옵션, 접속방식, 통신포트가 제대로 설정되었는지 확인한다.

→ PLC의 기종 설정이 잘못된 경우이다.
프로젝트 등록정보에서 기종을 올바르게 설정한다.

→ KGLWIN의 통신포트 설정이 잘못되거나 통신포트를 사용할 수 없는 경우이다. 통신포트를 바꾸어 주거나 윈도우 제어판에서 통신포트를 점검 후 접속해 다시 접속한다.

④ PLC와 접속 후 메뉴 온라인-다운로드( )를 선택한다.

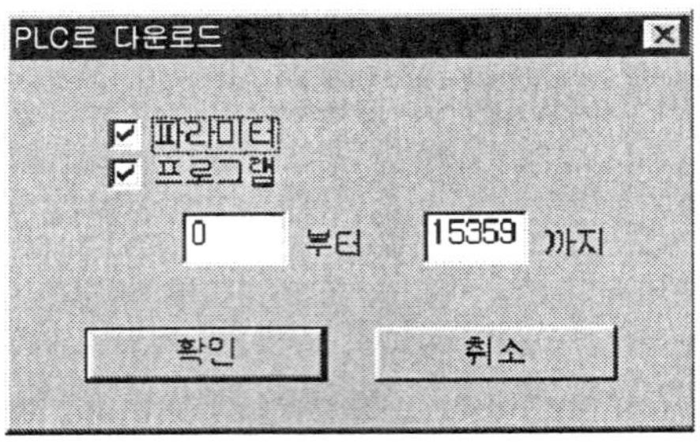

⑤ 확인 단추를 누르면 파라미터와 프로그램이 PLC로 다운로드된다. 이 때 파라미터 및 프로그램의 체크 박스를 클릭하면 선별적으로 다운로드를 실행할 수 있으며, 다운로드되는 스텝수의 지정도 가능하다.

⑥ 스텝수를 지정하지 않으면 프로그램이 작성된 마지막 스텝까지 프로그램을 다운로드하고, 나머지 스텝은 NOP으로 채운다.

⑦ 다운로드는 스톱모드에서만 가능하므로 PLC의 모드가 스톱모드가 아닐 경우엔 메뉴 온라인-모드변경-스톱( ) 선택하여 스톱모드로 바꾼 후 다운로드한다. 정상적으로 다운로드가 완료되면 다음과 같은 메시지 창이 나타난다.

⑧ 확인 단추를 누른 후, 메뉴 온라인-모드변경-런( ) 선택하여 모드를 런으로 한다.

⑨ 프로그램에 사용된 디바이스값 및 시스템을 모니터하기 위해서 메뉴 온라인-모니터시작( ) 클릭하면 상태표시줄에 다음과 같은 설명문이 나타난다.

로컬/K200S/리모트런/모니터링 → 모니터링 중임을 나타낸다.

3.5.2 접속+다운로드+런+모니터시작

① 접속, 다운로드, 런모드로 변경 및 모니터링을 한꺼번에 실행하는 메뉴이다.

② 접속이 끊긴 상태에서 메뉴 온라인-접속+다운로드+런+모니터시작( )을 선택한다.

③ 암호 확인 대화상자, 다운로드 대화상자, 일치확인 대화상자가 연속해서 나타나며, 확인 단추를 클릭하면 진행한다.

3.5.3 온라인 편집하기

① 온라인 편집은 PLC와 KGLWIN의 프로그램이 일치하고, 모니터링 중일 때 실행되는 기능으로 프로그램의 편집시 다운로드 하지 않아도 자동으로 PLC로 다운로드가 실행된다.

② 온라인 편집은 스톱, 런 모드일 때 가능하며, 특히 New MASTER-K 시리즈의 경우 런 중의 온라인 편집은 스톱으로 모드를 변경하지 않고 프로그램을 변경하므로 주의하여 사용해야 한다.

③ 모니터링 중인 프로그램에서 편집하고자 하는 명령어에 커서를 위치시킨 후 더블 클릭하거나 엔터키를 친다.

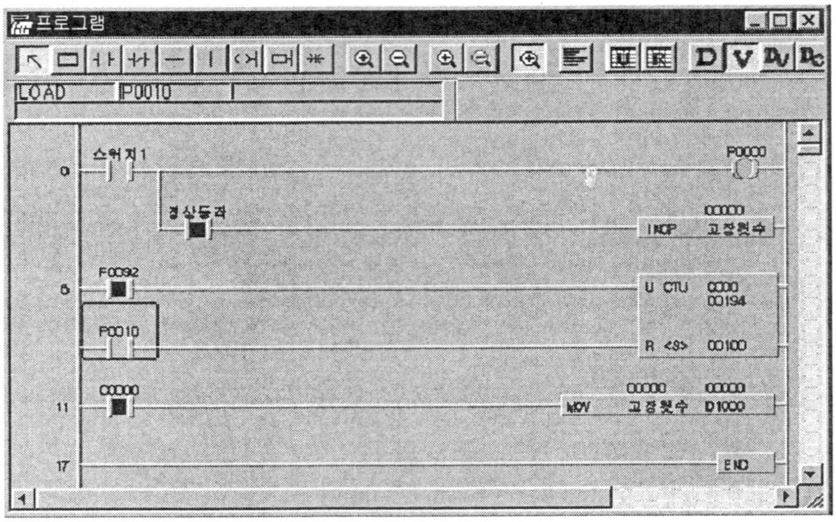

④ 명령어 입력 대화상자에서 수정하고자 하는 명령어와 디바이스를 입력하거나 선택하여 편집한다.

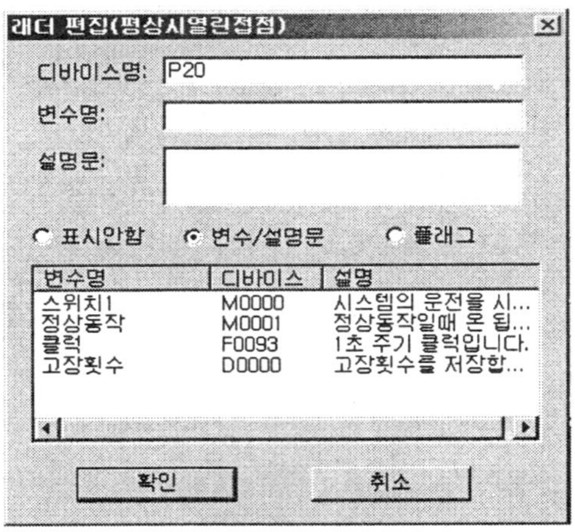

⑤ 확인 단추를 클릭하면, 온라인 편집을 확인하는 메시지창이 다음과 같이 나타난다.

⑥ 확인 단추를 클릭하면 온라인 편집이 완료된다.

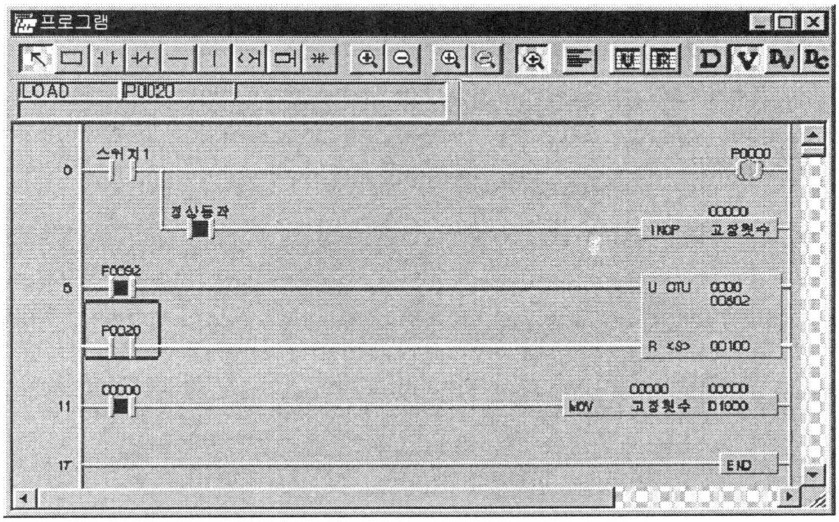

3.5.4 모니터링 하기

① 모니터링 기능은 PLC의 각종 디바이스 및 시스템 정보를 모니터하는 기능이다.

② 프로젝트 창을 선택하여 모니터링 항목을 클릭한다.

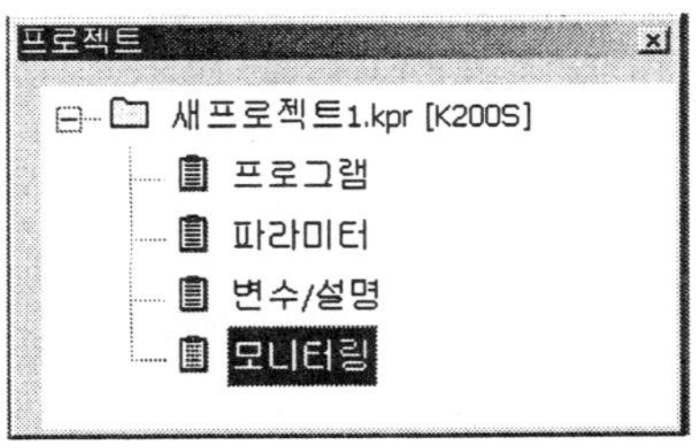

③ 모니터링 창에서 모니터 하고자 하는 디바이스 종류를 선택한 후, 디바이스 명과 개수를 지정한다.

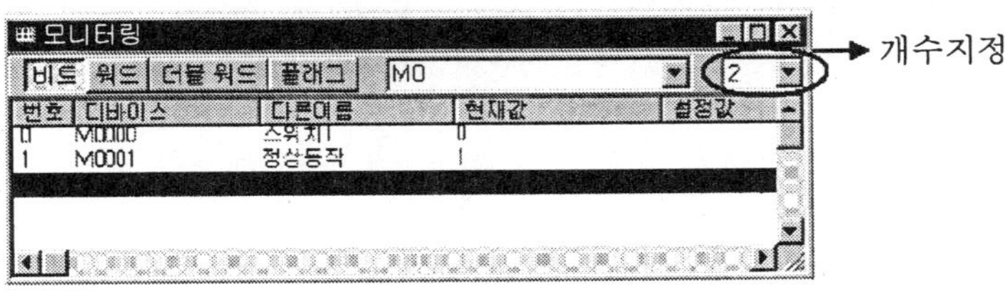

【참고】
디바이스의 개수지정은 편집모드가 삽입모드(키보드의 Insert키를 누르면 됨)일 때만 가능하다.

④ 그 밖의 PLC의 각종 정보를 보기 위해서 메뉴 온라인-정보 읽기를 선택하여 시스템 모니터, PLC정보, I/O정보, 링크 정보 등을 모니터할 수 있다.

3.5.5 현재값 변경하기

① 프로그램창에서 현재값을 변경하기 위해서 변경하고자 하는 접점값에 커서를 두고, 오른쪽 마우스 버튼을 누르면 다음과 같은 팝업메뉴가 나타난다.

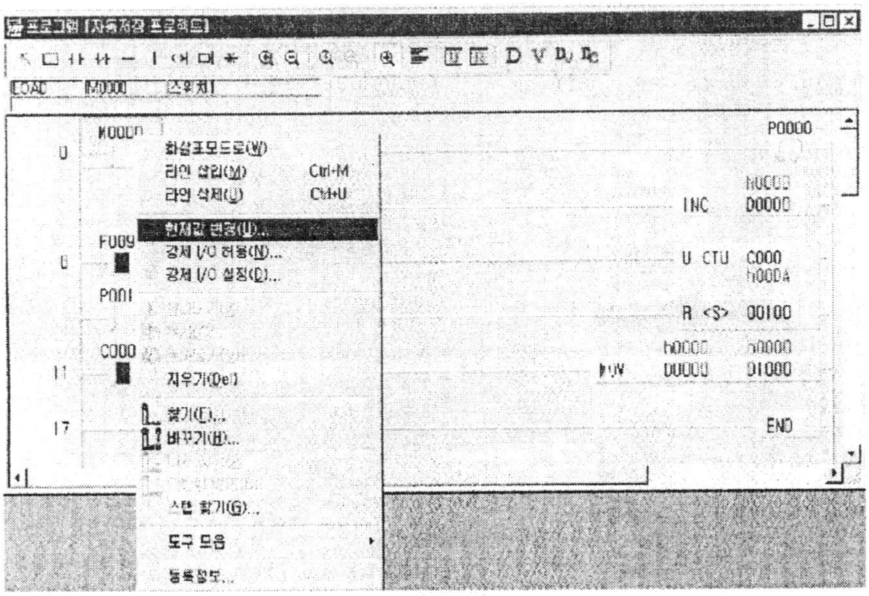

② 그림과 같이 현재값 변경을 선택하고 클릭하면, M0000 접점값을 변경하는 다음과 같은 대화상자가 나타난다.

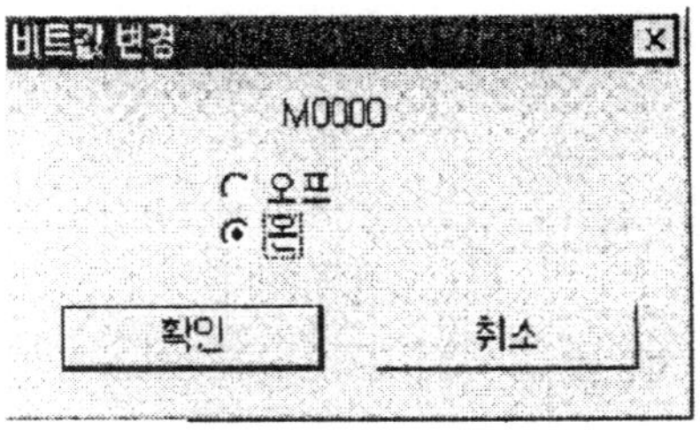

③ 현재값이 오프상태이므로 확인 단추를 누르거나, 엔터키를 치면 현재값이 오프에서 온으로 변경된다.

④ 접점값 변경과 마찬가지로 워드값을 변경을 하고자 할 경우에는 변경하고자 하는 워드 디바이스에 커서를 위치시킨 후 팝업-메뉴에서 현재값 변경을 하면, 해당 워드값을 변경하는 대화상자가 나타나서 쉽게 현재값을 변경할 수 있다.

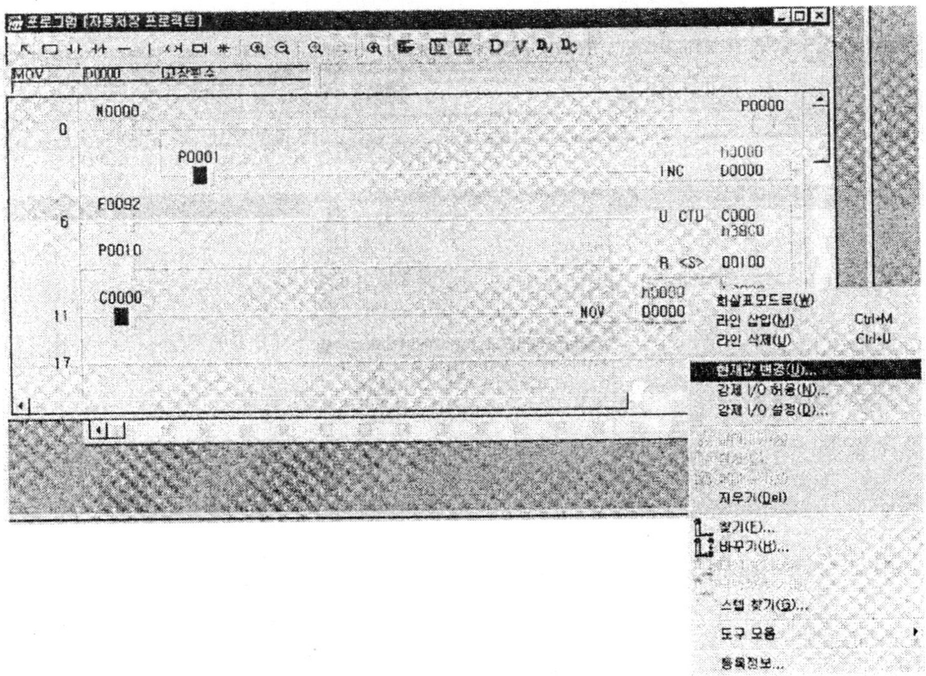

⑤ 워드값 변경 대화상자에서 D0000에 변경하고자 하는 데이터를 입력하면 현재값이 변경된다.

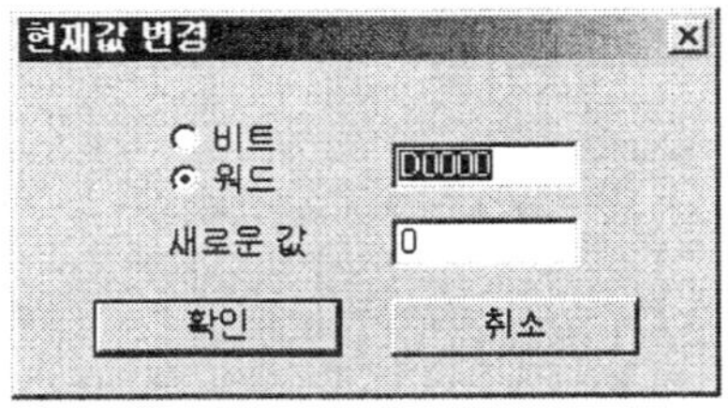

⑥ 프로그램에서 사용하지 않은 디바이스의 현재값 변경은 모니터링 창에 등록하거나 메뉴 온라인-현재값 변경을 통해 변경할 수 있다.

⑦ 모니터링 창에서 현재값을 변경하고자 하는 디바이스를 등록시킨 후, 오른쪽 마우스 버튼을 누르면 나타나는 팝업메뉴에서 현재값 변경을 선택한 후 현재값을 변경하면 된다.

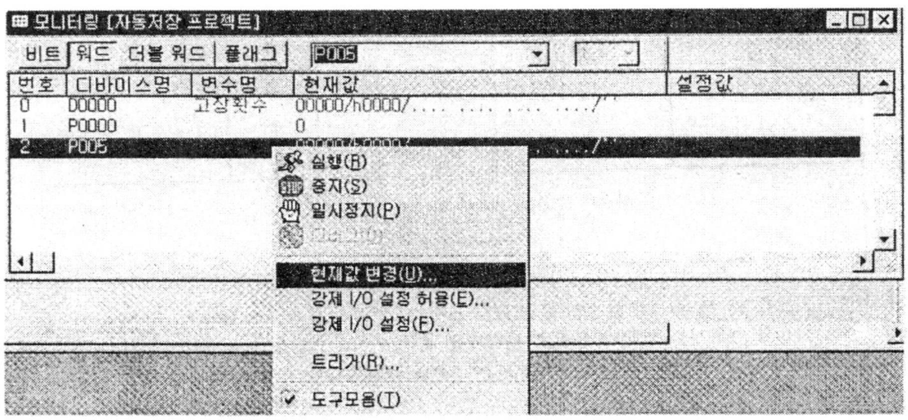

⑧ 메뉴 온라인-현재값 변경을 선택하면 다음과 같은 대화상자가 나타난다.

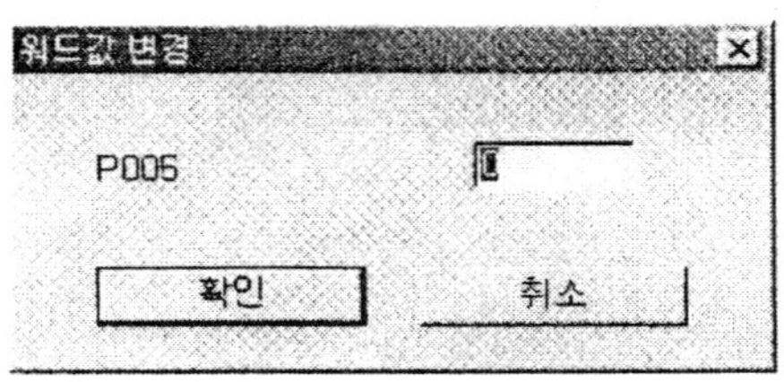

⑨ 대화상자에서 비트 또는 워드를 선택하고, 디바이스와 새로운값을 입력하면 현재값이 변경됩니다. 비트의 경우 온일 때는 1을 오프일 경우엔 0을 입력한다.

⑩ 변경하고자 하는 접점이 출력접점(P영역)일 경우에는 메뉴 온라인-정보읽기-

시스템모니터를 통해서 간단하게 현재값을 변경할 수 있다.

⑪ 메뉴 온라인-정보읽기-시스템모니터를 선택하면 다음과 같은 모니터창이 나타난다.

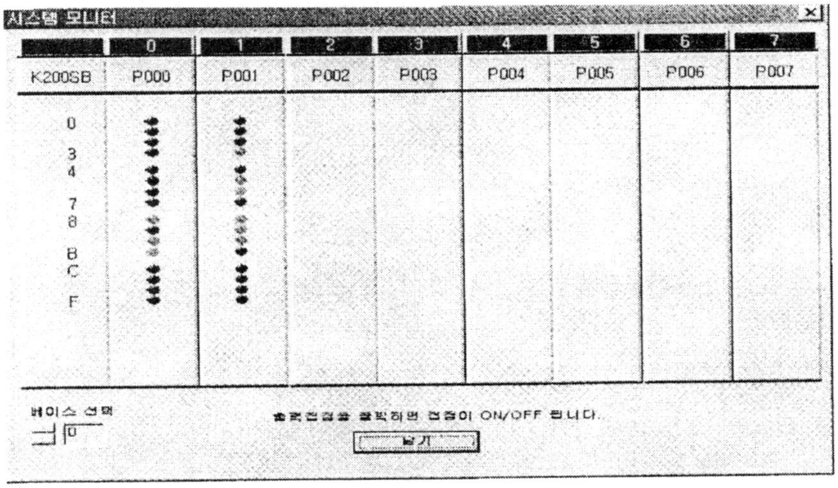

⑫ 시스템 모니터창에서는 현재 장착되어 있는 모듈의 정보와 접점값을 볼 수 있으며, 출력 점일 경우에는 해당접점에 커서를 위치시킨 후 클릭하면 현재값이 온일 경우에는 오프상태로, 오프상태일 때는 온상태로 접점값이 변경된다.

3.6 디버깅

3.6.1 디버그 기능

① 디버그 기능은 사용자가 작성한 PLC 프로그램이 정상적으로 동작하도록 프로그램의 오류를 찾아 제거하는 기능이다.

② 디버그 기능을 실행하기 위해서는 아래의 조건이 만족되어야 한다.

㉠ PLC의 키 상태가 REM(리모트 스톱)이어야 한다.(리모트 모드변경이 가능)

㉡ PLC와 KGLWIN의 프로그램이 일치해야 한다.

㉢ 모니터링 중이어야 한다.(디버그로 모드변경시 모니터링 메시지가 나타난다.)

③ 디버그 실행 중 출력 허용은 기본 파라미터에서 설정할 수 있으며, 초기값은 출력 금지로 되어 있다.

④ 디버그 모드에서 프로그램의 편집은 불가능하다.

⑤ 메뉴 온라인-모드변경-디버그([아이콘]) 선택하면 전체 화면이 다음과 같이 표시된다.

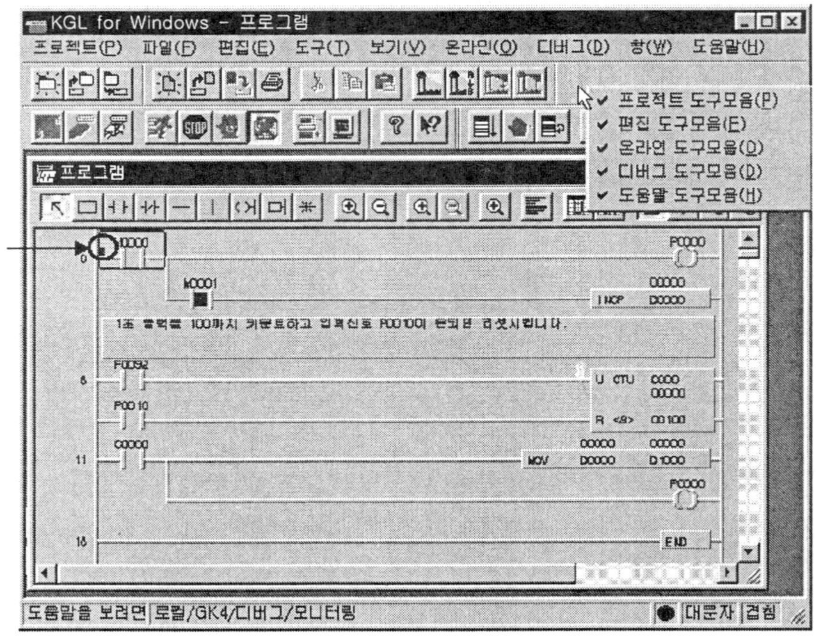

⑥ 동그라미로 표시된 부분은 브레이크 포인트(디버그 수행이 멈춘 위치)를 나타낸다.

3.6.2 디버그 메뉴

① 디버그 운전시 디버그 도구모음을 이용하면 편리하게 디버그를 수행할 수 있다.

② 디버그 도구모음은 전체화면에 나타나며, 화면에 없을 땐 도구모음에 커서를 놓고 오른쪽 마우스를 눌러 도구모음을 선택하면서 선택하면 된다.

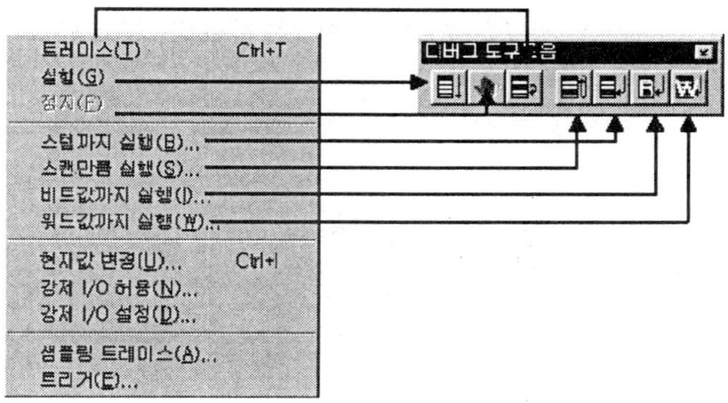

(1) 트레이스

① 트레이스란 브레이크 포인트에서 하나의 명령어만 진행시키는 디버그 명령이다.

② 메뉴 온라인-디버그-트레이스( ) 선택한다.

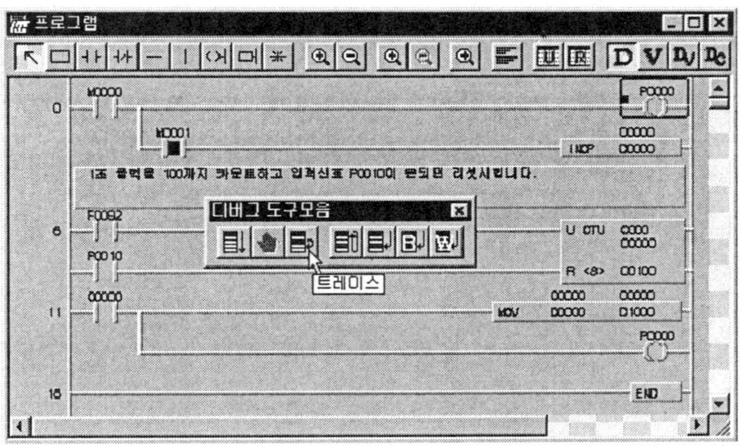

(2) 실행

① 마지막으로 실행된 디버그 조건으로 디버그를 실행하는 것으로, 전에 실행된 디버그명령이 없을 땐 트레이스를 실행한다.

② 메뉴 온라인-디버그-실행( )을 선택한다.

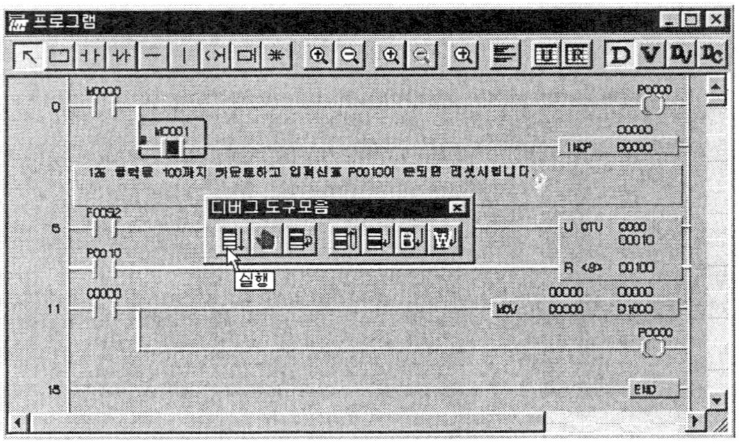

③ 브레이크 포인트가 한 명령어를 수행하고 다음 스텝에서 정지된다.

(3) 정지

① 실행중인 디버그 운전을 정지 시킨다.

② 메뉴 온라인-디버그-정지( )을 선택한다.

③ 디버그 운전 정지 조건을 프로그램에서 만족하지 못하여 디버그 실행이 완료되지 않을 경우 디버그 정지 명령을 사용한다.

(4) 스텝까지 실행

① 디버그의 브레이크 조건으로 스텝수를 지정한다.

② 메뉴 온라인-디버그-스텝까지 실행( )을 선택한다.

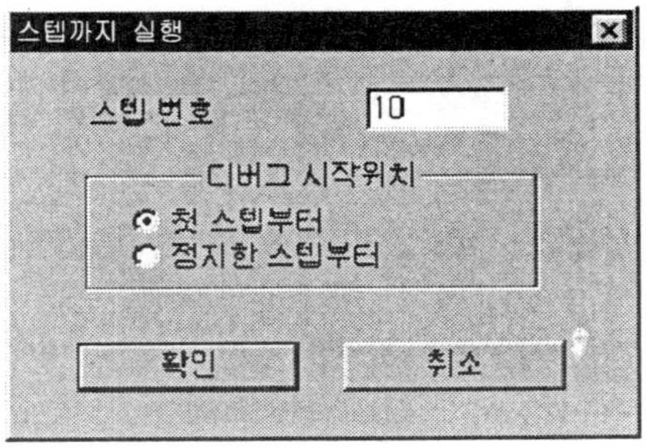

③ 스텝번호는 브레이크 조건으로 설정할 스텝 수를 입력한다. 프로그램이 작성된 스텝 수보다 큰 스텝번호를 입력하면, 브레이크 조건을 만족할 수 없으므로 프로그램이 작성된 스텝 수보다 작은 스텝번호를 입력해야 한다.

④ 디버그 시작위치를 첫 스텝부터로 선택하면, 프로그램의 첫 스텝부터 디버그 운전을 시작하며, 정지한 스텝부터를 선택하면, 브레이크 포인트서부터 디버그 운전을 시작한다.

⑤ 확인 단추를 누르면, 디버그 운전을 시작한다.

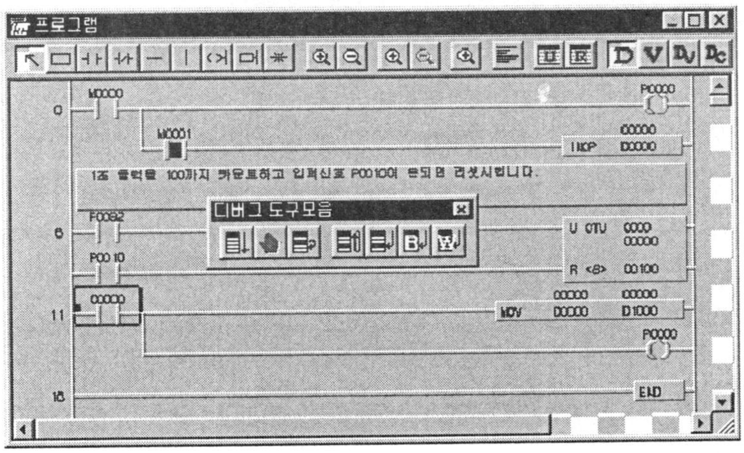

(5) 스캔만큼 실행

① 디버그의 브레이크 조건으로 수캔수를 지정한다.

② 메뉴 온라인-디버그-스캔만큼 실행( )을 선택한다.

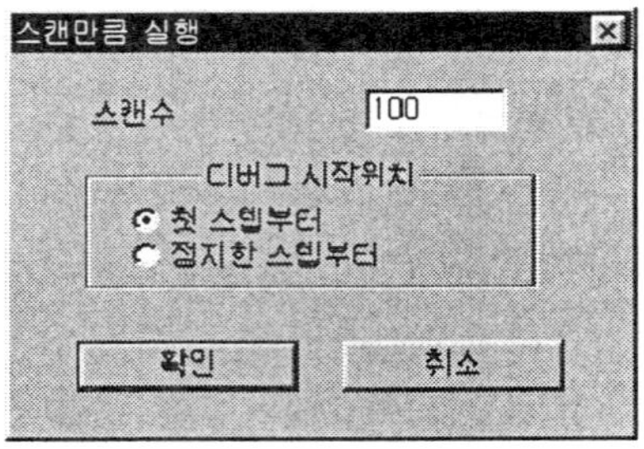

③ 디버그 운전할 스캔수를 입력하고, 디버그 시작위치를 지정한 후 확인을 선택한다.

④ 아래의 그림은 100스캔까지 프로그램을 실행하고, 디버그 운전을 멈춘 상태이다.

⑤ 스캔값으로 디버그를 수행하면, 브레이크 포인트는 항상 첫 스텝에서 멈추게 된다.

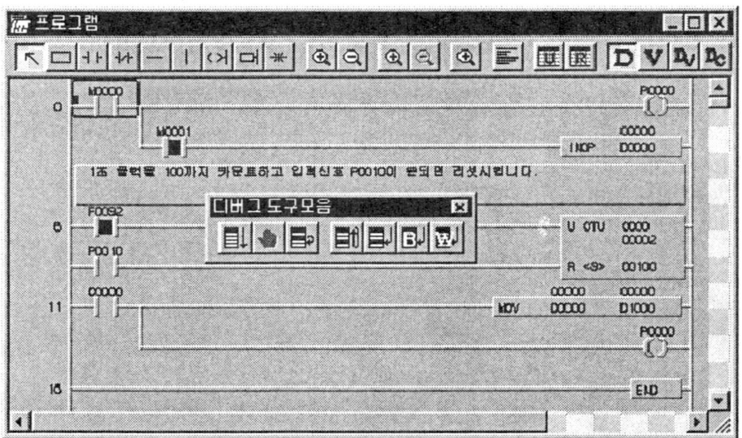

(6) 비트값까지 실행

① 디버그의 브레이크 조건으로 비트값을 지정한다.

② 메뉴 온라인-디버그-비트값까지 실행(B)을 선택한다.

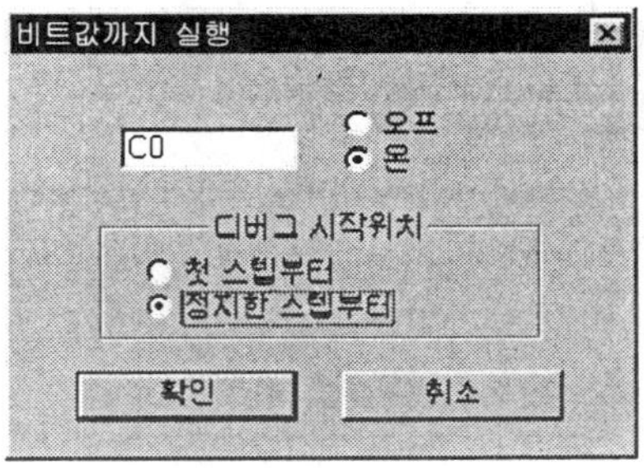

③ 브레이크 조건이 될 비트 디바이스를 선택한다.

④ 오프를 선택하면, 비트 디바이스값이 0일 때 디버그 운전이 브레이크 되고, 온을 선택하면, 비트 디바이스값이 1일 때 디버그 운전이 브레이크 된다.

(7) 워드값까지 실행

① 브레이크 조건으로 워드값을 지정한다.

② 메뉴 온라인-디버그-워드값까지 실행( )을 선택한다.

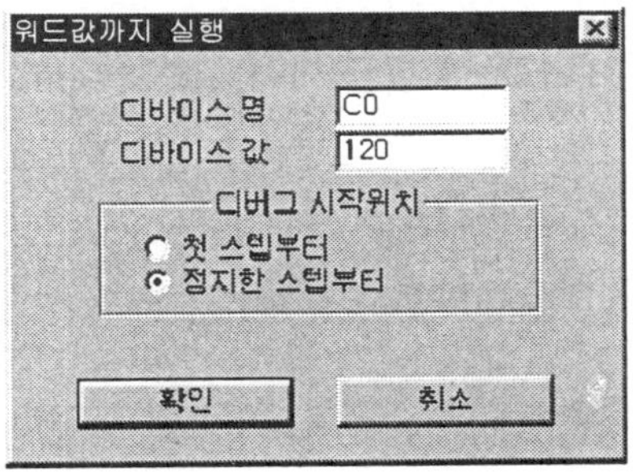

③ 워드 디바이스 이름(C0000)과 값(120)을 설정하고, 시작위치를 지정한 후, 확인 단추를 누른다.

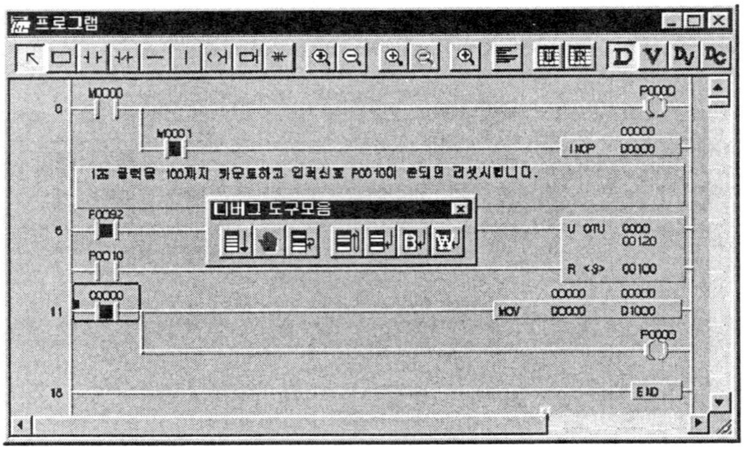

3.6.3 현재값 변경

① 디바이스의 현재값을 변경하는 메뉴이다.

② 디바이스가 F영역이거나, 입력접점일 경우 또는 강제 I/O 설정된 디바이스일 경우에는 현재값 변경을 할 수 없다.

③ 현재값 변경은 PLC모드와 상관없이 가능하며, 변환된 디바이스값은 PLC모드 변환시 초기화된다.(단, 래치영역일 경우엔 보존 된다.)

④ 메뉴 디버그-현재값 변경을 선택한다.

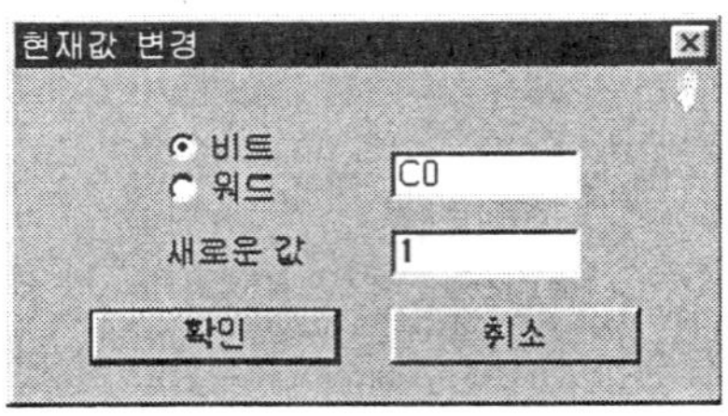

⑤ 디바이스의 종류(비트, 워드)를 선택하고, 디바이스 이름을 입력한 후, 새로운 값에 비트의 경우는 0.1을 워드의 경우는 수치를 입력하고, 확인 단추를 누른다.

⑥ 프로그램에서 상용된 비트 디바이스의 경우 프로그램창에서 현재값을 변경하고자 하는 비트 디바이스에 커서를 놓고, 오른쪽 마우스를 클릭한다.

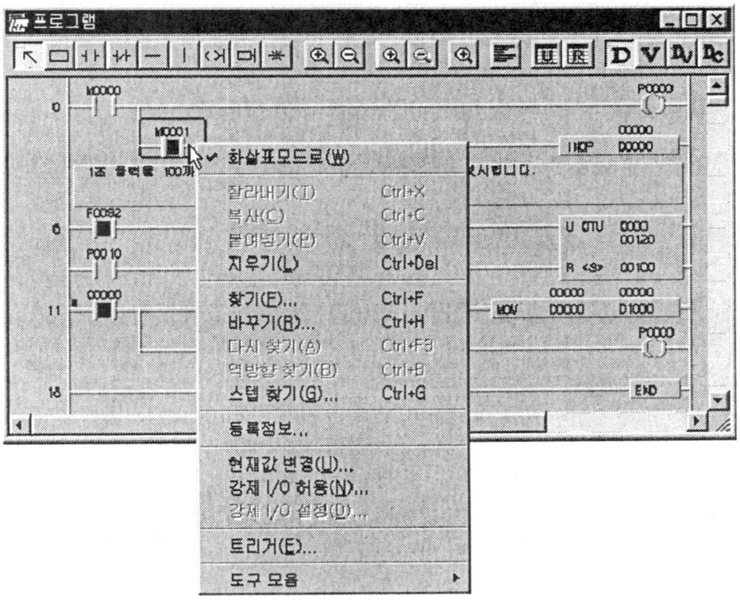

⑦ 현재값 변경을 선택하면 다음과 같은 대화상자가 나타난다.

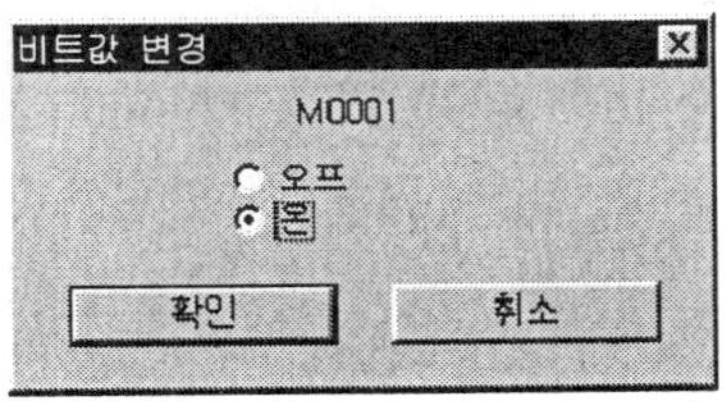

⑧ 디바이스 이름을 지정할 필요없이 바로 온/오프를 선택하고, 확인 단추를 클릭하면, 커서가 위치한 비트 디바이스의 현재값이 변경된다.

연 습 문 제

1. KGLWIN의 특징에 대하여 설명하시오.

2. KGLWIN과 PLC와의 접속방법에 대하여 설명하시오.

3. KGLWIN의 전체 화면 구성을 그리고 각 부의 기능을 설명하시오.

4. KGLWIN의 각 메뉴에 대하여 그 기능을 설명하시오.

5. KGLWIN의 도구모음에 대하여 그 각각의 기능을 설명하시오.

6. KGLWIN을 이용하여 프로그램을 작성하고 편집 저장하는 방법을 설명하시오.

7. KGLWIN을 이용하여 니모닉 프로그램을 작성하는 방법에 대하여 설명하시오.

8. KGLWIN에서 변수와 설명문을 편집하는 방법을 설명하시오.

9. KGLWIN과 PLC와의 통신 방법에 대하여 설명하시오.

10. KGLWIN에서 PLC의 동작을 모니터하는 방법을 설명하시오.

11. KGLWIN의 사용 중 현재값 변경에 대하여 설명하시오.

12. KGLWIN의 디버그 기능을 설명하시오.

제 4 장 MASTER-K 프로그래밍

4.1 접점 및 접속 명령

4.1.1 LOAD, LOAD NOT, OUT

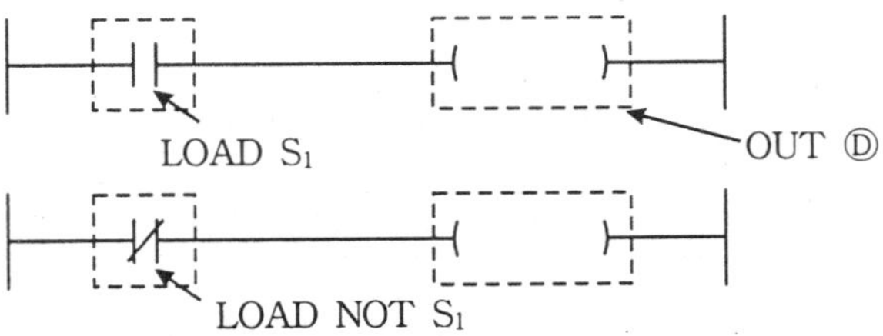

∴컴퓨터 링크 모듈 및 데이터 링크 모듈을 사용하지 않을 경우 가능

(1) LOAD S_1

① 한 회로의 a접점

② 지정 접점(S_1)의 On/Off 정보를 연산결과로 한다.

(2) LOAD NOT S_1

① 한 회로의 b접점

② 지정 접점(S_1)의 On/Off 정보를 연산결과로 한다.

(3) OUT Ⓓ

① OUT 명령까지의 연산결과를 지정한 접점에 출력한다.

② OUT 명령은 병렬 사용이 가능하다.

(4) 프로그램 예

① 입력조건 P000가 On되면 지정 출력이 모두 On됨과 동시에 P023 출력은 Off되는 프로그램

② 프로그램

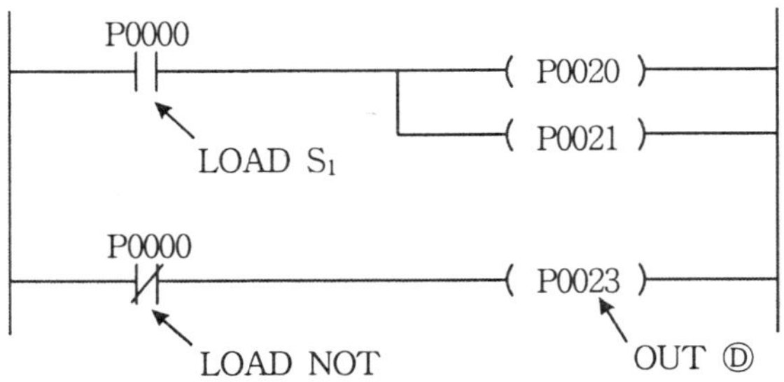

③ 타임 차트

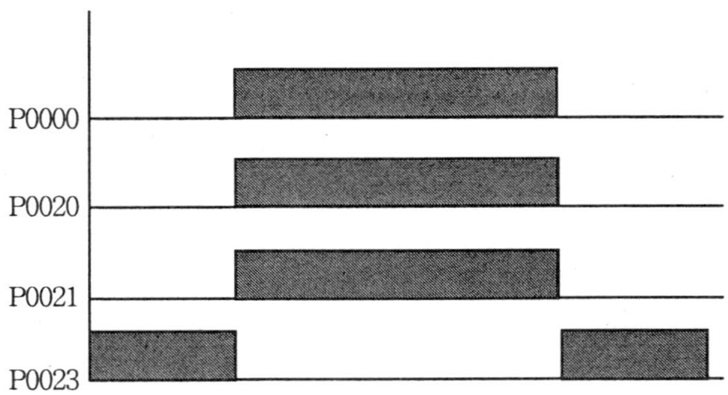

4.1.2 AND, AND NOT

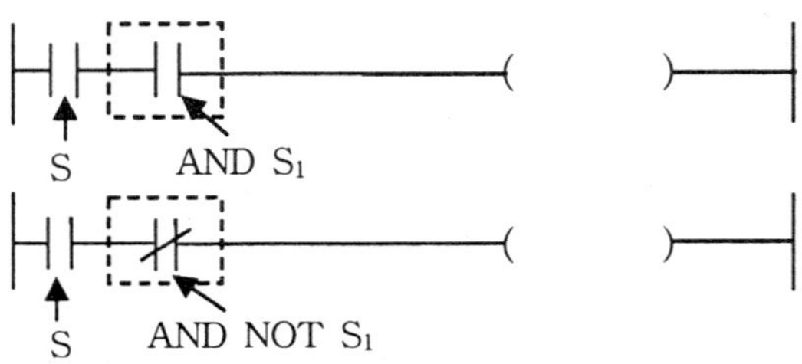

(1) AND S_1

① a접점 직렬 접속 명령이다.

② 지정 접점(S_1)의 a접점을 직렬로 연결하고, S와 S_1의 AND 연산값을 연산결과로 한다.

(2) AND NOT S_1

① b접점 직렬 접속 명령이다.

② 지정 접점(S_1)의 b접점을 직렬로 연결하고, S와 S_1의 AND 연산값을 연산결과로 한다.

(3) 프로그램 예

① 입력 조건 P0000과 P0021을 AND 연산하고 그 결과와 P0002를 AND NOT 연산하여 P0021에 출력하는 프로그램

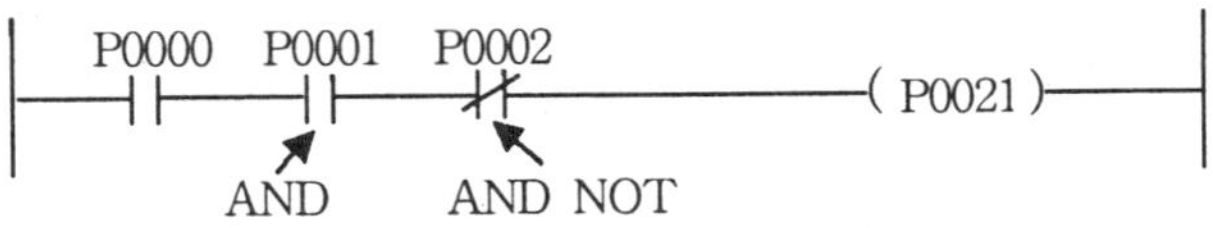

4.1.3 OR, OR NOT

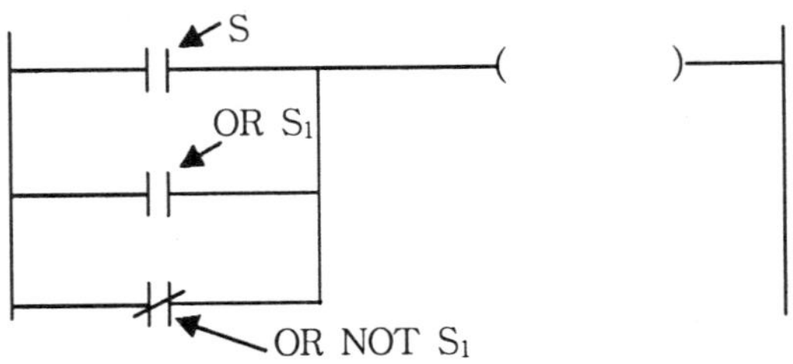

(1) OR S_1

① a접점 병렬 접속 명령이다.

② 지정 접점(S_1)의 a접점을 병렬로 연결하고, S와 S_1의 OR 연산값을 연산결과로 한다.

(2) OR NOT S_1

① b접점 병렬 접속 명령이다.

② 지정 접점(S_1)의 b접점을 병렬로 연결하고, S와 S_1의 OR 연산값을 연산결과로 한다.

(3) 프로그램 예

① 입력 조건 P0000, P0001 중 하나의 접점만 On되어도 P0021이 출력되는 프로그램

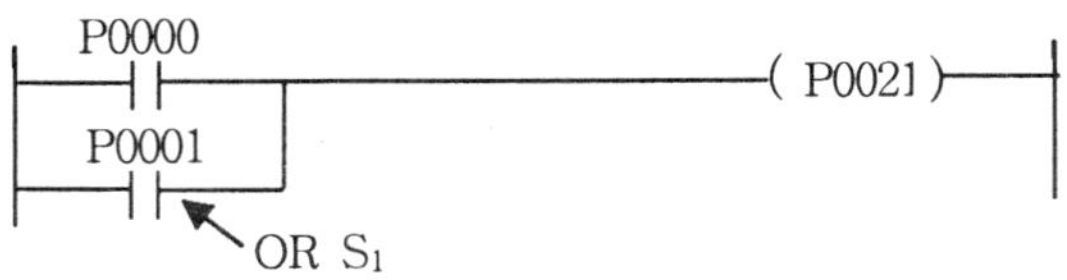

4.2 종료 명령

4.2.1 END

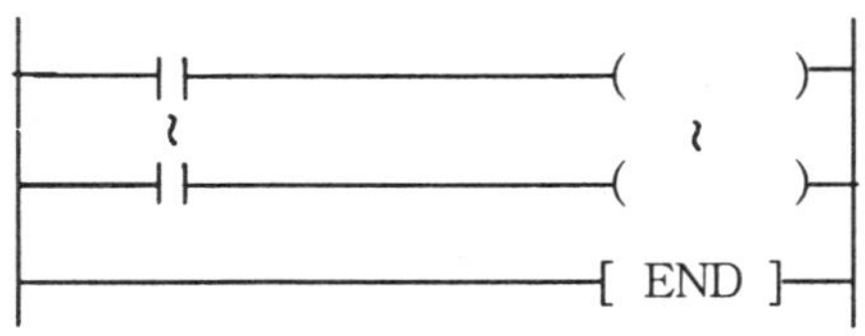

(1) END

① 프로그램 종료를 표시한다.

② END 명령 처리 후 0000 스텝으로 돌아가 처리한다.

③ END 명령은 반드시 프로그램의 마지막에 입력한다.(입력하지 않으면 Error 발생)

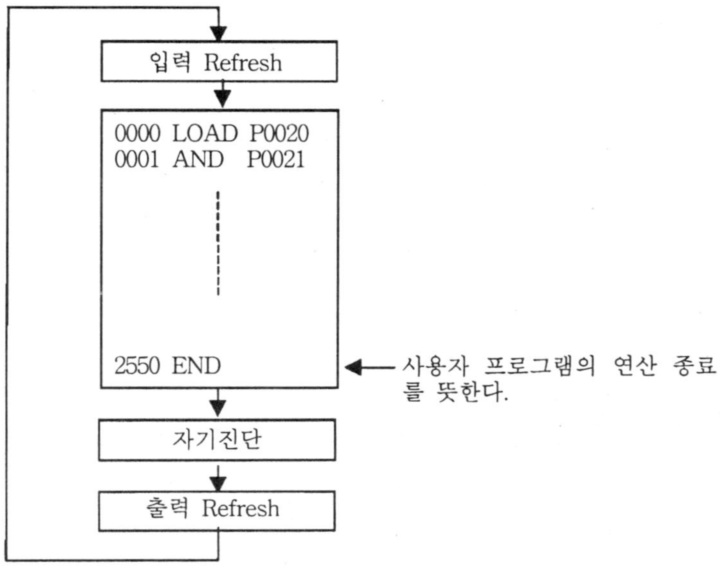

4.3 무처리 명령

4.3.1 NOP

(1) NOP(니모닉에서만 사용)

① 무처리(NO Operation)명령으로 해당 회로의 그때까지 연산결과에 아무런 영향을 주지 않는다

② NOP 사용 목적

㉠ 시퀀스 프로그램의 디버깅용으로 사용된다.

㉡ 일시적으로 스텝 수를 유지하면서 명령어를 제거하기 위해 사용된다.

【참고】

① NOP 명령은 기종에 따라 명령어 처리 시간은 다르지만 처리하는데는 시간이 소요되므로 삭제를 하면 사용자 프로그램 처리시간(Scan time)을 단축시킬 수 있다.

② NOP 명령은 래더에서는 입력할 수 없으며 니모닉에서 등록된 NOP은 래더 화면에서는 표시되지 않지만 스텝 수는 포함해서 표시한다.

③ 프로그램 예

[니모닉 프로그램]

```
0000  LOAD  P0020
0001  AND   P0021
0002  NOP
0003  OUT   P0060
0004  LOAD  P0022
0005  OUT   P0061
0006  END
```

↔

[래더 프로그램]

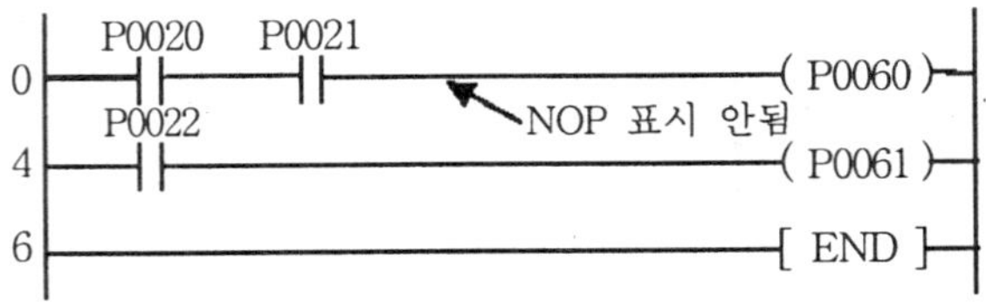

4.4 결합 명령

4.4.1 AND LOAD(Mnemonic 용)

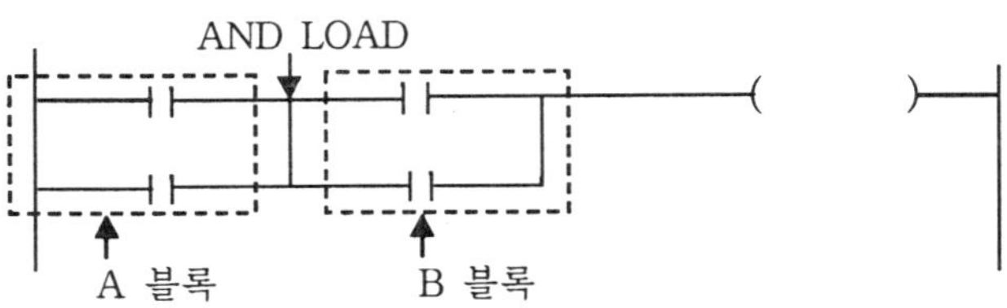

(1) 기능

① A블록과 B블록을 AND 연산한다.

② AND LOAD를 연속해서 사용하는 경우 최대 사용 명령 회수를 넘으면 정상적으로 연산이 불가능하다.

(2) 프로그램 예

① 입력 조건 P0000, P0004 또는 P0002, P0005이 On되면 P0020이 출력되는 프로그램

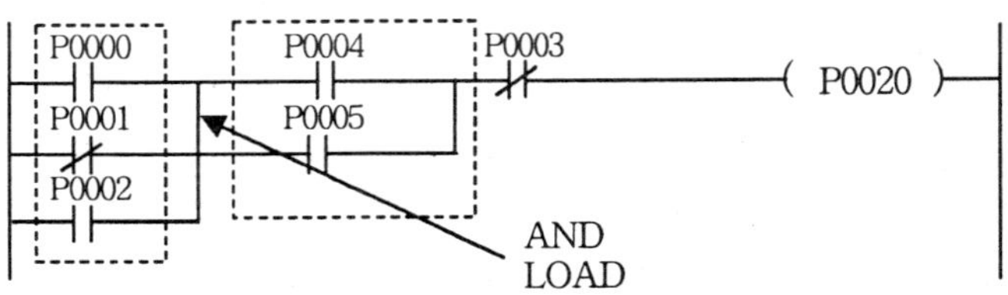

(3) 타임차트

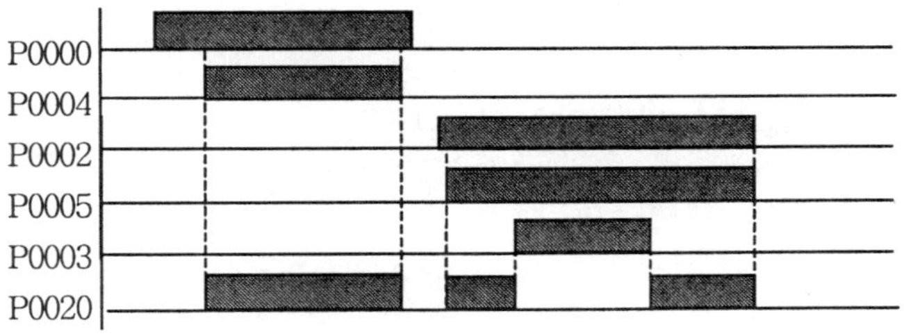

【참고】

① 연속적으로 회로 블록을 직렬 접속하는 경우 프로그램의 입력에는 다음과 같은 2 종류가 있다.

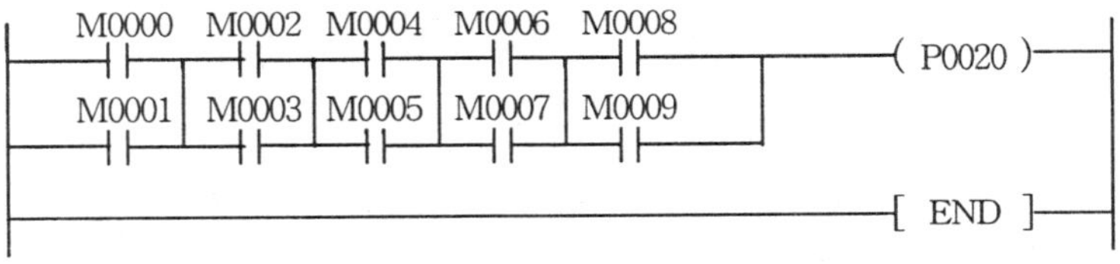

AND LOAD 사용 수 제한이 없는 프로그램	
LOAD	M0000
OR	M0001
LOAD	M0002
OR	M0003
AND LOAD	
LOAD	M0004
OR	M0005
AND LOAD	
LOAD	M0006
OR	M0007
AND LOAD	
LOAD	M0008
OR	M0009
AND LOAD	
OUT	P0020
END	

AND LOAD 사용 수 제한이 있는 프로그램	
LOAD	M0000
OR	M0001
LOAD	M0002
OR	M0003
LOAD	M0004
OR	M0005
LOAD	M0002
OR	M0007
LOAD	M0008
OR	M0009
AND LOAD	
AND LOAD	
AND LOAD	
AND LOAD	
OUT	P0020
END	
연속 사용되는 경우 최대 7명령(8블록) 사용가능	

4.4.2 OR LOAD(Mnemonic 용)

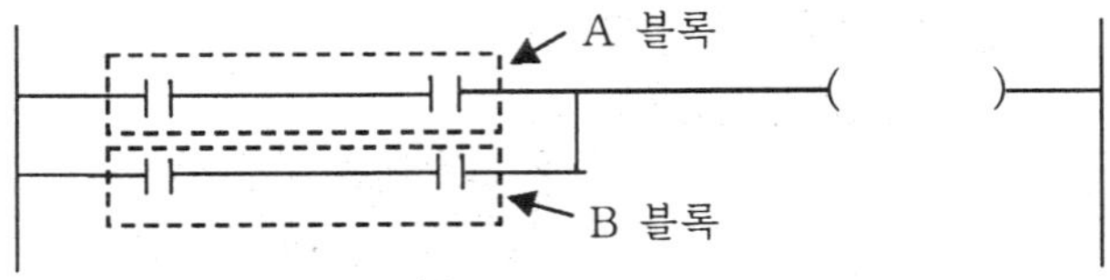

(1) OR LOAD

① A블록과 B블록을 OR 연산하여 연산결과로 한다.

② OR LOAD를 연속해서 사용하는 경우 최대사용 명령 회수를 넘으면 정상적으로 연산이 불가능하다.

(2) 프로그램 예

① 입력 조건 P0000, P0005 또는 P0004, P0005이 On되면 P0020, P0021이 출력되는 프로그램

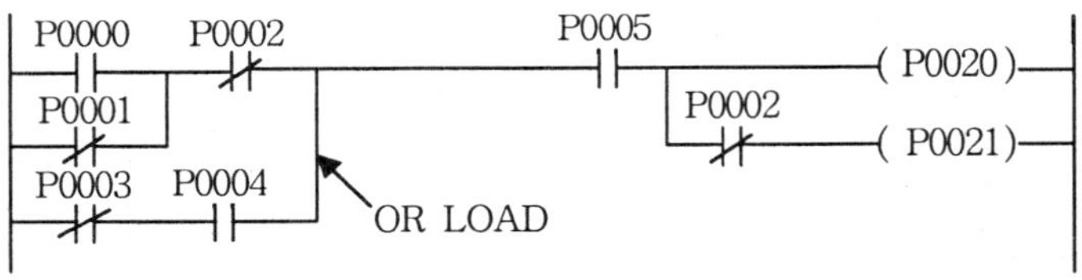

(3) 타임 차트

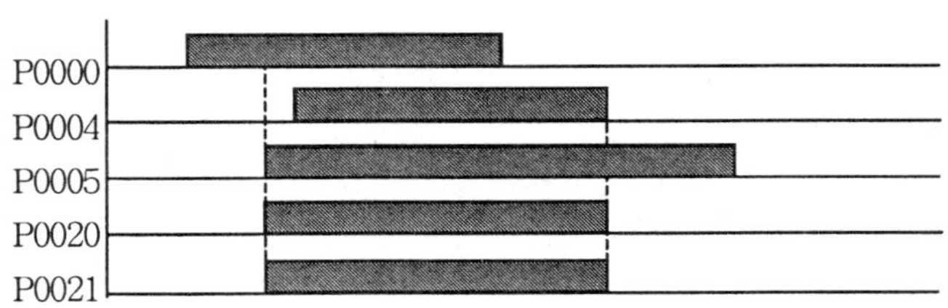

【참고】

① 연속적으로 회로 블록을 직렬 접속하는 경우 프로그램의 입력에는 다음과 같은 2종류가 있다.

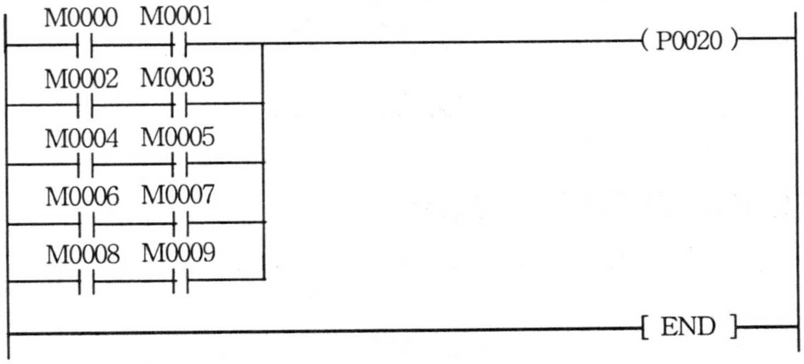

OR LOAD 사용 수 제한이 없는 프로그램	
LOAD	M0000
AND	M0001
LOAD	M0002
AND	M0003
OR LOAD	
LOAD	M0004
AND	M0005
OR LOAD	
LOAD	M0006
AND	M0007
OR LOAD	
LOAD	M0008
AND	M0009
OR LOAD	
OUT	P0020
END	
OR LOAD의 사용수에 제한이 없다.	

OR LOAD 사용 수 제한이 있는 프로그램	
LOAD	M0000
AND	M0001
LOAD	M0002
AND	M0003
LOAD	M0004
AND	M0005
LOAD	M0002
AND	M0007
LOAD	M0008
OR	M0009
OR LOAD	
OR LOAD	
OR LOAD	
OR LOAD	
OUT	P0020
END	
연속 사용되는 경우 최대 7명령(8블록) 사용가능	

4.4.3 MPUSH, MLOAD, MPOP(Mnemonic 용)

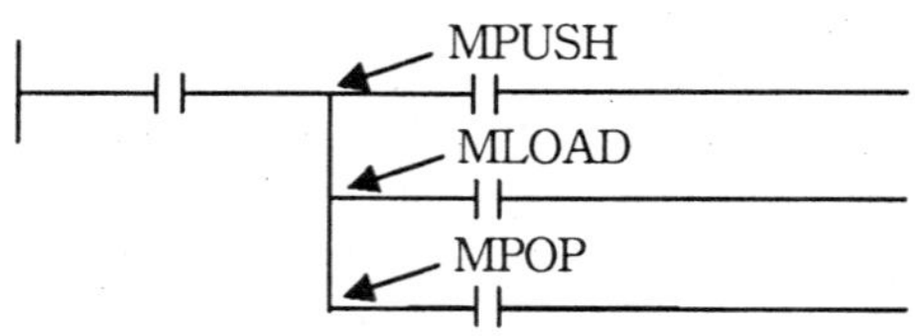

(1) MPUSH, MLOAD, MPOP

① Ladder의 다중 분기를 가능하게 하는 명령이다.

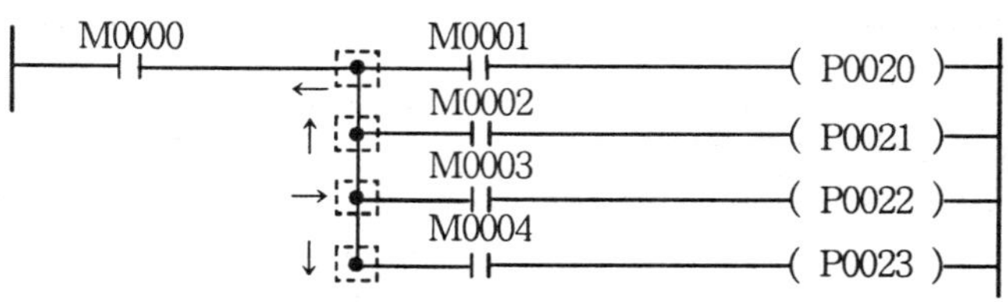

←MPUSH : M0000의 상태가 PLC의 내부 메모리에 저장된다.
최초의 분기로 사용한다.

↑MLOAD : 저장된 M0000의 상태를 읽어 다음 연산을 한다.
분기의 중계점으로 사용한다.

→MLOAD : 저장된 M0000의 상태를 읽어 다음 연산을 한다.

↓MPOP : 저장된 M0000의 상태를 PLC의 내부 메모리에서 Read한 다음 연산하고 Reset한다.
분기의 종료로 사용한다.

【참고】

① MPUSH~MPOP는 8단까지 가능하다.

② MPUSH : 현재까지 연산결과를 저장하는 기능을 한다.

③ MLOAD : 다음 연산을 위해 이전의 연산결과를 읽어 오기만 하고 저장영역에서 지워버리지 않는다.

④ MPOP : 분기점에서 저장된 이전 연산결과를 읽어온 후 저장된 이전 결과를 지운다.

【참고】

래더 프로그램

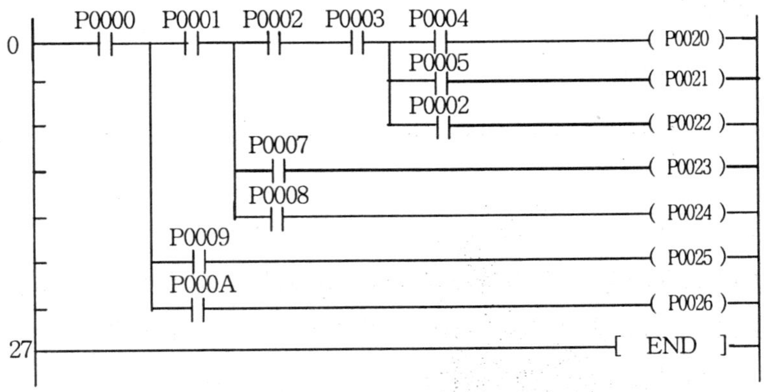

니모닉 프로그램

STEP		INSTRUCTION
0000	LOAD	P0000
0001	MPUSH	
0002	AND	P0001
0000	MPUSH	
0004	AND	P0002
0005	AND	P0003
0002	MPUSH	
0007	AND	P0004
0008	OUT	P0020
0009	MLOAD	
0010	AND	P0005
0011	OUT	P0021
0012	MPOP	
0013	AND	P0002
0014	OUT	P0022
0015	MLOAD	
0016	AND	P0007
0017	OUT	P0023
0018	MPOP	
0019	AND	P0008
0020	OUT	P0024
0021	MLOAD	
0022	AND	P0009
0023	OUT	P0025
0024	MPOP	
0025	AND	P000A
0026	OUT	P0026
0027	END	
0028	NOP	
0029	NOP	
0000	NOP	

4.5 반전명령

4.5.1 NOT

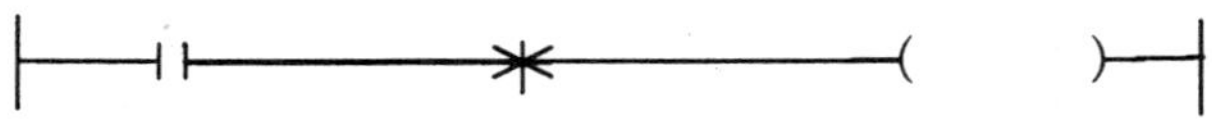

(1) NOT

① 반전명령(NOT)을 사용하면 반전명령 좌측의 회로에 대하여 a접점 회로는 b접점 회로로, b접점 회로는 a접점 회로로(그리고 직렬연결 회로는 병렬연결 회로로, 병렬연결 회로는 직렬연결 회로로) 반전된다.

(2) 프로그램 예

① 프로그램 ←, ↑는 동일결과를 출력하는 예제이다.

프로그램 ←

프로그램 ↑

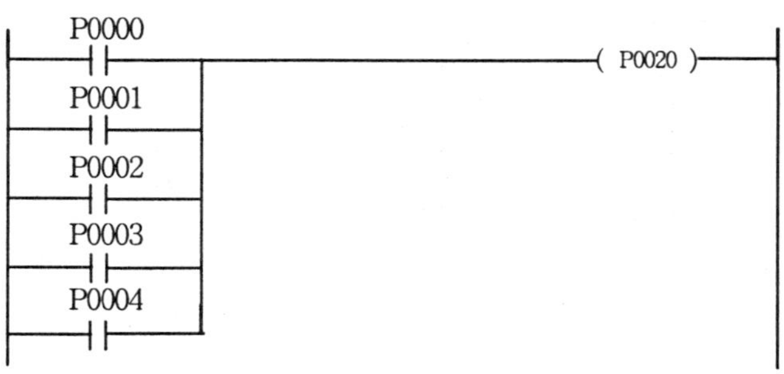

4.6 마스터 콘트롤 명령

4.6.1 MCS, MCSCLR

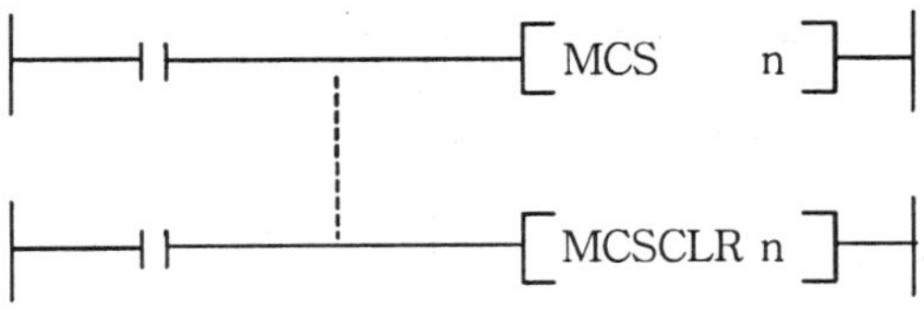

· n(Nesting) 설정은 0~7까지 사용 가능

(1) MCS, MCSCLR의 기능

① MCS의 입력조건이 On하면 MCS번호와 동일한 MCSCLR까지를 실행하고 입력조건이 Off하면 실행하지 않는다.

② 우선 순위는 MCS번호 0가 가장 높고 7이 가장 낮으므로 우선 순위가 높은 순으로 사용하고 해제는 그 역순으로 한다.

③ MCSCLR시 우선 순위가 높은 것을 해제하면 낮은 순위의 MCS 블록도 함께 해제된다.

주의 MCS 혹은 MCSCLR는 우선 순위에 따라 순차적으로 사용하여야 한다.

※ 네스팅(NESTING)이란 : 다중 마스터컨트롤 사용에 의한 제어를 의미한다.

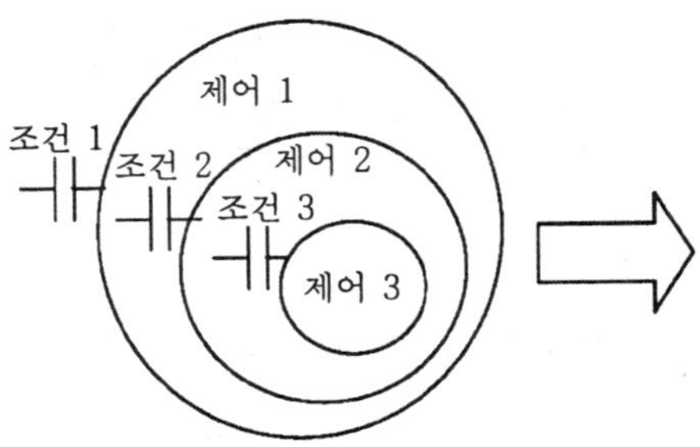

네스팅에 의한 제어 개념도

프로그램 1(제어1)수행조건 : 조건 1 ON
프로그램 2(제어2)수행조건 : 조건 1, 조건 2 ON
프로그램 3(제어3)수행조건 : 조건 1, 조건 2, 조건 3 ON

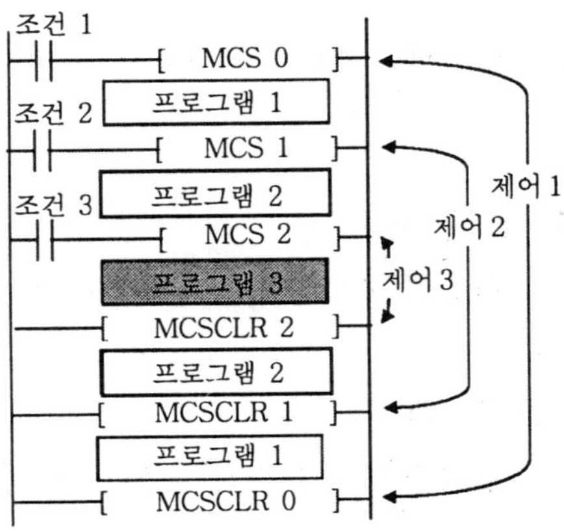

(2) 프로그램 예

① MCS명령을 2개 사용하고 MCSCLR 명령은 우선 순위가 높은 "0"을 사용

한 프로그램

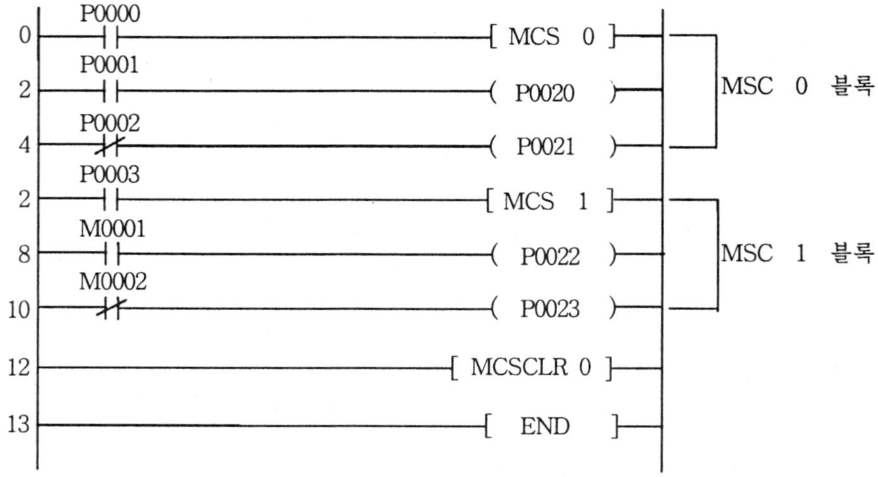

4.7 펄스 출력 명령(D, D NOT)

4.7.1 D

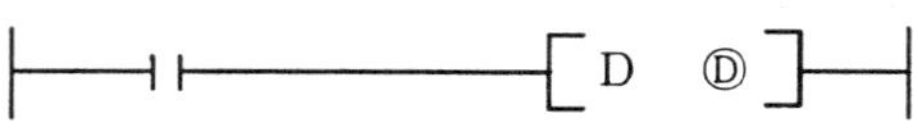

∴ 컴퓨터 링크 모듈 및 데이터 링크 모듈을 사용하지 않을 경우 가능

주의 입력 조건 성립시 1스캔 On 하므로 P영역으로 출력은 주의를 요한다.

영역설정

Ⓓ	명령에 따라 1 스캔 On 하게 될 접점

(1) D의 기능

① 입력조건이 Off에서 On될 때 지정 접점을 1스캔 On하여 그 이외에는 Off된다.

② 프로그램 예

㉠ 입력조건이 P0002가 입력 조건이 성립(Off에서 On될 때)D명령을 실행하는 프로그램

㉡ 프로그램

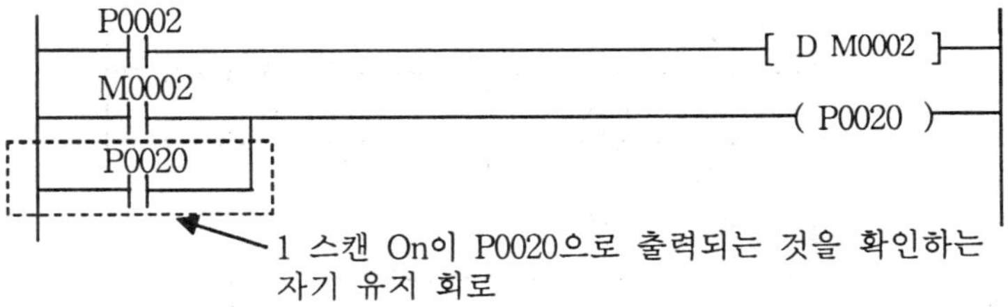

㉢ 타임 차트

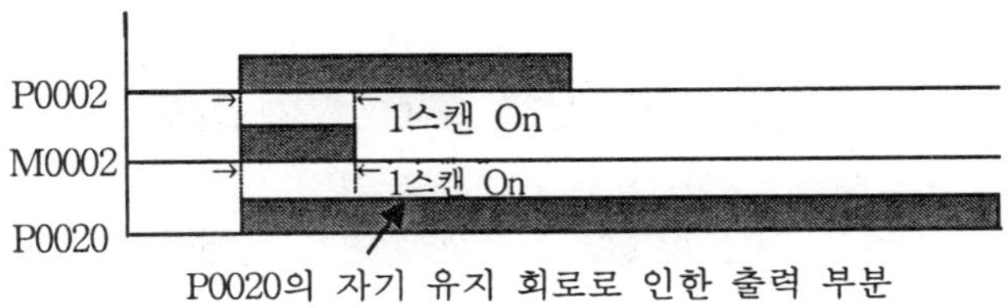

(2) D의 예제

① 동작

㉠ 순간 접속 푸쉬 버튼 PB0을 첫 번째 누르면 출력이 On하고, 두 번째 누르면 출력이 Off된다.

㉡ PB0을 누를 때마다 출력이 On/Off를 반복한다.

② 시스템도

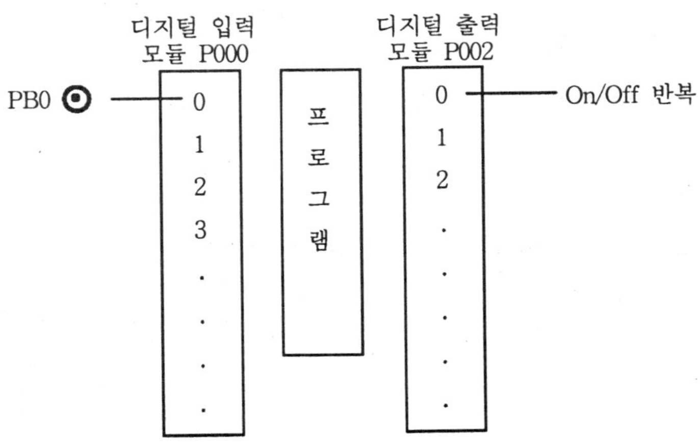

③ 프로그램

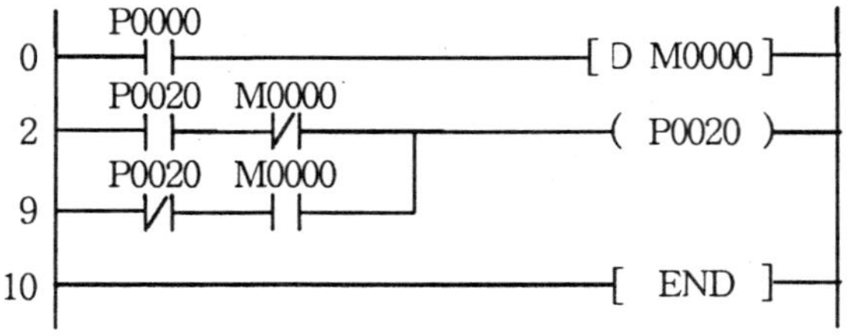

④ 타임 차트

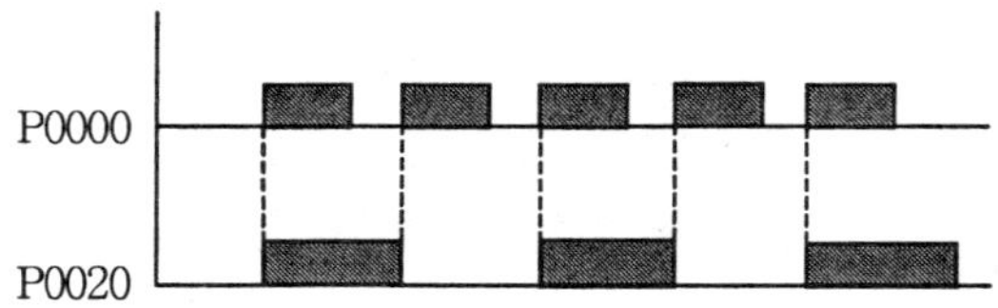

4.7.2 D NOT

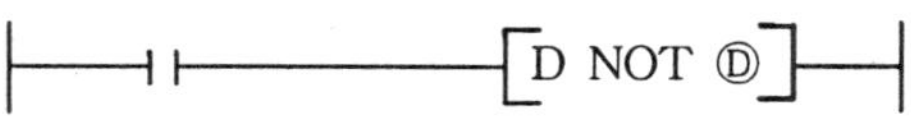

∴ 컴퓨터 링크 모듈 및 데이터 링크 모듈을 사용하지 않을 경우 가능

주의 입력 조건 성립시 1스캔 On 하므로 P영역으로 출력은 주의를 요한다.

영역설정

Ⓓ	명령에 따라 1 스캔 On 하게 될 접점

(1) D NOT의 기능

① 입력조건이 On에서 Off될 때 지정 접점을 1스캔 On하고 그 이외에는 Off된다.

② 프로그램 예

㉠ 입력조건이 P000이 On에서 Off될 때 D NOT명령을 실행하는 프로그램

㉡ 프로그램

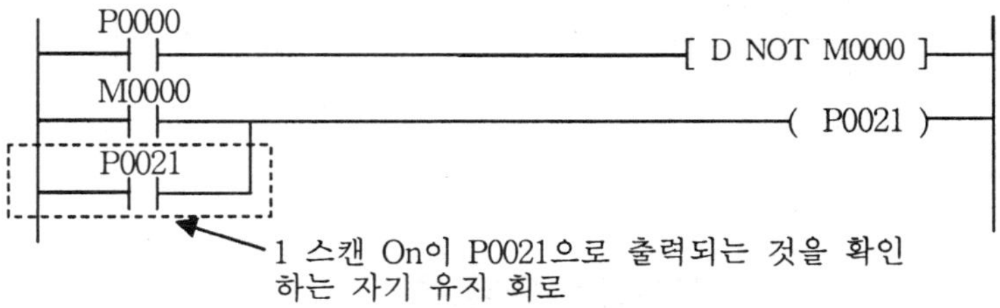

㉢ 타임 차트

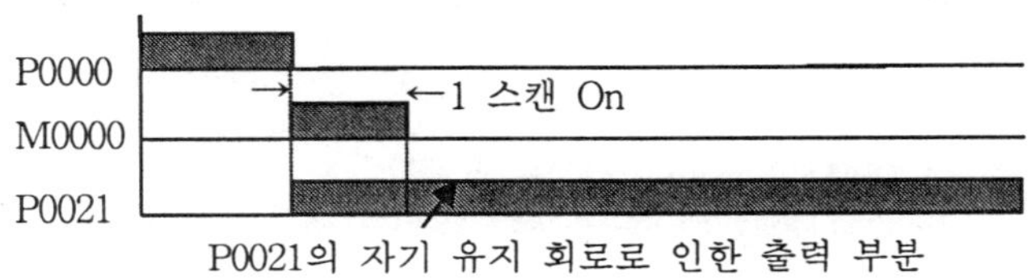

4.8 상태 유지 명령(SET, RST)

4.8.1 SET

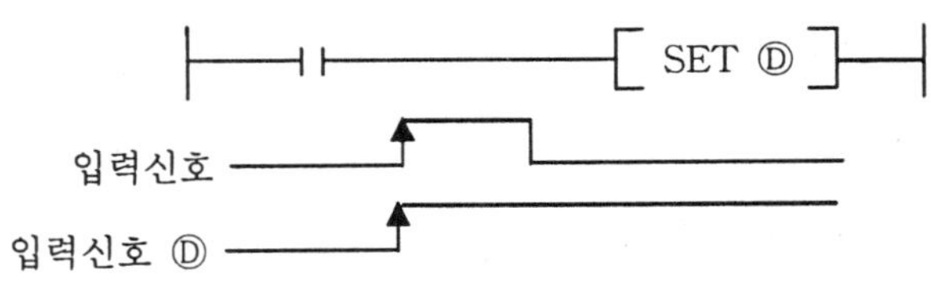

∴ 컴퓨터 링크 모듈 및 데이터 링크 모듈을 사용하지 않을 경우 가능

(1) SET

① 입력조건이 On되면 지정출력 접점을 On상태로 유지시켜 입력이 Off되어도 출력이 On상태를 유지한다.

② 프로그램 예

㉠ 입력조건이 P000이 On→Off하였을 때 P0020, P0021의 출력 상태를 비교하는 프로그램

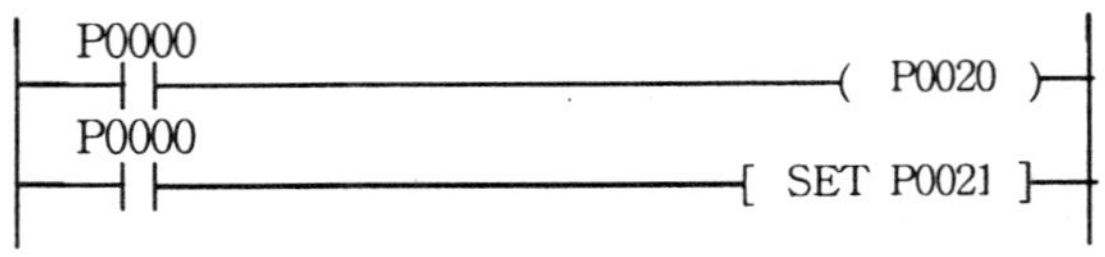

㉡ 타임 차트

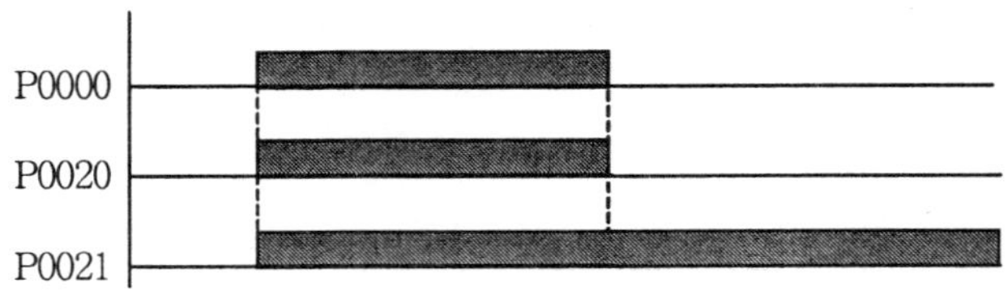

4.8.2 RST

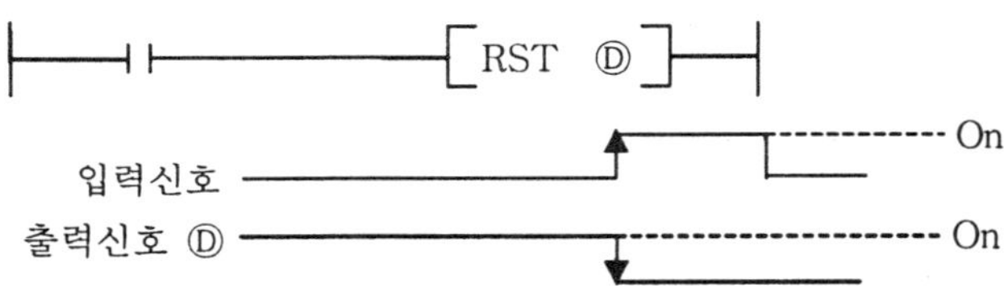

∴ 컴퓨터 링크 모듈 및 데이터 링크 모듈을 사용하지 않을 경우 가능

(1) RST

① 입력조건이 On되면 지정출력 접점을 Off상태로 유지시켜 입력이 Off되어도 출력이 Off 상태를 유지한다.

② 프로그램 예

㉠ 입력조건 P0000이 On→Off하였을 때 P0020, P0021의 출력 상태를 확인하고 P0021출력을 Off시키는 프로그램

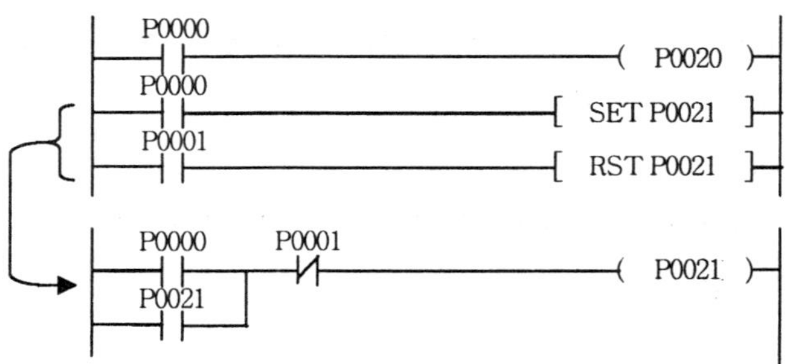

㉡ 타임 차트

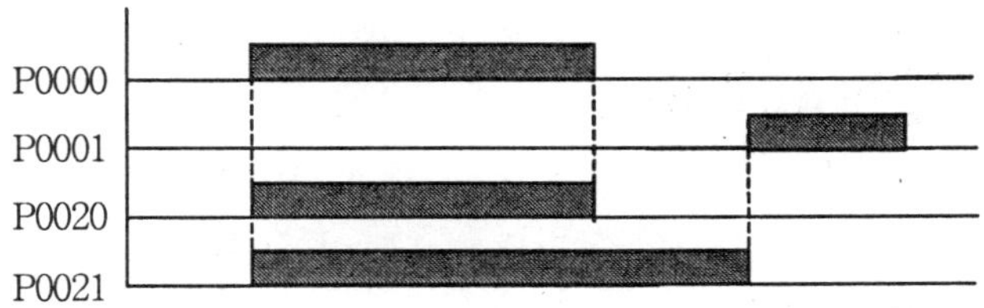

(2) 정전대책에 대하여

(가) P와 K영역의 차이점, 세트/리세트 동작에 대하여

① 입출력 릴레이(P)와 킵 릴레이(K)의 차이점

다음의 시퀀스는 모두 자기 유지 회로를 갖고 있으며 그 동작은 동일하다. 그러나, 출력이 On중에 정전되면 복전 시의 출력상태는 다르게 된다.

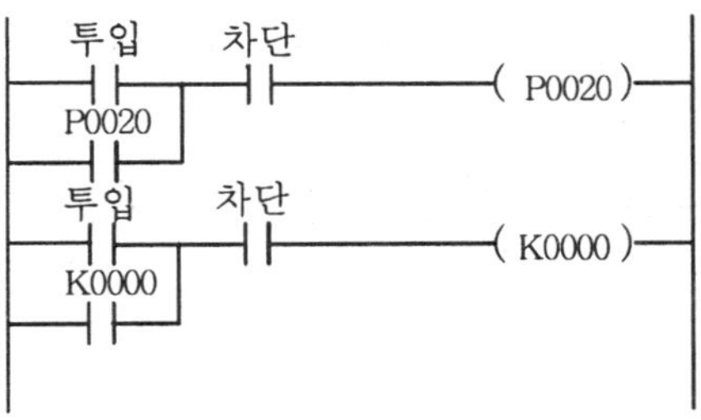

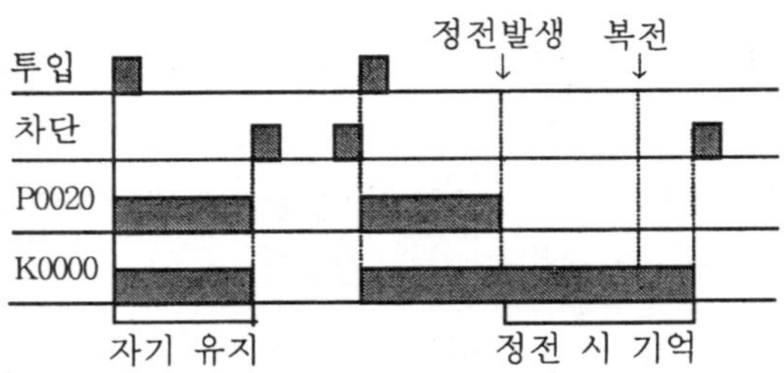

② SET/RST 명령에서 입출력 릴레이(P)와 킵 릴레이(K) 영역 동작의 차이점

세트/리세트 명령은 자기보존 기능을 갖고 있기 때문에 출력이 1회 세트(On) 되면 "차단"입력이 들어올 때까지 그 상태가 계속된다.

그러나 입출력 릴레이(P) 영역과 킵 릴레이(K) 영역의 차이점에 의해, 복전 시의 동작이 다르다.

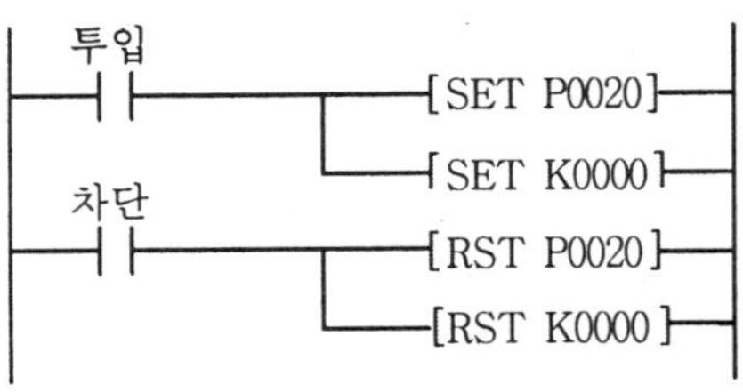

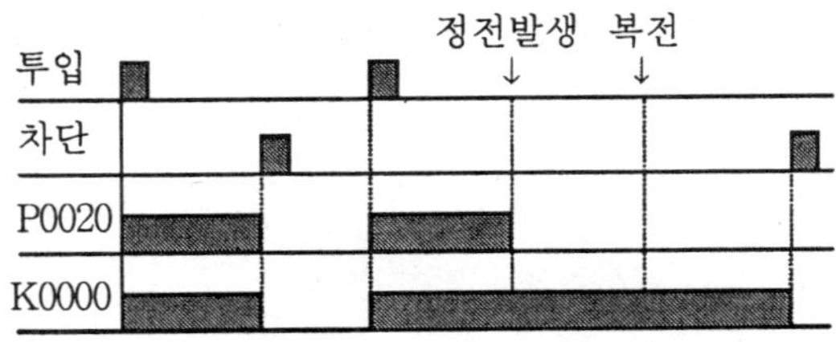

4.9 순차제어, 후입 우선 명령(STEP CONTROLER)

4.9.1 순차 제어(SET S)

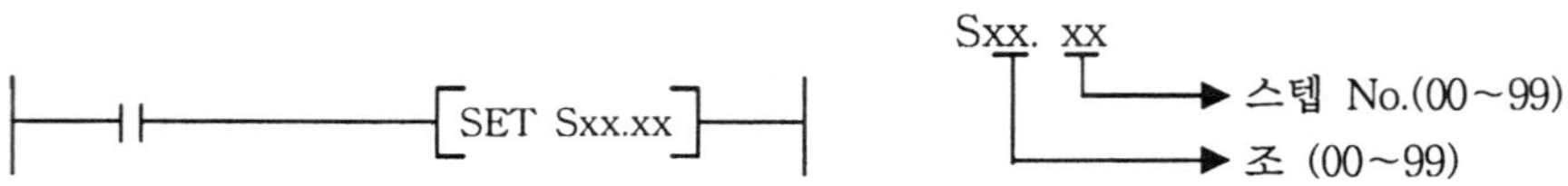

(1) SET Sxx.xx(순차제어)

① 동일 조 내에서 바로 이전의 스텝번호가 On되었을 때 현재 스텝번호가 On 될 수 있다.

② 현재 스텝번호가 On되면 자기 유지되어 입력 접점이 Off되어도 On되어진 상태를 유지한다.

③ 입력조건이 접점이 동시 On되어도 한 조 내에서는 한 스텝번호만이 On되어 진다.

④ SETxx.xx 명령은 Sxx.00의 입력 접점을 On시킴으로써 클리어 된다.

⑤ 프로그램 예

㉠ 프로그램-S01.** 조를 이용한 순차제어 프로그램

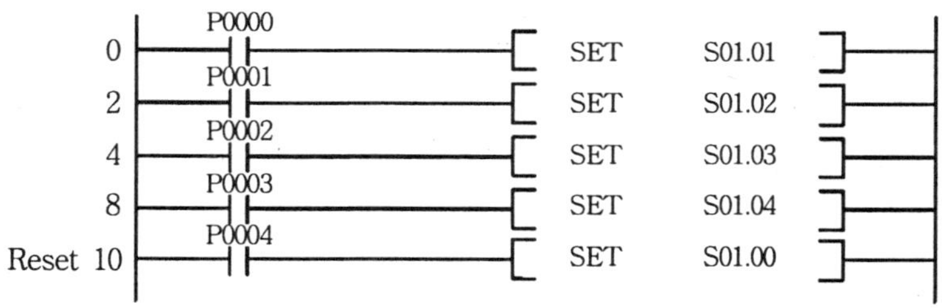

㉡ 순차제어는 바로 이전의 스텝이 On이고 자신의 조건 접점이 On이면 출력 된다.

㉢ 타임 차트

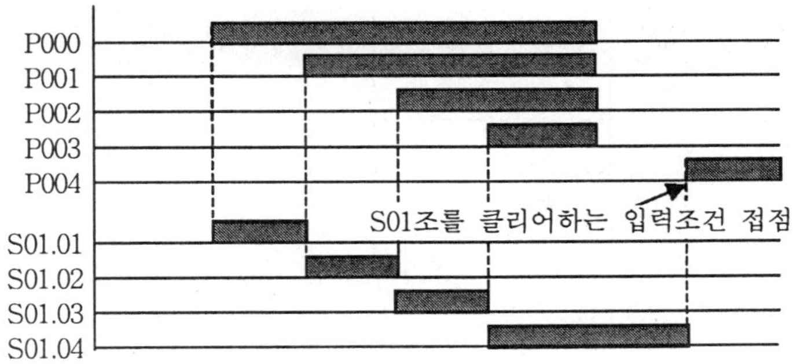

4.9.2 후입 우선(OUT S)

(1) OUT Sxx.xx(후입 우선)

① 동일 조 내에서 입력조건 접점이 다수가 On하여도 한 개의 스텝번호만 On 한다.

② 입력조건이 동시에 On하면 스텝번호가 큰 것이 우선으로 출력된다.

③ 현재 스텝번호가 On되면 자기 유지되어 입력 조건이 Off되어도 On되어진 상태를 유지한다.

④ 프로그램 예

㉠ S02조를 이용한 후입 우선 제어 프로그램

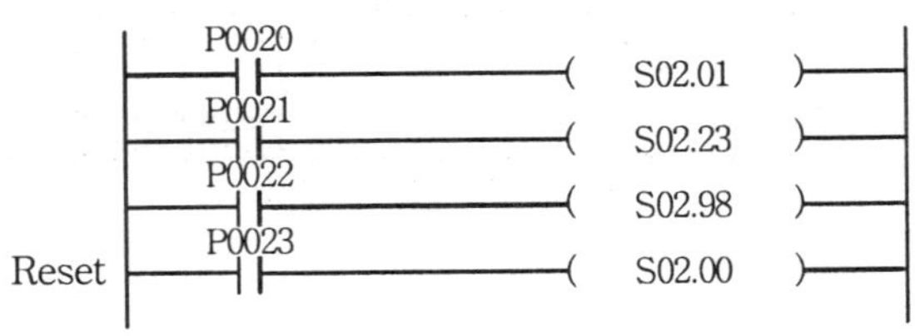

No	P020	P021	P022	P023	S02.01	S02.23	S02.98	S02.00
1	On	Off	Off	Off	○			
2	On	On	Off	Off		○		
3	On	On	On	Off			○	
4	On	On	On	On				○

4.10 타이머 명령(TON, TOFF, TMR, TMON, TRTG)

4.10.1 ON Delay(TON)

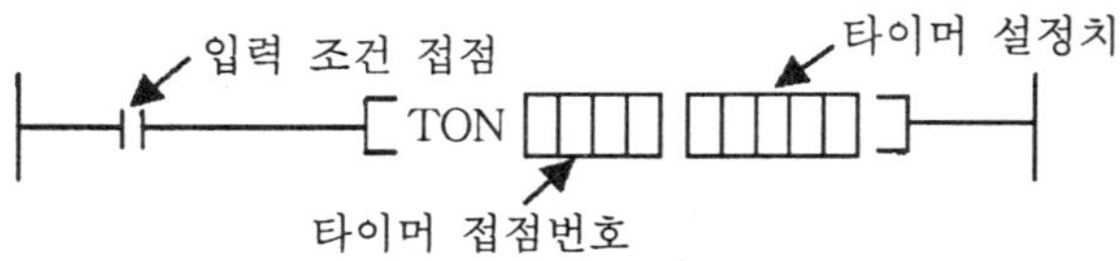

∴ 설정시간(t)=기본주기(0.1초 또는 0.01초)×설정치(0~65535)

(1) TON

① 입력조건이 On되는 순간부터 현재치가 증가하여 타이머 설정시간(t)에 도달하면 타이머 접점이 On된다.

② 입력조건이 Off되거나 Reset 명령을 만나면 타이머 출력이 Off되고 현재치는 "0"이 된다.

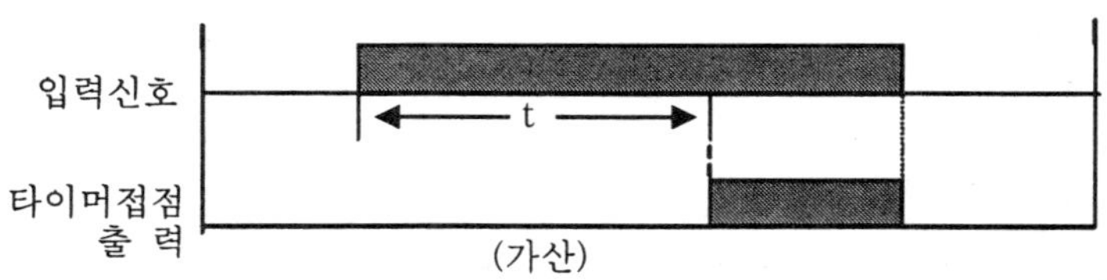

③ 프로그램 예

㉠ P0000이 On한 후 20초 후에 타이머의 현재치와 설정치가 같을 때 출력 On

㉡ 현재치가 설정치에 도달하기 전에 입력조건이 Off하면 현재치는 "0"이 된다.

㉢ P0001이 On되면 현재치는 "0"이 된다.

㉣ 프로그램

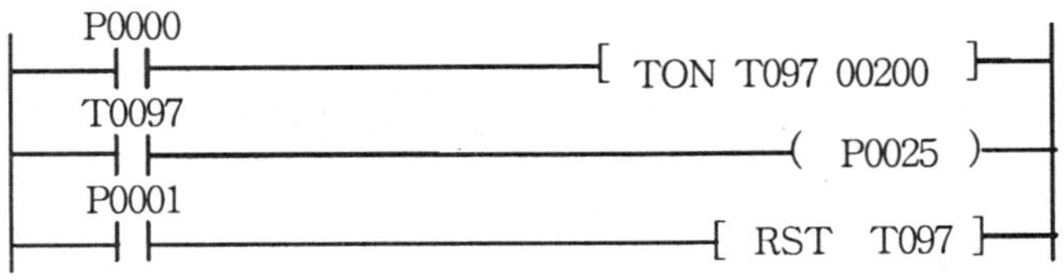

㉤ 타임 차트

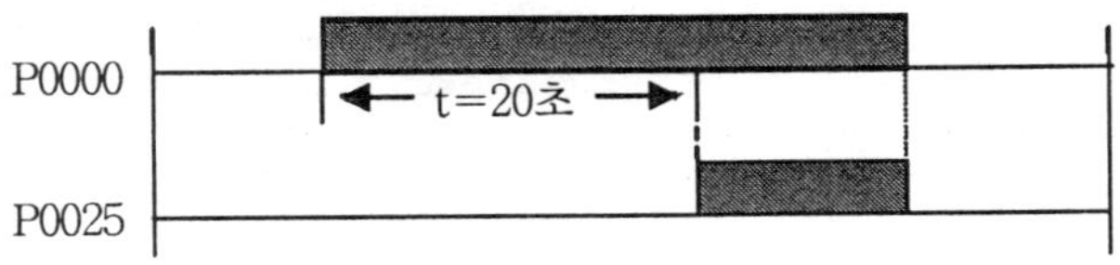

【참고】

① KGLWIN에서 타이머 편집 예

(2) TON의 예제(플리커 회로)

① 동작

㉠ 타이머 2개를 사용하여 출력을 플리커(깜박이)시킨다.

② 시스템도

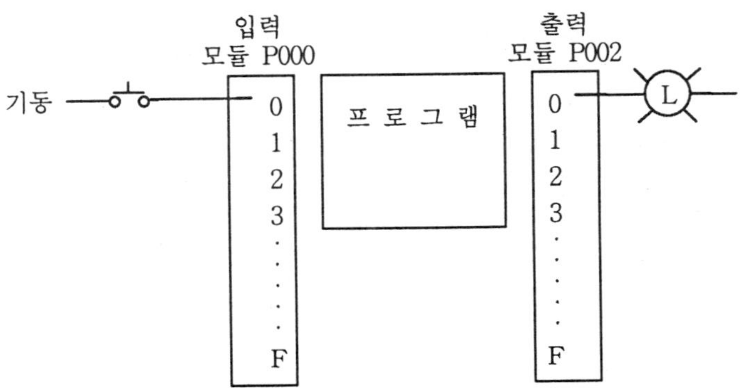

③ 타임 차트

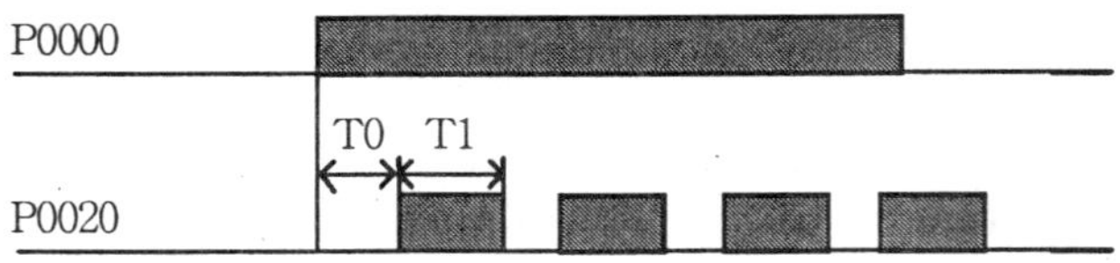

④ 프로그램

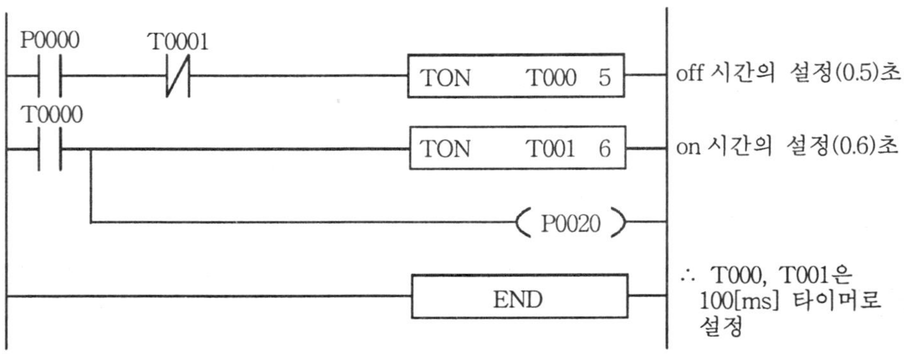

4.10.2 OFF Delay(TOFF)

∴ 설정시간(t)=기본주기(0.1초 또는 0.01초)×설정치

(1) TOFF

① 입력조건이 On상태이면 동안 타이머의 현재치는 설정치가 되며 출력은 On 된다.

② 입력조건이 Off되면 타이머 현재치가 설정치로부터 감소되어 현재치가 “0”이 되는 순간 출력이 Off된다.

③ Reset 명령을 만나는 타이머 출력은 Off되고 현재치는 “0”이 된다.

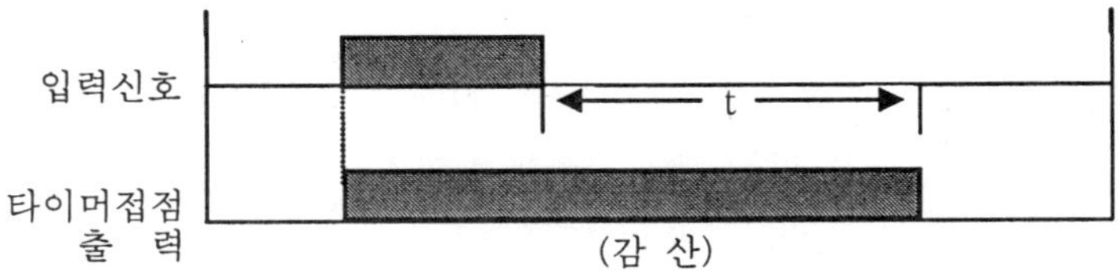

④ 프로그램 예

㉠ 입력 P0000 접점이 On되면 T000접점이 동시에 On하고 출력 P0025는 On된다.

㉡ 입력 P000이 Off되면 타이머는 감산을 시작하여 현재치가 "0"이 되면 타이머 접점이 Off된다.

㉢ P0002가 On되면 타이머 출력은 Off되고 현재치는 "0"이 된다.

㉣ 프로그램

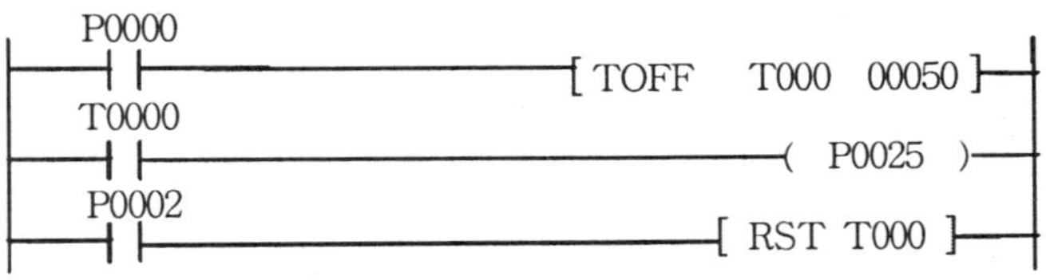

㉤ 타임 차트

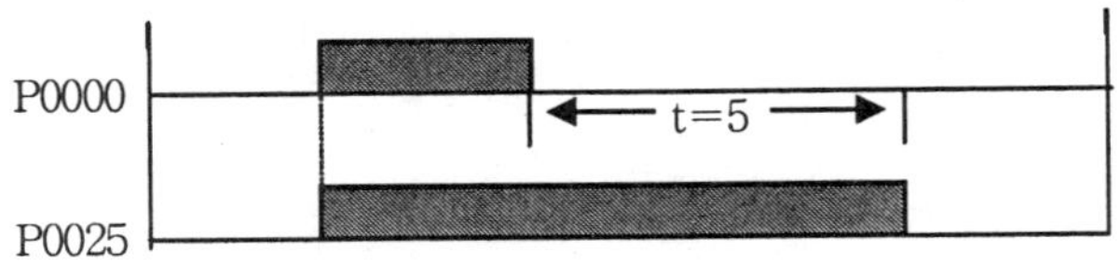

4.10.3 적산 타이머(TMR)

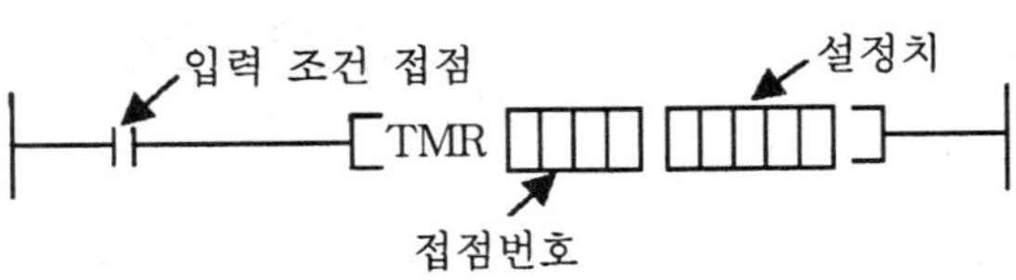

∴ 설정시간(t)=기본주기(0.1초 또는 0.01초)×설정치

(1) TMR

① 입력조건이 On상태이면 타이머 현재치가 증가하며, 타이머의 설정시간에 도

달하면 타이머 접점이 On된다.

② 정전시도 타이머 현재치를 유지하기 위해서는 불휘발성 영역을 사용하여야 한다.

③ Reset 입력조건이 성립되면 타이머 접점은 Off되고 현재치는 “0”이 된다.

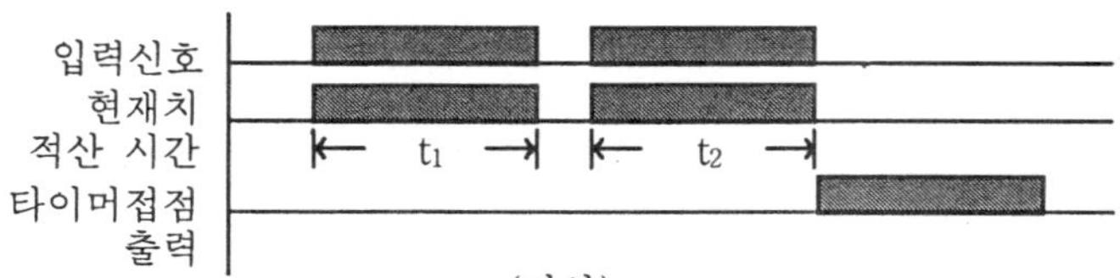

(가산)

설정시간(t)=t_1+t_2

④ 프로그램 예

㉠ 접점 P0000이 On, Off, On을 반복한 후 T096이 On하여 출력 접점 P0021을 On($t_1+t_2=30$초)한다.

㉡ Reset신호 P0003을 On하면 현재치는 “0”이 되면서 P0021은 Off된다.

㉢ 프로그램

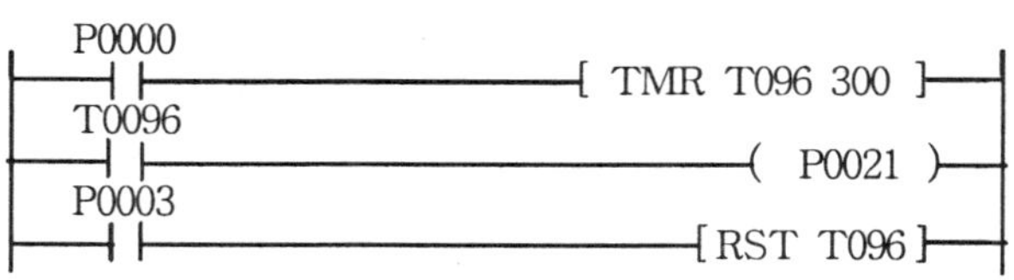

㉣ 타임 차트

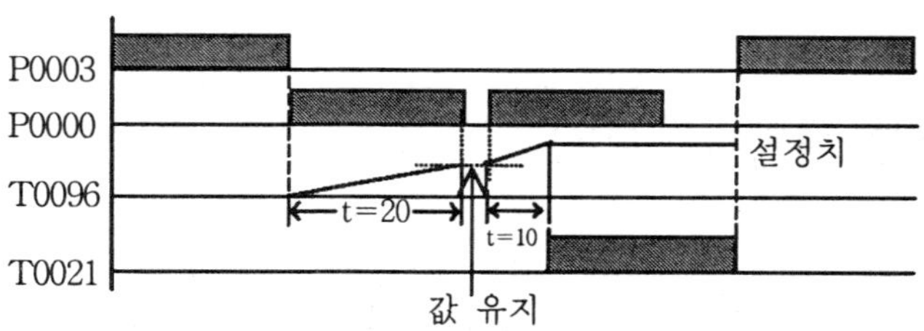

4.10.4 모노스테이블(TMON)

∴ 설정시간(t)=기본주기(0.1초 또는 0.01초)×설정치

(1) TMON

① 입력조건이 On되는 순간 타이머 출력이 On되고 타이머의 현재치가 설정치로부터 감소하기 시작하여 “0”가 되면 타이머 출력은 Off된다.

② 타이머 출력이 On된 후 입력조건이 On, Off 변화를 하여도 무시한다.

③ Reset 입력조건이 On되면 타이머 접점은 Off되고 현재치는 “0”이 된다.

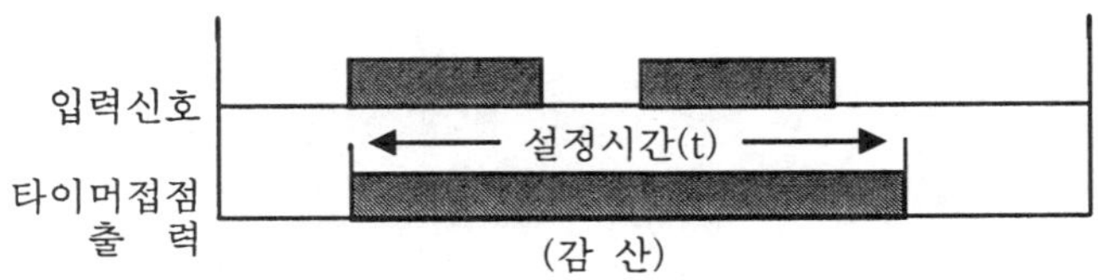

④ 프로그램 예

㉠ P0000을 On하면 접점 T000는 즉시 On하며 타이머가 감산한다.

㉡ 감산 중에 P0000이 On, Off를 반복하여도 감산은 계속된다.

㉢ Reset신호 P0003을 On하면 현재치는 “0”이 되며 출력은 Off된다.

㉣ 프로그램

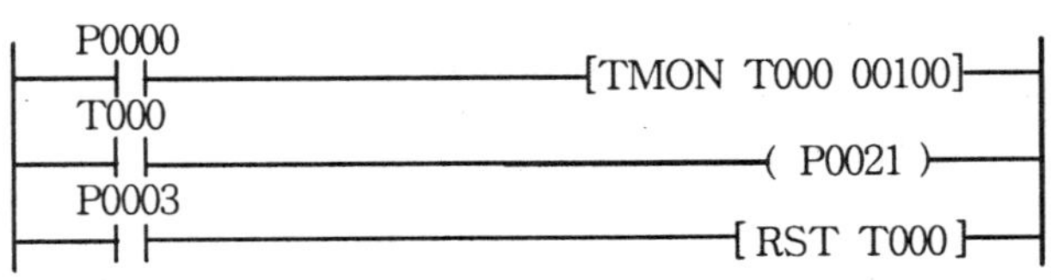

㉤ 타임 차트

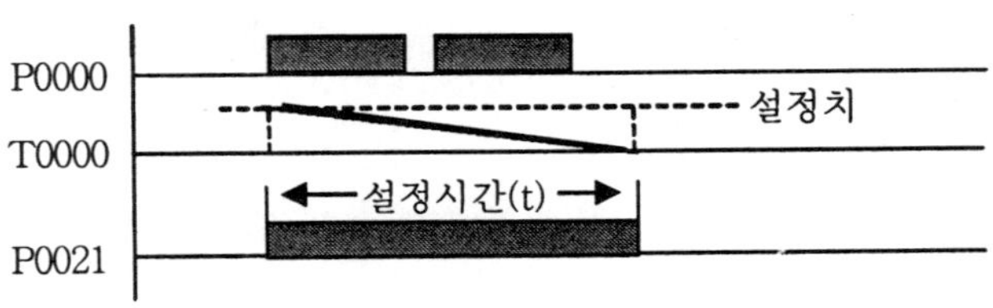

4.10.5 리트리거블(TRTG)

∴ 설정시간(t)=기본주기(0.1초 또는 0.01초)×설정치

(1) TRTG

① 입력조건이 On되면 타이머 출력이 On되고 타이머의 현재치가 설정치로부터 감소하기 시작하여 "0"이 되면 타이머 출력은 Off된다.

② 타이머 현재치가 "0"이 되기전에 또 다시 입력조건이 Off→On하면 타이머 현재치는 설정치로 재설정된다.

③ Reset 입력조건은 On되면 타이머 접점은 Off되고 현재치는 "0"이 된다.

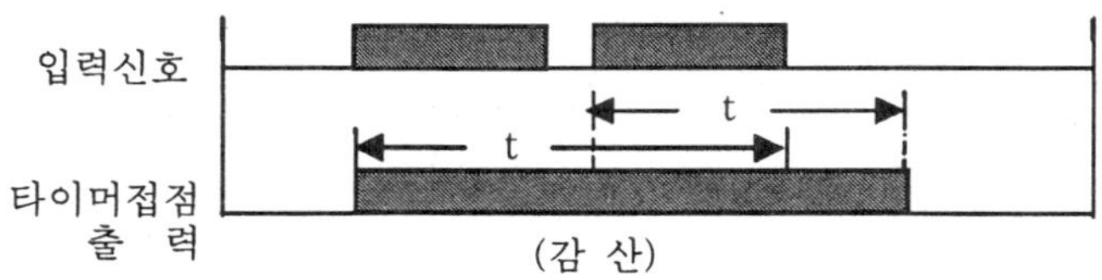

④ 프로그램 예

㉠ P0000을 On하면 접점 T096는 동시 On하며 타이머가 감산을 하여 "0"에 도달하면 P0025는 Off된다.

㉡ "0"에 도달 전에 P0000 입력조건이 성립하면 현재치는 설정치가 되며 다시 감산을 한다.

㉢ Reset신호 P0003을 On하면 현재치는 "0"이 되며 출력은 Off된다.

㉣ 프로그램

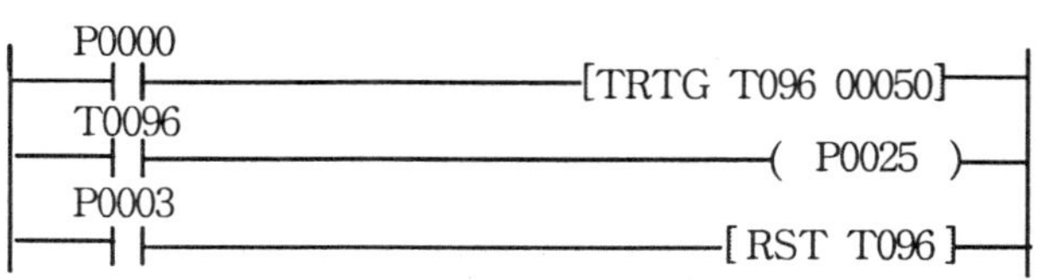

㉤ 타임 차트

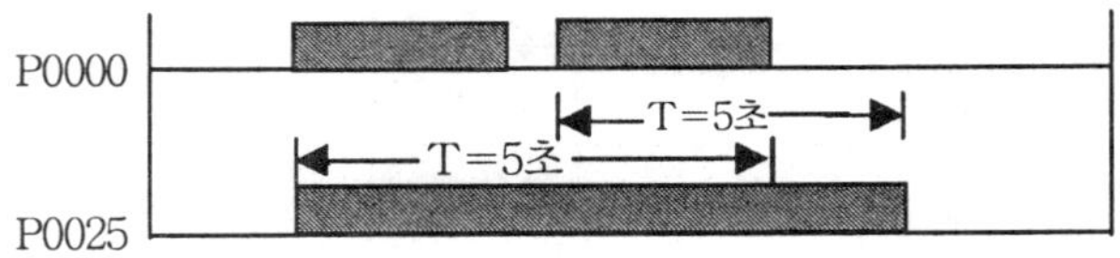

4.11 카운터 명령(CTU, CTD, CTUD, CTR)

4.11.1 UP 카운터(CTU)

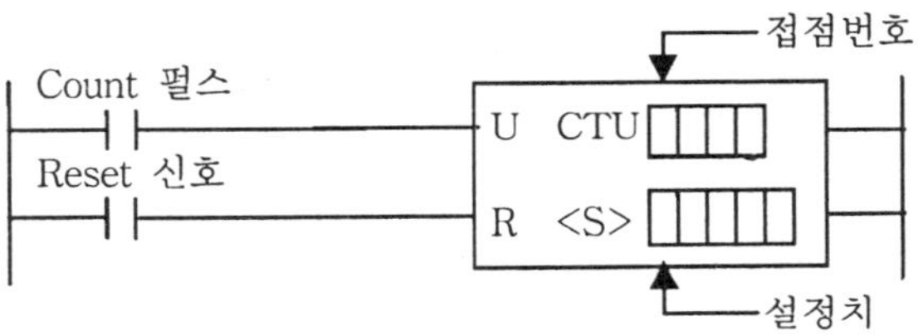

(1) CTU

① 입상 펄스가 입력될 때마다 현재치를 +1하고 현재치가 설정치 이상이면 출력을 On하고 카운터 최대치(65535)까지 Count한다.

② Reset 신호가 On하면 출력을 Off시키며 현재치는 "0"이 된다.

③ 타임차트

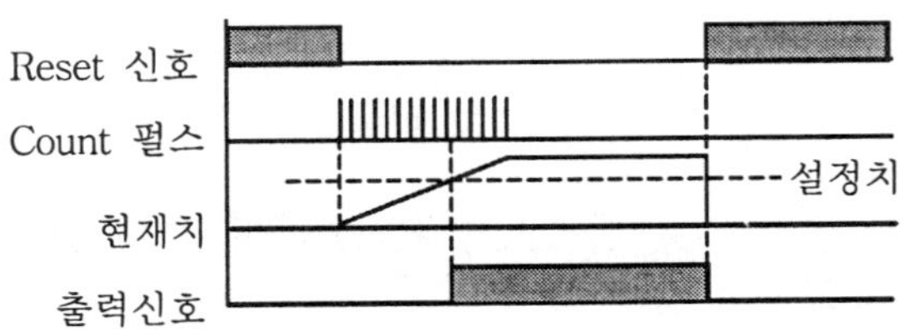

④ 프로그램 예

㉠ P0000 접점으로 Count Up하여 현재치와 설정치가 같을 때 P0020 출력이 On된다.

㉡ P0001 접점이 On하면 출력을 Off시키며 현재치는 "0"으로 초기화 된다.

㉢ 프로그램

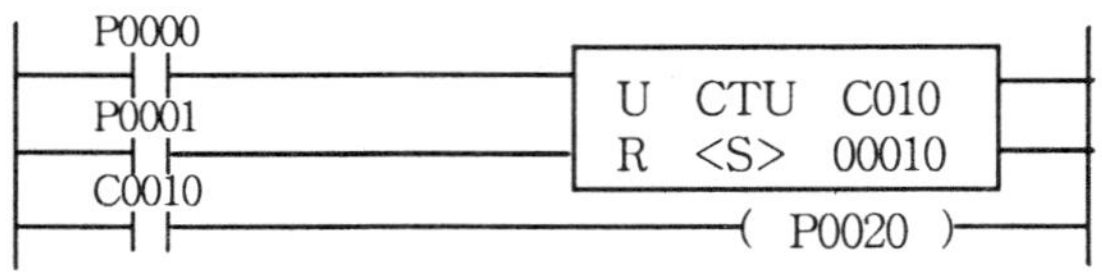

㉣ 타임차트

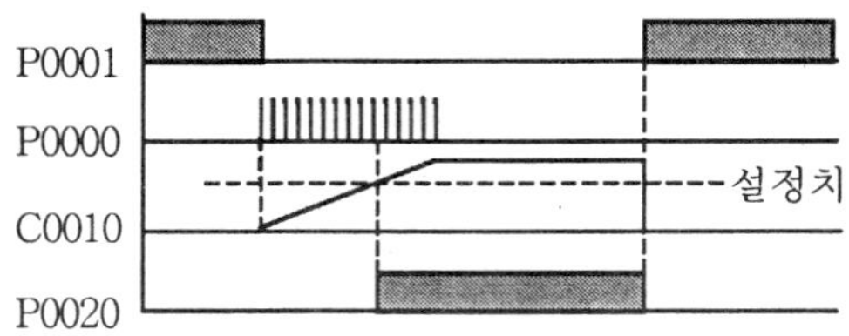

【참고】

KGLWIN에서 카운터 편집

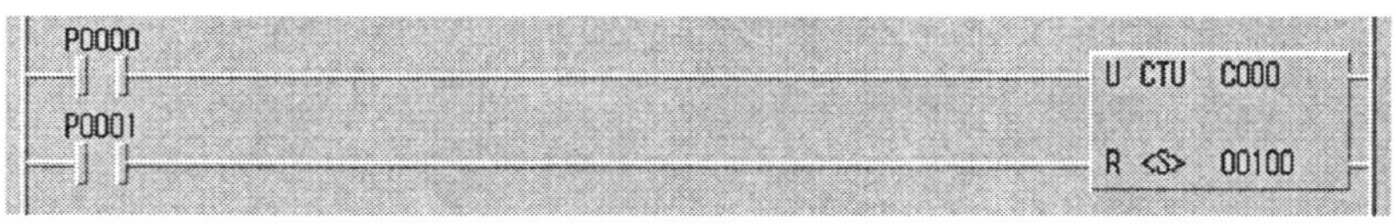

① 아래 순서에 의해 접점을 입력한 후 응용명령을 선택한다.

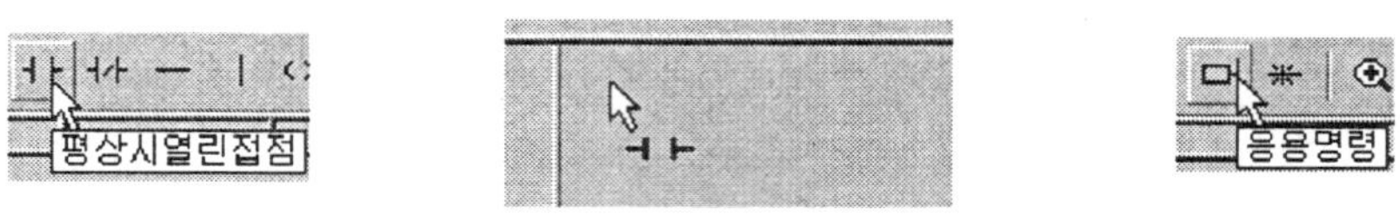

② 입력조건 뒤에 응용명령을 클릭하고 응용명령창에서 아래 그림과 같이 입력한다.

③ 카운터입력이 끝나면 RESET용 접점을 입력한다.

④ P0001접점 뒤에서 수평선 아이콘을 이용하거나 [F5]키를 연속으로 눌러 수평선을 완성한다.

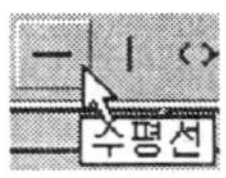

4.11.2 DOWN 카운터(CTD)

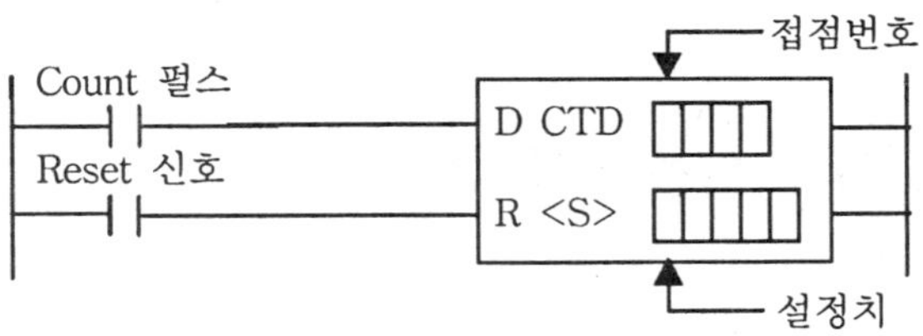

(1) CTD

① 입상 펄스가 입력될 때마다 설정치로부터 1씩 감소하여 “0”이 되면 출력을 On한다.

② Reset 신호가 On하면 출력을 Off시키며 현재치는 설정치가 된다.

③ 타임 차트

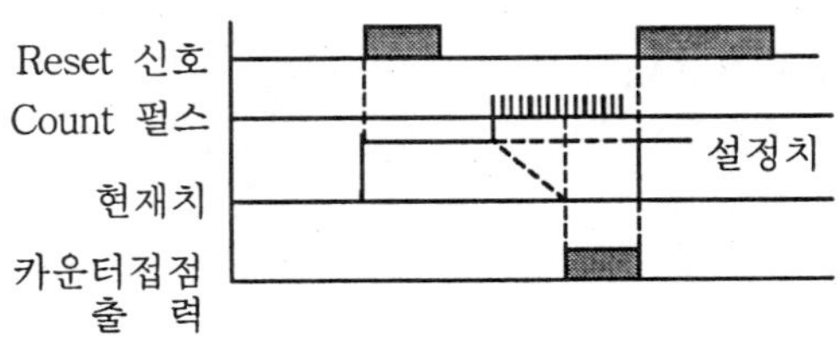

④ 프로그램 예

㉠ P0000 접점이 10회 On되면 Count Down하여 현재치가 “0”이 될 때 P0020

출력이 On된다.

㉡ P0001 접점이 On되면 출력을 Off시키며 현재치는 설정치가 된다.

㉢ 프로그램

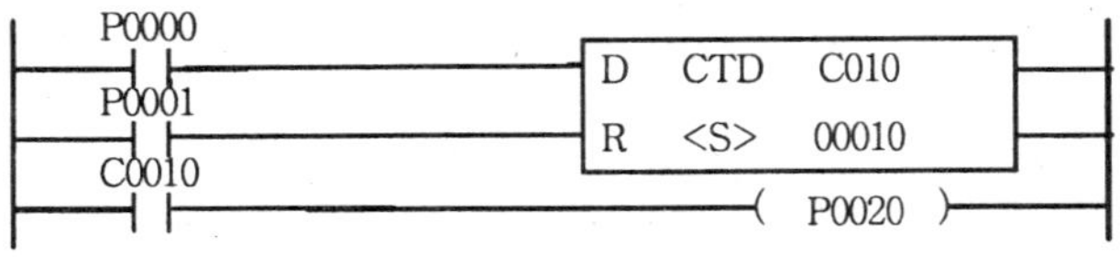

㉣ 타임 차트

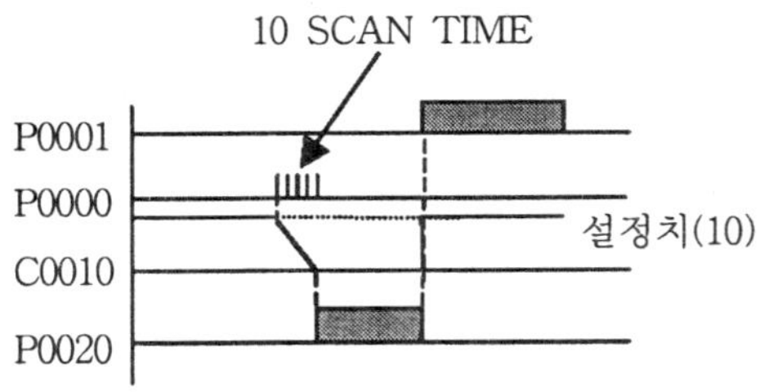

4.11.3 UP-DOWN 카운터(CTUD)

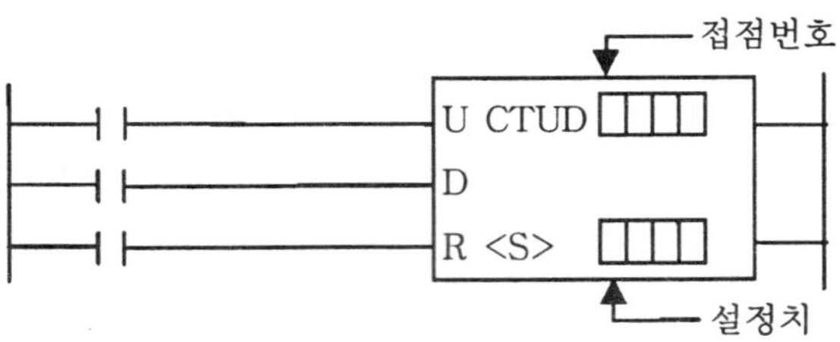

(1) CTUD

① Up 단자에 펄스 신호가 입력될 때마다 현재치에서 1씩 가산하며 현재치가 설정치 이상이면 출력을 On하고 카운터 최대치(65535)까지 Count한다.

② Down 단자에 펄스 신호가 입력될 때마다 현재치를 1씩 감소시킨다.

③ Reset 신호가 On되면 현재치는 "0"이 된다.

④ Up, Down 펄스가 동시에 On되면 현재치는 변하지 않는다.

⑤ 타임 차트

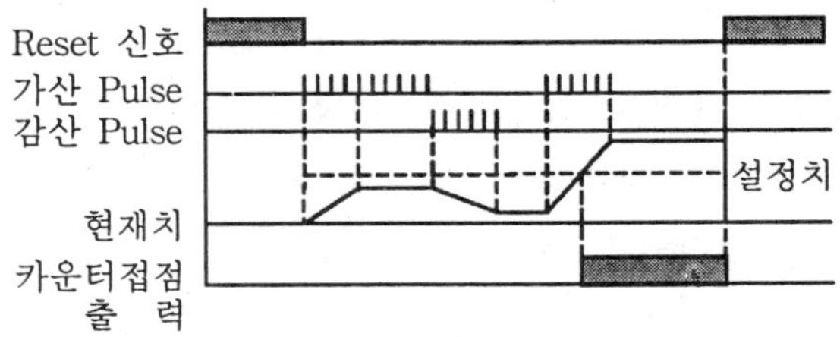

⑥ 프로그램 예

㉠ P000 접점의 펄스 입력에 의해 Count Up하여 현재치와 설정치가 같을 때 P0020출력이 On된다.

㉡ P0001 접점의 펄스 입력에 의해 Count Down 된다.

㉢ Reset 조건이 만족되면 출력은 Off되고 카운터 현재치는 "0"이 된다.

㉣ 프로그램

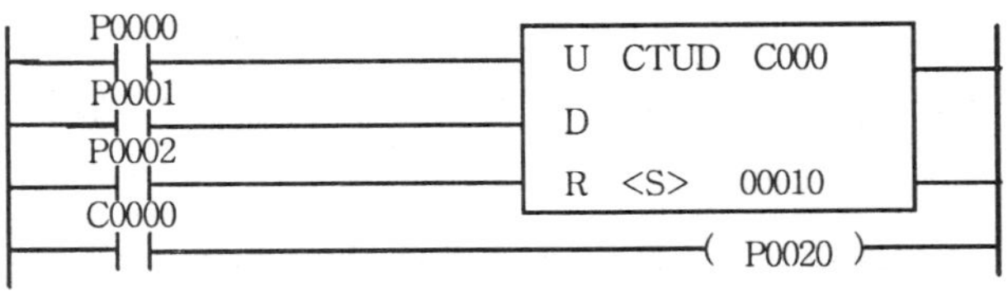

㉤ 타임 차트

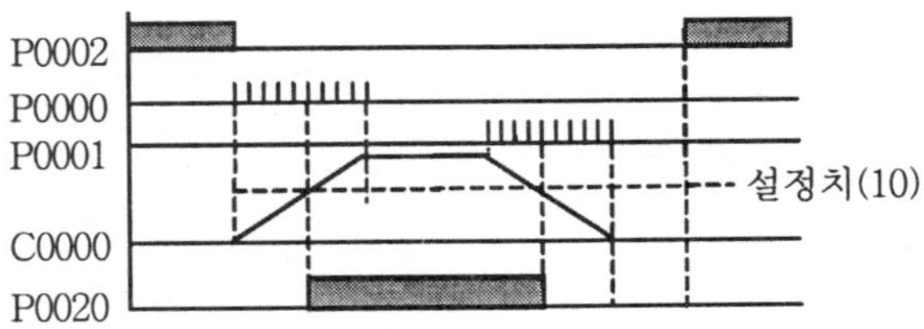

4.11.4 RING 카운터(CTR)

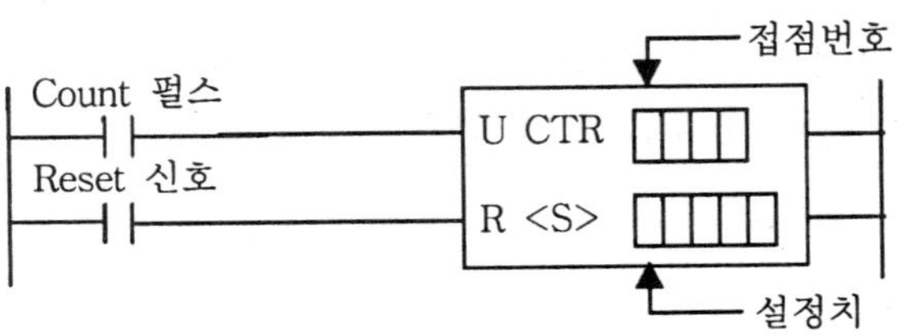

(1) CTR

① 입상 펄스가 입력될 때마다 현재치를 +1하고 현재치가 설정치에 도달한 후 입력신호가 Off→On되면 현재치는 “0”으로 된다.

② 현재치가 설정치에 도달하면 출력은 On된다.

③ 현재치가 설정치 미만이거나 Reset 조건이 On이면 출력은 Off된다.

④ 타임 차트

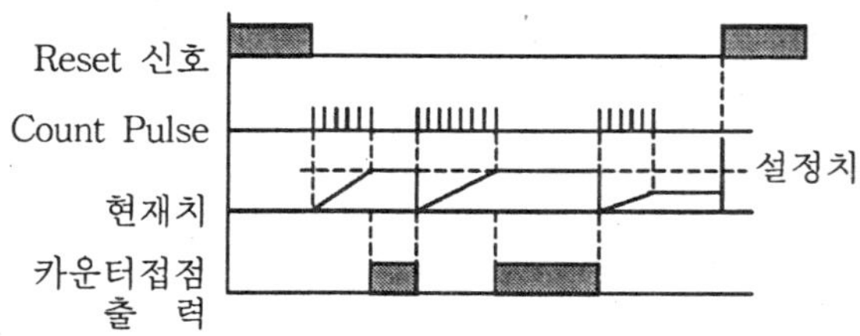

⑤ 프로그램 예

㉠ P0000 접점의 입상 펄스에 의해 Count Up하여 현재치와 설정치가 같을 경우 P0020출력이 On된다.

㉡ P0000 접점이 11회째 On하면 P0020출력이 Off되면서 현재치는 “0”으로 Reset된다.

㉢ 프로그램

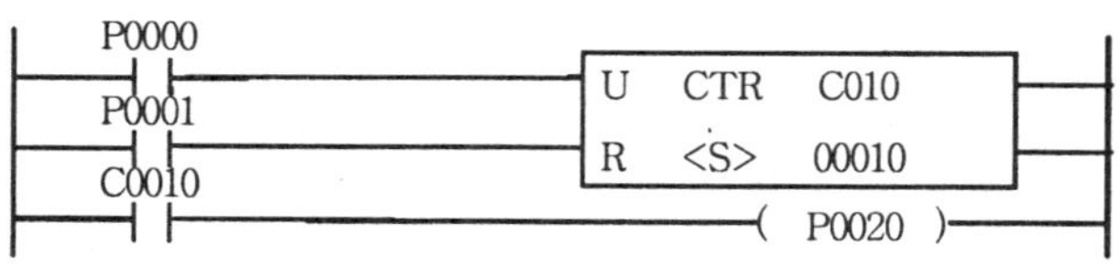

㉣ 타임 차트

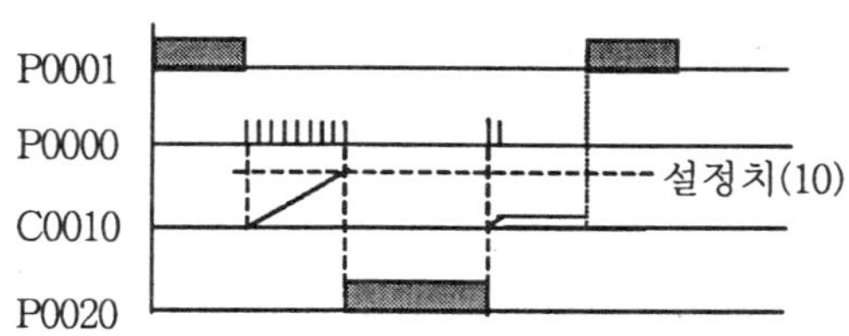

4.12 프로그램 예제

4.12.1 LOAD, AND, OR의 예제(펌프 자동제어)

① 동 작

저수위 센서 검출시 모터 2대 동작하고 중수위 센서감지시 모터 1대만 동작한다. 그리고 고수위 센서감지시는 모든 펌프가 정지한다.

② 시스템도(상세)

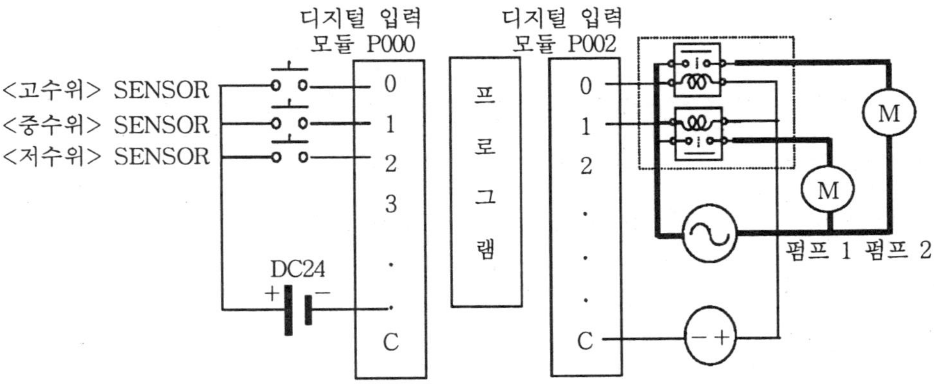

※ 부하용량이 PLC 출력단자의 용량(MASTER-K, 2A/점, 5A/1COM)보다 큰 경우 구동부하를 출력 단자에 직접 연결하지 않고 릴레이나 MAGNETIC S/W 등을 위 그림 점선 내부처럼 사용하여 부하를 구동시킨다.

③ PLC프로그램

4.12.2 LOAD, AND, OR의 예제(전동기의 정·역 운전)

① 동작

순간 접촉 푸쉬 버튼 PB_1을 누르면 모터는 시계 방향으로 회전하고, 순간 접촉 푸쉬 버튼 PB_2를 누르면 모터는 시계 반대 방향으로 회전한다. 모터는 정지하지 않고 회전 방향을 변경할 수 있고, 순간 접촉 푸쉬 버튼 PB_0을 누르면 모터는 정지한다.

② 시스템도

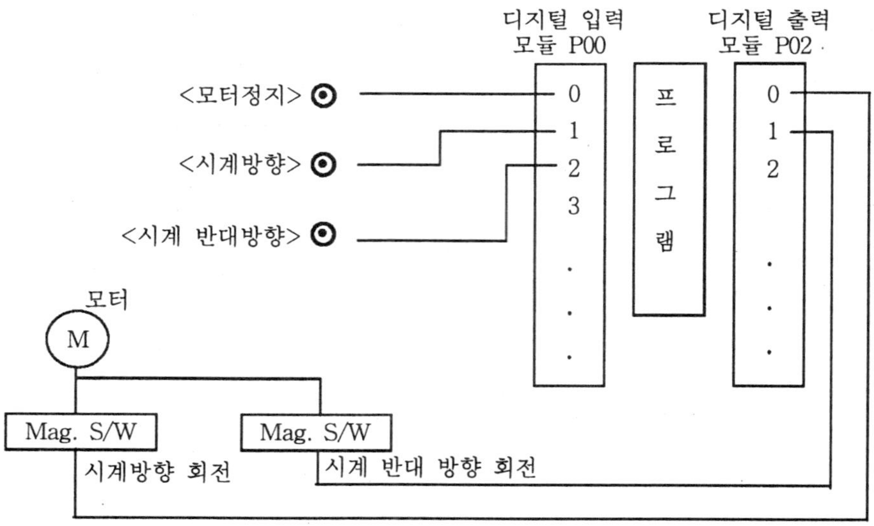

③ 프로그램

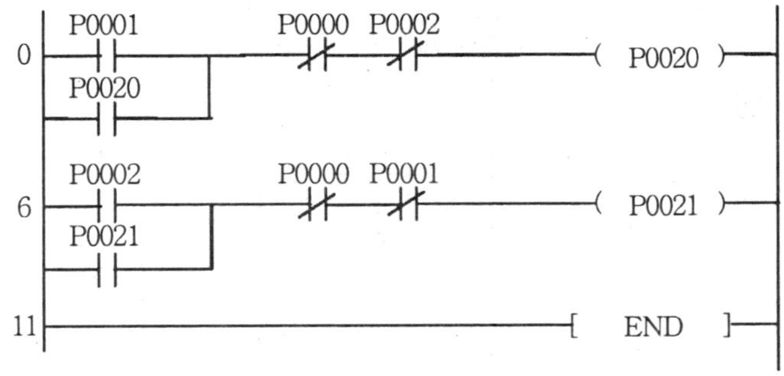

· 시계방향 모터 운전, 시계 반대방향

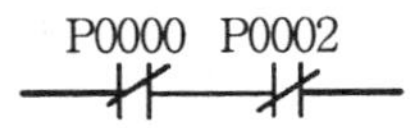

· 시계 반대방향 모터 운전, 시계방향

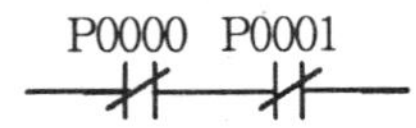

<자기유지회로>

이 회로를 '자기 유지 회로'라 한다.

· P0000의 On은 출력 P0020을 On시키고, 다시 자신을 입력으로 사용한다.
a접점 P0020을 On시켜 P0001 신호가 들어올 때 까지 On 상태를 지속하게 한다.

4.12.3 LOAD, OR, AND NOT의 예제(퀴즈 프로그램 우선제어)

① 동작

퀴즈 참가자 A, B가 사회자의 문제에 따라 푸시 버튼 스위치 PB_0, PB_1을 각각 누를 때 먼저 누른 참가자 측의 램프가 점등되며 사회자의 RESET버튼(PB_2) 투입 전까지는 램프 출력을 유지한다.

② 시스템도

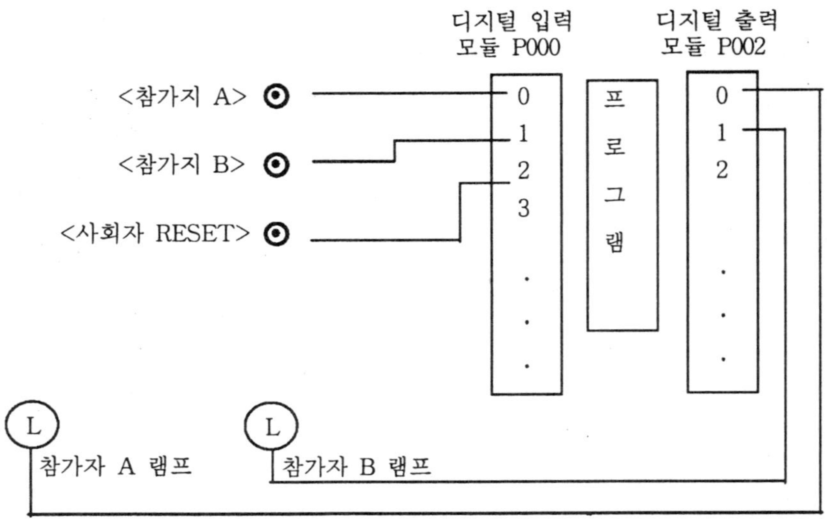

③ 프로그램

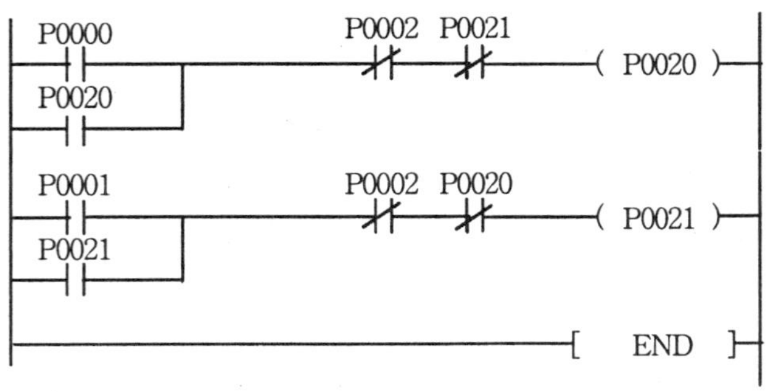

· P00 먼저 ON시 P20이 ON되며 이에 따라 P20 b접점이 단선되어 P01이 ON되어도 P21은 ON 되지 않는다.

· P01 먼저 ON시 P21이 ON되며 이에 따라 b접점 P20은 ON되지 않는다.

【참고】 변수(VARIABLE)란?

입출력 접점, 메모리의 이름(예 : P20, P21, M000 …)을 직접 사용하지 않고 사용자 편의에 의한 이름을 영문, 한글, 한자등으로 표시하여 프로그램할 수 있다. 최초 변수 등록시 속성으로 입출력 접점이 등록되며, 재사용시부터 변수 속성 없이 변수 이름만으로 사용할 수 있다.

4.12.4 LOAD, AND NOT, OR LOAD의 예제 (두개의 스위치에 의한 출력반전회로(3로 스위치))

① 동작

긴 복도나 계단 입구의 SW_1을 ON하면 통로의 램프가 점등되며 출구에서 SW_2를 ON하면 램프가 점등되며 입구에서 SW_1으로 OFF한다.

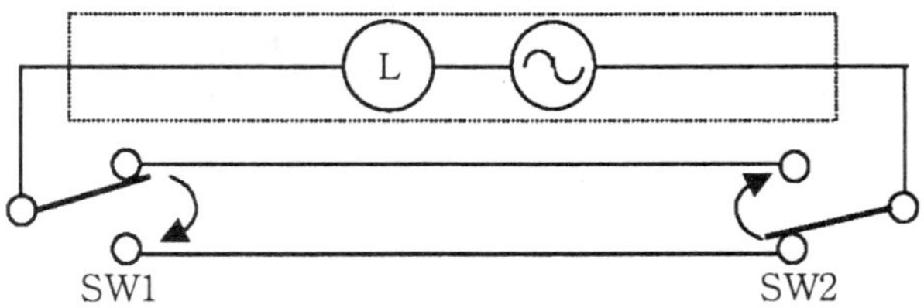

② 시스템도

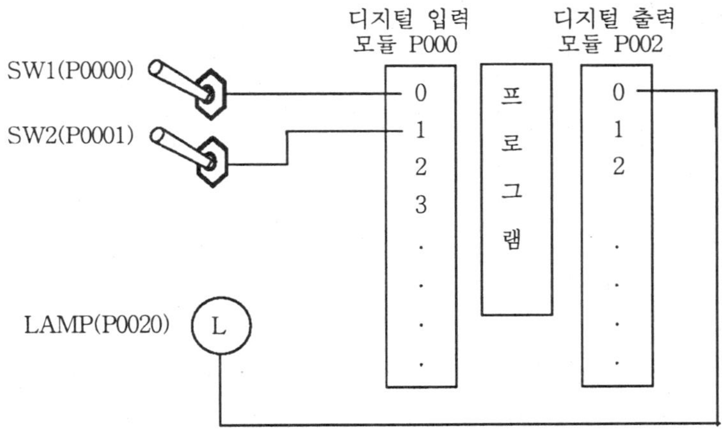

③ 프로그램(변수 이름에 의한 프로그래밍)

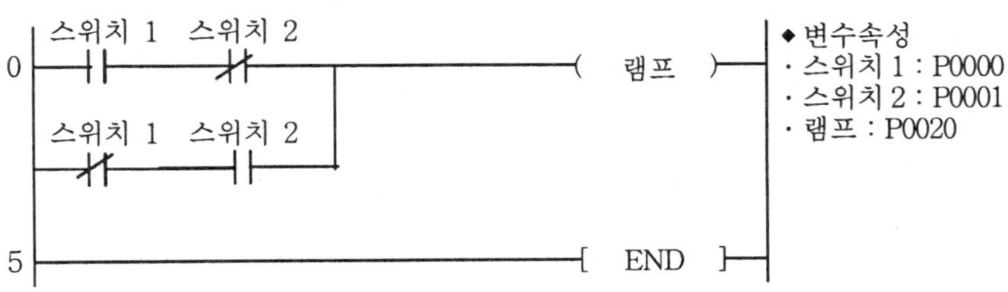

4.12.5 D의 예제(기동되는 전동기의 대수 증가제어)

① 동작

순간 접촉 푸쉬 버튼 PB_0을 첫 번째 누르면 모터 1이 On, 두 번째 누르면 모터 2가 On, 세 번째 누르면 모터 3이 ON된다. 결국 순간 접촉 푸쉬 버튼 PB_0를 세 번 누르면 세대의 모터가 모두 기동하게 된다.

본 예제는 PLC시퀀스의 정확한 이해로 작성할 수 있다.

직렬처리방식과 입출력 리프레시의 관계를 고려하여야만 정확한 결과를 나타낼 수 있다.

② 시스템도

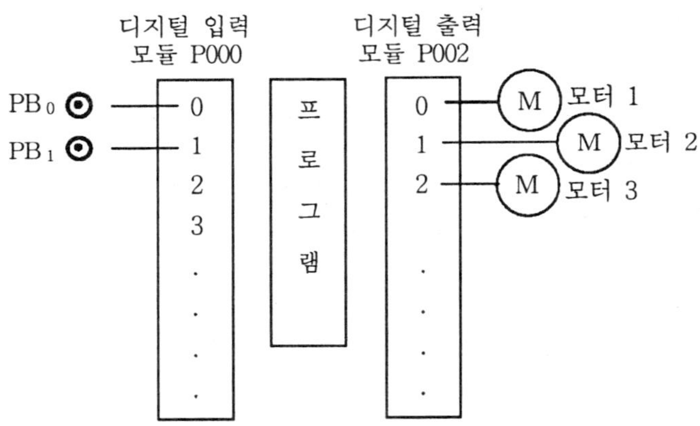

※ 위의 시스템의 부하(모터)는 마그네트 스위치에 의해 접속된다.

③ 타임 차트

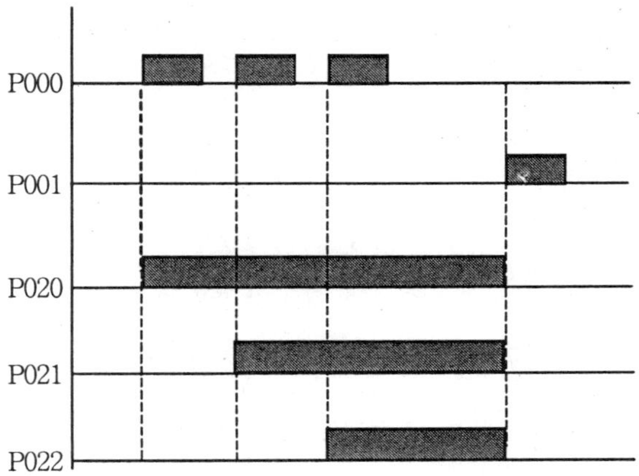

④ 프로그램 예

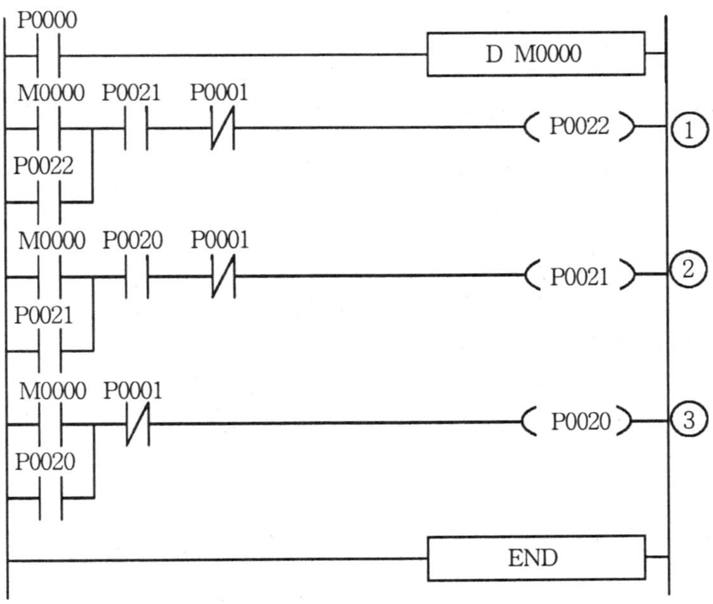

⑤ 동작 설명

1회전 PB_0 ON시		입력조건			출 력	비 고
1ST SCAN	①	M0000	P021	P001	P022	
	②	M0000	P020	P001	P021	
	③	M0000		P001	P020	
1ST SCAN	①	M0000	P021	P001	P022	
	②	M0000	P020	P001	P021	
	③	M0000		P001	P020	자기 유지

2회전 PB_0 ON시		입력조건			출 력	비 고
1ST SCAN	①	M0000	P021	P001	P022	
	②	M0000	P020	P001	P021	1회전 PB_0 ON시 P20 ON
	③	M0000		P001	P020	
1ST SCAN 이후	①	M0000	P021	P001	P022	
	②	M0000	P020	P001	P021	자기 유지
	③	M0000		P001	P020	자기 유지

3회전 PB_0 ON시		입력조건			출 력	비 고
1ST SCAN	①	M0000	P021	P001	P022	2회전 PB_0 ON시 P21 ON
	②	M0000	P020	P001	P021	1회전 PB_0 ON시 P20 ON
	③	M0000		P001	P020	
1ST SCAN	①	M0000	P021	P001	P022	자기 유지
	②	M0000	P020	P001	P021	자기 유지
	③	M0000		P001	P020	자기 유지

(회색 음영) : 접점의 연결을 의미한다.(a접점 : ON, b접점 : OFF)

4.12.6 SETS, MCS의 예제(대차의 순차기동 제어)

① 동작

기동 스위치 P0000 ON시 대차는 D구간까지 이동하고 D도달 후 B위치로 다시 C위치로 다시 A위치로 복귀하는 동작을 반복하며 정지 스위치를 ON하면 대차는 A점으로 복구한 후 정지한다.

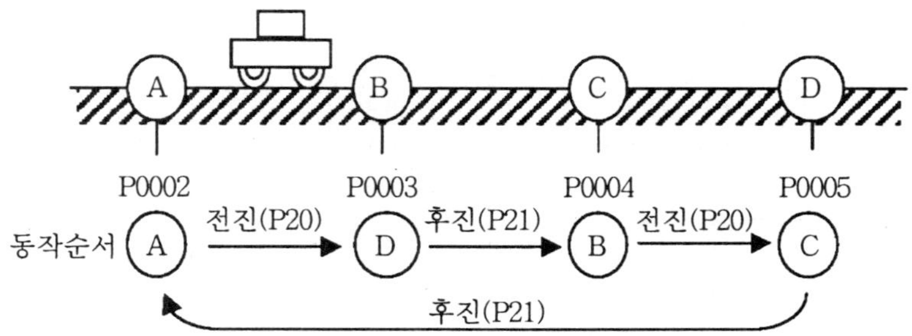
A
B
C
D
P0002
P0003
P0004
P0005
동작순서
A
전진(P20)
D
후진(P21)
B
전진(P20)
C
후진(P21)

② 시스템도

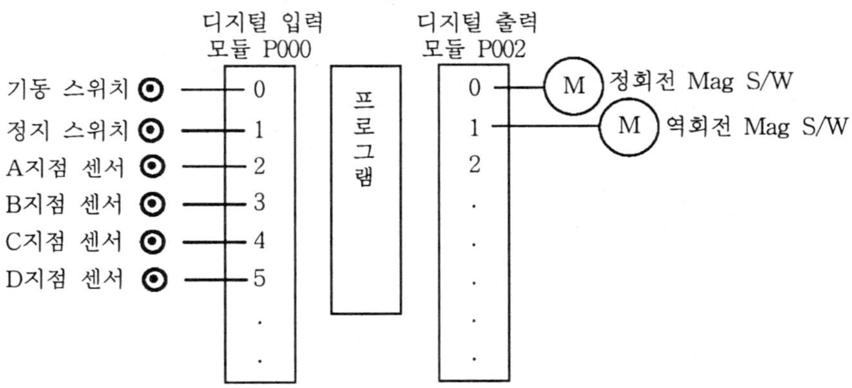
디지털 입력 모듈 P000
디지털 출력 모듈 P002
기동 스위치
정지 스위치
A지점 센서
B지점 센서
C지점 센서
D지점 센서
0
1
2
3
4
5
프로그램
0
1
2
M
정회전 Mag S/W
M
역회전 Mag S/W

③ 타임 차트

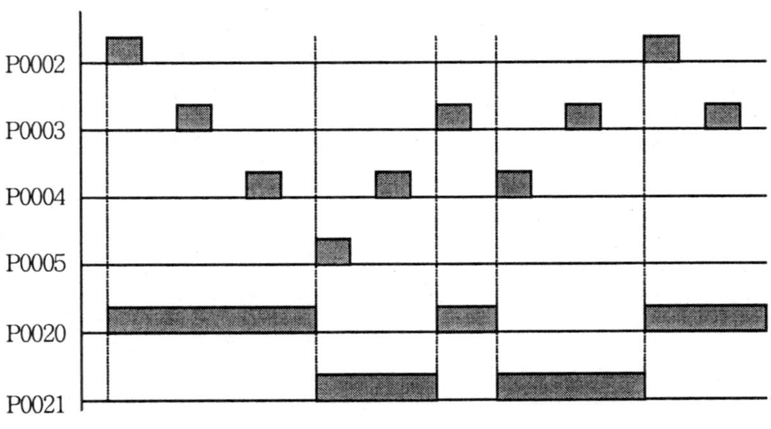
P0002
P0003
P0004
P0005
P0020
P0021

④ 프로그램

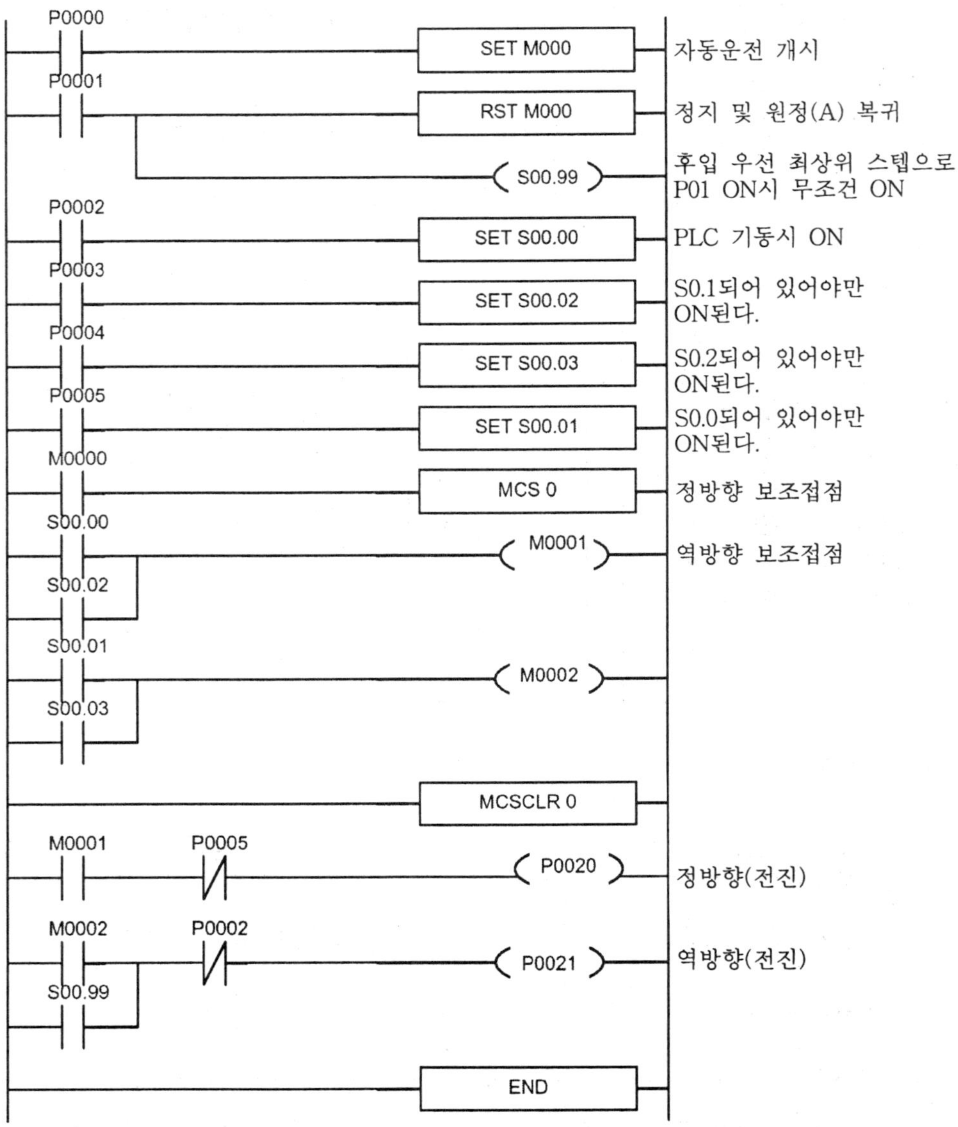
P0000
SET M000
자동운전 개시
P0001
RST M000
정지 및 원정(A) 복귀
S00.99
후입 우선 최상위 스텝으로 P01 ON시 무조건 ON
P0002
SET S00.00
PLC 기동시 ON
P0003
SET S00.02
S0.1되어 있어야만 ON된다.
P0004
SET S00.03
S0.2되어 있어야만 ON된다.
P0005
SET S00.01
S0.0되어 있어야만 ON된다.
M0000
MCS 0
정방향 보조접점
S00.00
M0001
역방향 보조접점
S00.02
S00.01
M0002
S00.03
MCSCLR 0
M0001
P0005
P0020
정방향(전진)
M0002
P0002
P0021
역방향(전진)
S00.99
END

4.12.7 TON, TOFF의 예제(컨베이어 제어)

① 동작

여러대의 컨베이어를 순서에 따라 기동(A→B→C), 정지(C→B→A)한다.

② 시스템도

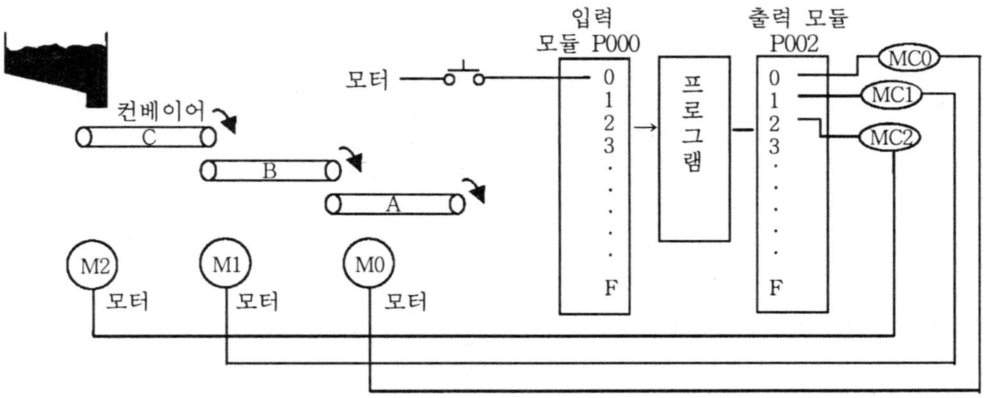

③ 타임 차트

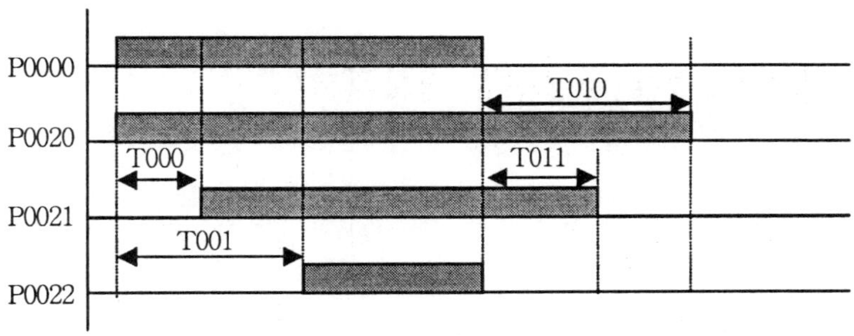

④ 프로그램

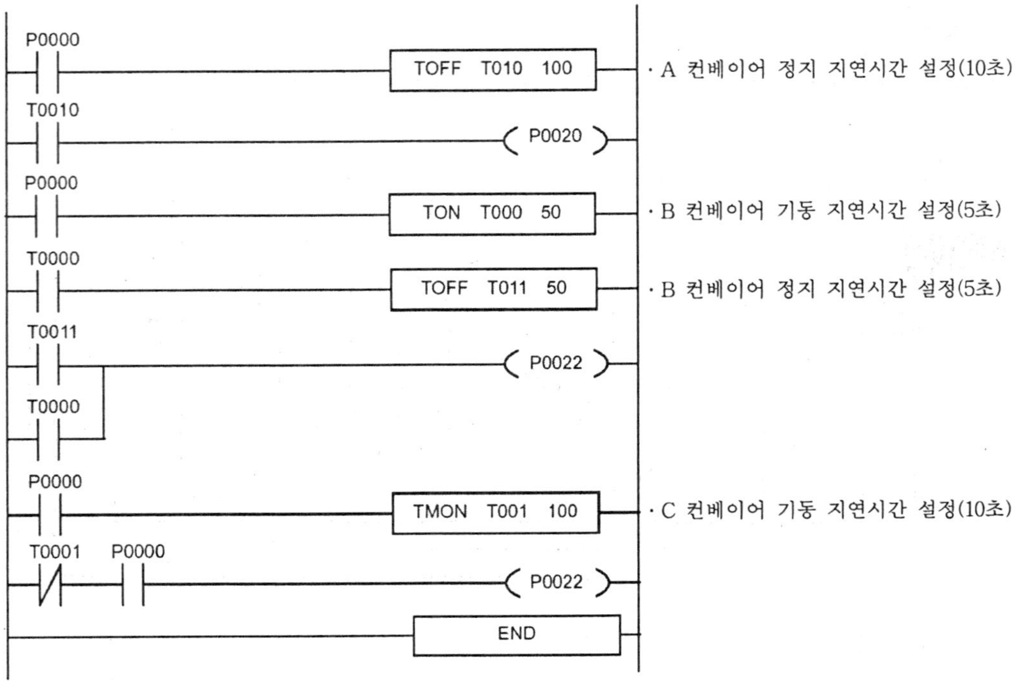

4.12.8 TMR의 예제(공구수명 경보회로)

① 동작

머시닝 센터 등의 공구 사용 시간을 측정하여 공구 교환을 위한 경보등을 출력한다.

② 시스템도

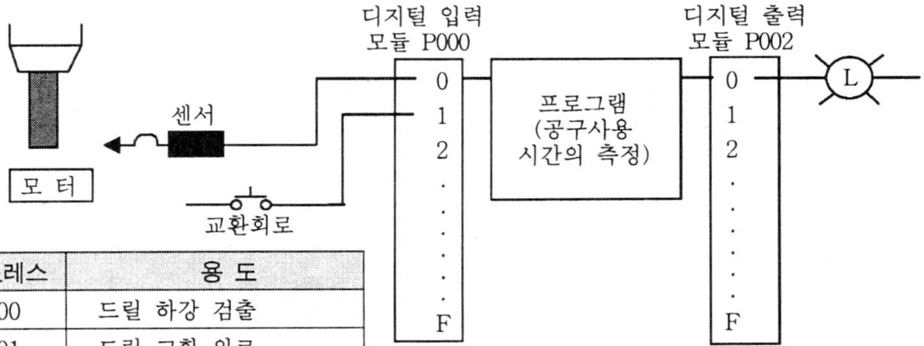

어드레스	용 도
P0000	드릴 하강 검출
P0001	드릴 교환 완료
P0020	공구 수명 경보
T000	공구 수명 설정 타이머

③ 프로그램

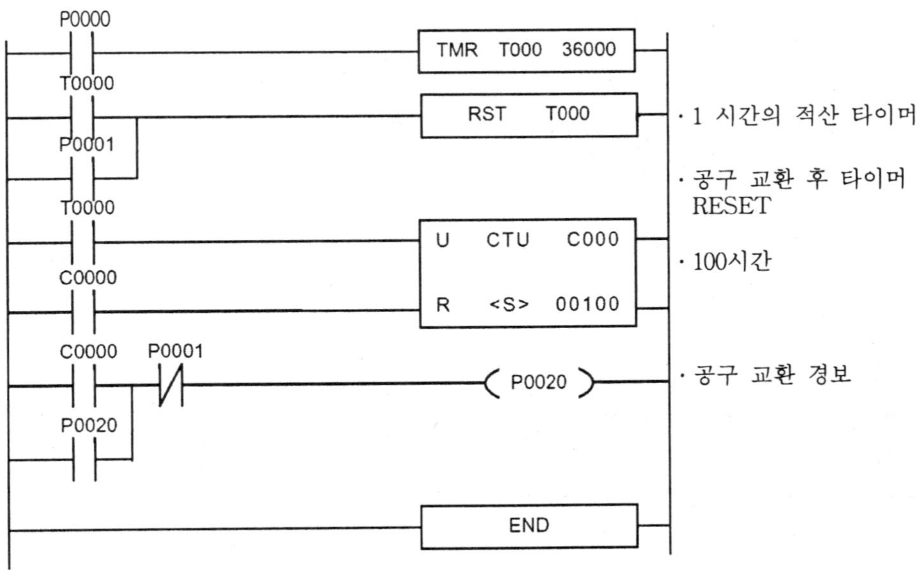

· 본 예제와 같은 적산 타이머 사용시에는 불휘발성 영역에 있는 타이머를 사용하는 것이 좋다. (여기서 사용된 타이머는 휘발성 영역이다.)

4.12.9 TMON의 예제(접점의 BOUNCE 방지회로)

① 동작

속도가 일정치 않은 물체의 통과신호(리미트 스위치)의 떨림을 방지하여, 안정된 신호를 얻는다.

② 시스템도

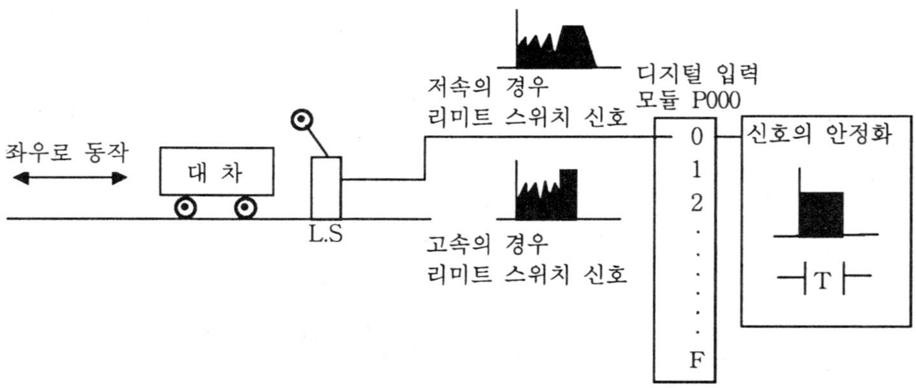

어드레스	용도
P0000	위치 검출용 리미트 스위치
M0000	일정시간 출력 릴레이
T000	떨림 방지 타이머

③ 프로그램

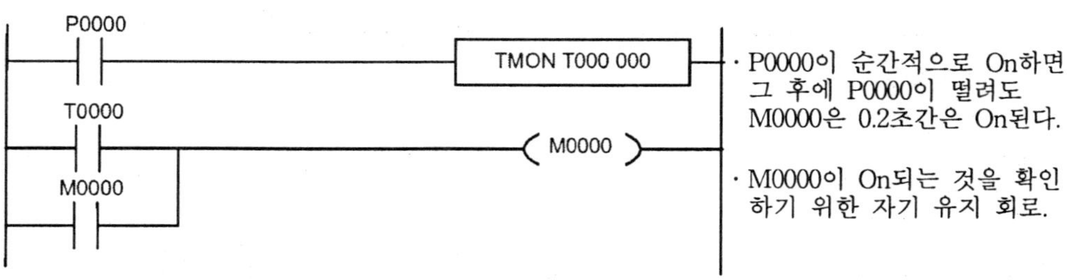

4.12.10 TRTG의 예제(반송장치 고장 검출회로)

① 동작

일정시간마다 공급되는 제품에 의해 반송장치의 고장을 검출한다.

② 시스템도

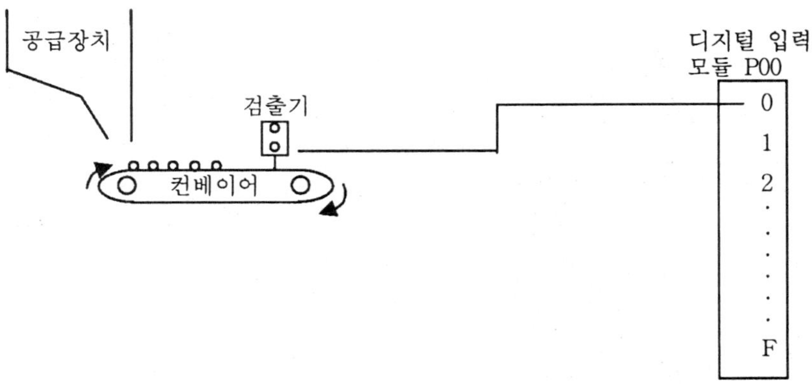

③ 프로그램

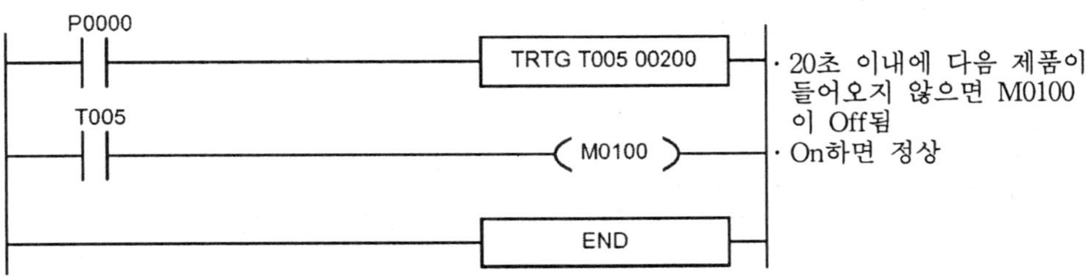

④ 타임 차트

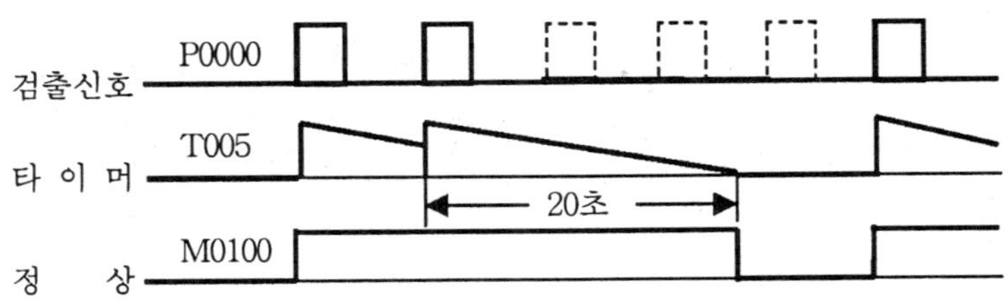

4.12.11 TRRG의 예제(자동문의 제어)

① 동작

사람이 문앞에 접근하면 문이 열리고 3초간 대기 후 닫힌다. 열려있는 시간 동안에 사람이 재접근하면 다시 3초간 대기 후 닫힌다.

② 시스템도

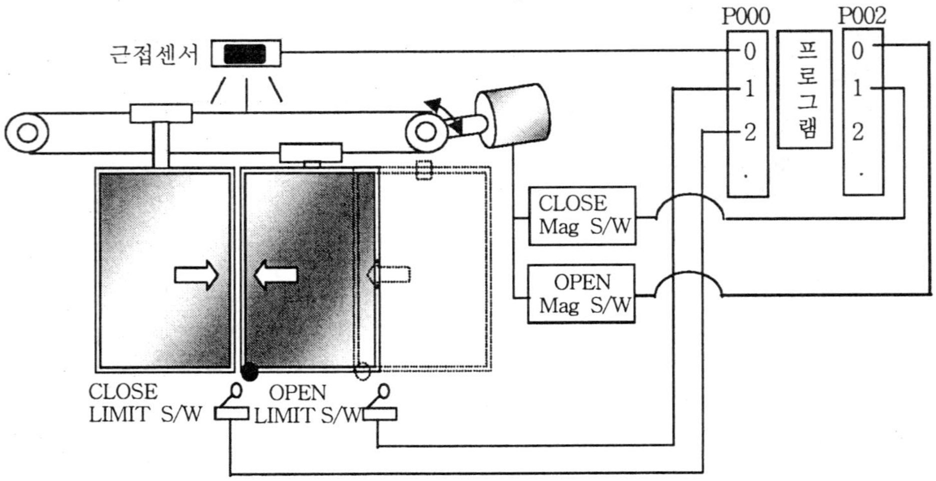

③ 프로그램

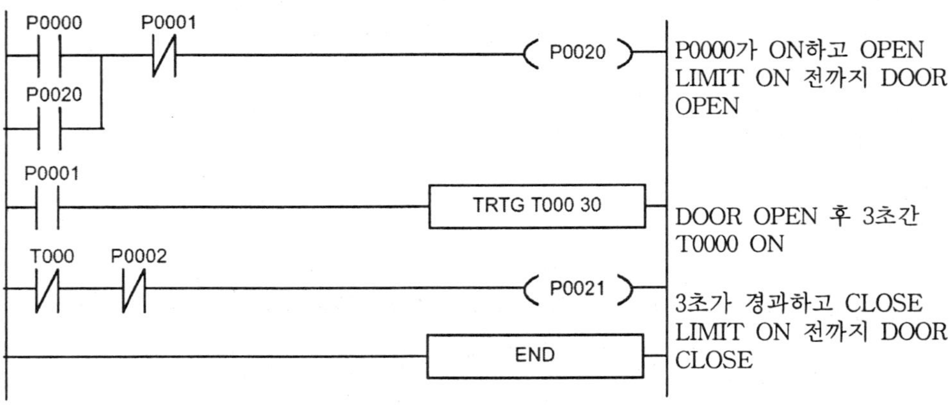

4.12.12 TON, TMON, CTU의 예제 (카운터 기능을 이용한 타이머의 시간 연장 회로)

① 동작

타이머 1개의 최대 설정치는 65535입니다. 100[ms] 단위의 타이머 접점(예 : T000)을 사용하여 프로그램을 작성할 경우 최대 설정 시간은 6553.5초이다.

예

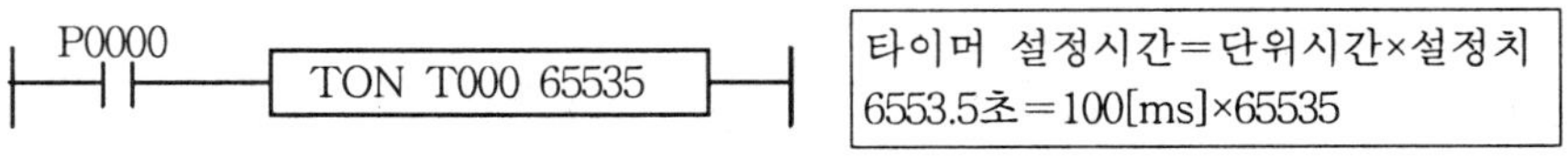

따라서 6553.5초 이상의 설정시간을 1개의 타이머로는 계측이 불가능하다.

이 때 타이머와 카운터를 연계하여 사용하면 설정시간을 거의 무한대까지 연장할 수 있다.

다음 예제는 카운터에 의한 타이머 연장 회로로 24시간마다 P20이 10초간 ON, 30일마다 P21이 10초간 ON되는 회로이다.

② 프로그램

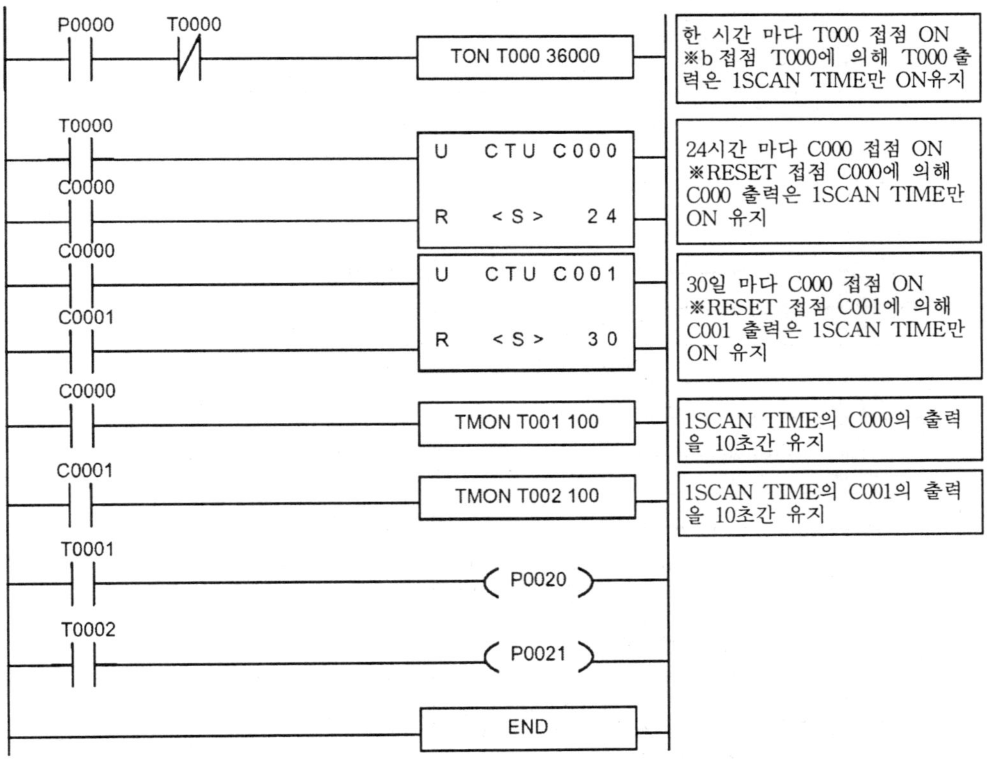

4.12.13 CTU의 예제(동작되는 전동기의 대수 증감 제어)

① 동작

4대의 모터를 제어하는데, 순간 접촉 푸시버튼 PB1을 누를 때마다 동작하는 모터수를 1개씩 증가시키고, 순간 접촉 푸시버튼 PB2를 누를 때마다 모터 동작수를 1개씩 감소시킨다.

4개의 모터가 동작하고 있을 때 PB1을 누르면 모든 모터는 정지하고, 1개의 모터가 동작하고 있을 때 PB2를 누르면 모터는 하나도 동작하지 않는다.

② 시스템도

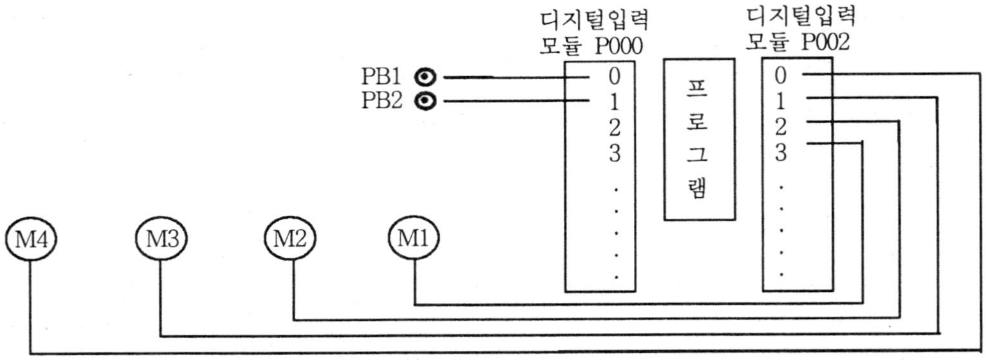

③ 프로그램

4.12.14 TON의 예제(신호등 제어(1))

① 동작

보행자가 보행버튼을 누르면 30초 후 차선의 신호등은 황색램프가 점등되며 1초 후 적색으로 바뀐다. 이때 보행자 신호등은 청색램프가 10초간 점등된 뒤 10초간 점멸하며 이후 적색으로 바뀐다.

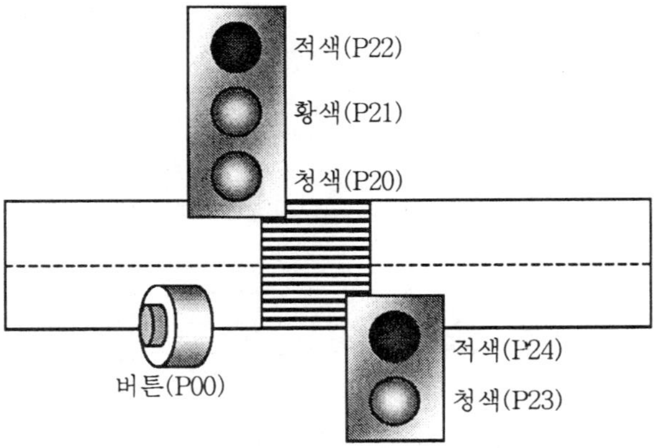

② 타임 차트

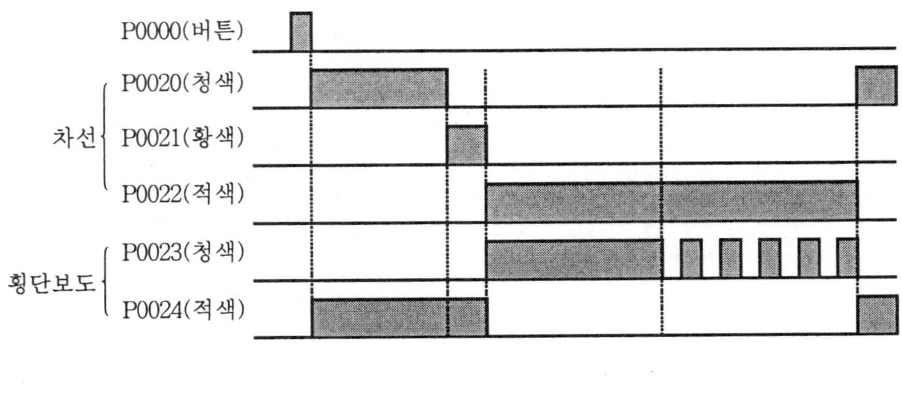

③ 프로그램

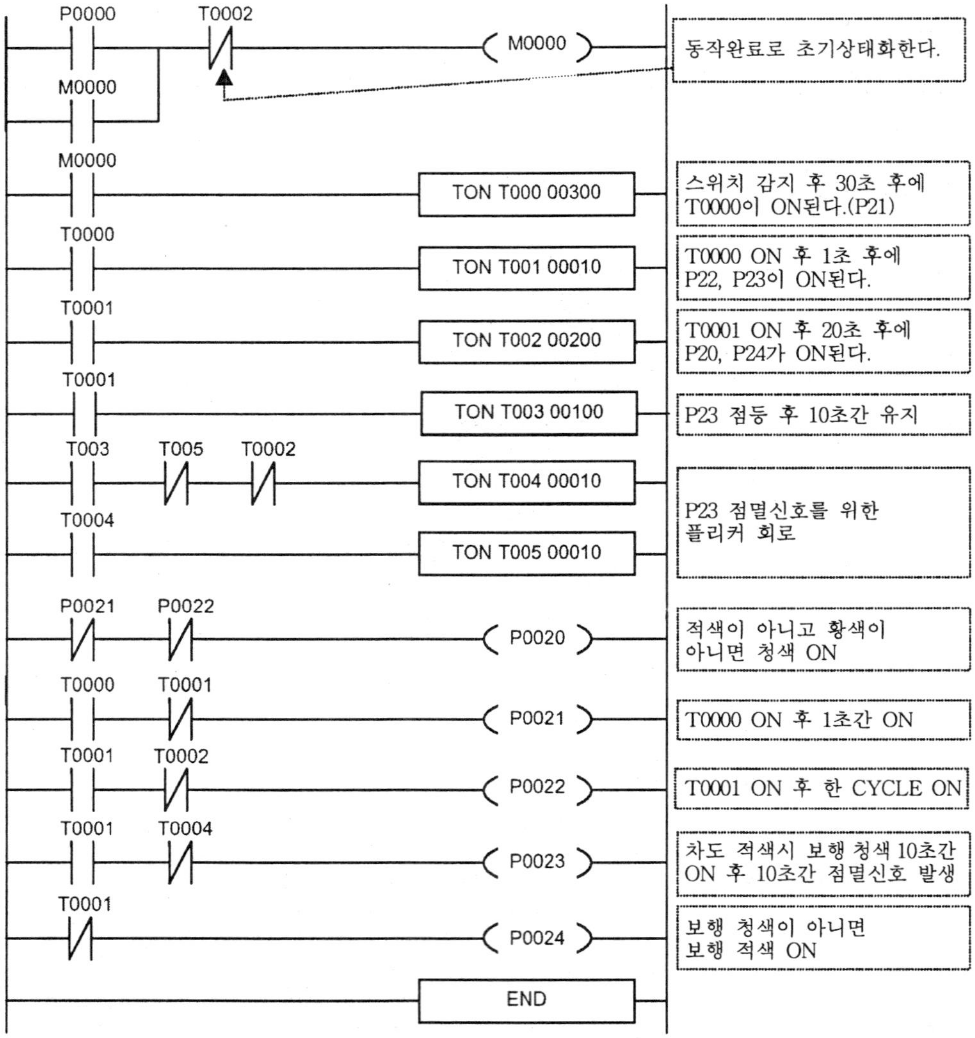
P0000
T0002
M0000
동작완료로 초기상태화한다.
M0000
M0000
TON T000 00300
스위치 감지 후 30초 후에 T0000이 ON된다.(P21)
T0000
TON T001 00010
T0000 ON 후 1초 후에 P22, P23이 ON된다.
T0001
TON T002 00200
T0001 ON 후 20초 후에 P20, P24가 ON된다.
T0001
TON T003 00100
P23 점등 후 10초간 유지
T003
T005
T0002
TON T004 00010
T0004
TON T005 00010
P23 점멸신호를 위한 플리커 회로
P0021
P0022
P0020
적색이 아니고 황색이 아니면 청색 ON
T0000
T0001
P0021
T0000 ON 후 1초간 ON
T0001
T0002
P0022
T0001 ON 후 한 CYCLE ON
T0001
T0004
P0023
차도 적색시 보행 청색 10초간 ON 후 10초간 점멸신호 발생
T0001
P0024
보행 청색이 아니면 보행 적색 ON
END

4.12.15 TON, MCS의 예제(신호등 제어(2))

① 동작

A차로는 좌회전→적, 황색→청색→적색순으로 신호등이 변경되고 이때 B차로는 적색이 점등된다.

B차로 역시 A차로와 같은 순서로 변경되며 이때 A차로는 적색이 점등된다.

A차로 보행신호등은 A차로 차량 신호등이 적색이고 B자로 청색등일 때 10초간 점등된다.

B차로 보행신호등은 B차로 차량 신호등이 적색이고 A차로 청색등일 때 10초간 점등된다.

※ 개별 좌회전 신호등에서는 동일 차로의 양방향의 신호등은 동일하게 동작한다.

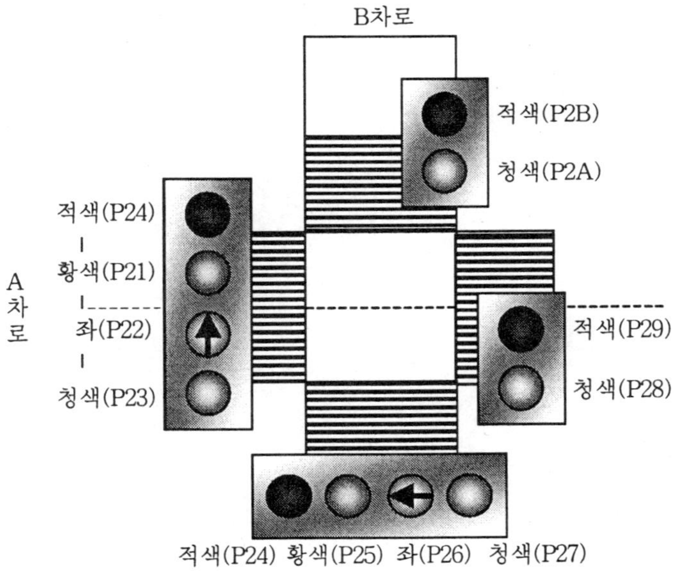

② 타임 차트

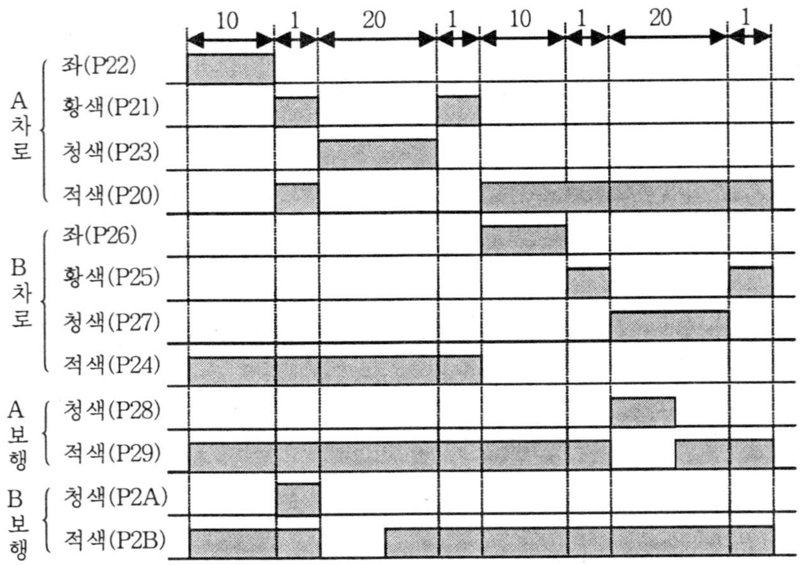

타임차트에서 보듯 신호등의 변화 시간은 10초, 1초, 20초, 1초의 4스텝으로 이루어진다.

프로그램 예는 이 주기에 의하여 첫 번째 주기는 A차로를 제어하며 두 번째는 B차로를 제어한다.

③ 프로그램

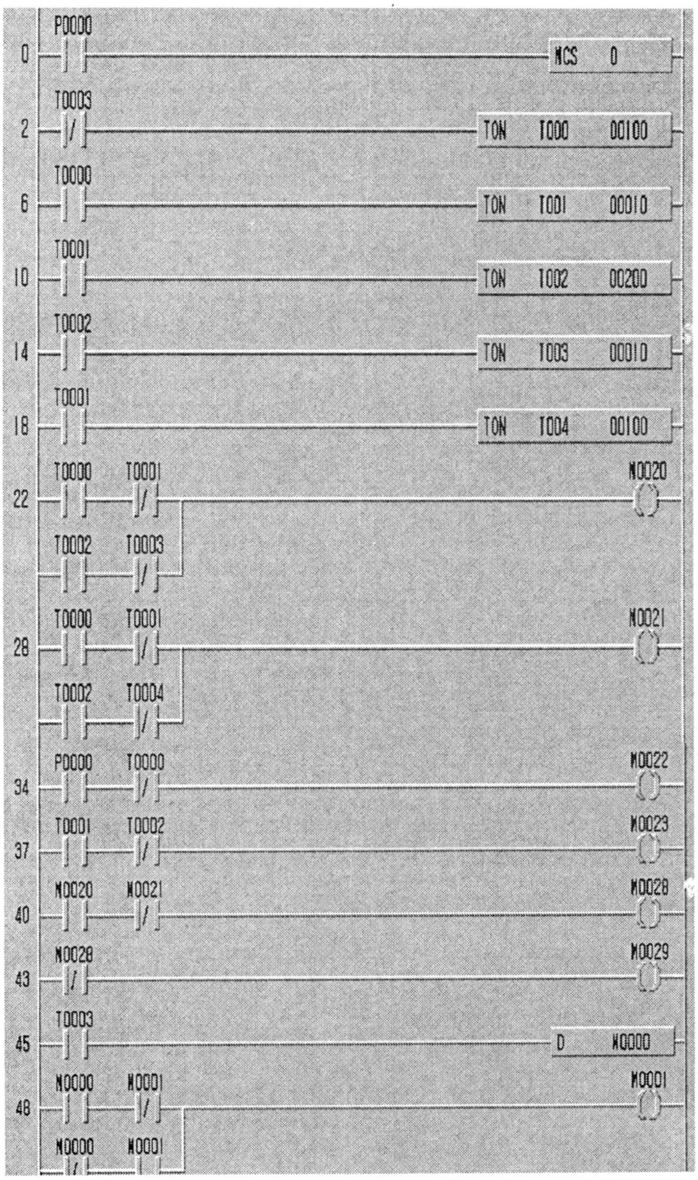

기동

기동 후 10초간 좌회전 출력용 타이머

10초간 좌회전 후 1초간 적, 황색 램프 점등용 타이머

20초간 청색 램프 점등용 타이머

1초간 황색 램프 점등용 타이머

10초간 보행 청색 램프 점등용 타이머

적색 램프 점등용 보조 접점

황색 램프 점등용 보조 접점

좌회전 램프 점등용 보조 접점

청색 램프 점등용 보조 접점

보행 청색 램프 점등용 보조 접점

보행 적색 램프 점등용 보조 접점

A, B 라인 전환용 주기 반전 회로

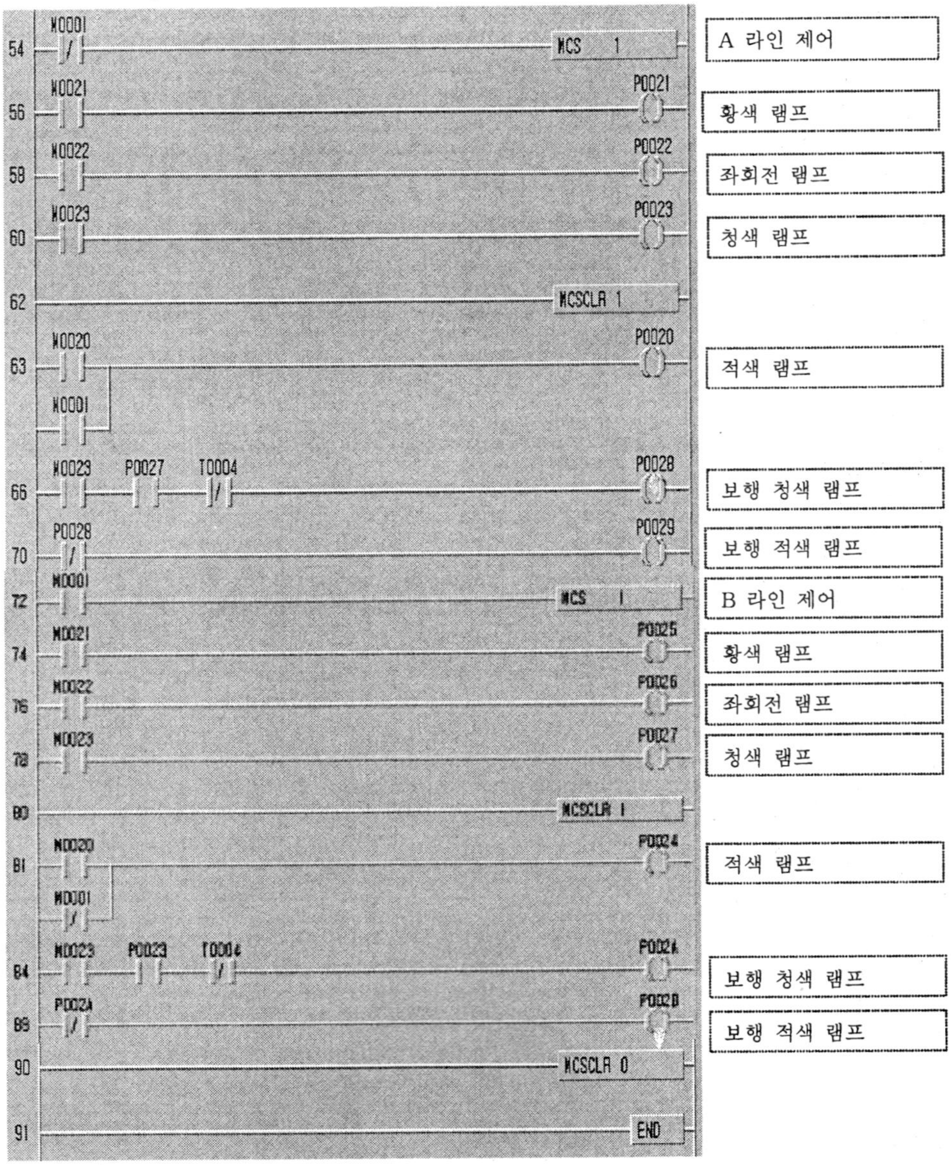

54 M0001 MCS 1
A 라인 제어
56 M0021 P0021
황색 램프
58 M0022 P0022
좌회전 램프
60 M0023 P0023
청색 램프
62 MCSCLR 1
63 M0020 M0001 P0020
적색 램프
66 M0023 P0027 T0004 P0028
보행 청색 램프
70 P0028 P0029
보행 적색 램프
72 M0001 MCS 1
B 라인 제어
74 M0021 P0025
황색 램프
76 M0022 P0026
좌회전 램프
78 M0023 P0027
청색 램프
80 MCSCLR 1
81 M0020 M0001 P0024
적색 램프
84 M0023 P0023 T0004 P002A
보행 청색 램프
88 P002A P002B
보행 적색 램프
90 MCSCLR 0
91 END

4.12.16 TMON의 예제(간이 엘리베이터 제어회로)

① 동작

3개층을 운행하는 엘리베이터로 1회운행시 1개층의 입력만 가능한 간이엘리베이터 제어회로이다.

층입력 버튼은 CAR내부와 HALL이 병렬로 이루어진다.

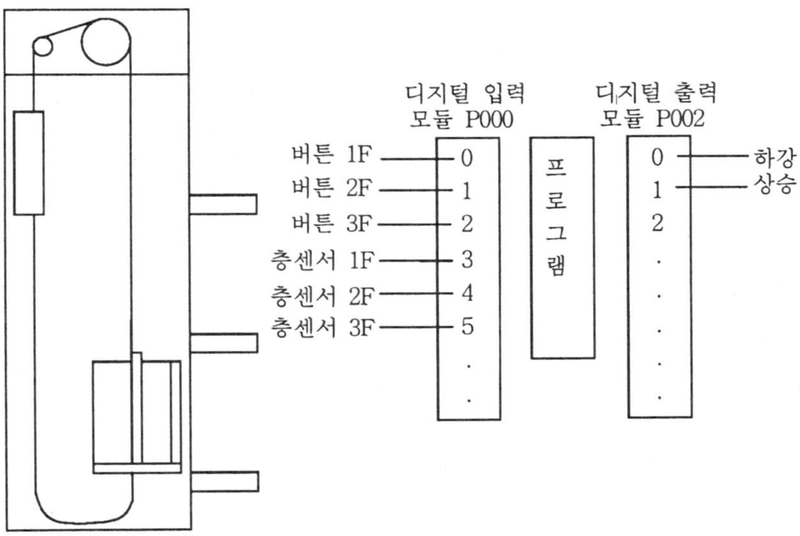

변수 지정 예시

변수	DEVICE	내 용
버튼 1F	P0000	1층 호출(CAR, HALL)
버튼 2F	P0001	2층 호출(CAR, HALL)
버튼 3F	P0002	3층 호출(CAR, HALL)
센서 1F	P0003	CAR 1층 감지 센서
센서 2F	P0004	CAR 2층 감지 센서
센서 3F	P0005	CAR 3층 감지 센서
보조 1F	M0000	1층 호출용 보조접점
보조 2F	M0001	2층 호출용 보조접점
보조 3F	M0000	3층 호출용 보조접점
하강	P0020	CAR 하강
상승	P0021	CAR 상승

② 프로그램

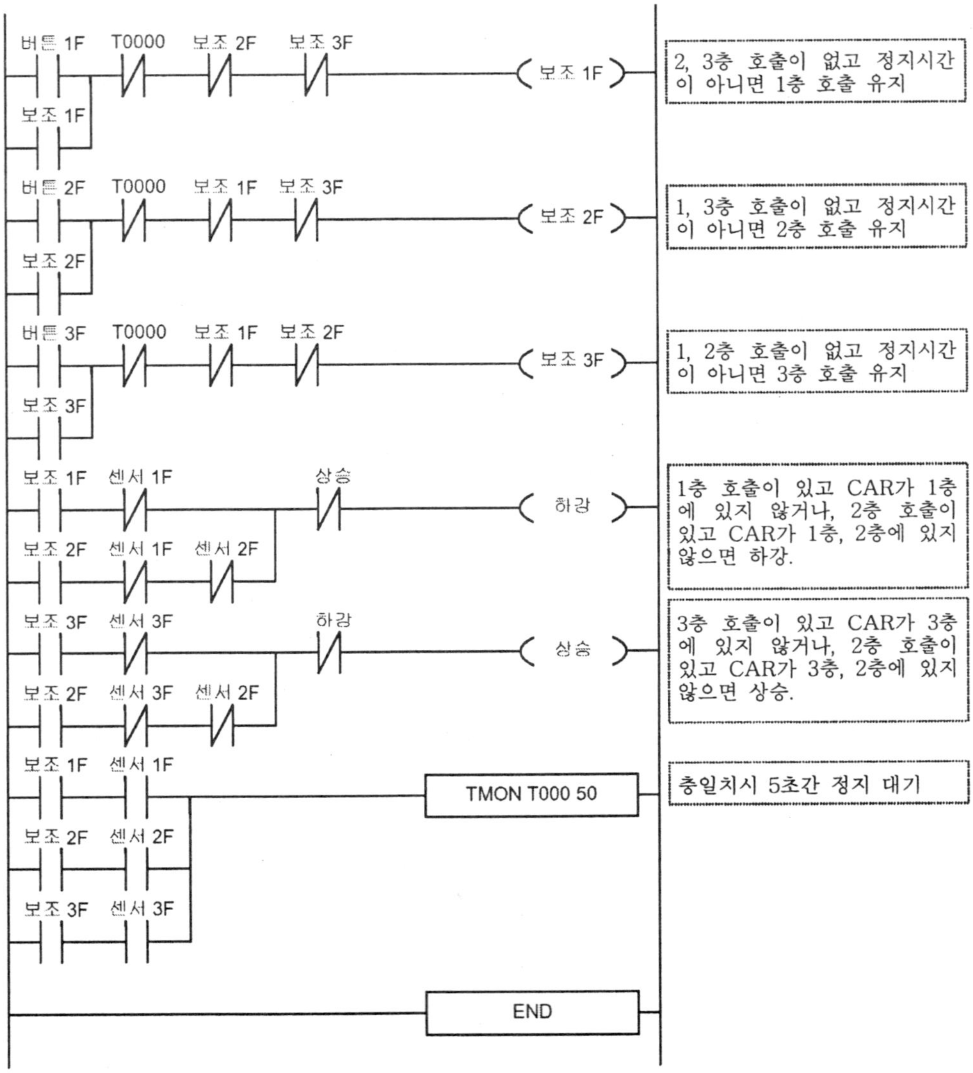
버튼 1F
T0000
보조 2F
보조 3F
보조 1F
보조 1F
2, 3층 호출이 없고 정지시간이 아니면 1층 호출 유지
버튼 2F
T0000
보조 1F
보조 3F
보조 2F
보조 2F
1, 3층 호출이 없고 정지시간이 아니면 2층 호출 유지
버튼 3F
T0000
보조 1F
보조 2F
보조 3F
보조 3F
1, 2층 호출이 없고 정지시간이 아니면 3층 호출 유지
보조 1F
센서 1F
상승
하강
보조 2F
센서 1F
센서 2F
1층 호출이 있고 CAR가 1층에 있지 않거나, 2층 호출이 있고 CAR가 1층, 2층에 있지 않으면 하강.
보조 3F
센서 3F
하강
상승
보조 2F
센서 3F
센서 2F
3층 호출이 있고 CAR가 3층에 있지 않거나, 2층 호출이 있고 CAR가 3층, 2층에 있지 않으면 상승.
보조 1F
센서 1F
TMON T000 50
층일치시 5초간 정지 대기
보조 2F
센서 2F
보조 3F
센서 3F
END

연 습 문 제

1. 다음의 래더도를 니모닉으로 변환하시오.

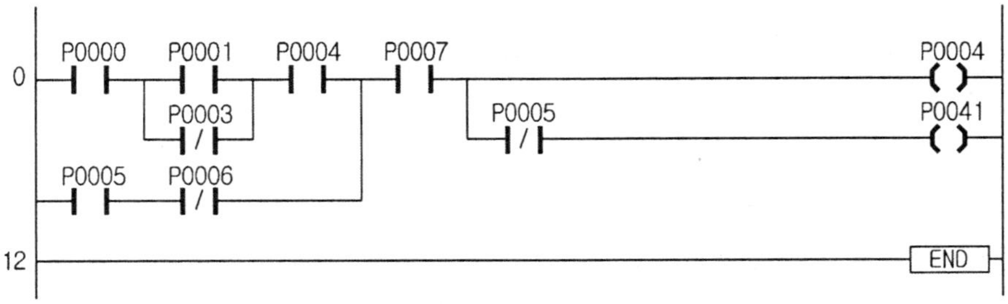

2. 다음의 래더도를 니모닉으로 변환하시오.

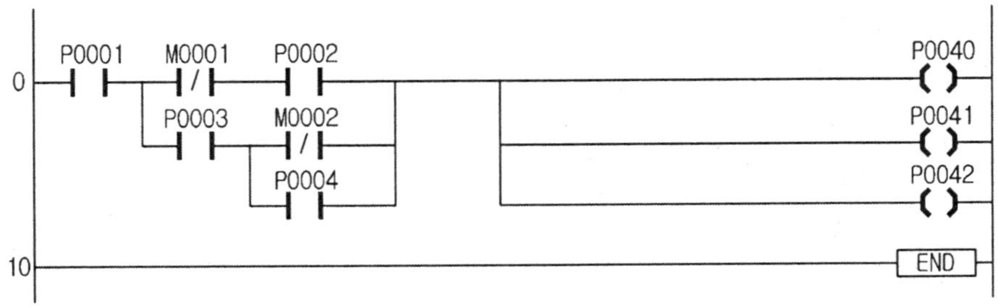

3. 다음의 래더도를 니모닉으로 변환하시오.

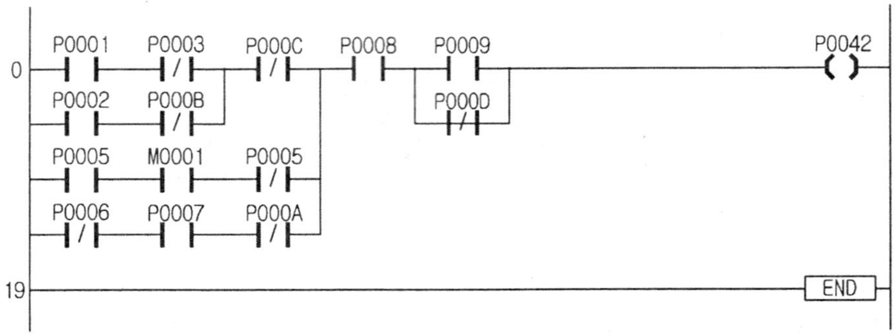

4. 다음의 래더도를 니모닉으로 변환하시오.

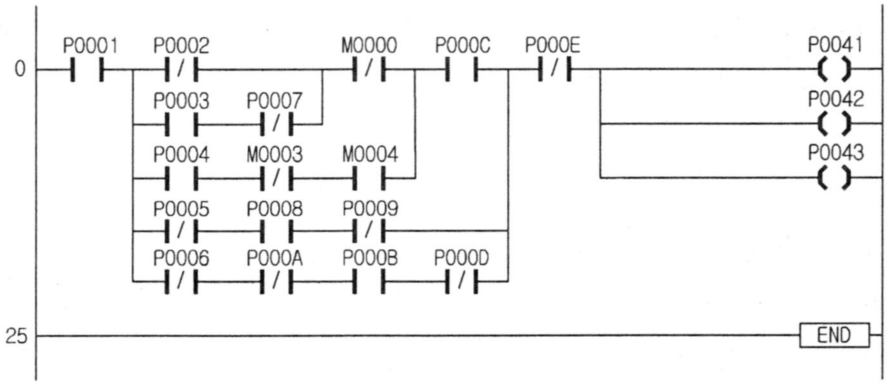

5. 다음의 래더도를 니모닉으로 변환하시오.

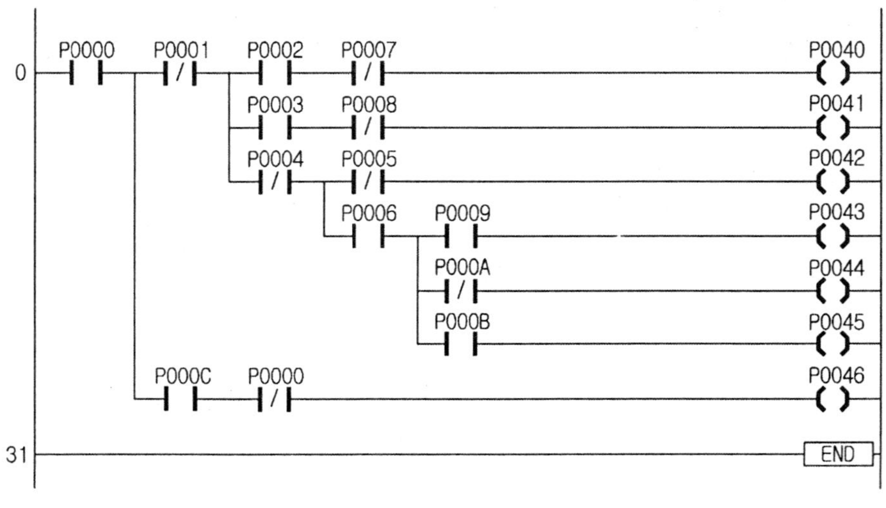

6. 접점 및 접속 명령어들의 기능을 설명하고 응용 예에 관한 래더도를 작성하여 설명하시오.

7. 결합 명령어들의 기능을 설명하고 응용 예에 관한 래더도를 작성하여 설명하시오.

8. MPUSH, MLOAD, MPOP의 기능을 설명하고 응용 예에 관한 래더도를 작성하여 설명하시오.

9. MCS, MCSCLR의 기능을 설명하고 응용 예에 관한 래더도를 작성하여 설명하시오.

10. D, D NOT의 기능을 설명하고 응용 예에 관한 래더도를 작성하여 설명하시오.

11. SET, RST의 기능을 설명하고 응용 예에 관한 래더도를 작성하여 설명하시오.

12. SET S, OUT S의 기능을 설명하고 응용 예에 관한 래더도를 작성하여 설명하시오.

13. 타이머 명령들의 기능을 설명하고 응용 예에 관한 래더도를 작성하여 설명하시오.

14. 카운터 명령어들의 기능을 설명하고 응용 예에 관한 래더도를 작성하여 설명하시오.

15. 각종 명령어 응용 프로그램 예제를 2가지 이상 열거하고 래더도를 작성하여 설명하시오.

제 5 장 GLOFA-GM PLC

5.1 GLOFA-GM PLC

지금까지의 PLC는 메이커(maker)마다 서로 사용 언어와 통신 네트워크가 달라 많은 불편함을 겪어 왔다. 이러한 불편함을 해소하고, PLC 사용자들에게 편리성을 주기 위하여 IEC(International Electrotechnical Commission ; 국제전기표준회의) PLC 국제 표준화 규격이 제정되었다.

국제 표준화 규격(IEC1131)은 크게 5 Part로 구성되어 있다.

① Part 1은 PLC의 기본 기능 및 용어 정의
② Part 2는 설비의 요구 기능 및 시험 조건
③ Part 3은 프로그램 언어
④ Part 4는 사용자 지침
⑤ Patr 5는 통신 네트워크

GLOFA PLC는 이 IEC 규격에 의해 개발되었으며 주요 특징은 다음과 같다.

(1) 국제 표준화 규격 채택

IEC 언어에서 새로 도입한 가장 중요한 특징들은 다음과 같다.

① 다양한 데이터 타입(type)을 지원한다.
② 펑션, 펑션 블록, 프로그램과 같은 프로그램 구성 요소가 도입되어 상향식 또는 하향식 설계가 가능하며 프로그램을 구조적으로 작성할 수 있다.
③ 사용자가 작성한 프로그램을 라이브러리화하여 다른 프로젝트에서 소프트웨

어를 재 사용할 수 있다.

④ 다양한 언어를 지원하므로 사용자는 최적의 언어를 선택하여 사용할 수 있다.

IEC에서 표준화한 PLC용 언어는 두 개의 도형 기반 언어와 두 개의 문자 기반 언어, 그리고 SFC로 이루어져 있다.

① 도형식(graphic) 언어
  ㉠ LD(Ladder Diagram) : 릴레이 로직 표현 방식의 언어
  ㉡ FBD(Function Block Diagram) : 블록화한 기능을 서로 연결하여 프로그램을 표현하는 언어
② 문자식(text) 언어
  ㉠ IL(Instruction List) : 어셈블리 언어 형태의 언어
  ㉡ ST(Structured Text) : 파스칼 형식의 고 수준 언어
③ SFC(Sequential Function Chart)

현재, GLOFA PLC는 IL, LD 및 SFC 언어가 지원된다.

(2) 국제 규격의 통신 프로토콜

① Open 네트워크를 지향하여 이기종, 멀티 벤더 간의 통신이 가능하다.
② 상위 네트워크로 Mini-MAP(5Mbps), Ethernet 채용
③ 하위 네트워크로 Fieldbus(1Mbps), Device net 채용

(3) 윈도우 환경의 프로그래밍 Tool(GMWIN) 지원

① GMWIN(Programming & Debugging Tool)의 윈도우 환경 채용으로 프로그램 작성, 수정시 윈도우 장점을 모두 이용할 수 있다.
② MDI(Multiple Document Interface)지원 : 하나의 화면에 각기 다른 언어를 사용하여 동시에 프로그램 작성, 수정 및 모니터링이 가능

(4) 프로그램 작성 용이

① 프로그램의 구조화, 모듈화에 의해 프로그램 작성이 매우 편리하다.
② 입출력 식별자명을 실제 접속되는 기기명(한글/한자 또는 영문)으로 프로그래밍이 가능하다.

MASTER-K	GLOFA-GM
P000 ┤├	리밋 1 ┤├

5.2 GLOFA-GM 시리즈의 성능 규격

항 목		GMR	GM1	GM2	GM3	GM4	GM5
제어 방식		저장된 프로그램 반복 연산, 정주기 연산, 인터럽트 연산					
입출력 제어 방식		스캔 동기 일괄처리 방식					
프로그램 언어		LD(Ladder Diagram) IL(Instruction List) SFC(Sequential Function Chart)					
언어 구성체 종류	오퍼레이터	LD : 13개, IL : 21개					
	기본 평션	156개	324개	324개	324개	194개	194개
	기본 평션 블록	11개	11개	11개	11개	11개	12개
	전용 평션 블록	이중화 전용 평 선 블 록	특수 기능 전용 평션 블록				
연선 처리 속도	오퍼레이터	0.12[μs/명령]			0.2[μs/명령]		
	기본 평션 기본 평션 블록	0.12[μs/step]			0.2[μs/명령]		
프로그램 메모리용량		512[kbyte] (128kstep)			256kbyte (64kstep)	128kbyte (32kstep)	64kbyte (16kstep)
입출력 점수	32점 모듈사용시	3,840점	8,000점	2,048점	1,024점	512점	192점
	64점 모듈사용시	7,680점 32,000 *1	16,000점	4,096점	2,048점	1,024점	
데이터 메모리	직접 변수 영역	0~64 kbyte	8~64 kbyte		8~64 kbyte	2~16 kbyte	2~16 kbyte
	네임드 변수영역*2	최대 446 kbyte			최대 116 kbyte	최대 52 kbyte	최대 32 kbyte
타이머		점수 제한 없음, 시간범위 : 0.001초~4294967.295초(1,193초)					
카운터		점수 제한 없음, 계수범위 : −32,768~+32,767					
운전모드		Pause모드 없음	Run, Stop, Debug, Pause				
정전시 데이터 보존		변수 정의시 보존(Retain)으로 설정된 데이터					
프로그램 블록수		180개					
프로그램 종류	스캔	태스크 프로그램으로 등록하지 않은 프로그램					
	정주기 태스크	32개					8개
	외부접점 태스크	없음	16개			8개	8개
	내부접점 태스크	16개					8개
	초기화 태스크	2개(_INT, _H_INT)					
	에러 태스크	1개(_ERR_SYS)			없음		
자기 진단 기능		운전상태 감시, 연산지연 감시, 메모리 이상, 입출력 이상, 배터리 이상, 전원 이상등					
리스타트 기능		콜드, 웜, 핫 리스타트					
증설 베이스 수		총 16개	31개	7개	3개	3개	
멀티 CPU 운전		불가	최대 4개	불가			
이중화운전		중복, 전환, 단독 입출력	불가능				

*1 : 네트워크 구성시 최대 입출력 점수

*2 : 네임드 변수=최대 네임드 범위−직접 변수 지정 범위

5.3 GLOFA-GM4 PLC 시스템

5.3.1 특징

① 입출력 1,024점(32점 입출력 모듈 사용시)의 중·소규모 제어
② 명령어 처리시간의 고속화(0.2[μs/step])
③ 중·소규모의 제조라인 네트워크 구성 가능
④ Fnet(Fieldbus) 지원(64국, 1Mbps, 최대링크점수 : 3,840워드)
⑤ Ethernet DeviceNet, Profibus-DP 지원
⑥ 다운 사이징화 및 고기능, 고성능 실현
⑦ 35W×135H×122D의 사이즈
⑧ 다양한 특수기능 모듈 보유
⑨ 아날로그 입출력, PID, 측온저항체 입력, 열전대 입력, 고속카운터, 위치결정, 아날로그 타이머 등

5.3.2 성능규격

항목		성능규격	비고
제어방식		저장된 프로그램 방식 반복 연산, 정주기 연산, 인터럽트 연산	
입출력 제어방식		스캔 동기 일괄처리 방식	즉시 입출력 펑션에 의한 즉시 입출력 기능
프로그램 언어		IL(Instruction List) LD(Ladder Diagram) SFC(Sequential Function Chart)	
명령어수	연산자	LD : 13개, IL : 21개	
	기본 펑션	194개	
	기본 펑션 블록	11개	
	전용 펑션 블록	특수 기능 모듈별 전용 펑션 블록	

항목		성능규격	비고
연산 처리 속도	연산자	0.2[μs/명령]	
	기본 펑션	0.2[μs/step]	
	기본 펑션 블록		
프로그램 메모리 용량		128kbyte	
입출력 점수		512점(16점 모듈 사용시) 1,024점(32점 모듈 사용시)	
데이터 메모리	직접 변수영역	2~16kbyte	GMWIN에서 영역설정
	심볼릭 변수영역	52kbyte-직접변수영역	
타이머		점수 제한 없음 시간범위 : 0.001초~4294967.295초(1.193시간)	
카운터		점수제한 없음, 계수범위 : −32768~32767	
운전모드		RUN, STOP, PAUSE, DEBUG	
정전시 데이터 보존		변수 정의시 보존(Retain)으로 설정된 데이터	
프로그램 블록수		180개	
프로 그램 종류	스캔	180개-태스크에서 사용한 프로그램 블럭수	
	정주기태스크	32개	
	외부접점태스크	8개	
	재부접점태스크	16개	
	초기화태스크	2개(_INT, _H_INT)	
자기 진단 기능		연산지연감시, 메모리이상, 입출력이상, 베터리이상, 전원이상등	
리스타트 모드		콜드, 웜, 핫 리스타트	
최대 증설 단수		3단	
소비전류		130[mA]	

5.3.3 시스템 구성

GMWIN

전원모듈			
AC110[V] 입력	GM4-PA1A	DC5[V] 4[A] DC24[V] 0.7[A]	출력
	GM4-PA1B	DC5[V] 3[A] DC24[V] 0.5[A]	출력
AC220[V] 입력	GM4-PA2A	DC5[V] 4[A] DC24[V] 0.7[A]	출력
	GM4-PA2B	DC5[V] 3[A] DC24[V] 0.5[A]	출력
DC24[V] 입력	GM4-PD3A	DC5[V] 4[A]	출력

CPU 모듈	
입출력	형명
1,024점	GM4-CPUA

메모리 모듈(옵션)	
32[kbyte]	G4M-M032

디지털 입출력모듈								
구분	입력모듈			출력모듈			입/출력 혼합모듈	
	AC 110[V]	AC 220[V]	DC 12/24[V]	릴레이출력	트라이출력	트랜지스터출력	DC/릴레이	DC/트랜지스터
16점	G4I-A12A	G4I-A22A	G4I-D22A G4I-D22B	G4Q-RY2A	G4Q-SS2A G4Q-SS2B	G4Q-TR2A G4Q-TR2B	G4H-DR2A	G4H-DT2A
32점	-	-	G4I-D24A G4I-D24B	-	-	G4Q-TR4A G4Q-TR4B	-	-
64점	-	-	G4I-D28A	-	-	G4Q-TR8A	-	-

베이스		
I/O 슬롯수	기본베이스	증설베이스
4	GM4-B06M	GM4-B04E
6	GM4-B06M	GM4-B06E
8	GM4-B08M	GM4-B08E
12	GM4-B12M	-

증설케이블	
0.4[m]	G4C-E041
1.2[m]	G4C-E121
3[m]	G4C-E301

통신모듈	
Enet I/F 모듈	G4L-EUEA
Fnet I/F 모듈	G4L-FUEA
Fnet 리모트 I/F 모듈	G4L-RBEA
Dnet I/F 모듈	G4L-DUEA
Pnet I/F 모듈	G4L-PUEA
Cnet I/F 모듈 (RS232C, RS422)	G4L-CUEA

특수모듈			
A/D 변환 모듈		G4F-AD2A/G4F-AD3A	4/8채널
D/A 변환 모듈	선택	G4F-DA1A	2채널
	전류	G4F-DA2I/G4F-DA3I	4/8채널
	전압	G4F-DA2V/G4F-DA3V	4/8채널
열전대 입력모듈		G4F-TC2A	4채널
측온저항체 입력모듈		G4F-RD2A	4채널
아날로그 타이머 모듈		G4F-AT3A	8점
PID 제어 모듈		G4F-PIDA	8루프
고속카운터 모듈		G4F-HSCA	1채널
위치결정 모듈		G4F-POPA/G4F-POPB	1/2축
인터럽트 모듈		G4F-INTA	16점

5.4 데이터 메모리의 구성

5.4.1 변수의 표현 방식

프로그램 안에서 사용되는 데이터는 값을 가지고 있는데, 프로그램이 실행되는 동안에 값이 바뀌지 않는 상수와 그 값이 변하는 변수가 있다. 프로그램 블록, 펑션, 펑션블록 등의 프로그램 구성 요소에서 변수를 사용하기 위해서 우선 변수의 표현 방식을 설명한다.

변수 표현 방식
- 직접 변수 : 변수 선언 불필요(종래의 PLC방식)
- 네임드(Named)변수 : 변수 선언 필요

첫 번째 변수 표현 방식은 사용자가 이름을 부여하지 않고 이미 Maker에 의해 지정된 메모리 영역의 식별자를 사용하는 직접 변수 방식이고, 두 번째 변수 표현 방식은 사용자가 이름을 부여하고 사용하는 네임드(Named ; Symbolic) 변수 방식이다.

(1) 직접 변수

직접 변수는 사용자가 변수 이름과 형 등의 선언이 없이 이미 Maker에 의해 정해진 메모리 영역의 식별자와 주소를 사용한다.

직접 변수에는 %1, %Q의 입출력 변수와 %M의 내부 메모리 변수가 있다.

입출력 변수와 내부 메모리 변수 크기는 PLC 종류에 따라 차이가 있다.

직접 변수는 별도의 변수 선언 없이 식별자의 위치를 표현하는 방식이므로 프로그램이 가독성(可讀性)이 떨어지며 사용자의 잘못으로 어드레스 등이 중복될 우려가 있다.

따라서 되도록 다른 변수 표현 방식인 네임드(Named) 변수의 사용을 권장한다.

※ 직접 변수는 반드시 퍼센트 문자(%)로 시작하고 다음에 위치 접두어와 크기 접두어를 붙이며 그리고 마침표로 분리되는 하나 이상의 부호없는 정수의 순으로 나타낸다.

① 위치 접두어

접두어	의 미
I	입력 위치(Input Location)
Q	출력 위치(Output Location)
M	내부 메모리 위치(Memory Location)

② 크기 접두어

접두어	의 미
X	1 비트의 크기("X"문자에 한하여 생략 가능)
B	1 바이트(8 비트)의 크기
W	1 워드(16 비트)의 크기
D	1 더블 워드(32 비트)의 크기
L	1 롱 워드(64 비트)의 크기

③ 표현 형식 : %[위치 접두어][크기 접두어] 베이스 번호. 슬롯 번호.N
여기서 N은 [크기 접두어]에 따른 N번째 데이터(0부터 시작)

입출력은 접점 및 내부 메모리의 표현 예는 다음과 같다.

입력 : %IX0.0.0
출력 : %QX0.3.15

- 15 : 입출력 모듈의 접점 번호를 나타내며, 범위는 0~63
- 3 : 입출력 모듈이 장착된 슬롯 번호를 나타내며, 범위는 0~7
- 0 : 베이스 번호를 나타내며, 범위는 0~31
- X : X는 1비트의 크기를 나타냄

내부 메모리 : %MX0 0의 위치에 있는 비트 단위의 접점 번호를 나타낸다.
%MB1 1의 위치에 있는 바이트 단위의 메모리를 나타낸다.
%MD48 48의 위치에 있는 더블 워드 단위의 메모리를 나타낸다.
%MW20.3 20의 위치에 있는 워드 단위의 메모리중 3번 비트를 나타낸다.
(내부 메모리는 베이스, 슬롯 번호가 없다.)

(2) 네임드(Named) 변수

① 네임드 변수는 사용자가 변수 이름과 형 등을 선언하고 사용한다.

② 네임드 변수의 이름은 한글/한자는 8자, 영문은 16자까지 선언 가능하며 한글, 영문, 숫자 및 밑줄 문자(_)를 조합하여 사용할 수 있다.

③ 영문자의 경우 대·소문자를 구별하지 않고 모두 대문자로 인식하며 빈 칸을 포함하지 않아야 한다.

네임드 변수 예

종 류	사 용 예
한글, 숫자 및 밑줄 문자	모터10, 디지털_스위치 1, 누름_검출, 수동_배출_스위치 밸브 1, 설비_자동_운전중, 사이클_정지_완료
한글, 영문, 숫자 및 밑줄 문자	AGV_주행_완료, 모터2_ON, BCD 값, VAL2, 자동_SOL_배출

④ 네임드 변수의 변수 선언 절차는 다음과 같다.
(변수 종류 설정→데이터 형(type) 지정→메모리 할당)

5.4.2 네임드(Named) 변수의 종류(속성)

변수를 어떻게 선언할 것인지를 설정한다.

변수 종류	내 용
VAR	읽고 쓸 수 있는 일반적인 변수
VAR_RETAIN	정전후 복전시 값이 유지되는 변수
VAR_CONSTANT	읽기만 할 수 있는 변수
VAR_EXTERNAL	외부 변수(VAR_GLOBAL)일을 지정하는 변수

5.4.3 네임드(Named) 변수의 데이터 형(Type)

데이터의 고유 성질을 나타낸다.

① 데이터형은 크게 수치(ANY_NUM)와 비트 상태(ANY_BIT)로 구분할 수 있다.

② 수치의 대표적인 경우는 정수(INT ; Interger)인데 셀 수 있고 산술 연산을 할 수 있다.

③ 정수의 예는 카운터의 현재값, A/D(아날로그 입력) 변환값 등이 있다.

④ 비트 상태는 BOOL(Boolean ; 1비트), BYTE(8개의 비트 열), WOTD(16개

의 비트 열)등이 있는데 비트 열의 On/Off 상태를 나타내며 논리 연산을 할 수 있다.

⑤ 비트 상태의 예는 입력 스위치의 On/Off 상태, 출력 램프의 소등/점등 상태 등이 있다.

⑥ BCD는 10진수를 4비트의 2진 코드로 나타낸 것이므로 비트 열(ANY_BIT)이다.

⑦ 비트 상태는 산술연산이 불가능하지만 형(Type) 변환 펑션을 사용하여 수치로 변환하면 산술연산이 가능하다.

(1) 기본 데이터 형

구 분	예 약 어	데이터 형	크기(비트)	범 위
수치(ANY_NUM)	SINT	Shot Integer	8	-128~127
	INT	Integer	16	-32768~32767
	DINT	Double Integer	32	-2147483648~2147483647
	LINT	Long Integer	64	$-2^{63}\sim 2^{63}-1$
	USINT	Unsigned Short Integer	8	0~255
	UINT	Unsigned Integer	16	0~65535
	UDINT	Unsigned Double Integer	32	0~4294967295
	ULINT	Unsigned Long Integer	64	$0\sim 2^{64}-1$
	REAL	Real Numbers	32	-3.402823E37~-1.401298E-45 1.401298E-45~3.402823E38
	LREAL	Long Reals	64	-1.7976931E308~-4.9406564E-324 4.9406564E-324~1.7976931E308
시간	TIME	Duration	32	T#0S~T#49D17H2M47S295MS
날짜	DATE	Date	16	D#1984-01-01~D#2163-6-6
	TIME_OF_DAY	Time Of Day	32	TOD#00 : 00 : 00~TOD#23 : 59 : 59.999
	DATE_AND_TIME	Date And Time Of Day	64	DT#1984-01-01-00 : 00 : 00~ DT#2163-12-31-23 : 59 : 59.999
문자열	STRING	Character String	30*8	30문자
비트 상태(ANY_BIT)	BOOL	Boolean	1	0, 1
	BYTE	Bit String Of Length 8	8	16#0~16#FF
	WORD	Bit String Of Length 16	16	16#0~16#FFFF
	DWORD	Bit String Of Length 32	32	16#0~16#FFFFFFFF
	LWORD	Bit String Of Length 64	64	16#0~16#FFFFFFFFFFFFFFFF

(2) 데이터 형(Type) 계층도

GLOFA PLC에서 사용되는 데이터 타입은 다음과 같이 분류하여 표현한다.

- ANY
  - ANY_NUM
    - ANY_REAL (GM1, 2)
      - LREAL
      - REAL
    - ANY_INT
      - LINT(GM1,2)
      - DINT
      - INT
      - SINT
      - ULINT(GM1, 2)
      - UDINT
      - UINT
      - USINT
  - ANY_BIT
    - LWORD(GM1, 2)
    - DWORD
    - WORD
    - BYTE
    - BOOL
  - STRING
  - ANY_DATE
    - DATE_AND_TIME
    - DATE
    - TIME_OF_DAY
  - TIME

① ANY_REAL(LREAL, REAL) 및 LINT, ULINT, LWORD는 GM1, GM2만 적용된다.

② 앞으로 데이터 타입을 표현할 때 ANY_NUM으로 나타내면 위의 계층도와 같이 LREAL, REAL, LINT, DINT, INT, SINT, ULINT, UDINT, UINT, USINT를 모두 포함한다.

③ 예를 들어 GM3에서 타입이 ANY_BIT로 표현되면, DWORD, WORD, BYTE, BOOL 중 하나를 사용할 수 있다.

(3) 초기값

데이터의 초기값을 지정하지 않으면 자동적으로 아래와 같이 지정된다.

데이터 타입	초기값
SINT, INT, DINT, LINT, USINT, UINT, UDINT, ULINT	0
BOOL, BYTE, WORD, DWORD, LWORD	0
REAL, LREAL	0.0
TIME	T#Os
DATE	D#1984-01-01
TIME_OF_DAY	TOD#00 : 00 : 00
DATE_AND_TIME	DT#1984-01-01-00 : 00 : 00
STRING	‘‘”(empty string)

① VAR_EXTERNAL의 선언은 외부에서 선언한 변수를 간접 지정한 것이므

로 초기값을 줄 수 없다.

② 변수 선언시 %I와 %Q로 할당한 변수는 입출력에 해당하므로 초기값을 줄 수 없다.

5.4.4 네임드(Named) 변수의 메모리 할당

네임드 변수의 할당에는 자동할당과 사용자 정의가 있다.

(1) 자동 할당

컴파일러가 내부 메모리 영역에 변수 위치를 자동으로 지정한다.

예를 들어 "밸브"란 변수를 자동 메모리 할당으로 지정할 경우 변수의 내부 위치는 프로그램이 작성된 후 컴파일(Compile) 과정에서 정해지므로 사용자는 변수 위치에 신경을 쓸 필요가 없다.

선언된 변수는 외부 입출력과 관계없이 내부 연산 도중 신호의 중계, 신호 상태(내부 정보)의 일시 저장, 타이머나 카운터의 접점 이름(펑션 블록의 인스턴스)지정 등에 사용된다.

(2) 사용자 정의

사용자가 직접 변수(%I, %Q, %M)를 사용하여 강제로 위치를 지정한다.

선언된 변수는 입출력용(%I, %Q) 변수와 통신 파라미터에서 사용할 통신용(%M)변수에 사용한다.

사용자 정의 메모리 할당의 표현 방식은 직접변수 지정 방식과 같다.

5.5 연산 처리

5.5.1 스캔 타임(Scan time)

PLC의 연산 처리 방법은 입력 리프레시(refresh)된 상태에서 이를 조건으로 프로그램 처음부터 마지막까지 순차적으로 연산을 실행하고 출력 리프레시(refresh)를 한다.

이러한 동작은 고속으로 반복되는데 이러한 방식을 '반복 연산 방식'이라 하고 한 바퀴 도는데 걸리는 시간을 '1스캔 타임'(1연산 주기)라고 한다.

(1) 입출력 리프레시

프로그램의 연산을 시작하기 전에 입력 모듈로부터 접점의 상태를 읽어 들여 입력 이미지(input image) 영역에 저장하고 프로그램의 연산이 끝나면 프로그램 실행에 의해 변환된 출력 이미지(output image) 결과값을 출력 모듈에 쓰는데 이를 '입출력 리프레시'(I/O refresh)라고 한다.

(2) 입출력 이미지 영역

GLOFA PLC는 반복 연산 방식이므로 프로그램 연산 도중에는 입출력의 상태를 직접 바꾸지 않고 스캔 단위로 입출력 리프레시를 수행한다.

따라서 프로그램 연산 도중 변화된 각 입출력 접점의 상태를 PLC내의 메모리 영역에 저장해 놓는데 이 영역을 입출력 이미지 영역이라고 한다.

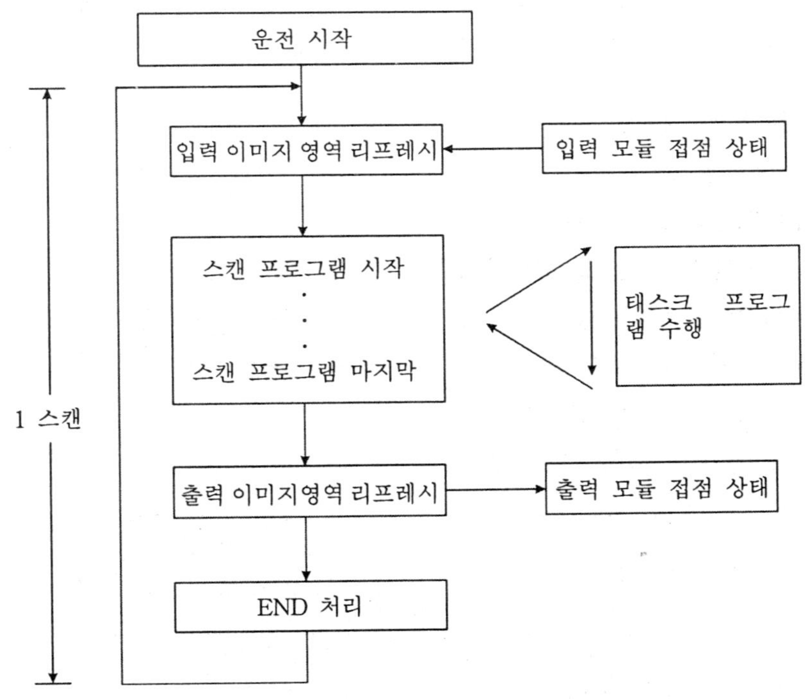

•• 그림 5-1 ••

5.5.2 운전 모드

(1) RUN 모드

프로그램 연산을 정상적으로 수행하는 모드이다.

① 모드 변경시 처리 : 처음 스캔 시작시에 데이터 영역의 초기화가 수행된다.

② 연산 처리 내용 : 입출력 리프레시와 프로그램의 연산을 수행한다.

(2) PAUSE 모드

프로그램의 연산이 일시 정지된 모드이다. 다시 RUN모드로 돌아갈 경우에는 정지하고 되기 이전의 상태부터 연속하여 운전된다.

① 모드 변경시 처리 : 데이터 영역의 초기화, 입출력 이미지 영역 클리어(clear)를 수행하지 않고 모드 변경하고 직전의 운전 상태를 유지한다.

② 연산 처리 내용 : 입출력 리프레시를 수행한다.

(3) 운전 모드 변경

① 모드 변경의 변경 방법

㉠ CPU모듈의 모드 키에 의한 변경

㉡ CPU모듈의 통신 포트에 GMWIN을 접속하여 변경

㉢ GMWIN을 F-net상에 연결된 다른 CPU모듈에 접속하여 변경

㉣ FAM, 컴퓨터 링크 모듈 등을 이용하여 사용자 명령으로 변경

㉤ 프로그램 수행 중 'STOP 펑션'에 의한 변경

② 모드 키에 의한 운전 모드 변경

모드 키 위치	운전 모드
RUN	로컬 RUN
STOP	로컬 STOP
STOP→PAU/REM	리모트 STOP
PAU/REM→RUN *	로컬 RUN
RUN→PAU/REM	로컬 PAUSE
PAU/REM→STOP	로컬 STOP

* 리모트 RUN모드에서 모드 키에 의해 로컬 RUN모드로 변경되는 경우 PLC는 중단 없이 연속 운전한다.

③ 리모트 운전 모드 변경 : 리모트 모드 변경은 모드 키의 위치가 리모트 STOP으로 설정된 경우만 가능하다.
(모드 키가 STOP→PAU/REM의 위치로 전환한 경우)

모드 키 위치	모드 변경	GMWIN에 의한 모드 변경	FAM, 컴퓨터 통신 등을 이용한 변경
PAU/ REM	리모트 STOP→리모트 RUN	○	○
	리모트 STOP→리모트 PAUSE	×	○
	리모트 STOP→DEBUG	○	×
	리모트 RUN→리모트 PAUSE	○	○
	리모트 RUN→리모트 STOP	○	○
	리모트 RUN→DEBUG	×	×
	리모트 PAUSE→리모트 RUN	○	○
	리모트 PAUSE→리모트 STOP	○	○
	리모트 PAUSE→리모트 DEBUG	×	×
	DEBUG→리모트 STOP	○	○
	DEBUG→리모트 RUN	×	×
	DEBUG→리모트 PAUSE	×	×

④ 리모트 운전 모드 변경 허가 : 시스템의 보호를 위하여 운전 모드 변경 소스(Source)중 일부가 모드 변경을 할 수 없도록 할 수 있으며, 리모트 운전 모드 변경 금지시에는 모드 키와 GMWIN에 의해서만 운전 모드 변경이 가능하다.
설정은 기본 파라미터의 '통신에 의한 PLC 제어 허용' 항에서 한다.

5.5.3 리스타트 모드

리스타트 모드는 전원을 재투입하거나 또는 모드 전환에 의해서 RUN 모드로 운전을 시작할 때 변수 및 시스템을 어떻게 초기화한 후 RUN 모드 운전을 할 것인가를 설정하는 것으로 콜드, 웜, 핫의 3종류가 있으며 각 리스타트 모드의 수행 조건은 다음과 같다.

(1) 콜드 리스타트(Cold Restart)

① 파라미터의 리스타트 모드를 콜드 리스타트로 설정하는 경우 수행된다.
② 초기값이 설정된 변수를 제외한 모든 데이터를 '0'으로 소거하고 수행한다.

③ 파라미터를 웜 리스타트 모드로 설정해도 수행할 프로그램이 변경된 후 최초 수행시는 콜드 리스타트 모드로 수행된다.

④ 운전중 수동 리셋 스윗치를 누르면(GMWIN에서 리셋 명령을 한 경우와 동일) 파라미터에 설정된 리스타트 모드에 관계없이 콜드 리스타트 모드로 수행된다.

(2) 웜 리스타트(Warm Restart)

① 파라미터의 리스타트 모드를 웜 리스타트로 설정하는 경우 수행된다.

② 이전값 유지를 설정한 데이터는 이전값을 그대로 유지하고 초기값만 설정된 데이터는 초기값으로 설정한다. 이외의 데이터는 '0'으로 소거한다.

③ 파라미터를 웜 리스타트 모드로 설정해도, 데이터 내용이 비정상일 경우(데이터의 정전 유지가 되지 못함)에는 콜드 리스타트 모드로 수행된다.

④ 변수의 종류를 정전시 값이 유지되는 VAR_RETAIN으로 설정하였을 경우 다음의 규칙에 따른다.

㉠ 파라미터를 웜 리스타트 모드로 설정해야 정전시 그 값이 유지된다.

㉡ 파라미터를 콜드 리스타트 모드로 설정하면 사용자가 정의한 초기값이나 기본 초기값으로 초기화된다.

⑤ VAR_RETAIN으로 선언하지 않은 변수는 콜드 리스타트나 웜 리스타트 어느 경우에도 사용자가 정의한 초기값이나 기본 초기값으로 초기화된다.

(3) 핫 리스타트(Hot Restart)

① 정상 운전 중 전원이 꺼진 후 전원이 재투입될 때 RUN 모드이고 전원이 꺼진 후 재투입 되기 까지의 시간이 핫 리스타트 허용 시간 이내면 핫 리스타트 모드를 수행한다.

② 모든 데이터와 프로그램 수행 요소들을 전원이 꺼지기 이전의 상태로 복원하여 수행한다.

③ 전원이 꺼지기 직전의 상태에서 다시 프로그램을 수행하므로 순간적인 정전 등에도 프로그램의 연속성을 유지할 수 있다.

④ 핫 리스타트 허용 시간 초과시는 파라미터에 설정된 리스타트 모드(콜드/웜)로 수행된다.

⑤ 테이터 내용이 비정상일 경우(데이터의 정전 유지가 되지 못함)에는 콜드 리스타트 모드로 수행된다.

(4) 리스타트 모드에 따른 데이터의 초기화

리스타트 모드 수행시 각 변수에 대한 초기화 방법은 다음과 같다.

변수지정 / 모드	콜드(COLD)	웜(WARM)	핫(HOT)
디폴트	"0"으로 초기화	"0"으로 초기화	이전값 유지
리테인	"0"으로 초기화	이전값 유지	이전값 유지
초기화	사용자 지정값으로 초기화	사용자 지정값으로 초기화	이전값 유지
리테인 & 초기화	사용자 지정값으로 초기화	이전값 유지	이전값 유지

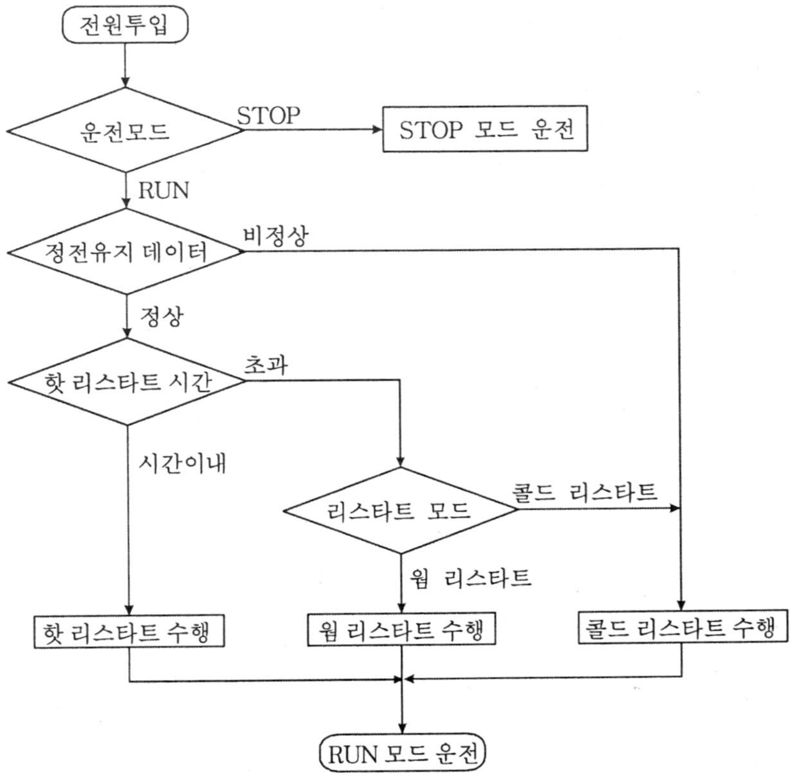

•• 그림 5-2 운전 중 전원 재투입시 리스타트 모드 수행도 ••

(5) 모드 변경시 처리

① 처음 시작시 데이터 영역의 초기화를 수행한다.

㉠ 전원 투입시 RUN 모드일 때→설정된 리스타트 모드에 따름(콜드, 웜, 핫)

㉡ STOP→RUN으로 모드가 바뀔 때→설정된 리스타트 모드에 따름(콜드, 웜)

② 프로그램의 유효성을 검사하여 수행 가능 여부를 판단한다.

연 습 문 제

1. PLC의 국제표준화규격에 대하여 설명하시오.

2. GLOFA-GM PLC의 특징을 설명하시오.

3. GLOFA-GM PLC의 성능규격에 대하여 설명하시오.

4. GLOFA-GM PLC 시스템의 특징과 성능규격을 설명하시오.

5. GLOFA-GM PLC 시스템의 구성에 대하여 설명하시오.

6. GLOFA-GM PLC의 직접변수에 대하여 설명하시오.

7. GLOFA-GM PLC의 네임드(Named) 변수에 대하여 설명하시오.

8. 네임드(Named) 변수의 메모리 할당 방법에 대하여 설명하시오.

9. 스캔타임에 대하여 설명하시오.

10. 리스타트 모드에 대하여 설명하시오.

제 6 장 GMWIN 사용하기

6.1 GMWIN의 특징

GMWIN은 GLOFA PLC 전 시리즈의 프로그램을 작성하고 디버깅하는 소프트웨어 툴이다.

GMWIN은 다음과 같은 특징과 장점이 있다.

① 편리한 인터페이스 : 동시에 여러개의 프로그램을 편집 디버깅할 수 있으며 그 밖에 사용자 편의성을 극대화 하였다.

② 다양한 언어 제공 : LD, SFC, IL등 다양한 언어를 제공하여 시스템에 적용하기 쉬운 언어를 선택하여 사용할 수 있다.

③ 네임드 변수 사용 : 프로그램 이해가 쉽도록 네임드 변수를 사용하여 프로그램을 작성할 수 있으며 메모리 어드레스는 자동으로 할당된다.
다양한 데이터 타입이 제공되어 프로그램을 고급화 할 수 있다.

④ 프로젝트 단위로 PLC 시스템 구성 : 하나의 PLC 시스템에 여러개의 프로그램을 포함시킬 수 있으므로 프로그램을 작성하고 시험하는 것이 훨씬 쉬어졌다.

⑤ 네트워크를 통한 PLC 접속 : 직접 연결된 PLC뿐만 아니라, 네트워크로 연결된 다른 국번 PLC에 접속하여 프로그램을 작성하여 다운 로드하거나 모니터 및 디버깅 할 수 있다.

⑥ 풍부한 PLC 정보 읽기 : 다양한 PLC 상태를 모니터 할 수 있다.

⑦ 사용자 정의 라이브러리 파일 작성 : 기본 펑션, 펑션블록 외에 자주 사용하

는 프로그램을 사용자 정의 펑션 또는 펑션 블록으로 작성하여 재 사용할 수 있다.

6.2 프로젝트의 구조

프로젝트는 GLOFA PLC의 프로그램을 구성하는 가장 기본적인 요소로서 한 PLC시스템당 하나의 프로젝트를 작성함을 기본으로 한다. 프로젝트는 크게 컨피그레이션 부는 글로벌 변수, 리소스 내용 등 소프트웨어적인 것들을 작성하는 부분이고 파라미터 부는 기본 파라미터, I/O 파라미터, 링크 파라미터 등 하드웨어적인 것들을 작성하는 부분이다.

그리고, 삽입된 라이브러리 파일들에서 라이브러리 파일을 추가, 삭제할 수 있다.

프로젝트는 다음과 같은 계층 구조를 가지고 있다.

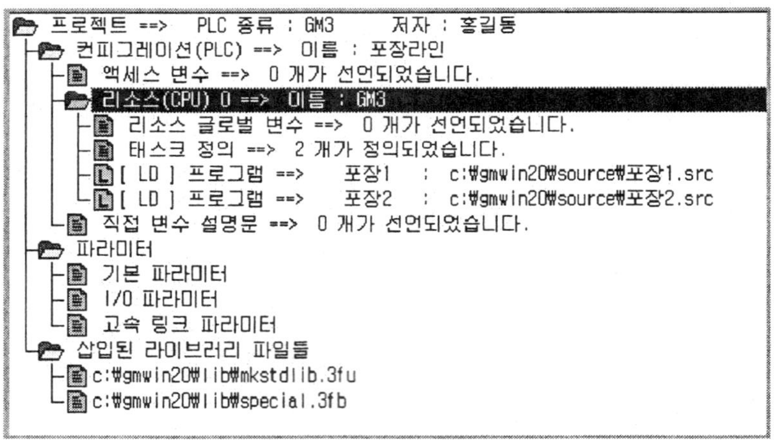

계 층 항 목	설 명
프로젝트	PLC 시스템 전체를 정의
컨피그레이션	PLC 프로그램에 관한 여러 정의 사항들을 설정
컨피그레이션 글로벌 변수	컨피그레이션 전체에서 사용되는 변수 리스트
액세스 변수	다른 컨피그레이션이 접근 가능한 변수 리스트
리소스	CPU 모듈에 해당
리소스 글로벌 변수	한 리소스 전체에서 사용되는 변수 리스트
태스크 정의	프로그램의 실행 조건 정의

계 층 항 목	설 명
프로그램 정의	각 프로그램과 그 실행 조건 기술
직접 변수 설명문	직접 변수에 사용한 설명문 리스트
파라미터	PLC 시스템의 하드웨어에 관한 내용 정의
기본 파라미터	기본적인 하드웨어 파라미터 정의
I/O 파라미터	입출력 모듈에 관한 내용 기술
고속 링크 파라미터	고속 링크 파라미터에 관한 내용 기술
삽입된 라이브러리 파일들	현재 삽입되어 있는 라이브러리 파일들의 리스트

6.3 프로그램 작성

GMWIN은 PLC의 프로그램을 편집하고 실행 파일을 만들어 PLC에 전송하며 PLC 데이터를 모니터링, 디버깅하는 장치이다.

GMWIN은 다중 문서 인터페이스(MDI : Multiple Document Interface)방식으로 동시에 여러개의 프로그램을 편집, 모니터링할 수 있다.

① 윈도우의 시작 시작 메뉴을 누르고 프로그램-GMWIN3.0을 선택한다.

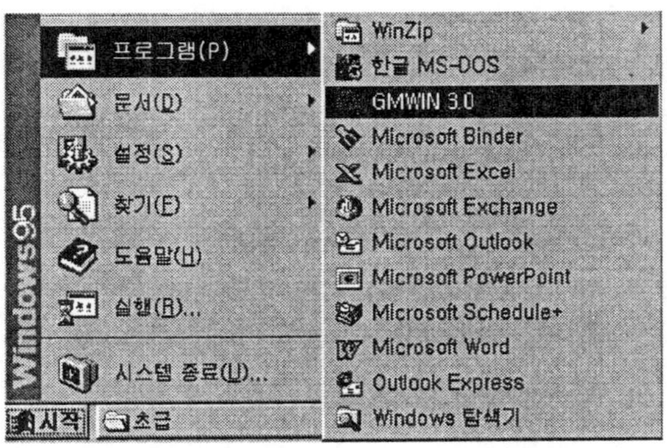

② 아래와 같은 GMWIN 초기화면이 나온다.

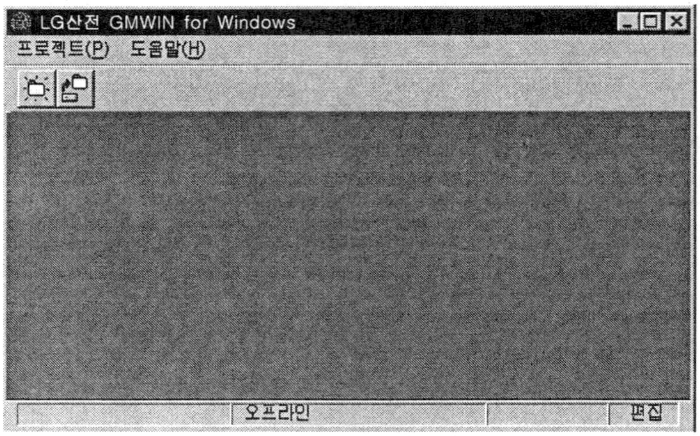

6.3.1 접속방식

① RS-232C을 이용한 접속 : RS-232C을 이용한 접속 방식으로 GMWIN에서 지정한 PC의 시리얼 포트와 PLC를 시리얼 케이블로 연결한다.
메뉴 프로젝트-옵션...을 선택하고 접속 옵션 탭을 선택한다.

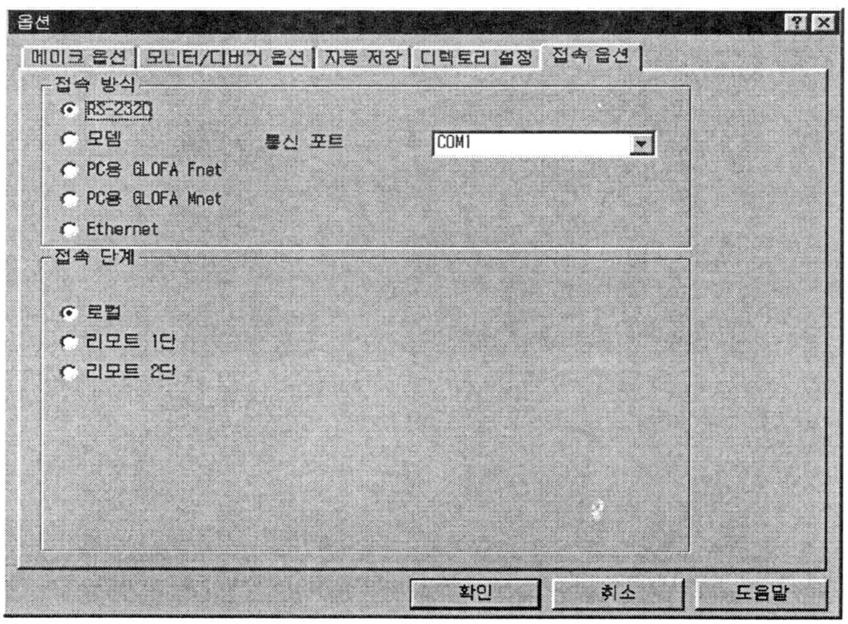

② 접속 방식의 RS-232C을 설정한다.

㉠ COM1~COM4의 통신 포트를 설정한다.

㉡ 접속 단계를 선택한다.

③ 로컬 접속의 경우

㉠ 접속단계의 로컬을 선택한다.

㉡ 메뉴 온라인-접속을 선택한다.

④ 리모트 접속의 경우

㉠ 네트워크 타입, 국번, 슬롯을 설정한다.

㉡ 메뉴 온라인-접속을 선택한다.

【참고】

GMWIN과 PLC의 RS-232C 커넥터 핀 규격은 아래 그림과 같다.

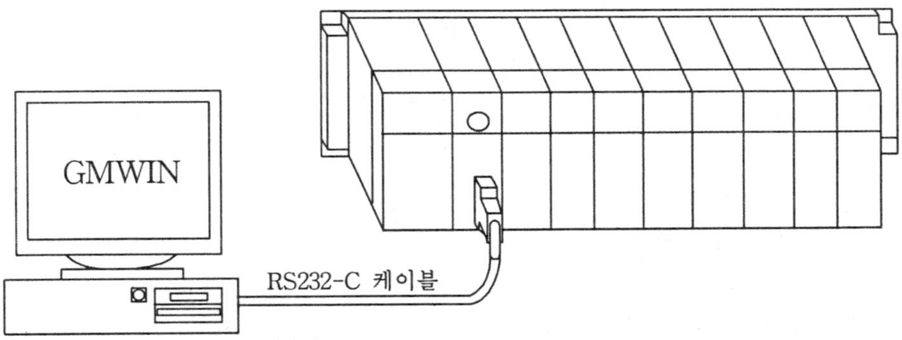

Pin No.	GMWIN(IBM PC)
1	DCD/CD
2	RXD
3	TXD
4	DTR
5	COM/SG
6	DSR
7	RTS
8	CTS
9	RI

9 Pin

GLOFA PLC	Pin No.
DCD/CD	1
RXD	2
TXD	3
DTR	4
COM/SG	5
DSR	6
RTS	7
CTS	8
RI	9

9 Pin

6.3.2 프로젝트의 생성

① 프로젝트(P)-새 프로젝트(N)을 눌러 새 프로젝트 대화상자를 부른다.

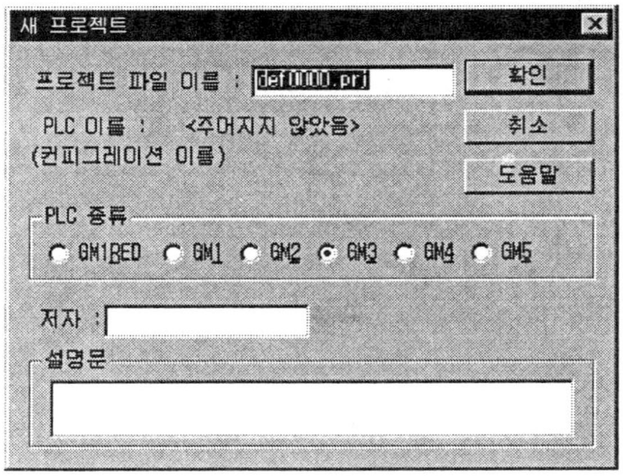

② 생성된 새 프로젝트 화면 입력란에 아래와 같이 입력한다.

프로젝트 파일 이름	자동차엔진라인
PLC의 종류	GM3
저자	홍길동
설명문	자동차 엔진 라인중 용접 공정

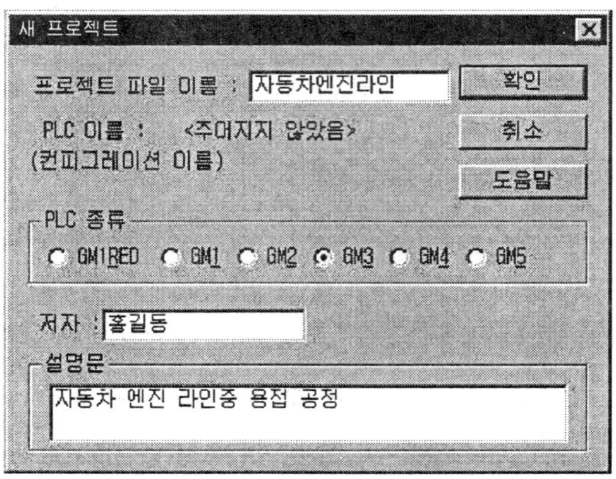

6.3.3 프로그램의 정의

① Enter키 또는 확인단추를 눌러 프로그램 정의 대화상자를 부른다.

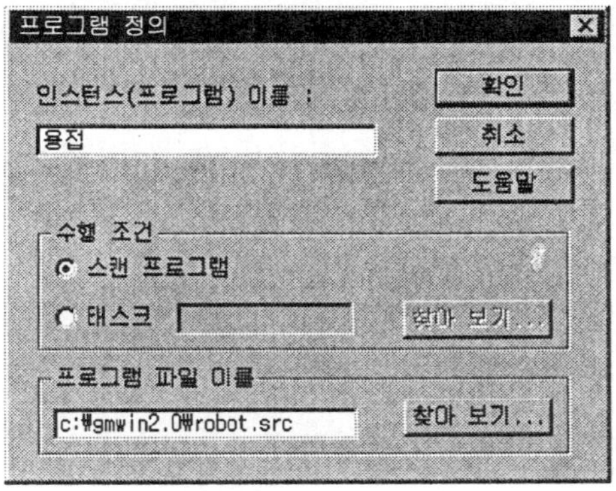

② 생성된 화면에서 인스턴스(프로그램) 이름을 입력한다.

③ 프로그램 파일 이름 C : ₩GMWIN2.0₩robot.src를 입력한 후 Enter키 또는 확인단추를 눌러 새 프로그램 대화상자를 부른다.

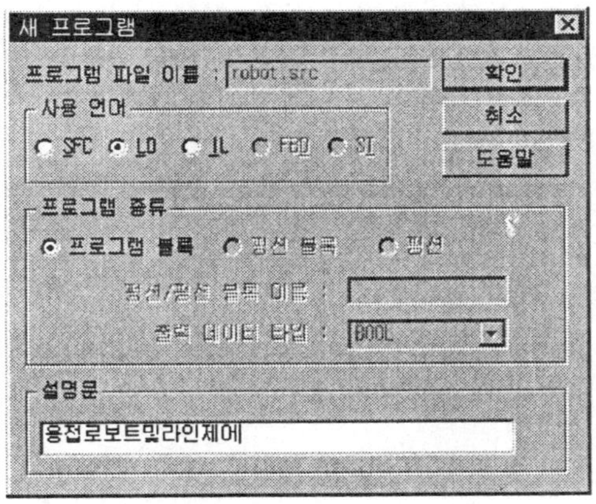

④ 새 프로그램 대화상자에서 프로그램을 위한 사용 언어의 종류를 선택(LD)한다.

⑤ 설명문 작성란에 프로그램에 대한 설명 내용을 입력한 후 Enter키 또는 확인단추를 누른다.

6.3.4 프로그램의 편집

(1) 입력 접점/출력 코일 삽입

① 도구 상자에서 ┤├를 선택하여 LD창의 행0 위치에서 마우스의 왼쪽 단추를 누른다.

② 도구 상자에서 ( )를 선택한 후 ┤├접점 옆 위치에서 마우스의 단추를 누른다.

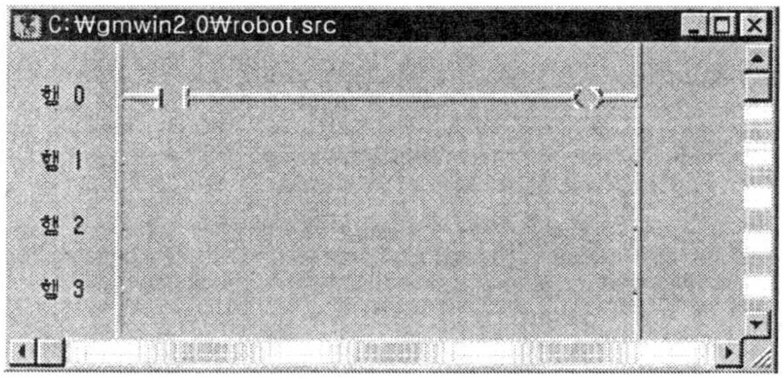

③ 도구 상자에서 ┤├를 선택하여 LD창의 행1 위치에서 마우스의 왼쪽 단추를 누른다.

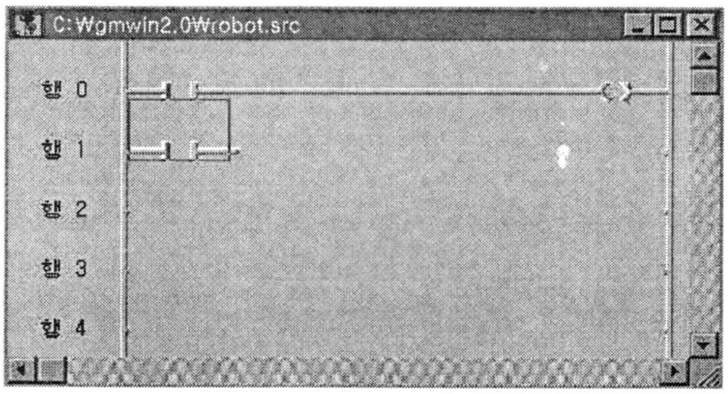

(2) 펑션사용

① 마우스를 이용하여 도구창의 {F}를 선택한다.

② LD창의 행1, 열2 위치에서 마우스의 왼쪽 단추를 누른다.

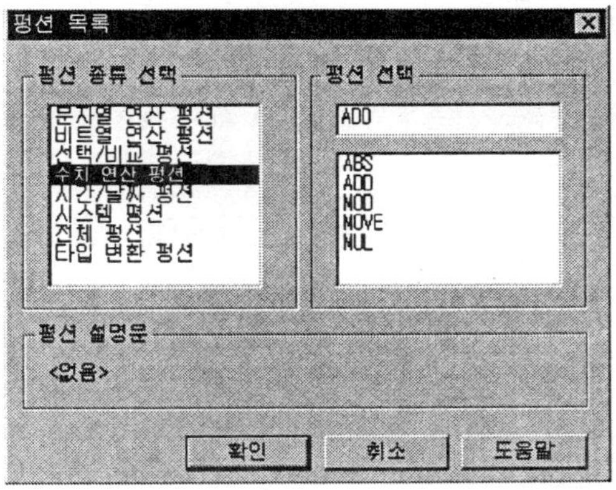

③ 펑션 목록 대화 상자의 수치연산 펑션인 ADD를 선택하고 확인 단추를 누른다.

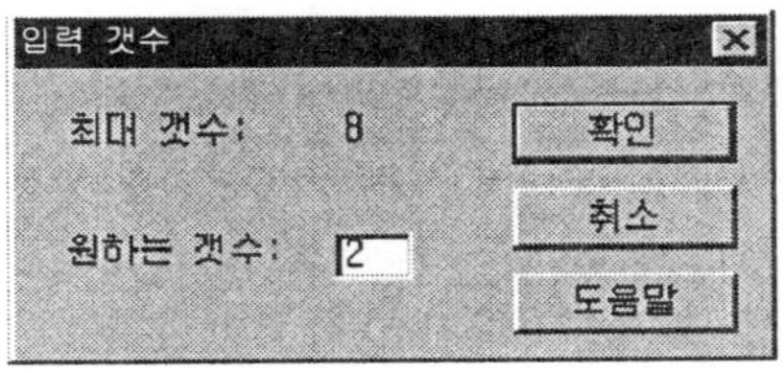

④ 도구 상자에서 ┤├를 선택하여 LD창의 행1 위치에서 마우스의 왼쪽 단추를 누른다.

⑤ 입력 갯수 대화 상자에서 원하는 갯수 입력란에 2를 입력한다.

⑥ 확인 단추를 누른다. 펑션이 생성된다.

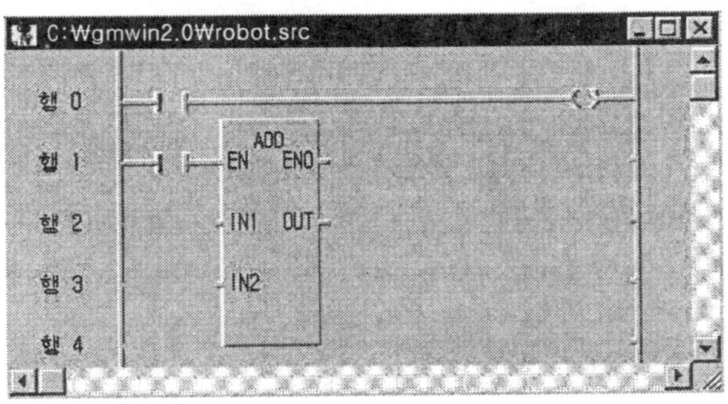

(3) 변수입력

① 도구 상자에서 ↖를 선택하여 LD창의 행0, 열1의 ┤├ 위치에서 마우스의

왼쪽 단추를 두 번 누른다.

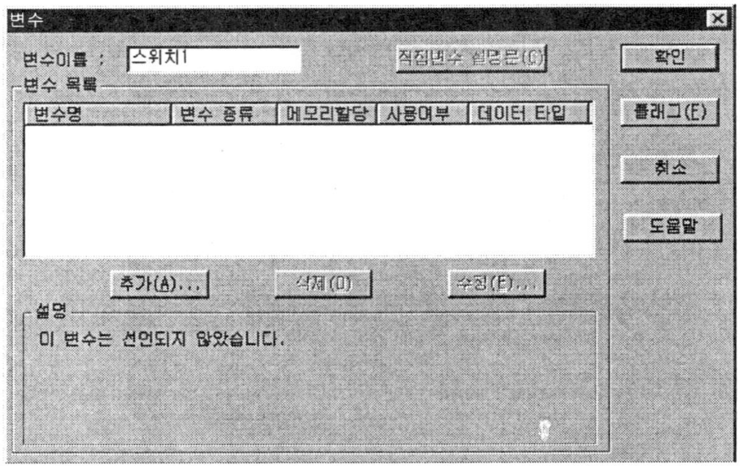

② 변수 대화 상자의 변수 입력란에 변수이름 “스위치1”를 입력한다.

③ 확인 단추를 누른다. 확인 단추를 누르면 변수 추가/수정 대화 상자가 나타난다.

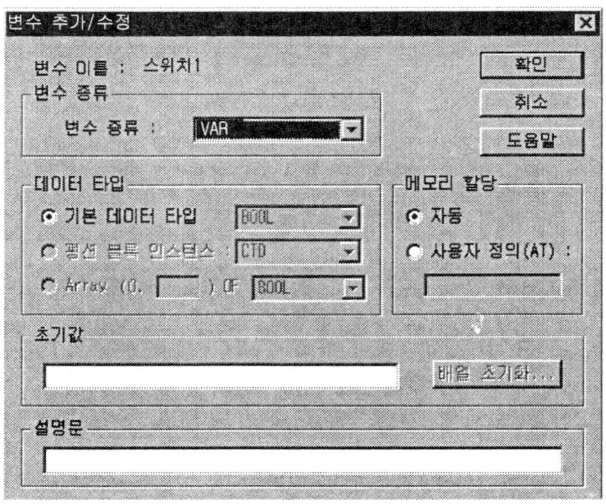

④ 확인 단추를 누른다.

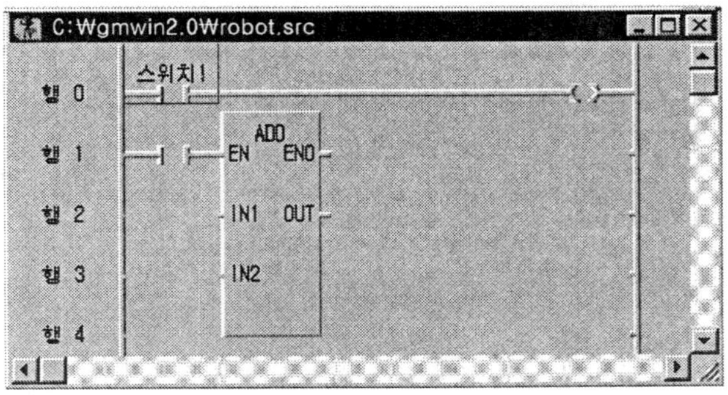

⑤ LD창의 행0 ┤├ 위치 위에 입력한 변수 이름을 확인할 수 있다.

⑥ 출력 코일의 변수 입력도 출력 접점의 변수 입력과 같은 방법으로 실행한다.

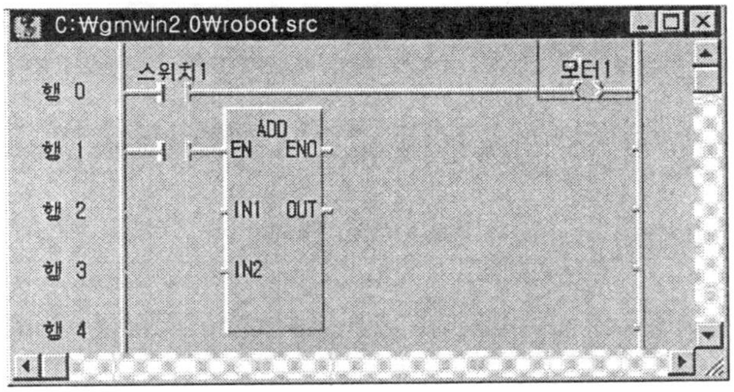

⑦ 펑션 ADD 변수 입력은 아래와 같은 방법으로 실행한다.

⑧ 펑션 ADD의 IN1 위치(행2, 열1)에서 마우스의 왼쪽 단추를 두 번 누른다.

⑨ 변수 대화 상자의 변수 입력란에 변수명 ABC를 입력한다.

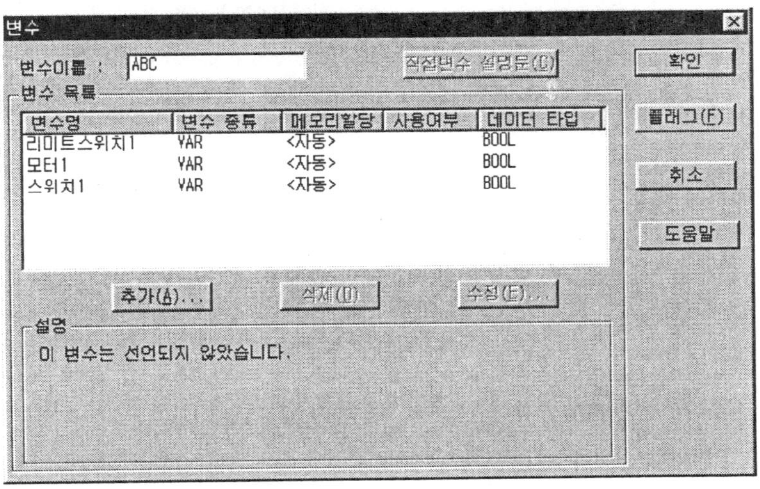

⑩ 확인 단추를 누르면 변수 추가/수정 대화 상자가 나타난다.

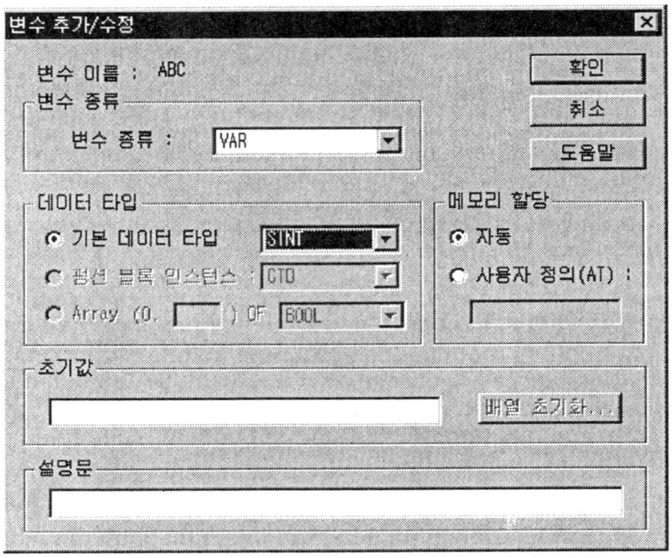

⑪ 확인 단추를 누른다. 펑션 ADD의 IN1에 변수 "ABC"가 입력된다.

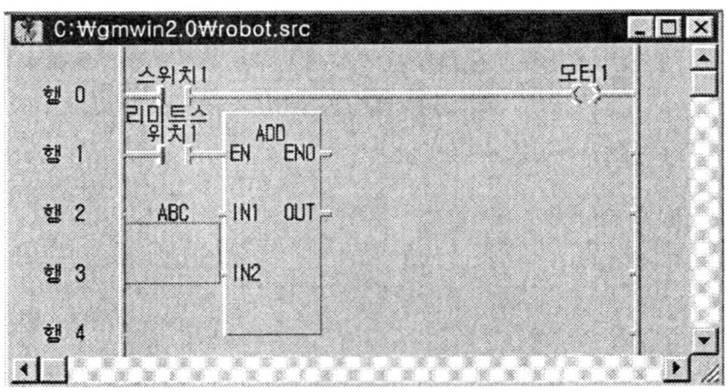

⑫ 펑션 ADD의 IN2 위치(행3, 열1)에서 마우스의 왼쪽 단추를 두 번 누른다.

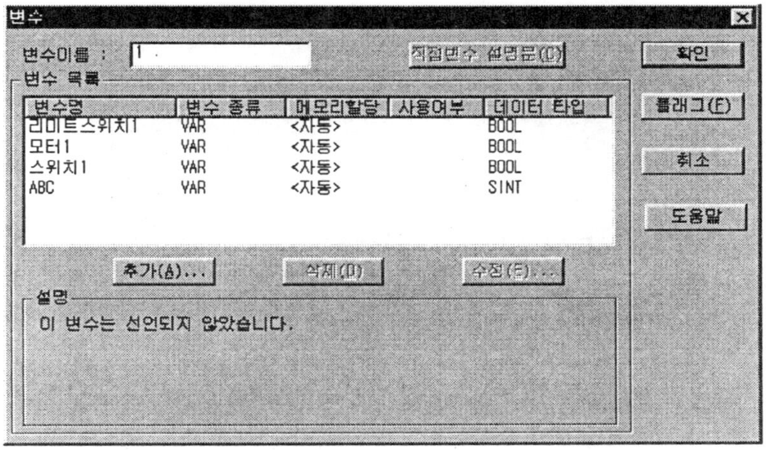

⑬ 변수 대화 상자의 변수 입력란에 상수"1"를 입력한다.
 확인 단추를 누른다. 펑션 ADD의 IN2에 상수 1이 입력되었다.

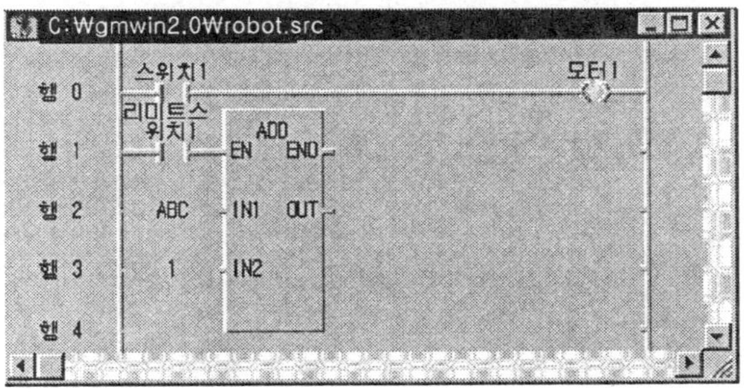

⑭ 펑션 ADD의 OUT 위치(행3, 열3)에서 마우스의 왼쪽 단추를 두 번 누른다.

⑮ 변수 대화 상자의 변수 입력란에 변수명 "ABC_ADD"를 입력한다.

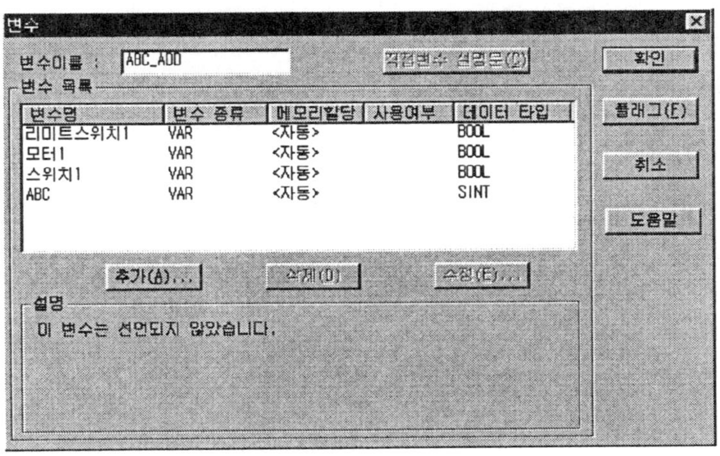

⑯ 확인 단추를 누른다.

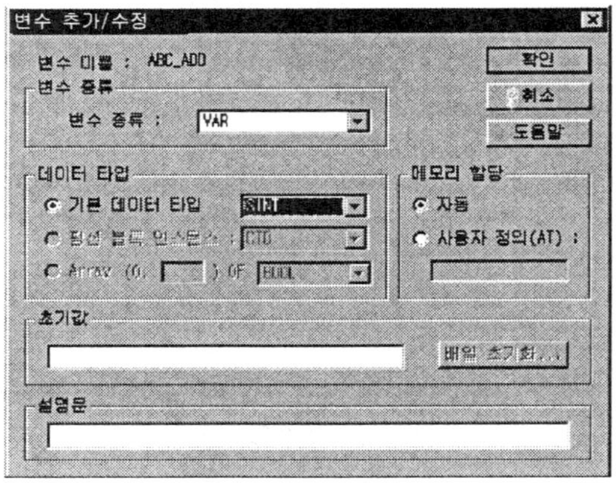

⑰ 확인 단추를 누른다. 펑션 ADD의 OUT에 변수 ABC_ADD가 입력되었다.

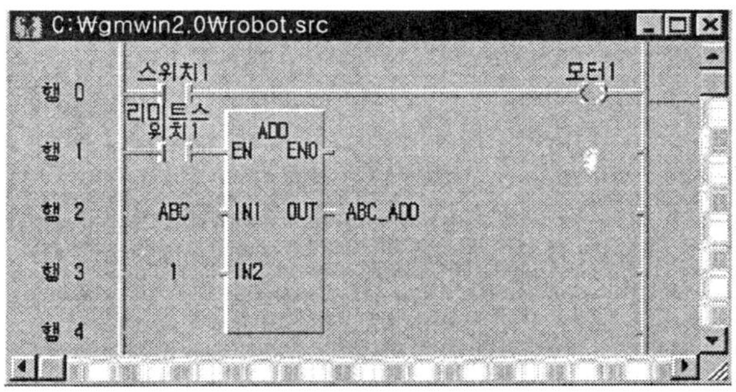

6.3.5 프로그램의 컴파일

① 메뉴 컴파일-메이크를 선택한다.

② 컴파일을 실행하여 실행 파일을 만든다.

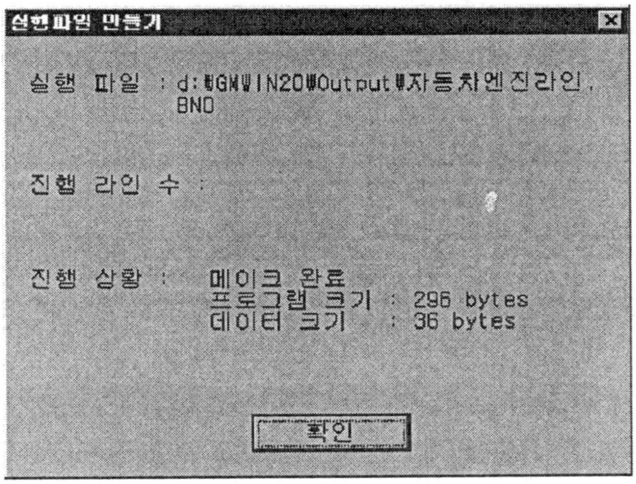

6.3.6 프로그램 전송

① 프로그램 전송전에 GMWIN과 PLC의 연결 상태를 확인한다.

② 메뉴 온라인-접속+쓰기+모드 전환(런)+모니터 시작(G)을 선택한다.

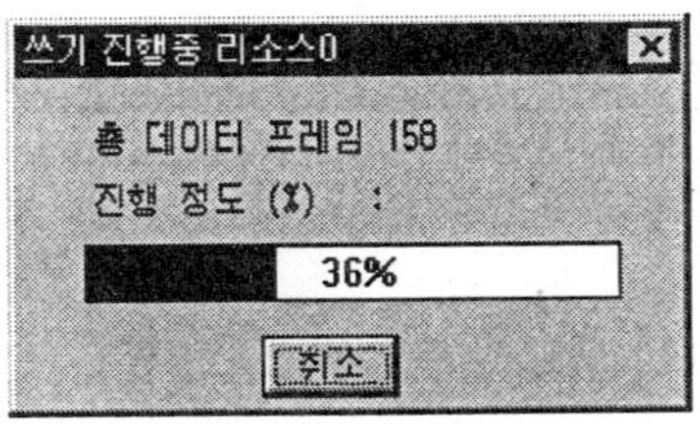

③ 이 때 실행 파일이 PLC에 전송된다.

④ 전송이 완료되면 PLC의 모드가 런으로 바뀌고 모니터가 실행된다.

⑤ 스위치1 접점 위치에서 마우스를 두 번 누르면 변수 강제 입력 대화상자가 나타난다.

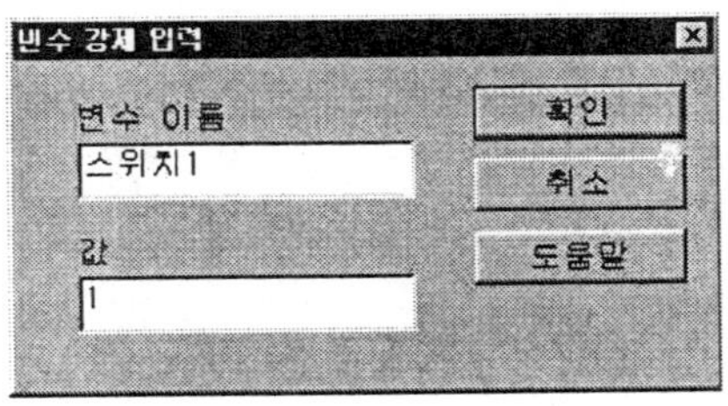

⑥ 값 입력란에 1을 쓰고 확인 단추를 누른다.

⑦ 리미트 스위치1도 위와 같은 방법으로 강제 입력을 실행한다.

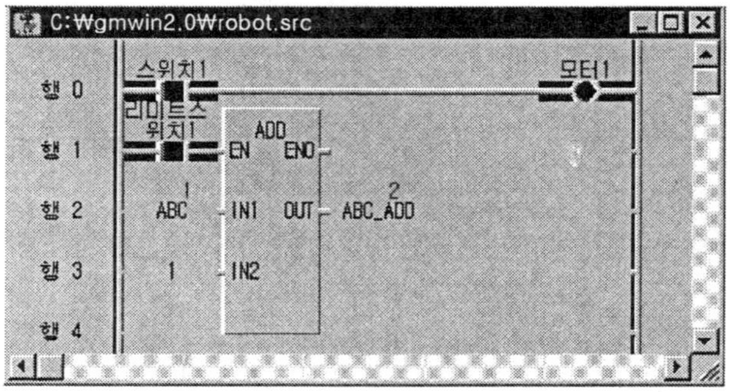

⑧ 스위치1이 On되면, 모터1이 On되는 것을 모니터할 수 있다.

⑨ LD프로그램 창에서 변수 ABC의 입력에 따라 변수 ABC_ADD의 값이 1증가하는 것을 모니터 할 수 있다.

6.4 화면 구성

GMWIN 화면은 아래와 같은 구성으로 이루어져 있다.

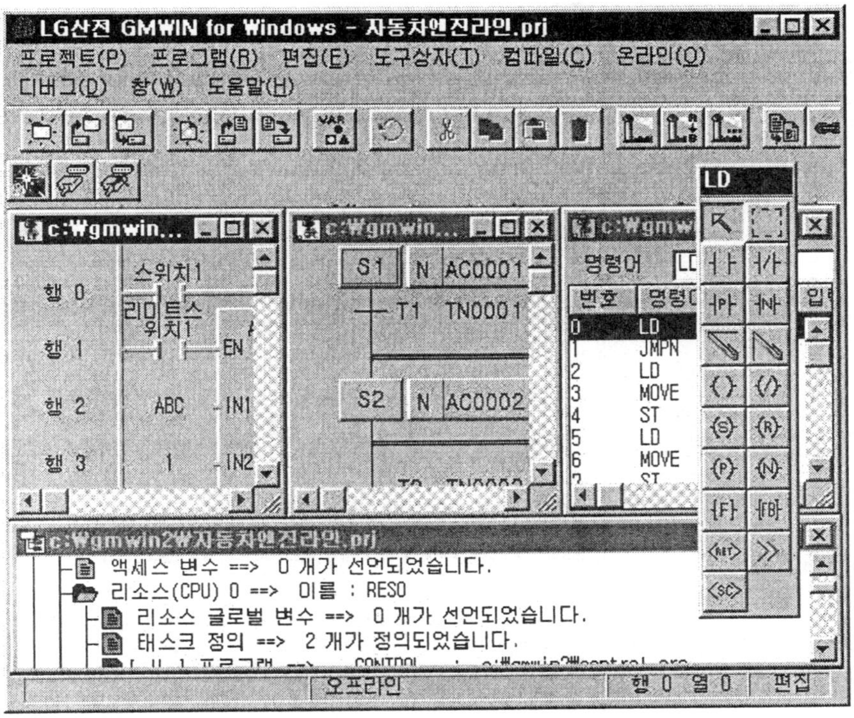

6.4.1 메 뉴

메뉴를 선택하면 명령들이 나타나고, 원하는 명령을 마우스 또는 키로 선택하면 명령을 실행할 수 있다.

생략기호(...)가 붙은 명령을 선택하면 하위의 대화 상자가 나타난다.

단축키(Ctrl+X, Ctrl+C...)가 있는 메뉴인 경우에는 단축키를 눌러서 직접 명령을 선택할 수 있다.

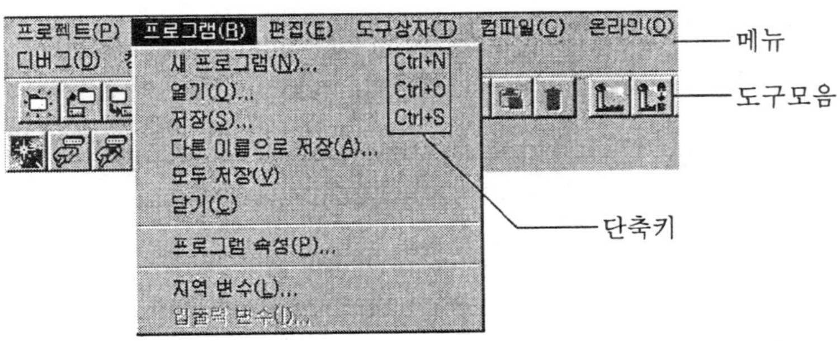

① 프로젝트

명 령	설 명
새 프로젝트	프로젝트를 처음 생성한다.
열기	기존의 프로젝터를 연다.
PLC로부터 열기	PLC에 있는 프로젝트 및 프로그램을 업-로드한다.
저장	프로젝트를 저장한다. 프로그램은 저장되지 않는다.
다른 이름으로 저장	프로젝트를 다른 이름으로 저장한다.
닫기	프로젝트를 닫는다.
프로젝트 항목 추가	프로젝트에 새로운 항목(프로그램 정의, 리소스, 리소스는 GM1만 해당)을 추가한다.
프로젝트 항목 수정	프로젝트에 속해 있는 항목을 편집한다.
프로젝트 항목 삭제	프로젝트에 속해 있는 항목(프로그램 정의, 리소스)을 삭제한다.
위로(프로그램) Ctrl+U	프로젝트 창에서 위에 있는 프로그램 항목과 순서를 바꾼다.
아래로(프로그램) Ctrl+W	프로젝트 창에서 아래에 있는 프로그램 항목과 순서를 바꾼다.
인쇄	활성화되어 있는 창의 내용을 인쇄한다.
프린터 설정	프린터 옵션을 설정한다.
옵션	GMWIN에 해당되는 옵션을 설정한다.
라이브러리 관리자	라이브러리를 편집한다.
라이브러리 삽입	새로운 라이브러리를 삽입한다.
종료	GMWIN을 끝마친다.

② 프로그램

명 령	설 명
새 프로그램 Ctrl+N	프로그램을 처음 생성한다.
열기 Ctrl+O	기존의 프로그램을 연다.
저장 Ctrl+S	프로그램을 저장한다.
다른 이름으로 저장	프로그램을 다른 이름으로 저장한다.
닫기	프로그램을 닫는다.
프로그램 속성	프로그램의 속성을 바꾼다.
지역 변수	변수를 편집 한다.
입출력 변수	펑션, 펑션 블록인 경우 입출력 변수를 편집한다.

㉠ SFC인 경우 추가

명 령	설 명
액션	SFC인 경우 액션 목록을 본다.
트랜지션	SFC인 경우 트랜지션 목록을 본다.

③ 편집

명 령		설 명
편집 취소	Ctrl+Z	프로그램 편집창에서 편집을 취소하고 바로 이전상태로 되돌린다.
잘라 내기	Ctrl+X	블록을 잡아 삭제하면서 클립보드에 복사한다.
복사	Ctrl+C	블록을 잡아 클립보트에 복사한다.
붙여 넣기	Ctrl+V	클릭보드로부터 편집창에 복사한다.
삭제	Del	블록을 잡아 삭제한다.
찾기	Ctrl+F	원하는 문자를 찾는다.
바꾸기	Ctrl+H	원하는 문자를 찾아 새로운 문자로 바꾼다.
다시 찾기	Ctrl+F3	이전에 실행한 찾기(Find) 또는 바꾸기(Replace)를 반복 실행한다.
찾아 가기		원하는 위치로 커서를 이동한다.

㉠ SFC인 경우 추가

명 령		설 명
화면확대/축소	Ctrl+P	화면 크기를 조절한다.
설명문 보이기		액션, 트랜지션의 설명문을 볼 수 있다.
번호 정리		스텝, 트랜지션 번호를 재조정한다.

㉡ LD인 경우 추가

명 령		설 명
화면확대/축소	Ctrl+E	화면 크기를 조절한다.
변수 설명문	Ctrl+M	LD창에서 변수 설명문을 본다.
라인 삭제	Ctrl+D	한 줄을 지운다.
셀 삭제	DEL	한 셀을 지운다.
라인 삽입	Ctrl+L	한 줄을 삽입한다.
셀 삽입	Ctrl+I	한 셀을 삽입한다.

④ 도구상자

명 령	설 명
도구상자 형태 선택	도구상자를 없애거나 없어진 도구상자를 다시 나오게 한다. 또는 도구 상자 위치를 정해준다.

㉠ IL편집시

명 령	설 명
펑션 F2	펑션 삽입
펑션블록 F3	펑션 블록 삽입
레이블 F4	레이블 삽입
오퍼레이터 F5	연산자 삽입
삭제 F6	프로그램 한 줄 삭제
설명문 입력 F7	설명문 입력
삽입/수정 F8	삽입, 수정 모드 변환

㉡ LD편집시

메뉴에 해당되는 접점, 코일, 펑션, 펑션 블록, 점프, 리턴 등을 삽입한다.

㉢ SFC편집

명 령	설 명
스텝 F2	스텝/트랜시션 삽입
분기 F3	병렬 또는 선택 분기 삽입
이름 F4	액션 또는 트랜지션명 삽입
레이블 F5	레이블 삽입
점프 F6	점프 삽입
줌 F7	액션 또는 트랜지션에 들어가서 프로그램을 편집한다.

㉣ LD, IL 모니터시

명 령	설 명
배열번호 선택	모니터링 시작 또는 정지를 지정한다.

ⓜ 변수 모니터링시

명 령		설 명
시작/정지	F2	모니터링 시작 또는 정지를 지정한다.
자세히	F3	모니터링할 변수에 대한 정보를 선택해서 본다.
쓰기	F4	변수에 강제로 임의의 값을 쓴다.
선택	F5	모니터링할 변수를 선택한다.
표시형식	F6	모니터링할 값을 16진수/10진수로 선택해서 볼 수 있다.
배열 번호 선택	F7	Array 타입 변수의 배열 범위를 설정한다.

ⓑ 타임 차트 모니터링시

명 령		설 명
시작/정지	F2	모니터링 시작 또는 정지를 지정한다.
자세히	F3	모니터링할 변수에 대한 정보를 선택해서 본다.
쓰기	F4	변수에 강제로 임의의 값을 쓴다.
선택	F5	모니터링할 변수를 선택한다.
주기	F6	모니터링할 시간 간격을 선택한다.

ⓢ I/O 모니터링시

명 령		설 명
베이스 선택	F2	모니터링할 베이스를 선택한다.
시작/정지	F3	모니터 시작 또는 정지를 지정한다.

⑤ 컴파일

명 령	설 명
컴파일	프로그램을 컴파일한다.
메이크	프로젝트에 속해 있는 프로그램 중 컴파일이 안된 프로그램들을 컴파일한 후 PLC 실행 파일을 만든다.
모두 컴파일	프로젝트에 속해 있는 모든 프로그램을 컴파일한 후 PLC실행 파일을 만든다.
메시지 보기	컴파일 후 에러 메시지를 본다.
메모리 참조	사용된 글로벌 변수 및 직접 변수를 볼 수 있다.

⑥ 온라인

<table>
<tr><th colspan="2">명 령</th><th>설 명</th></tr>
<tr><td colspan="2">접속+쓰기+모드전환(런)+모니터시작(G) Ctrl+R</td><td>GMWIN과 옵션에서 지정한 PLC를 접속시켜 사용자가 작성한 프로그램을 PLC에 쓴 후 모드를 절환하여 모니터링한다.</td></tr>
<tr><td colspan="2">접속</td><td>GMWIN과 옵션에서 지정한 PLC를 접속시킨다.</td></tr>
<tr><td colspan="2">접속 끊기</td><td>GMWIN과 PLC 접속을 해제한다.</td></tr>
<tr><td colspan="2">읽기</td><td>PLC의 데이터를 읽어 온다.</td></tr>
<tr><td colspan="2">쓰기</td><td>GMWIN의 프로그램을 PLC에 쓴다.</td></tr>
<tr><td rowspan="5">모니터</td><td>모니터 시작/끝</td><td>프로그램을 모니터링 한다./모니터링을 끝낸다.</td></tr>
<tr><td>변수 모니터</td><td>변수만 모니터링 한다.</td></tr>
<tr><td>I/O 모니터</td><td>I/O를 모니터링 한다.</td></tr>
<tr><td>타임차트 모니터</td><td>BOOL 변수에 대하여 타임차트 형식으로 모니터링 한다.</td></tr>
<tr><td>링크 파라미터 모니터</td><td>고속 링크 파라미터를 모니터링 한다.</td></tr>
<tr><td colspan="2">모드 변환</td><td>PLC 모드를 전환한다.</td></tr>
<tr><td colspan="2">데이터 클리어</td><td>PLC 데이터를 0으로 지운다.</td></tr>
<tr><td colspan="2">CPU 전환</td><td>GM1에서 통신할 CPU를 리셋한다.</td></tr>
<tr><td colspan="2">리셋</td><td>PLC의 CPU를 리셋한다.</td></tr>
<tr><td colspan="2">플래시 메모리</td><td>CPU에 정착된 플래시 메모리의 타입 정보을 읽거나 플래시 메모리에 데이터 쓰기를 한다.</td></tr>
<tr><td colspan="2">링크 허용설정</td><td>고속 링크 허용을 설정한다.</td></tr>
<tr><td colspan="2">PLC 정보</td><td>PLC 정보를 보여준다.</td></tr>
<tr><td colspan="2">I/O 정보</td><td>PLC I/O구성 상태를 보여준다.</td></tr>
<tr><td colspan="2">강제 I/O 설정</td><td>I/O 강제 입출력 값/실행 허용을 설정한다.</td></tr>
<tr><td colspan="2">링크 정보</td><td>링크 모듈의 타입, 장착 슬롯, 국번등을 보여준다.</td></tr>
<tr><td colspan="2">Mnet 파라미터</td><td>Mnet 파라미터를 입력한다.</td></tr>
<tr><td colspan="2">Mnet 정보</td><td>Mnet 정보를 본다.</td></tr>
<tr><td colspan="2">I/O Skip</td><td>스킵할 I/O를 지정한다.</td></tr>
</table>

⑦ 디버그

명 령	설 명
디버그 시작/끝	디버그 모드로 전환하여 디버그를 시작한다./디버그를 끝낸다.
런 Ctrl+F9	브레이크 포인트까지 런시킨다.
스텝 오버 Ctrl+F8	한 스텝씩 런시킨다.
스텝 인	펑션, 펑션 블록을 디버깅한다.

명 령	설 명
스테 아웃	펑션, 펑션 블록 디버그시 현재 블록을 빠져 나간다.
일시 정지	런을 중지시킨다.
커서 위치까지 런 Ctrl+F2	커서 위치까지 런시킨다.
브레이크 포인트 설정/해제 Ctrl+F5	브레이크 포인트를 설정 또는 해제한다.
브레이크 포인트 목록/조건	설정된 브레이크 포인트의 목록을 보여주고 브레이크 조건을 설정한다.
테스크 수행 설정	디버깅 중 테스크 전환을 허용한다.

⑧ 창

명 령	설 명
계단식 배열	GMWIN에 속해 있는 여러 창들을 계단식으로 배열한다.
수평 배열	GMWIN에 속해 있는 여러 창들을 수평 배열한다.
수직 배열	GMWIN에 속해 있는 여러 창들을 수직 배열한다.
아이콘 정렬	GMWIN에 속해 있는 여러 창들을 정열한다.
모두 닫기	GMWIN에 속해 있는 여러 창들을 모두 닫는다.

6.4.2 도구모음

다음은 GMWIN에서 사용하는 도구들이다.

GMWIN에서는 현재 자주 사용되는 메뉴들을 단축 형태인 도구로 제공하고 있다.

원하는 도구를 마우스로 누르면 실행된다. 아래 표에서는 도구의 모양과 그에 대한 설명을 나타내었다.

도구	명 령	도구	명 령
	새 프로젝트		접속+쓰기+모드전환(런)+모니터시작
	프로젝트 열기		접속
	프로젝트 저장		접속 끊기
	새 프로그램		쓰기
	프로그램 열기		모니터 시작/끝
	프로그램 저장		런
	변수 목록		스톱
	편집 취소		일시 정지
	잘라내기		디버 시작
	복사		디버그 런
	붙여넣기		스텝오버
	삭제		스텝인
	찾기		스텝아웃
	바꾸기		일시정지
	다시찾기		커서 위치까지 런
	컴파일		브레이크 포인트 설정/해제
	실행파일 만들기		

6.4.3 도구상자

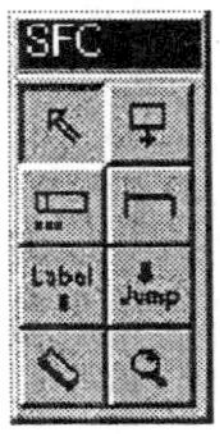

SFC 도구상자

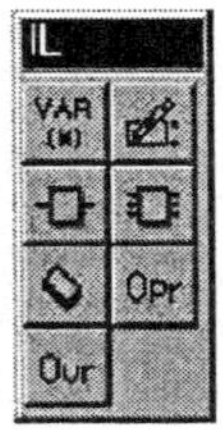

IL 도구상자

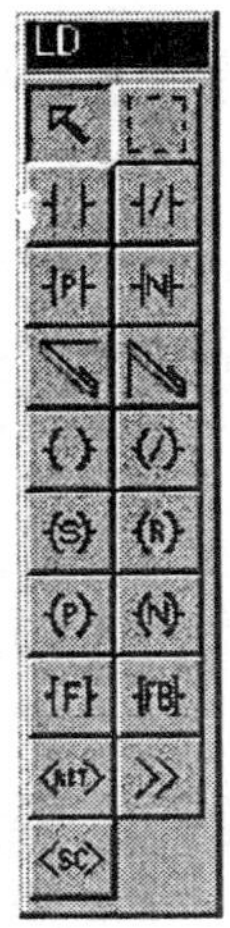

LD 도구상자

프로그램 편집, 변수 모니터, 타임 차트, IO 모니터 등을 할 때 자주 사용하는 명령을 도구상자를 통해서 실행할 수 있다.

도구를 마우스로 누르면 도구가 실행한다.

설정되어 있는 도구들은 메뉴 도구상자를 통해 실행될 수 있다.

메뉴 도구상자–도구상자 형태선택를 선택하면 도구상자의 위치와 화면상에 출현을 조장할 수 있다.

6.4.4 상태표시줄

명령설명　　PLC 모드　　커서의 위치　　GMWIN의 상태

① 명령 설명 : 반전 표시된 메뉴나 명령, 마우스가 위치해 있는 도구모음에 대한 설명을 나타낸다.

② PLC모드 표시

㉠ PLC의 모드를 나타낸다.

㉡ PLC와 연결되지 않았을 때에는 오프라인으로 표시된다.

㉢ 오프라인-런-스톱-일시 정지-디버그

③ 커서 위치 표시 : 프로그램을 편집할 때 커서의 위치를 나타낸다.

④ GMWIN 상태 표시

㉠ GMWIN의 상태를 표시한다.

㉡ 편집 : GMWIN에서 프로그램 편집중임을 나타낸다.

㉢ 모니터 : PLC의 데이터를 모니터링중 임을 나타낸다.

㉣ 디버그 : PLC의 프로그램을 디버깅중 임을 나타낸다.

6.5 대화상자 사용법

대화상자에는 입력란, 확인란, 옵션 선택, 목록상자 등이 나타나며 사용자가 원하는 값을 입력 또는 설정할 수 있다.

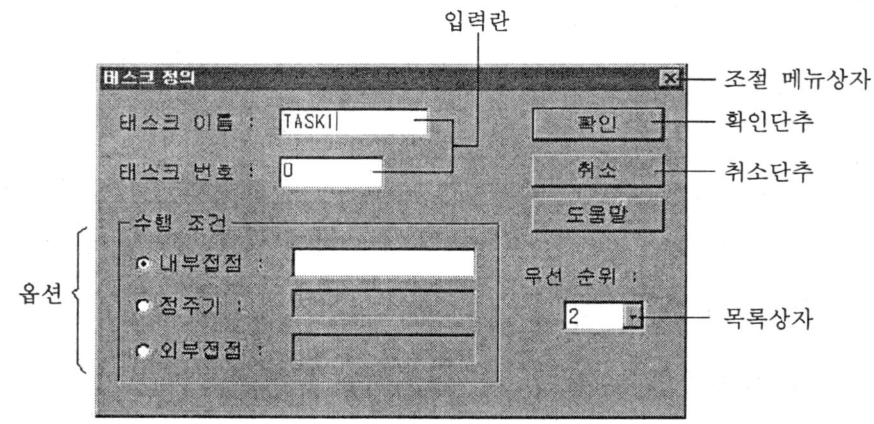

입력란 : 키를 이용하여 원하는 문자를 입력한다.

옵 션 : 같은 그룹 안에서 하나만 선택할 때 사용한다.
마우스로 원하는 항목을 누른다.

목록상자 : 여러 목록 중 하나를 선택한다.
목록상자의 화살표를 누르면 목록이 나타나고 원하는 항목을 마우스로 누르면 선택된다.

확인 단추 : 설정한 값이 입력되고 대화 상자를 닫으려면 확인 단추를 누른다.

취소 단추 : 설정한 값을 취소하고 대화 상자를 닫으려면 취소 단추를 누르거나 조절 메뉴 상자를 누른다.

6.6 GMWIN에서 생성되는 파일들

사용자가 프로젝트를 생성하고 프로그램을 편집하여 PLC실행 파일을 만들면 다음과 같은 파일이 만들어진다.

<프로젝트 명>.PRJ : 사용자가 작성한 프로젝트 파일
<프로젝트 명>.BNO : PLC 실행 파일
GM1인 경우 리소스 개수 만큼 생긴다.
<프로젝트 명>.BNO~<프로젝트 명>.BNn,(n는 리소스 번호)
<프로젝트 명>.MON : 모니터링을 위한 정보 파일
<프로젝트 명>.CRO : PLC 실행 파일을 만들 때 생성
프로그램에서 사용한 글로벌 변수 및 직접 변수를 나타낸 택스트 파일 (Cross Reference)
<프로젝트 명>.SRC : 사용자가 작성한 프로그램 파일
<프로젝트 명>.ASV : 사용자가 작성한 프로그램을 이 이름으로 주기적으로 저장한다.
메뉴 Option-Auto 저장에서 타임 값을 설정하였을 경우에만 생성되고 정상적으로 프로그램 창을 닫는 경우 자동으로 삭제된다.
<프로젝트 명>.OP? : 프로그램을 컴파일하면 생성된다.(프로그램 블록인 경우)
<프로젝트 명>.OB? : 프로그램을 컴파일하면 생성된다.(평션 블록인 경우)
<프로젝트 명>.OF? : 프로그램을 컴파일하면 생성된다.(평션인 경우)
(OP3 : GM3인 경우, OP4 : GM4인 경우)

주 밑줄친 파일들은 반드시 보관하여야 할 파일들이며 나머지 파일들은 메이크 실행으로 다시 생성할 수 있다.

6.7 파일 열기

사용자가 기존의 프로젝트를 열고 프로그램을 작성하려면 파일을 열어야 한다. 새로운 파일은 프로젝트 생성 및 프로그램 생성 항목에 설명되어 있다.

① 프로젝트를 열 경우
㉠ 메뉴 프로젝트-열기을 선택한다.
② 프로그램을 열 경우
㉠ 메뉴 프로그램-열기을 선택한다.

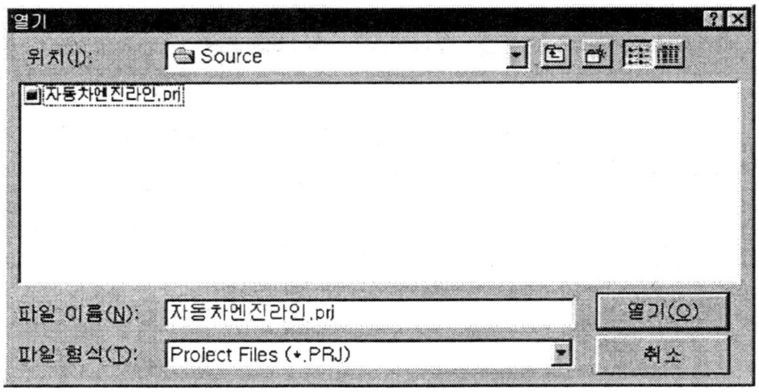

㉡ 파일이 있는 위치를 지정하기 위하여 위치 목록상자에서 드라이브 및 디렉토리를 선택한다.

㉢ 파일 이름 입력란에 파일 이름을 직접 입력하거나 목록상자에서 한다.
목록상자에는 파일형식 목록상자에서 선택된 확장자를 가진 파일만 나타낸다.
프로젝트 파일 : *.PRJ, 프로그램 파일 : *.SRC

㉣ 열기 단추를 누른다.

6.8 파일 저장

6.8.1 새로운 파일 저장

한번도 저장하지 않은 새 파일을 저장한다.

① 프로젝트를 저장할 경우
㉠ 메뉴 프로젝트-저장을 선택한다.

② 프로그램을 저장할 경우
㉠ 메뉴 프로그램-저장을 선택한다.
㉡ 파일이 저장될 위치를 지정하기 위하여 위치 목록상자에서 드라이브 및 디렉토리를 선택한다.
㉢ 파일이름 입력란에 파일 이름을 입력한다.
㉣ 프로젝트 파일에는 PRJ, 프로그램 파일에는 SRC 확장자를 입력한다.
㉤ 저장 단추를 누른다.

6.8.2 작업 중 파일 저장

① 프로젝트를 저장할 경우

㉠ 메뉴 프로젝트-저장을 선택한다.

② 프로그램을 저장할 경우

㉠ 메뉴 프로그램-저장을 선택한다.

6.8.3 다른 이름으로 저장

① 프로젝트 이름 또는 프로그램 이름을 변경한다.

② 프로젝트를 저장할 경우

㉠ 메뉴 프로젝트-다른 이름으로 저장을 선택한다.

③ 프로그램을 저장할 경우

㉠ 메뉴 프로그램-다른 이름으로 저장을 선택한다.

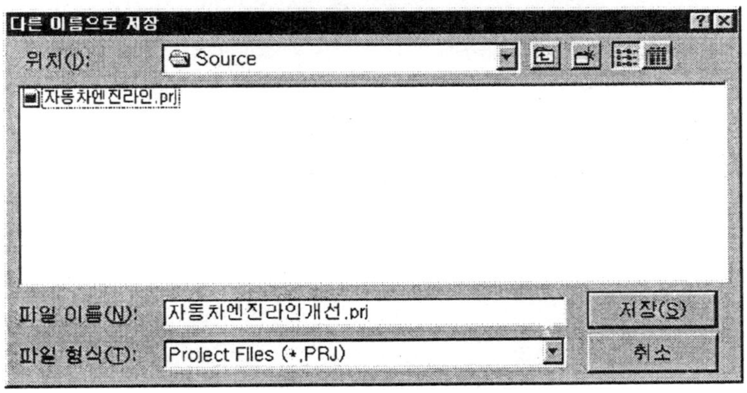

㉡ 파일이 저장될 위치를 찾기 위하여 위치 목록상자에서 드라이브 및 디렉토리를 선택한다.

㉢ 파일이름 입력란에 파일 이름을 입력한다.
프로젝트 파일에는 PRJ, 프로그램 파일에는 SRC 확장자를 입력한다.

㉣ 저장 단추를 누른다.

6.9 파일 닫기

① 방법 1

㉠ 해당 창의 왼쪽 위 모서리의 조절메뉴 상자를 누른다.

② 방법 2

프로젝트를 닫을 경우

㉠ 메뉴 프로젝트-닫기를 선택한다.

③ 프로그램을 닫을 경우

㉠ 메뉴 프로그램-닫기를 선택한다.

이때 해당 파일이 저장되어 있지 않으면 다음 대화상자가 나타난다.

④ 파일을 저장하려면 예 단추를 누른다.

⑤ 파일을 저장하지 않으려면 아니오 단추를 누른다.

⑥ 파일 닫기를 취소하려면 취소 단추를 누른다.

연 습 문 제

1. GMWIN의 특징에 대하여 설명하시오.

2. RS-232C 케이블을 이용하여 GMWIN과 PLC를 접속하는 방법에 대하여 설명하시오.

3. GMWIN 프로젝트의 구성내용 및 프로젝트의 생성방법에 대하여 설명하시오.

4. GMWIN을 이용하여 프로그램을 작성하고 편집, 저장하는 방법을 설명하시오.

5. GMWIN의 전체 화면 구성 및 각 부의 기능을 설명하시오.

6. GMWIN의 각 메뉴에 대하여 그 기능을 설명하시오.

7. GMWIN의 도구모음에 대하여 각각의 기능을 설명하시오.

8. GMWIN으로 작성한 프로그램의 컴파일 및 PLC로의 전송에 대하여 설명하시오.

9. GMWIN의 상태 표시줄에 대하여 설명하시오.

10. GMWIN에서 생성되는 파일들에 대하여 설명하시오.

제 7 장 GLOFA-GM 프로그래밍

7.1 명령어의 종류

7.1.1 시퀀스 연산자

시퀀스 연산자에는 접점(Contact), 코일(Coil), 점프(Jump)등이 있다.

7.1.2 펑션

① 펑션은 입력에 대한 연산 결과를 1스캔에 즉시 출력한다.
② 펑션은 출력이 하나이다.
③ 전송 펑션(MOVE)의 IN, OUT 변수는 모든 데이터 형이 지정될 수 있으나 반드시 같은 데이터 형이어야 한다.
④ 산술 연산 펑션(ADD, MUL 등)의 IN1, (IN2), OUT 변수는 수치(ANY_NUM) 데이터 형 만이 지정될 수 있으며 또한 모두 같은 데이터 형이어야 한다.
⑤ 논리 연산 펑션(ADD, OR 등)의 IN1, (IN2), OUT 변수는 비트 상태(ANY_BIT) 데이터 형 만이 지정될 수 있으며, 또한 모두 같은 데이터 형이어야 한다.
⑥ 형 변환 펑션(INT_TO_BCD, BCD_TO_INT 등)의 IN, OUT
⑦ 변수는 지정된 데이터 형에 의해 고정되어 있다.
⑧ 펑션은 라이브러리에 넣어서 사용한다.

7.1.3 펑션 블록

① 펑션 블록은 여러 스캔에 걸처 누계된 연산 결과를 출력한다.
② 펑션 블록은 출력이 여러개가 될 수 있다.

펑션 블록은 여러 스캔에 걸쳐 누계된 연산 결과를 출력하므로, 연산 중 누계되는 데이터를 보관하기 위한 내부 메모리가 필요하다.

따라서 펑션 블록은 사용하기 전에 인스턴스 변수를 선언한다.

인스턴스 변수는 펑션 블록내에서 사용하는 변수들의 집합이다.

> **【참고】**
> 인스턴스 변수의 문자 길이는 일반 지역변수와는 달리 영문 8자 또는 한글/한자 4자까지로 제한된다.

7.2 시퀀스 연산자

7.2.1 시퀀스 연산자 일람표

① 접점

정적 접점		
No.	기호	설 명
1	*** ─┤ ├─	평상시 열린 접점(Normally Open Contact) BOOL 변수(“***”로 표시된 것)의 상태가 On일 때에는 왼쪽의 연결선 상태는 오른쪽의 연결선으로 복사된다. 그렇지 않을 경우에는 오른쪽의 연결선 상태가 Off이다.
2	*** ─┤/├─	평상시 닫힌 접점(Normally Closed Contact) BOOL 변수(“****”로 표시된 것)의 상태가 Off일 때에는 왼쪽의 연결선 상태는 오른쪽의 연결선으로 복사된다. 그렇지 않을 경우에는 오른쪽의 연결선 상태가 Off이다.

상태 변환 검출 접점		
No.	기호	설 명
3	*** ─┤P├─	양 변환 검출 접점(Positive Transition-Sensing Contact) BOOL 변수("***"로 표시된 것)의 값이 스캔에서 Off였던 것이 현재 스캔에서 On으로 되고, 왼쪽 연결선 상태가 On되어 있는 경우에 한해서 오른쪽의 연결선 상태는 현재 스캔 동안에 On이 된다.
4	*** ─┤N├─	음 변환 검출 접점(Negative Transition-Sensing Contact) BOOL 변수("***"로 표시된 것)의 값이 전 스캔에서 On이었던 것이 현재 스캔에서 Off되고 왼쪽 연결선 상태가 On되어 있는 경우에 한해서 오른쪽의 연결선 상태는 현재 스캔 동안에 On이 된다.

② 코일

임시 코일(Momentary Coils)		
No.	기호	설 명
1	*** ─( )─	코일(Coil) 왼쪽에 있는 연결선의 상태를 관련된 BOOL 변수("***"로 표시된 것)에 넣는다.
2	*** ─(/)─	역 코일(Negated Coil) 왼쪽에 있는 연결선 상태의 역(Negated)값을 관련된 BOOL 변수("***"로 표시된 것)에 넣는다. 즉, 왼쪽 연결선 상태가 Off이면 관련된 변수를 On시키고, 왼쪽 연결선 상태가 On이면 관련된 변수를 Off시킨다.
래치 코일(Latched Coils)		
3	*** ─(S)─	Set(Latch) Coil 왼쪽의 연결선 상태가 On이 되었을 때에는 관련된 BOOL 변수("***"로 표시된 것)는 On이 되고 Reset 코일에 의해 Off되기 전까지는 On되어 있는 상태로 유지된다.
4	*** ─(R)─	Reset(Unlatch) Coil 왼쪽의 연결선 상태가 On이 되었을 때에는 관련된 BOOL 변수("***"로 표시된 것)는 Off되고 Set 코일에 의해 On되기 전까지는 Off되어 있는 상태로 유지된다.

상태 변환 검출 코일(Transition-Sensing Coils)		
No.	기호	설 명
5	-(P)- (***)	양 변환 검출 코일(Positive Transition-Sensing Coil) 왼쪽 연결선 상태가 바로 전 스캔에서 Off이었던 것이 현재 스캔에서 On이 되어 있는 경우에 관련된 BOOL 변수("***"로 표시된 것)의 값은 현재 스캔 동안만 On이 된다.
6	-(N)- (***)	음 변환 검출 코일(Negative Transition-Sensing Coil) 왼쪽 연결선 상태가 바로 전 스캔에서 On이었던 것이 현재 스캔에서 Off되어 있는 경우에 관련된 BOOL 변수("***"로 표시된 것)의 값은 현재 스캔 동안만 On이 된다.

코일은 화면의 가장 오른쪽에 표현된다.

7.2.2 시퀀스 연산자 프로그램 예

① 양 변환 검출 접점 및 음 변환 검출 접점

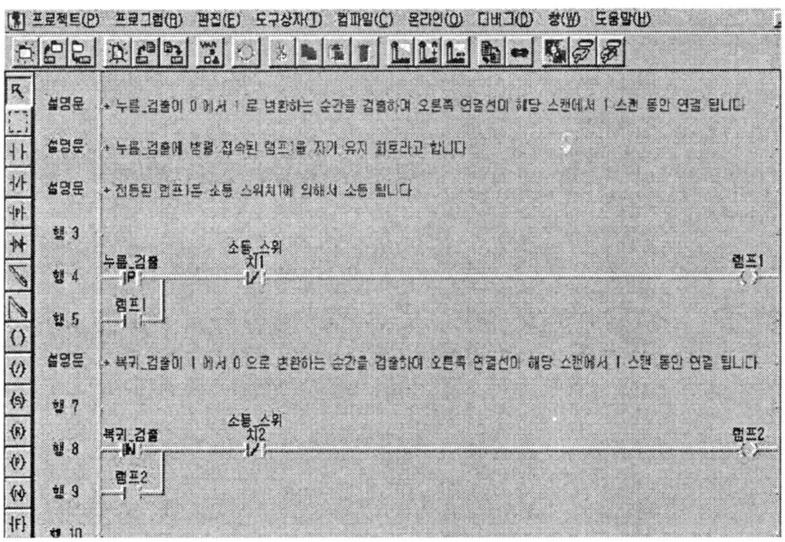

지역 변수 목록

변수명	변수 종류	메모리할당	사용여부	데이터 타입
누름_검출	VAR	%IX0.0.16	*	BOOL
소등_스위치1	VAR	%IX0.0.17		BOOL
복귀_검출	VAR	%IX0.0.20	*	BOOL
소등_스위치2	VAR	%IX0.0.21		BOOL
램프1	VAR	%QX0.3.0	*	BOOL
램프2	VAR	%QX0.3.1	*	BOOL

② 양 변환 검출 코일 및 음 변환 검출 코일 프로그램 예

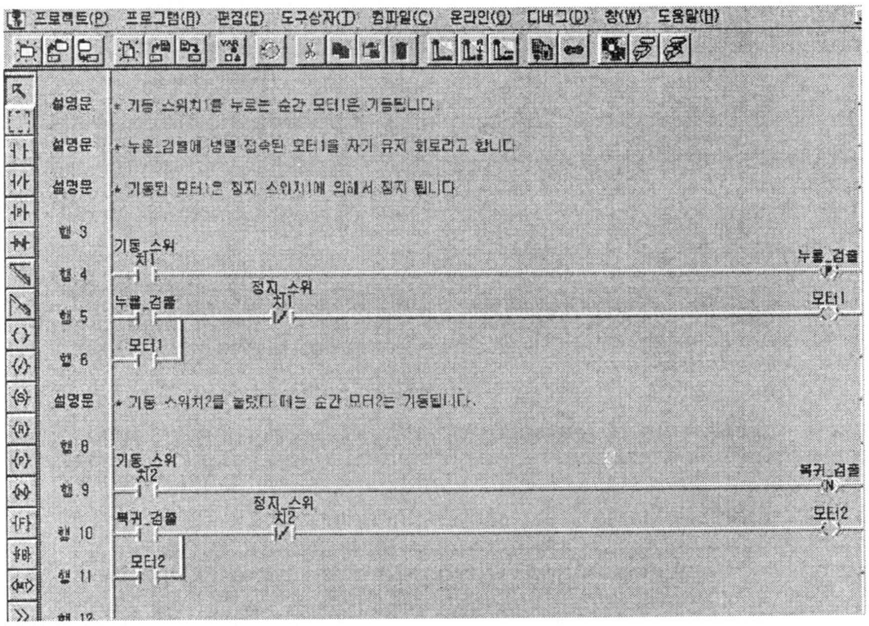

지역 변수 목록

변수명	변수 종류	메모리할당	사용여부	데이터 타입
기동_스위치1	VAR	%IX0.0.16	*	BOOL
정지_스위치1	VAR	%IX0.0.17	*	BOOL
기동_스위치2	VAR	%IX0.0.20	*	BOOL
정지_스위치2	VAR	%IX0.0.21	*	BOOL
모터1	VAR	%QX0.3.0	*	BOOL
모터2	VAR	%QX0.3.1	*	BOOL
누름_검출	VAR	<자동>	*	BOOL
복귀_검출	VAR	<자동>	*	BOOL

7.2.3 셋(Set) 코일 및 리셋(Reset) 코일

① 프로그램 편집

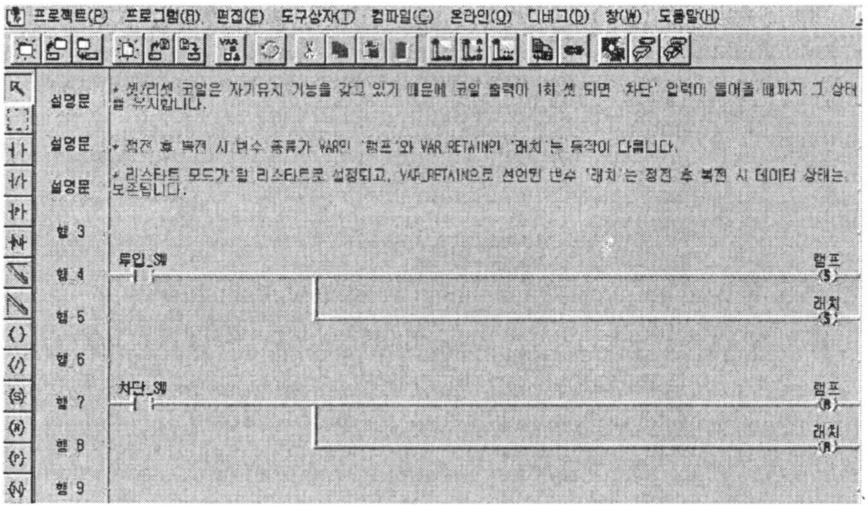

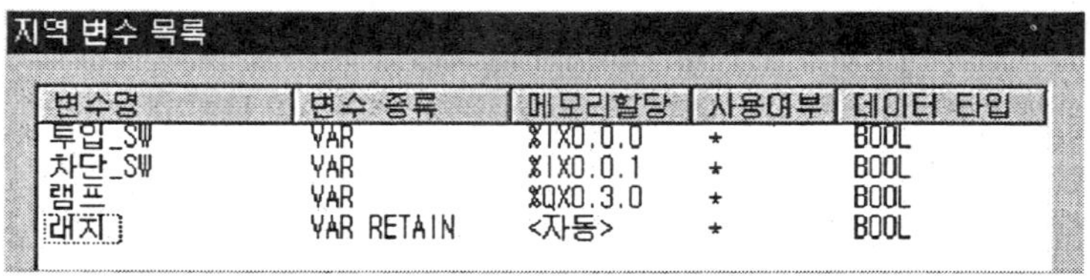

지역 변수 목록

변수명	변수 종류	메모리할당	사용여부	데이터 타입
투입_SW	VAR	%IX0.0.0	*	BOOL
차단_SW	VAR	%IX0.0.1	*	BOOL
램프	VAR	%QX0.3.0	*	BOOL
래치	VAR RETAIN	<자동>	*	BOOL

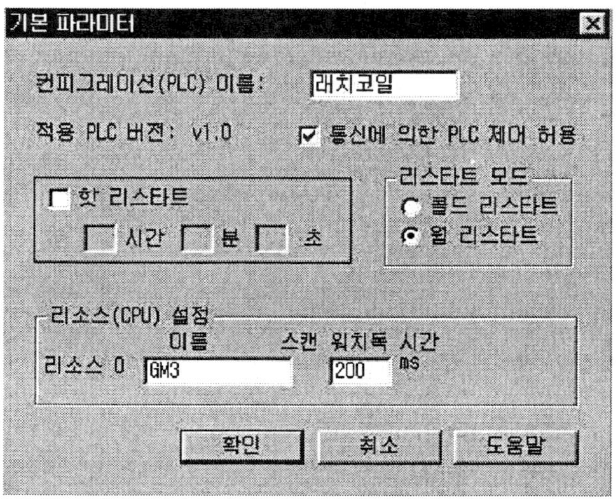

② LD 및 변수 모니터링

㉠ PLC 전원 인가 상태에서 투입 스위치를 ON→OFF하면 램프 및 래치는 셋되어 ON상태를 유지한다.

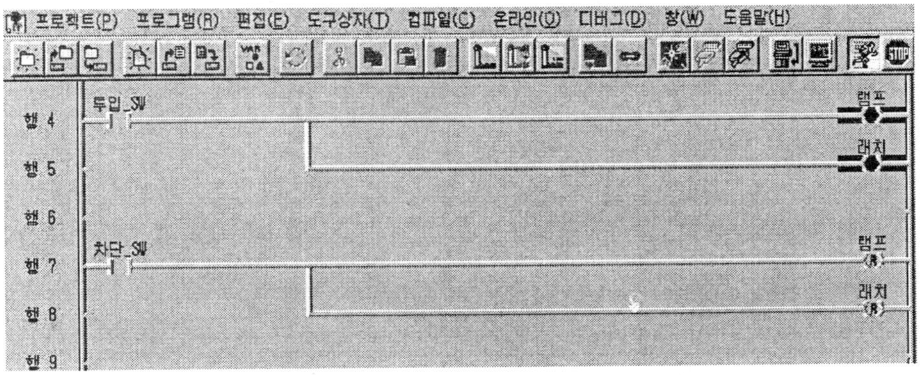

㉡ 램프 및 래치가 셋되어 있는 상태에서 PLC 전원을 정전시켰다 복전시키면 VAR변수 '램프'는 소거(Clear)되지만 VAR_RETAIN 변수 '래치'는 ON 상태를 유지한다.

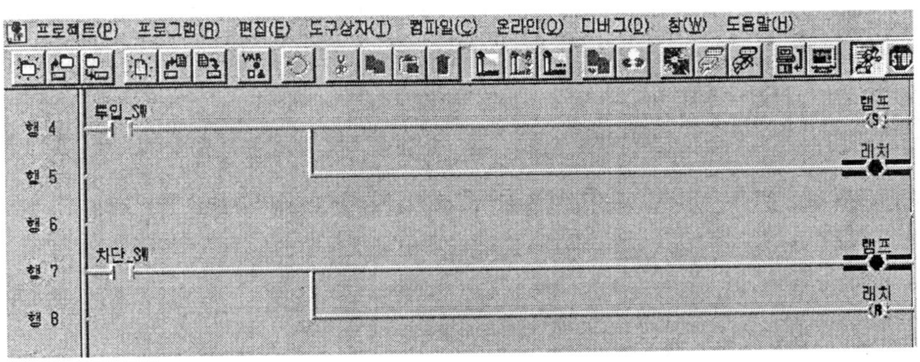

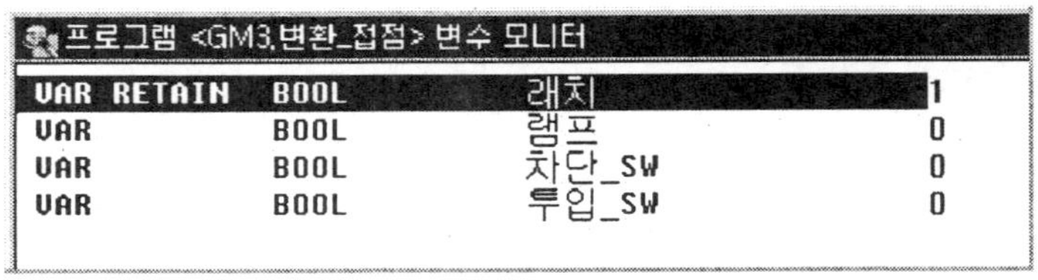

프로그램 <GM3.변환_접점> 변수 모니터

VAR RETAIN	BOOL	래치	1
VAR	BOOL	램프	0
VAR	BOOL	차단_SW	0
VAR	BOOL	투입_SW	0

㉢ PLC 전원 인가 상태에서 차단 스위치를 ON→OFF하면 램프 및 래치는 리셋되어 모두 OFF된다.

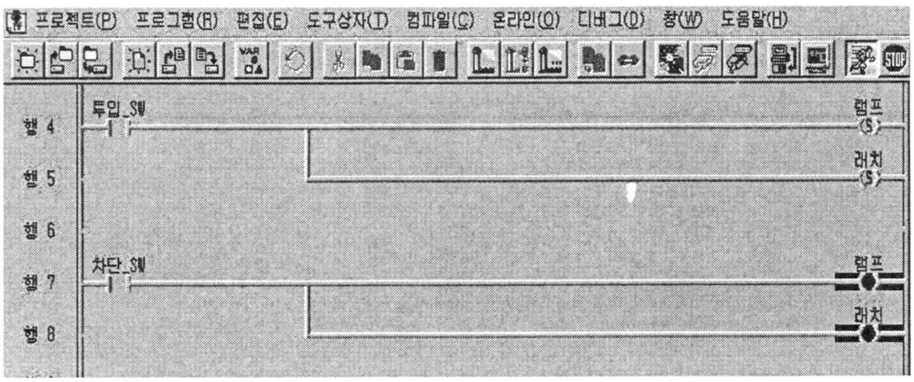

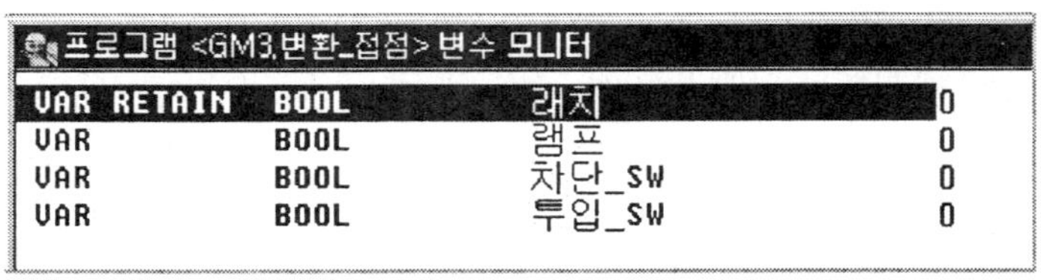

프로그램 <GM3.변환_접점> 변수 모니터

VAR RETAIN	BOOL	래치	0
VAR	BOOL	램프	0
VAR	BOOL	차단_SW	0
VAR	BOOL	투입_SW	0

7.3 기본 펑션

기본 펑션에는 전송 펑션, 형 변환 펑션, 비교 펑션, 산술 연산 펑션, 논리 연산 펑션, 비트 시프트 펑션 등이 있다.

7.3.1 기본 펑션 일람표

① 전송 펑션

No.	펑션 이름	기 능
1	MOVE	데이터 전송(IN→OUT)
2	ARY_MOVE	배열 변수 부분 전송

② 형(Type) 변환 펑션

펑션 그룹	펑션 이름	입력 데이터 타입	출력 데이터 타입	적용 기종		
				GM1~2	GM3	GM4~5
BCD_TO_***	BCD_TO_SINT	BYTE(BCD)	SINT	○	○	○
	BCD_TO_INT	WORD(BCD)	INT	○	○	○
	BCD_TO_DINT	DWORD(BCD)	DINT	○	○	○
	BCD_TO_USINT	BYTE(BCD)	USINT	○	○	○
	BCD_TO_UINT	WORD(BCD)	UINT	○	○	○
	BCD_TO_UDINT	DWORD(BCD)	UDINT	○	○	○
INT_TO_***	INT_TO_SINT	INT	SINT	○	○	○
	INT_TO_DINT	INT	DINT	○	○	○
	INT_TO_USINT	INT	USINT	○	○	○
	INT_TO_UINT	INT	UINT	○	○	○
	INT_TO_UDINT	INT	UDINT	○	○	○
	INT_TO_BOOL	INT	BOOL	○	○	○
	INT_TO_BYTE	INT	BYTE	○	○	○
	INT_TO_WORD	INT	WORD	○	○	○
	INT_TO_DWORD	INT	DWORD	○	○	○
	INT_TO_BCD	INT	WORD(BCD)	○	○	○

③ 비교 펑션

연산 결과가 참(True)이면 OUT으로 1이 출력된다.

No.	펑션 이름	기 능(단, n은 8까지 가능)
1	GT >	'크다' 비교 ((IN1>IN2) And (IN2>IN3) And...And (INn-1>INn)→OUT)
2	GE ≥	'크거나 같다' 비교 ((IN1≥IN2) And (IN2≥IN3) And...And (INn-1≥INn)→OUT)

No.	펑션 이름	기 능(단, n은 8까지 가능)
3	EQ =	'같다' 비교 ((IN1=IN2) And (IN2=IN3) And...And (INn-1=INn)→OUT)
4	LE ≤	'작거나 같다' 비교 ((IN1≤IN2) And (IN2≤IN3) And...And (INn-1≤INn)→OUT)
5	LT <	'작다' 비교 ((IN1<IN2) And (IN2<IN3) And...And (INn-1<INn)→OUT)
6	NE ≠	'같지 않다' 비교 ((IN1≠IN2) And (IN2≠IN3) And...And (INn-1≠INn)→OUT)

④ 산술 연산 펑션

산술 연산 펑션 중 일반적인 것은 사칙 연산(덧셈, 뺄셈, 곱셈, 나눗셈, 나머지)펑션이다.

No.	펑션 이름	기 능
입력 개수를 확장할 수 있는 연산 펑션(단, n은 8까지 가능)		
1	ADD	더하기(IN1+IN2+...+INn→OUT)
2	MUL	곱하기(IN1×IN2×...×INn→OUT)
입력 개수가 2개인 연산 펑션		
3	SUB	빼기(IN1−IN2→OUT)
4	DIV	나누기(IN1÷IN2→OUT)
5	MOD	나눗셈 나머지 구하기

⑤ 논리 연산 펑션

No.	펑션 이름	기 능(단, n은 8까지 가능)
1	AND	논리곱(IN1 AND IN2 AND...AND INn→OUT)
2	OR	논리합(IN1 OR IN2 OR...OR INn→OUT)
3	XOR	배타적 논리합(IN1 XOR IN2 XOR...XOR INn→OUT)
4	NOT	논리 반전(NOT IN1→OUT)

⑥ 비트 시프트 펑션

No.	펑션 이름	기 능
1	SHL	입력을 N 비트 왼쪽으로 이동(오른쪽은 0으로 채움)
2	SHR	입력을 N 비트 오른쪽으로 이동(왼쪽은 0으로 채움)
3	ROL	입력을 N 비트 왼쪽으로 회전
4	ROR	입력을 N 비트 오른쪽으로 회전

7.3.2 전송 평션

MOVE

데이터 전송

제품명	GM1	GM2	GM3	GM4	GM5
적용가능	●	●	●	●	●

평션	설명
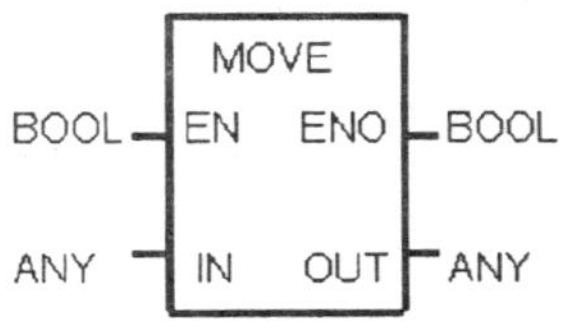	입력 EN : 1일 때 평션 실행 IN : 전송할 값 출력 ENO : EN값이 그대로 출력 OUT : 전송된 값 IN, OUT은 모두 같은 데이터 형이어야 함

(1) 기능

IN의 값을 복사하여 OUT으로 전송한다.

(2) 프로그램 예

실행 조건이 ON되면 MOVE 평션이 실행 '스위치_상태' %IX0.0.0～%IX0.0.7의 ON/OFF 정보가 복사되어 'LED_상태' %QX0.3.8～%QX0.3.15로 전송된다.

① 프로그램 편집

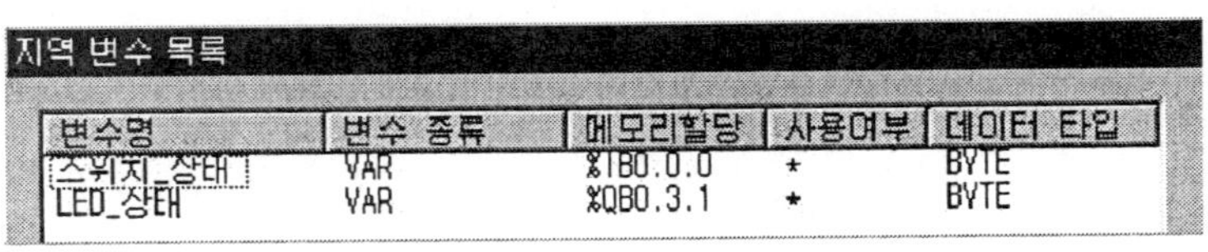

지역 변수 목록

변수명	변수 종류	메모리할당	사용여부	데이터 타입
스위치_상태	VAR	%IB0.0.0	*	BYTE
LED_상태	VAR	%QB0.3.1	*	BYTE

② LD 모니터링

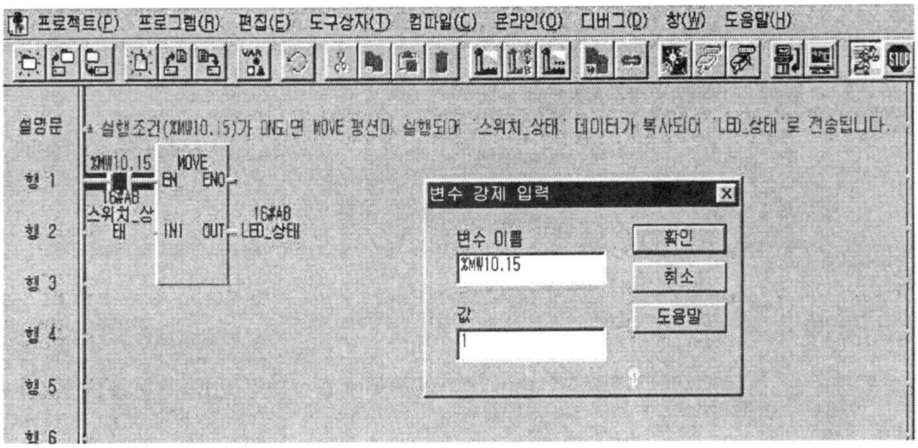

7.3.3 형변환 펑션

BCD_TO_***

BCD형을 정수로 변환

제품명	GM1	GM2	GM3	GM4	GM5
적용가능	●	●	●	●	●

펑 션	설 명
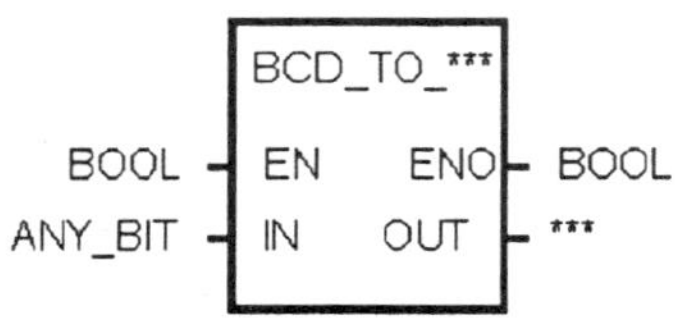	입력 EN : 1일 때 펑션 실행 IN : BCD형태의 데이터를 갖고 있는 ANY_BIT입력값 출력 ENO : EN값이 그대로 출력 OUT : 타입 변환된 데이터

(1) 기능

IN을 타입 변환해서 OUT으로 출력한다.

FUNCTION	입력 타입	출력 타입	동작 설명
BCD_TO_SINT	BYTE	SINT	입력이 BCD값일 경우에만 정상 변환된다. (입력 데이터 타입이 WORD일 경우 0~16#9999값만 정상 변환된다.)
BCD_TO_INT	WORD	INT	
BCD_TO_DINT	DWORD	DINT	
BCD_TO_USINT	BYTE	USINT	
BCD_TO_UINT	WORD	UINT	
BCD_TO_UDINT	DWORD	UDINT	

(2) 에러

IN이 BCD 형태의 데이터가 아닌 경우, 출력은 0이 되고 _ERR(연산 에러 플래그), _LER(연산 에러 래치 플래그)이 ON된다.

(3) 프로그램 예

① 프로그램 편집

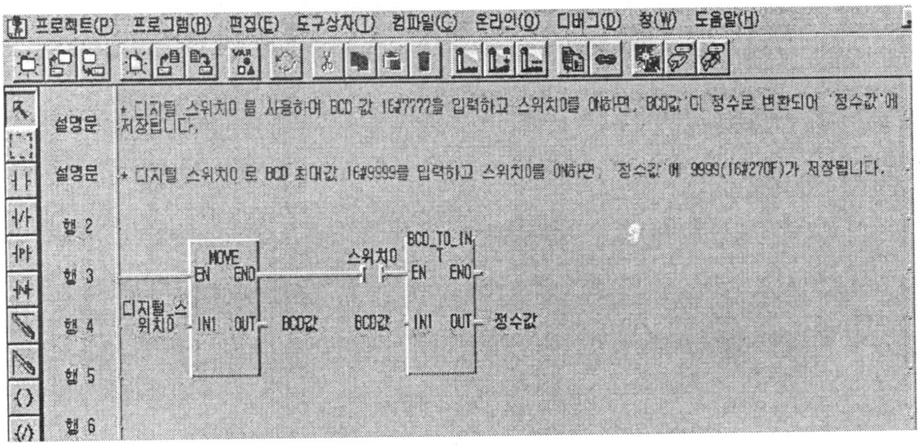

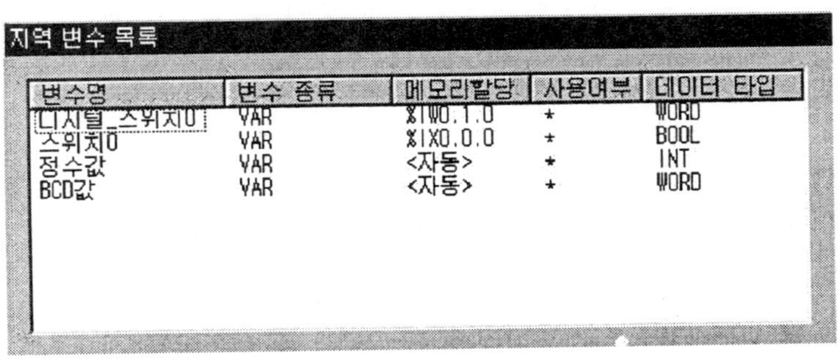

지역 변수 목록

변수명	변수 종류	메모리할당	사용여부	데이터 타입
디지털_스위치0	VAR	%IW0.1.0	*	WORD
스위치0	VAR	%IX0.0.0	*	BOOL
정수값	VAR	<자동>	*	INT
BCD값	VAR	<자동>	*	WORD

② LD 및 변수 모니터링

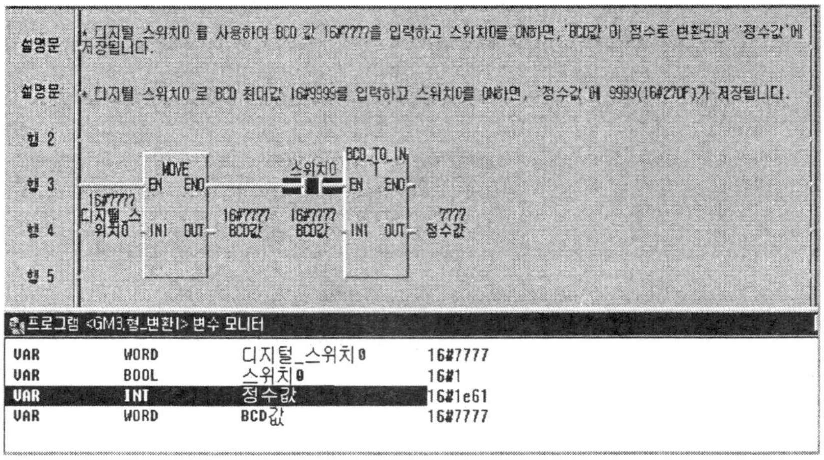
설명문
* 디지털 스위치0 를 사용하여 BCD 값 16#7777을 입력하고 스위치0를 ON하면, 'BCD값'이 정수로 변환되어 '정수값'에 저장됩니다.
설명문
* 디지털 스위치0 로 BCD 최대값 16#9999를 입력하고 스위치0를 ON하면, '정수값'에 9999(16#270F)가 저장됩니다.
행 2
행 3
행 4
행 5
MOVE
EN
ENO
IN1
OUT
16#7777
디지털_스위치0
16#7777
BCD값
스위치0
BCD_TO_INT
16#7777
BCD값
7777
정수값
프로그램 <GM3.형_변환1> 변수 모니터
VAR WORD 디지털_스위치0 16#7777
VAR BOOL 스위치0 16#1
VAR INT 정수값 16#1e61
VAR WORD BCD값 16#7777

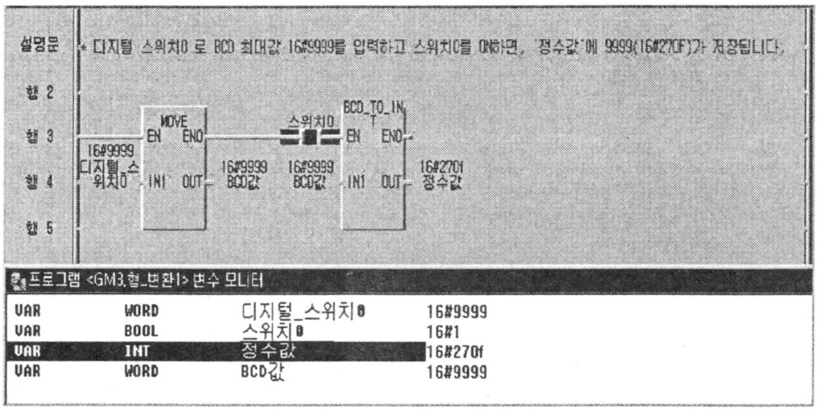
설명문
* 디지털 스위치0 로 BCD 최대값 16#9999를 입력하고 스위치0를 ON하면, '정수값'에 9999(16#270F)가 저장됩니다.
행 2
행 3
행 4
행 5
MOVE
EN
ENO
IN1
OUT
16#9999
디지털_스위치0
16#9999
BCD값
스위치0
BCD_TO_INT
16#9999
BCD값
16#2701
정수값
프로그램 <GM3.형_변환1> 변수 모니터
VAR WORD 디지털_스위치0 16#9999
VAR BOOL 스위치0 16#1
VAR INT 정수값 16#270f
VAR WORD BCD값 16#9999

INT_TO_***

INT 타입 변환

제품명	GM1	GM2	GM3	GM4	GM5
적용가능	•	•	•	•	•

펑션	설명
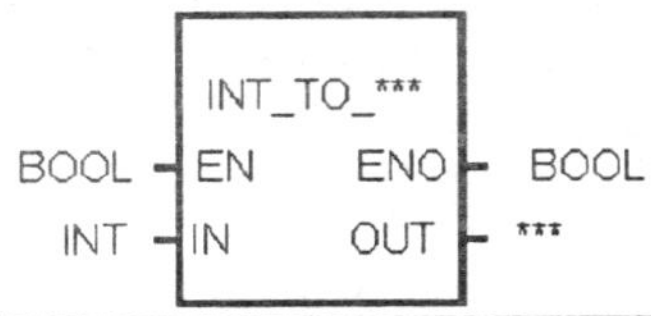	입력 EN : 1일 때 펑션 실행 IN : 정수형의 입력값 출력 ENO : 에레 없이 실행되면 1을 출력 OUT : 타입 변환된 데이터

(1) 기능

IN을 타입 변환해서 OUT으로 출력한다.

FUNCTION	출력 타입	동작 설명
INT_TO_SINT	SINT	입력이 -128~127일 경우 정상 변화되나, 그 외 값은 에레가 발생한다.
INT_TO_DINT	DINT	DINT 타입으로 정상 변환한다.
INT_TO_USINT	USINT	입력이 0~255일 경우 정상 변화되나, 그 외 값은 에러가 발생한다.
INT_TO_UINT	UINT	입력이 0~32767일 경우 정상 변화되나, 그 외 값은 에러가 발생한다.
INT_TO_UDINT	UDINT	입력이 0~32767일 경우 정상 변화되나, 그 외 값은 에러가 발생한다.
INT_TO_BOOL	BOOL	하위 1비트를 취해 BOOL 타입으로 변환한다.
INT_TO_BYTE	BYTE	하위 8비트를 취해 BYTE 타입으로 변환한다.
INT_TO_WORD	WORD	내부 비트 배열의 변화 없이 WORD 타입으로 변환한다.
INT_TO_DWORD	DWORD	상위 비트들을 0으로 채운 DWORD 타입으로 변환한다.
INT_TO_LWORD	LWORD	상위 비트들을 0으로 채운 LWORD 타입으로 변환한다.
INT_TO_BCD	WORD	입력이 0~9999일 경우 정상 변화되나, 그 외 값은 에러가 발생한다.

(2) 에러

변환 에러 발생시 _ERR(연산 에러 플래그), _LER(연산 에러 래치 플래그)이 ON된다.

(3) 프로그램 예

① 프로그램 편집

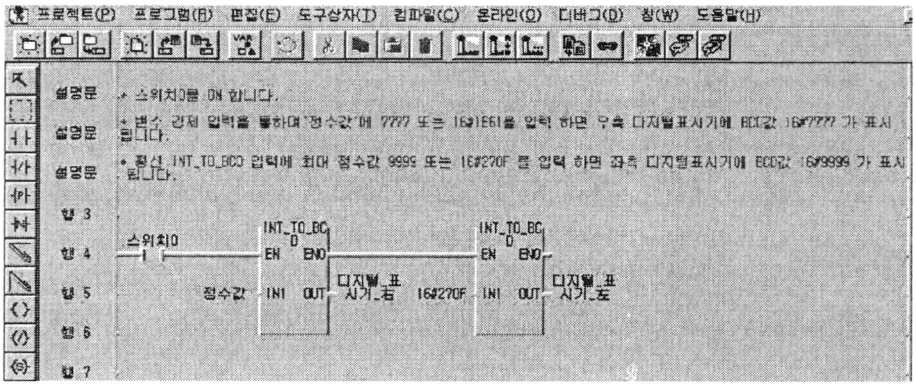

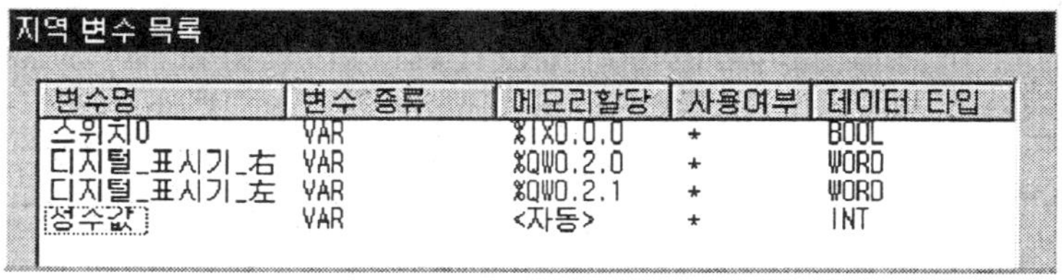

지역 변수 목록

변수명	변수 종류	메모리할당	사용여부	데이터 타입
스위치0	VAR	%IX0.0.0	*	BOOL
디지털_표시기_右	VAR	%QW0.2.0	*	WORD
디지털_표시기_左	VAR	%QW0.2.1	*	WORD
정수값	VAR	<자동>	*	INT

② LD 및 변수 모니터링

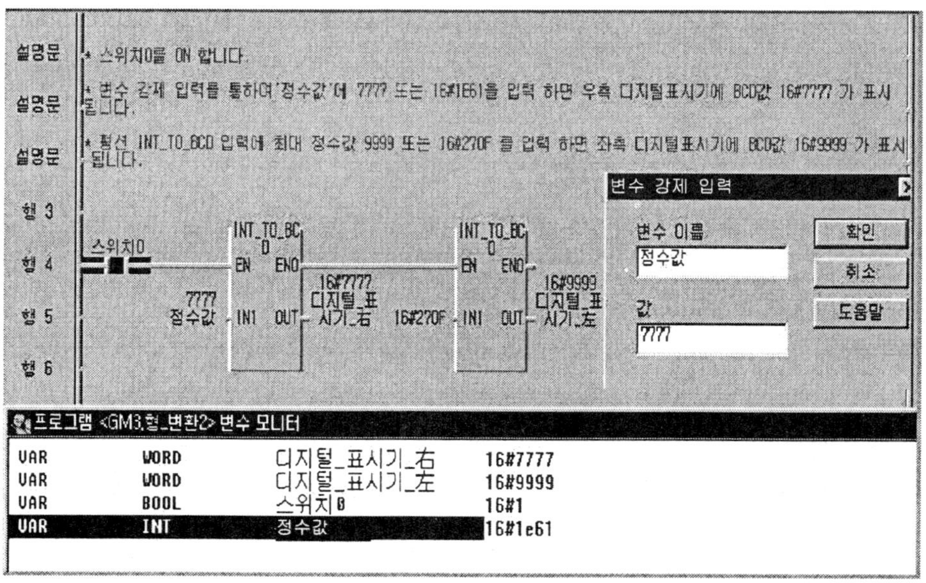

7.3.4 비교 펑션

GT

'크다' 비교

제품명	GM1	GM2	GM3	GM4	GM5
적용가능	●	●	●	●	●

펑 션	설 명
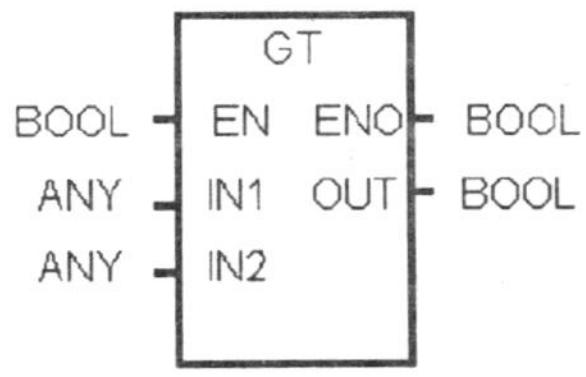	입력 EN : 1일 때 펑션 실행 IN1 : 비교할 값 IN2 : 비교할 값 입력은 8개까지 확장 가능 IN1, IN2,...는 모두 같은 타입이어야 함 출력 ENO : EN값이 그대로 출력 OUT : 비교 결과값

(1) 기능

입력값의 비교 결과 IN1>IN2>IN3...>INn(n은 입력 개수)이 참이면 OUT으로 1을 출력한다.

거짓의 경우는 OUT으로 0을 출력한다.

(2) 프로그램 예

① 실행 조건(%IX0.0.0)을 ON하면 GT펑션이 실행된다.

② 입력 변수로 선언된 값 1=300, 값 2=200, 값 3=100이면, 비교 결과 값1>값2>값3이므로, 출력 결과 값 %QX0.3.0=1이 된다.

입력 (IN1) : 값1 (INT)=300(16#012C)
(IN2) : 값2 (INT)=200(16#00C8)
(IN3) : 값3 (INT)=100(16#0064)

출력 (OUT) : %QX0.3.0(BOOL)=1(16#1)

GE

'크거나 같다' 비교

제품명	GM1	GM2	GM3	GM4	GM5
적용가능	●	●	●	●	●

펑 션	설 명
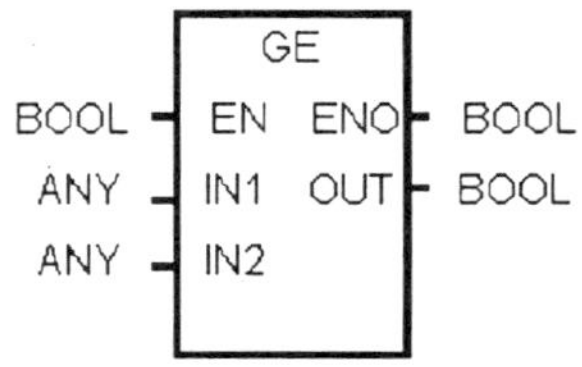	입력 EN : 1일 때 펑션 실행 IN1 : 비교할 값 IN2 : 비교할 값 입력은 8개까지 확장 가능 IN1, IN2,...는 모두 같은 타입이어야 함 출력 ENO : EN값이 그대로 출력 OUT : 비교 결과값

(1) 기능

입력값의 비교 결과 IN1≥IN2≥IN3...≥INn(n은 입력 개수)이 참이면 OUT으로 1을 출력한다.

거짓의 경우에는 OUT으로 0을 출력한다.

(2) 프로그램 예

① 실행 조건(%IX0.0.0)을 ON하면 GE 펑션이 실행된다.

② 입력 변수로 선언된 값 4=300, 값 5=200, 값 6=200이면, 비교 결과 값4≥값5≥값6이므로, 출력 결과 값 %QX0.3.1=1이 된다.

입력 (IN1) : 값4 (INT)=300(16#012C)
(IN2) : 값5 (INT)=200(16#00C8)
(IN3) : 값6 (INT)=200(16#00C8)

출력 (OUT) : %QX0.3.1(BOOL)=1(16#1)

EQ

‘같다’ 비교

제품명	GM1	GM2	GM3	GM4	GM5
적용가능	●	●	●	●	●

펑 션	설 명
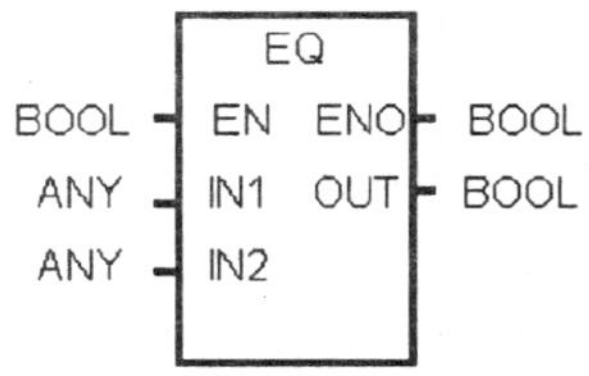	입력 EN : 1일 때 펑션 실행 IN1 : 비교할 값 IN2 : 비교할 값 입력은 8개까지 확장 가능 IN1, IN2,...는 모두 같은 타입이어야 함 출력 ENO : EN값이 그대로 출력 OUT : 비교 결과값

(1) 기능

입력값의 비교 결과 IN1=IN2=IN3...=INn(n은 입력 개수)이 참이면 OUT으로 1을 출력한다.

거짓의 경우에는 OUT으로 0을 출력한다.

(2) 프로그램 예

① 실행 조건(%IX0.0.0)을 ON하면 EQ 펑션이 실행된다.

② 입력 변수로 선언된 값 7=300, 값 8=300, 값 9=300이면, 비교 결과 값7=값8=값9이므로, 출력 결과 값 %QX0.3.2=1이 된다.

입력 (IN1) : 값7 (INT)=300(16#012C)
(IN2) : 값8 (INT)=300(16#012C)
(IN3) : 값9 (INT)=300(16#012C)

출력 (OUT) : %QX0.3.2(BOOL)=1(16#1)

LE

'작거나 같다' 비교

제품명	GM1	GM2	GM3	GM4	GM5
적용가능	●	●	●	●	●

펑 션	설 명
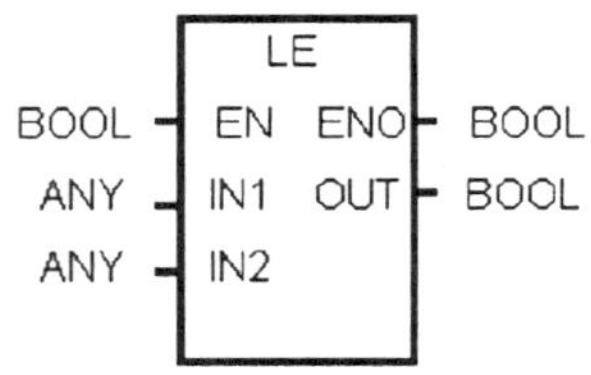	입력 EN : 1일 때 펑션 실행 IN1 : 비교할 값 IN2 : 비교할 값 입력은 8개까지 확장 가능 IN1, IN2,...는 모두 같은 타입이어야 함 출력 ENO : EN값이 그대로 출력 OUT : 비교 결과값

(1) 기능

입력값의 비교 결과 IN1≤IN2≤IN3...≤INn(n은 입력 개수)이 참이면 OUT으로 1을 출력한다.

거짓의 경우에는 OUT으로 0을 출력한다.

(2) 프로그램 예

① 실행 조건(%IX0.0.1)을 ON하면 LE 펑션이 실행된다.

② 입력 변수로 선언된 값 10=150, 값 11=200, 값 12=250이면, 비교 결과 값 10≤값11≤값12이므로, 출력 결과 값 %QX0.3.3=1이 된다.

입력 (IN1) : 값10 (INT)=150(16#0096)
(IN2) : 값11 (INT)=200(16#00C8)
(IN3) : 값12 (INT)=250(16#00FA)

출력 (OUT) : %QX0.3.3(BOOL)=1(16#1)

LT

'작다' 비교

제품명	GM1	GM2	GM3	GM4	GM5
적용가능	●	●	●	●	●

펑 션	설 명
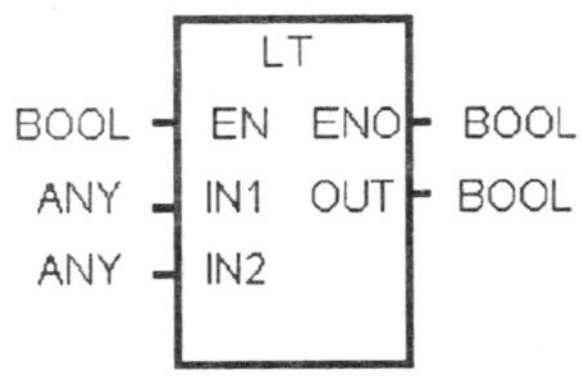	입력 EN : 1일 때 펑션 실행 IN1 : 비교할 값 IN2 : 비교할 값 입력은 8개까지 확장 가능 IN1, IN2,...는 모두 같은 타입이어야 함 출력 ENO : EN값이 그대로 출력 OUT : 비교 결과값

(1) 기능

입력값의 비교 결과 IN1<IN2<IN3...INn(n은 입력 개수)이 참이면 OUT으로 1을 출력한다.

거짓의 경우에는 OUT으로 0을 출력한다.

(2) 프로그램 예

① 실행 조건(%IX0.0.1)을 ON하면 LT 펑션이 실행된다.

② 입력 변수로 선언된 값 15=100, 값 16=200, 값 17=300이면, 비교 결과 값 15<값16<값17이므로, 출력 결과 값 %QX0.3.4=1이 된다.

입력 (IN1) : 값15 (INT)=100(16#0064)
(IN2) : 값16 (INT)=200(16#00C8)
(IN3) : 값17 (INT)=300(16#012C)

출력 (OUT) : %QX0.3.4(BOOL)=1(16#1)

NE

'같지 않다' 비교

제품명	GM1	GM2	GM3	GM4	GM5
적용가능	•	•	•	•	•

펑 션	설 명
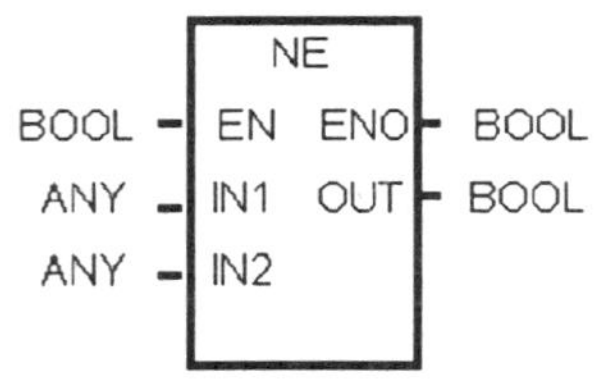	입력 EN : 1일 때 펑션 실행 IN1 : 비교할 값 IN2 : 비교할 값 IN1, IN2,...는 모두 같은 타입이어야 함 출력 ENO : EN값이 그대로 출력 OUT : 비교 결과값

(1) 기능

비교 결과 IN1과 IN2가 같지 않으면 OUT으로 1을 출력한다.
같으면 OUT으로 0을 출력한다.

(2) 프로그램 예

① 실행 조건(%IX0.0.1)을 ON하면 NE 펑션이 실행된다.

② 입력 변수로 선언된 값 18=300, 값 19=200이면, 비교 결과 값18과 값19가 같지 않으므로, 출력 결과 값 %QX0.3.5=1이 된다.

입력 (IN1) : 값18 (INT)=300(16#012C)
(IN2) : 값19 (INT)=200(16#00C8)

출력 (OUT) : %QX0.3.5(BOOL)=1(16#1)

(3) GT, GE, EQ, LE, LT, NE 펑션의 프로그램 예 편집

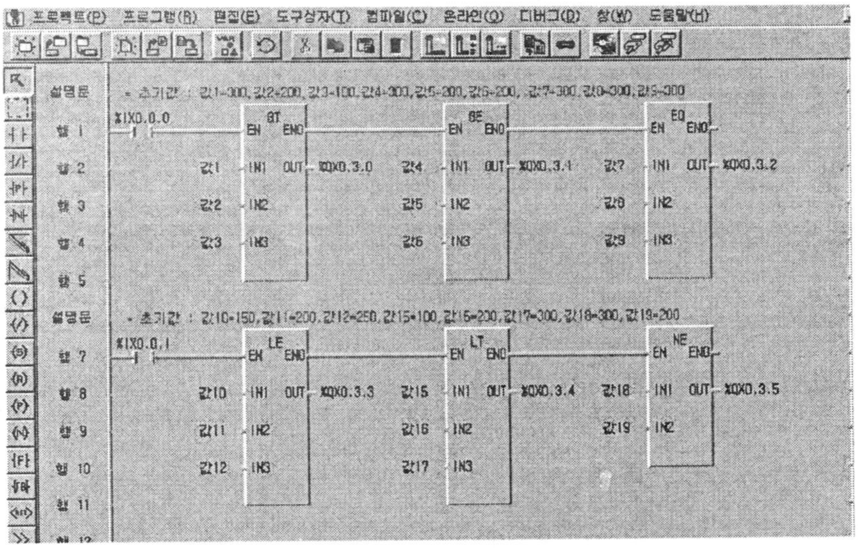

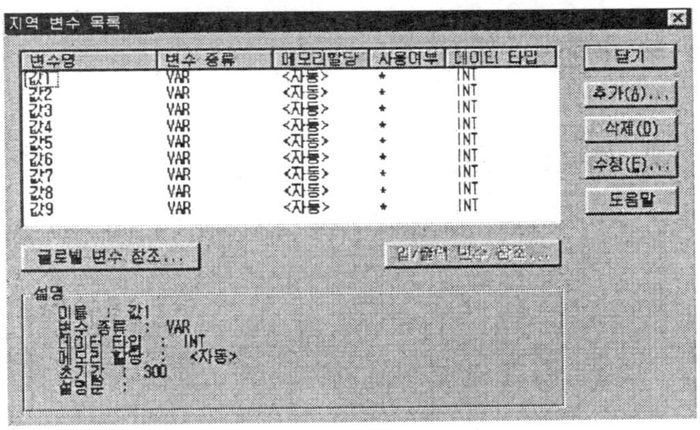

지역 변수 목록

변수명	변수 종류	메모리할당	사용여부	데이터 타입
값1	VAR	<자동>	*	INT
값2	VAR	<자동>	*	INT
값3	VAR	<자동>	*	INT
값4	VAR	<자동>	*	INT
값5	VAR	<자동>	*	INT
값6	VAR	<자동>	*	INT
값7	VAR	<자동>	*	INT
값8	VAR	<자동>	*	INT
값9	VAR	<자동>	*	INT

설명
이름 : 값1
변수 종류 : VAR
데이터 타입 : INT
메모리 할당 : <자동>
초기값 : 300
설명문 :

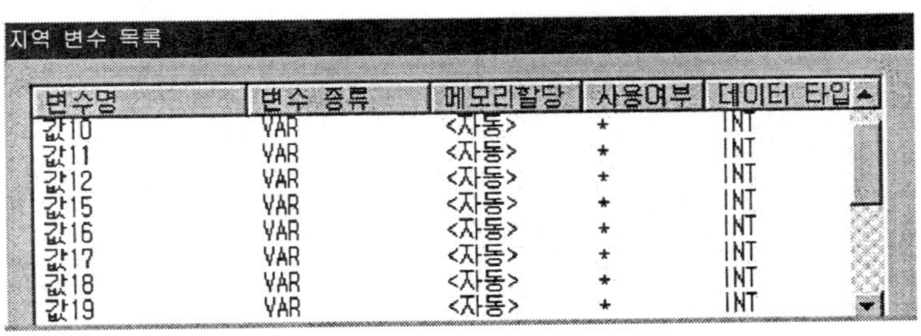

지역 변수 목록

변수명	변수 종류	메모리할당	사용여부	데이터 타입
값10	VAR	<자동>	*	INT
값11	VAR	<자동>	*	INT
값12	VAR	<자동>	*	INT
값15	VAR	<자동>	*	INT
값16	VAR	<자동>	*	INT
값17	VAR	<자동>	*	INT
값18	VAR	<자동>	*	INT
값19	VAR	<자동>	*	INT

(4) GT, GE, EQ, LE, LT, NE 펑션의 프로그램 예, LD 모니터링

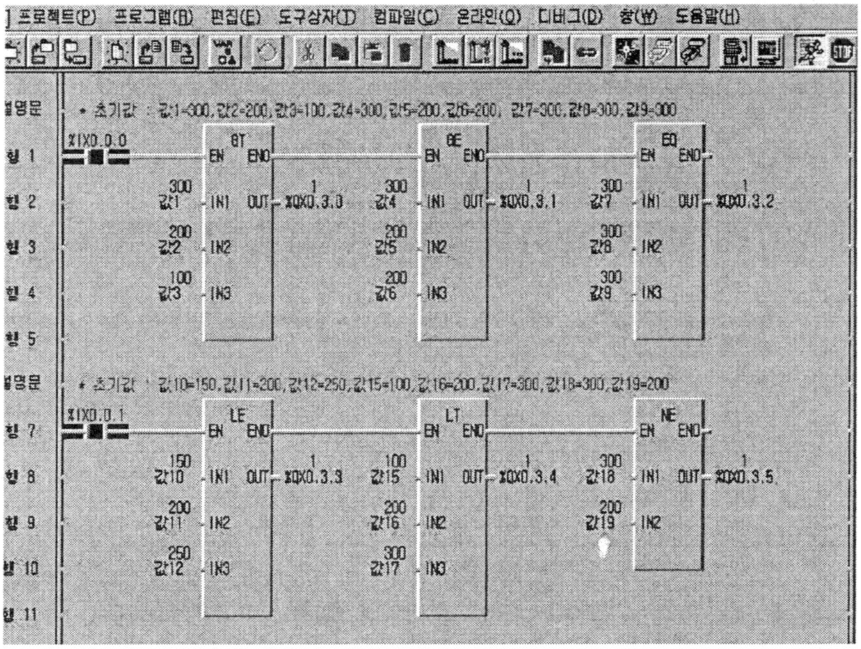

7.4 기본 펑션 블록

기본 펑션 블록 중 가장 일반적인 것은 카운터와 타이머이다.

7.4.1 기본 펑션 블록 일람표

① 카운터

No.	펑션 이름	기 능
1	CTU	가산 카운터(Up Counter)
2	CTD	감산 카운터(Down Counter)
3	CTUD	가감산 카운터(Up Down Counter)

② 타이머

No.	펑션 이름	기 능
1	TON	On 딜레이 타이머(On Delay Timer)
2	TOF	Off 딜레이 타이머(Off Delay Timer)
3	TP	펄스 타이머(Pulse Timer)

7.4.2 카운터

CTU

가산 카운터(Up Counter)

제품명	GM1	GM2	GM3	GM4	GM5
적용가능	•	•	•	•	•

<table>
<tr><th>펑션 블록</th><th>설 명</th></tr>
<tr><td>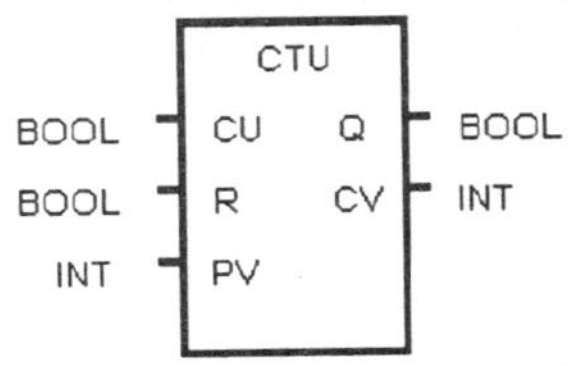
</td><td>입력 UP : 업 카운터(Up Count) 펄스 입력
R : 리셋 입력(Reset)
PV : 설정값(Preset Value)
출력 Q : 업 카운터(Up Counter) 출력
CV : 현재값(Current Value)</td></tr>
</table>

(1) 기능

① 펄스입력 CU가 0에서 1(Rising Edge)이 되면 현재값 CV가 이전값 보다 1 만큼 증가한다.

② 단, CV는 정수(INT)의 최대값 32767을 넘지 않는다.

③ 리셋 입력 R이 1이 되면 현재값 CV는 0으로 소거(Clear)된다.

④ 출력 Q는 현재값(CV)이 설정값(PV) 이상이면 1이 된다.

(2) 타임 차트

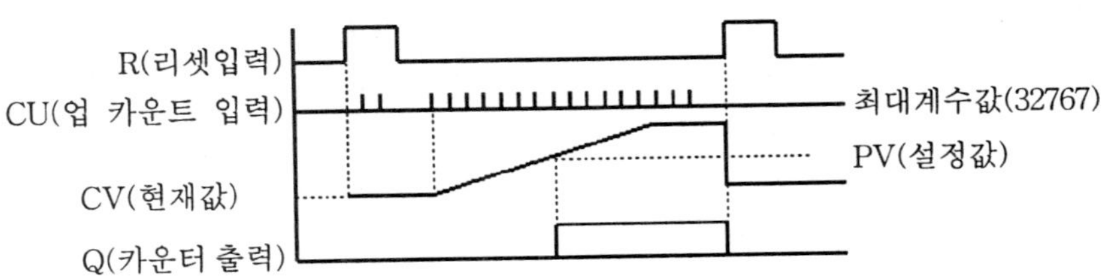

(3) 프로그램 예

CTU는 평션 블록이므로 연산 중 누계되는 데이터를 감시 보관하기 위한 인스턴스 변수를 반드시 선언해야 한다.

GMWIN에서 프로그램 편집시 CUT의 인스턴스 변수를 선언하면 카운터 출력은 인스턴스 이름.Q, 현재값은 인스턴스 이름.CV로 변수가 자동 생성된다.

· CTU의 인스턴스 변수 C1을 선언한다.
· 우측 디지털 스위치(%IW0.1.0)로 설정값 10을 입력한다.
· 토글 스위치 0(%IX0.0.0)로 CU에 입상(Rising Edge) 펄스를 입력하면 현재값이 증가한다.
· 현재값을 우측 디지털 표시기(%QW0.2.0)에 출력한다.
· 현재값이 설정값 이상이면 카운터 출력(C1, Q)이 1이 되어 램프(%QX0.3.0)가 점등된다.
· 토글 스위치 1(%IX0.0.1)을 ON하면 현재값 및 카운터 출력이 리셋되어 0이 된다.
· 현재값(C1, CV)이 0~9999사이를 벗어나면 평션 INT_TO_BCD에 의해 _ERR, _LER 플래그가 ON된다.

① 프로그램 편집

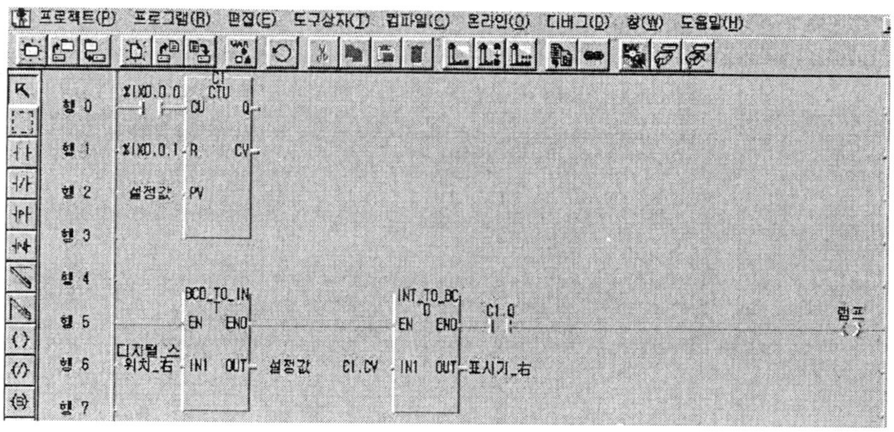

지역 변수 목록

변수명	변수 종류	메모리할당	사용여부	데이터 타입
디지털_스위치_右	VAR	%IW0.1.0	*	WORD
표시기_右	VAR	%QW0.2.0	*	WORD
램프	VAR	%QX0.3.0	*	BOOL
C1	VAR	<자동>	*	FB Instance
설정값	VAR	<자동>	*	INT

② LD 및 변수 모니터링

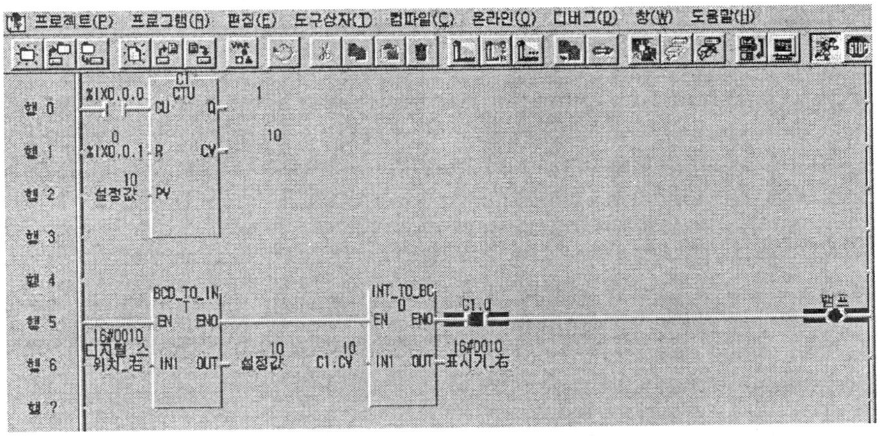

프로그램 <GM3.업_카운터> 변수 모니터

VAR	WORD	디지털_스위치_右	16#0010
VAR	BOOL	램프	16#1
VAR	INT	설정값	16#000a
VAR	WORD	표시기_右	16#0010
VAR	BOOL	C1.Q	16#1
VAR	INT	C1.CV	16#000a

CTD

감산 카운터(Down Counter)

제품명	GM1	GM2	GM3	GM4	GM5
적용가능	●	●	●	●	●

펑션 블록	설 명
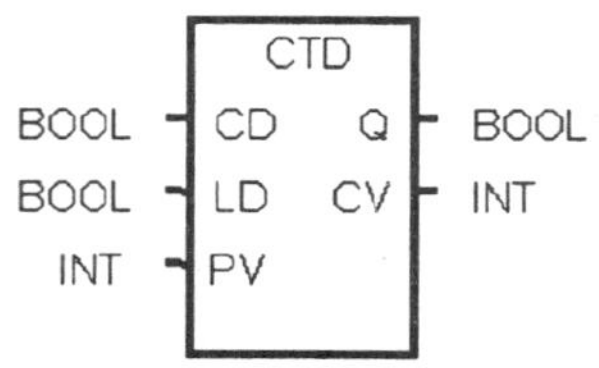	입력 CD : 다운 카운터(Down Count) 펄스 입력 LD : 설정값 입력(Load) PV : 설정값(Preset Value) 출력 Q : 다운 카운터(Down Counter) 출력 CV : 현재값(Current Value)

(1) 기능

① 펄스 입력 CD가 0에서 1(Rising Edge)이 되면 현재값 CV가 이전값보다 1 만큼 감소한다.

② 단, CV는 정수(INT)의 최소값 -32768이 되면 더 이상 감소하지 않는다.

③ 설정값 입력 접점 LD가 1이 되면, 설정값 PV값이 현재값 CV에 로드된다.(PV=CV)

④ 출력 Q는 현재값(CV)이 0이하 이면 1이 된다.

(2) 타임 차트

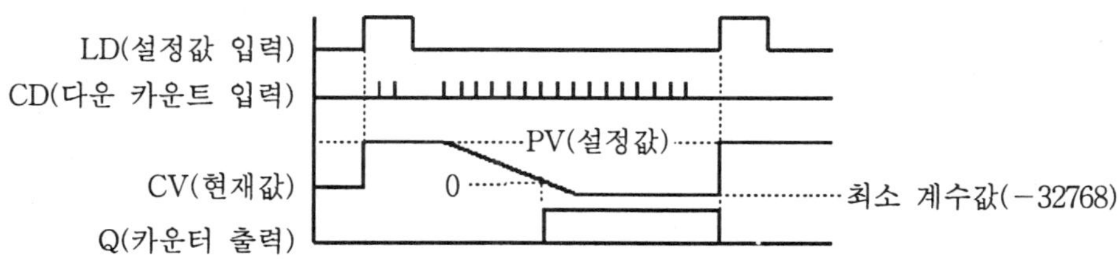

(3) 프로그램 예

CTD는 펑션 블록이므로 연산 중 누계되는 데이터를 잠시 보관하기 위한 인스턴스 변수를 반드시 선언해야 한다.

GWMIN에서 프로그램 편집시 CTD의 인스턴스 변수를 선언하면 카운터 출력은 인스턴스 이름.Q, 현재값은 인스턴스 이름.CV로 변수가 자동 생성된다.

· CTD의 인스턴스 변수 C2를 선언한다.

· 설정값을 10으로 셋팅한다.
· 초기에 _1ON(첫 스캔 ON)에 의해 LD가 1이 되어 설정값이 현재값에 로드된다.
· 토글 스위치 1(%IX0.0.1)로 CD에 입상(Rising Edge) 펄스를 입력하면 현재값이 감소한다.
· 현재값을 좌측 디지털 표시기(%QW0.2.1)에 출력한다.
· 현재값이 0 이하이면 카운터 출력(C2, Q)이 1이 되어 램프1(%QX0.3.1)이 점등된다.
· 토글 스위치 2(%IX0.0.2)를 ON하면 LD가 1이 되어 설정값이 현재값에 로드된다.
· 현재값이 0~9999사이를 벗어나서 펑션 INT_TO_BCD에 의해 _ERR, _LER 플래그가 ON된다.

① 프로그램 편집

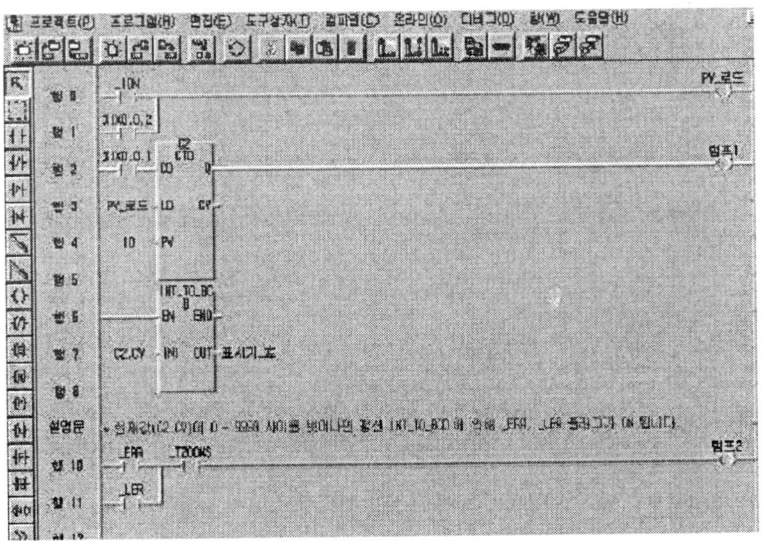

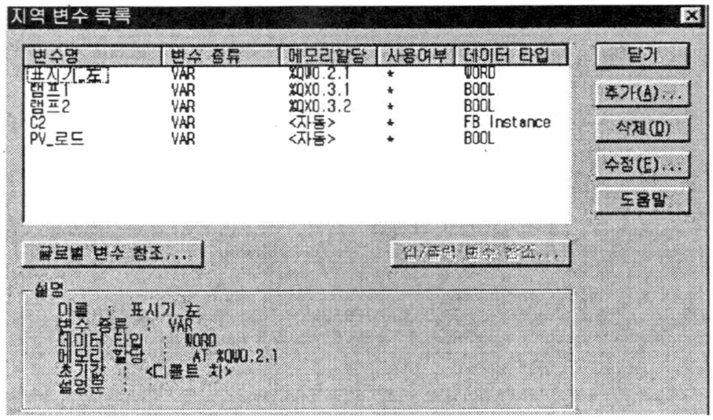

② LD 모니터링

· 현재값이 0~9999사이의 값을 갖을 경우

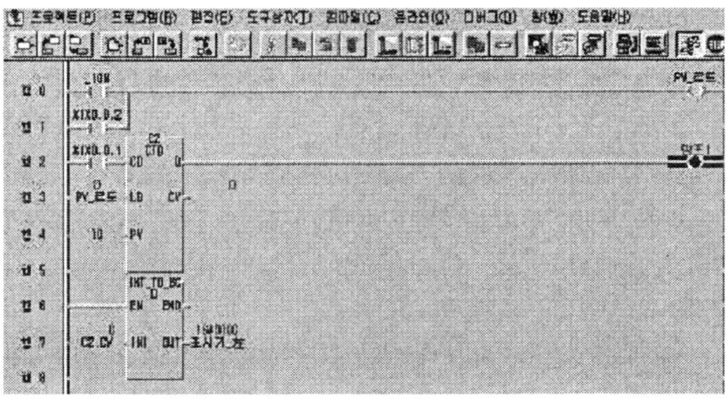

· 현재값이 0~9999사이의 값을 벗어날 경우

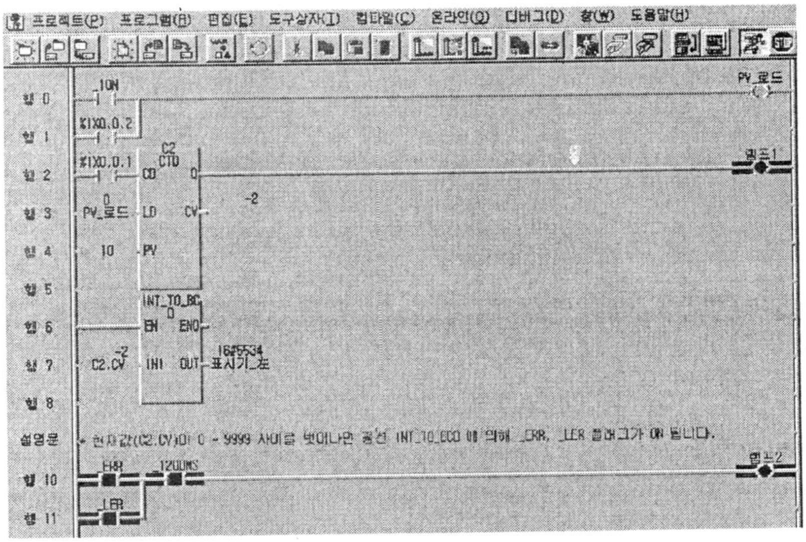

CTUD

가감산 카운터 (Up/Down Counter)

제품명	GM1	GM2	GM3	GM4	GM5
적용가능	●	●	●	●	●

펑션 블록	설 명
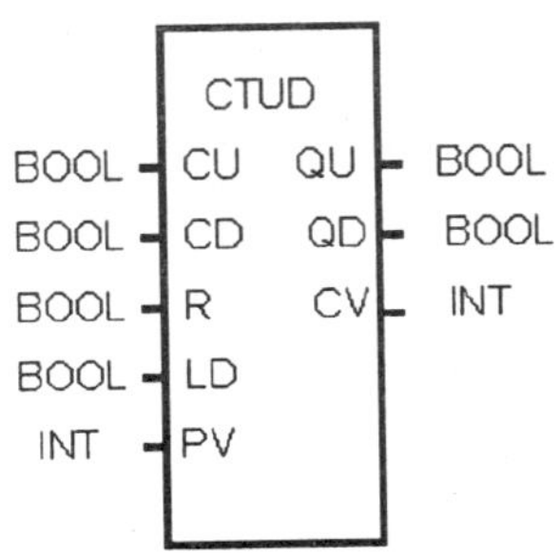	입력 CU : 업 카운터(Up Count) 펄스 입력 CD : 다운 카운터(Down Count)펄스 입력 R : 리셋 입력(Reset) LD : 설정값 입력(Load) PV : 설정값(Preset Value) 출력 QU : 카운터 업(Count UP) 출력 QD : 카운터 다운(Count Down) 출력 CV : 현재값(Current Value)

(1) 기능

① CTUD는 CU가 0에서 1이 되면 현재값 CV가 이전값 보다 1만큼 증가하고, CD가 0에서 1이 되면 현재값 CV가 이전값 보다 1만큼 감소하는 카운터이다. 단, 현재값 CV는 정수(INT)의 최소값 −32768～최대값 32767 사이의 값을 갖는다.

② 설정값 입력 접점 LD가 1이 되면 현재값 CV에 설정값 PV값이 로드된

다.(CV=PV)

③ 설정값 입력 R이 1이 되면 현재값 CV는 0으로 클리어(Clear)된다.(CV=0)

④ 출력 QU는 CV가 PV 이상이면 1이 되고, QD는 CV가 0이하일때 1이 된다.

⑤ 각 입력신호에 대하여 R>LD>CU>CD 순으로 동작을 수행하며, 신호의 중복 발생시 우선 순위가 높은 동작하나만 수행한다.

(2) 타임 차트

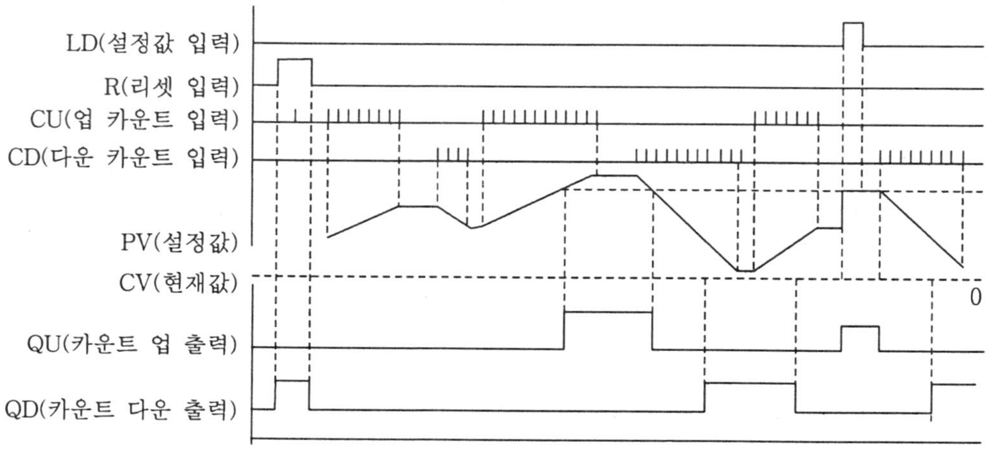

(3) 프로그램 예

CTUD는 펑션 블록이므로 연산 중 누계되는 데이터를 잠시 보관하기 위한 인스턴스 변수를 반드시 선언해야 한다.

GMWIN에서 프로그램 편집시 CTUD의 인스턴스 변수를 선언하면 업 카운트 출력은 인스턴스 이름.QU, 다운 카운트 출력은 인스턴스 이름.QD 그리고 현재값은 인스턴스 이름.CV로 변수가 자동 생성된다.

· CTUD의 인스턴스 변수 C3를 선언한다.
· 설정값을 10으로 셋팅한다.
· 초기에 _1ON(첫 스캔 ON)에 의해 5가 C3.CV에 전송되어 현재값은 5가 된다.
· 토글 스위치 0(%IX.0.0.0)로 CU에 입상(Rising Edge) 펄스를 입력하면 현재값이 증가한다.
· 토글 스위치 1(%IX.0.0.1)로 CD에 입상(Rising Edge) 펄스를 입력하면 현재값이 감소한다.

· 현재값이 0~9999이면 우측 디지털 표시기(%QW0.2.0)로 출력된다.
· 현재값이 설정값 이상이면 C3.QU가 1이 되어 램프 0(%QX0.3.0)이 점등된다.
· 현재값이 0이하이면 C3.QD가 1이 되어 램프 1(%QX0.3.1)이 점등된다.
· 토글 스위치 2(%IX0.0.2)를 ON하면 LD가 1이 되어 설정값이 현재값에 로드 된다.
· 토글 스위치 3(%IX0.0.3)를 ON하면 LD가 1이 되어 설정값이 현재값에 로드 된다.
· 현재값이 0~9999사이를 벗어나면 펑션 INT_TO_BCD에 의해 _ERR, _LER 플래그가 ON된다.

① 편집 프로그램

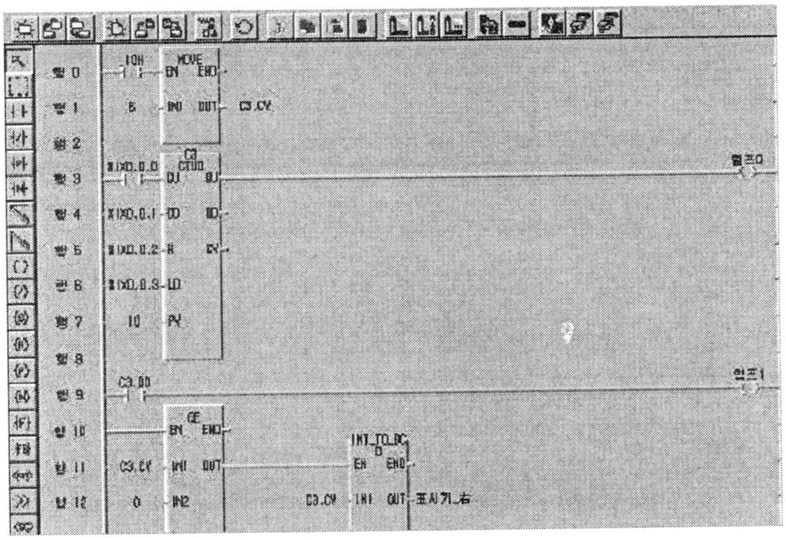

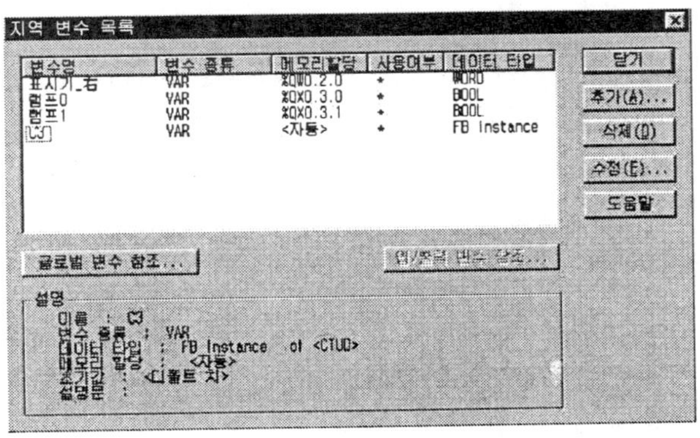

② LD 모니터링

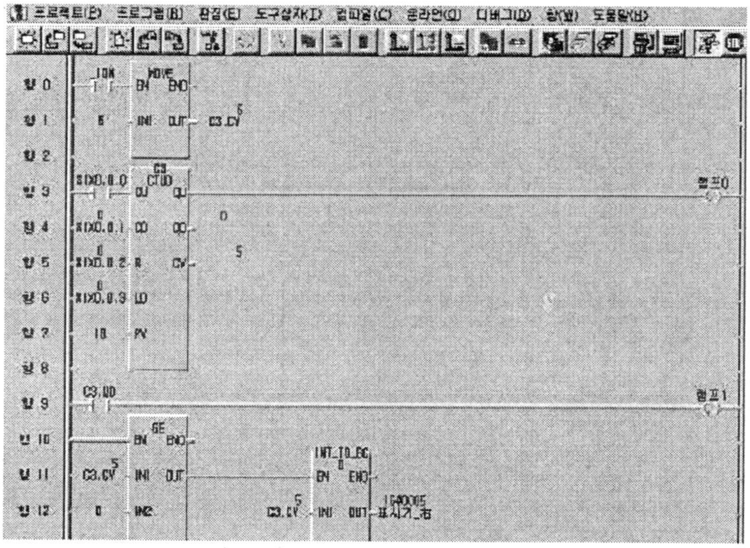

7.4.3 타이머

TON

On 딜레이 타이머 (On Delay Timer)

제품명	GM1	GM2	GM3	GM4	GM5
적용가능	•	•	•	•	•

펑션 블록	설 명
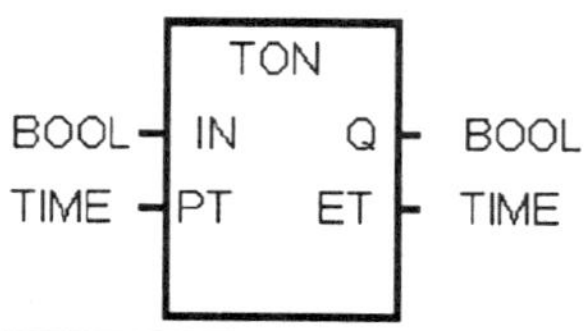	입력 IN : 타이머 기동 조건 PT : 설정 시간(Preset Time) 출력 Q : 타이머 출력 ET : 경과 시간(Elapsed Time)

(1) 기능

① IN이 1이 된 후 경과 시간이 ET로 출력된다.

② 만일, 경과 시간 ET가 설정 시간에 도달하기 전에 IN이 0이면, 경과 시간은 0으로 된다.

③ Q가 1이 된 후 IN이 0이 되면, Q는 0이 된다.

(2) 타임 차트

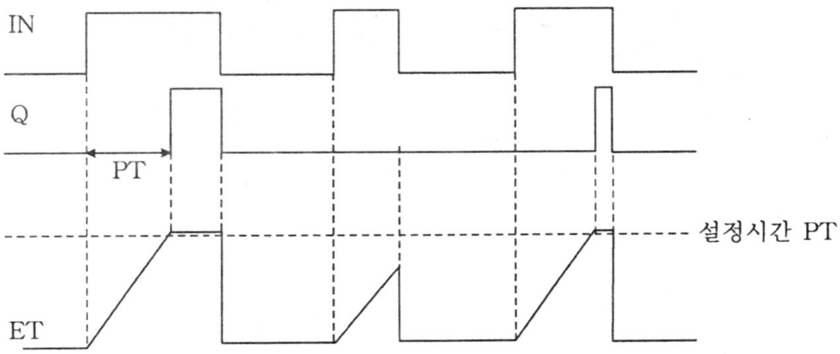

(3) 프로그램 예

TON은 펑션 블록이므로 연산 중 누계되는 데이터를 잠시 보관하기 위한 인스턴스 변수를 반드시 선언해야 한다.

GMWIN에서 프로그램 편집시 TON의 인스턴스 변수를 선언하면 타이머 출력은 인스턴스 이름.Q, 경과 시간은 인스턴스 이름.ET로 변수가 자동 생성된다.

- TON의 인스턴스 변수 T1을 선언한다.
- 타이머 T1의 설정 시간을 7초(T#7S)로 설정한다.
- 기동 스위치 0(%IX0.0.0)를 ON하면 경과 시간(T1.ET)이 디지털 표시기에 출력된다.
- 경과 시간 T1.ET가 설정 시간 7초에 도달하면 타이머 출력 T1.Q가 ON된다.
- T1.Q가 ON된 후 기동 스위치 0(%IX0.0.0)를 OFF하면 T1.Q는 OFF된다.

① 편집 프로그램

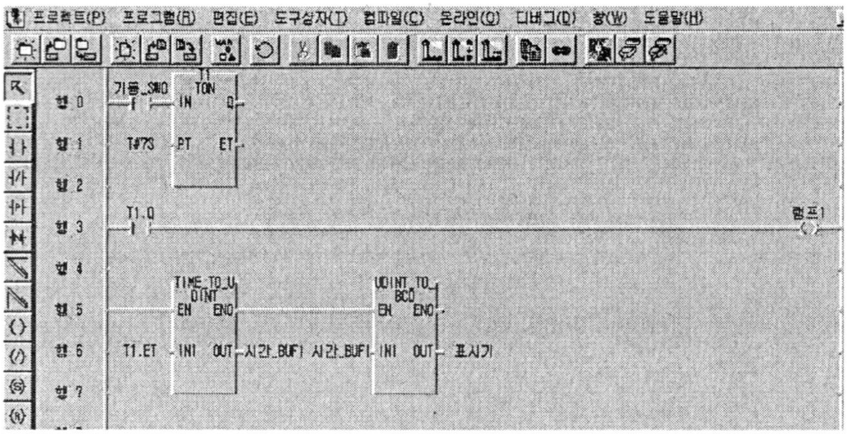

지역 변수 목록

변수명	변수 종류	메모리할당	사용여부	데이터 타입
기동_SW0	VAR	%IX0.0.0	*	BOOL
표시기	VAR	%QD0.2.0	*	DWORD
램프1	VAR	%QX0.3.0	*	BOOL
시간_BUF1	VAR	<자동>	*	UDINT
T1	VAR	<자동>	*	FB Instance

② LD 및 변수 모니터링

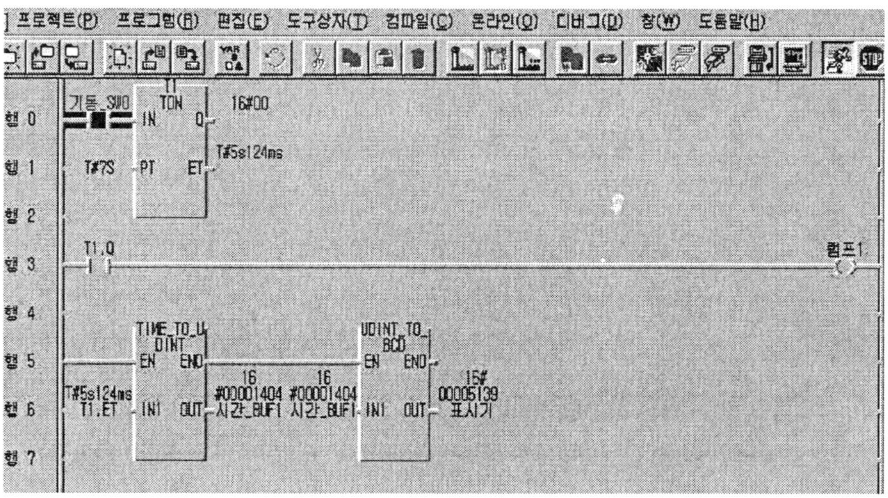

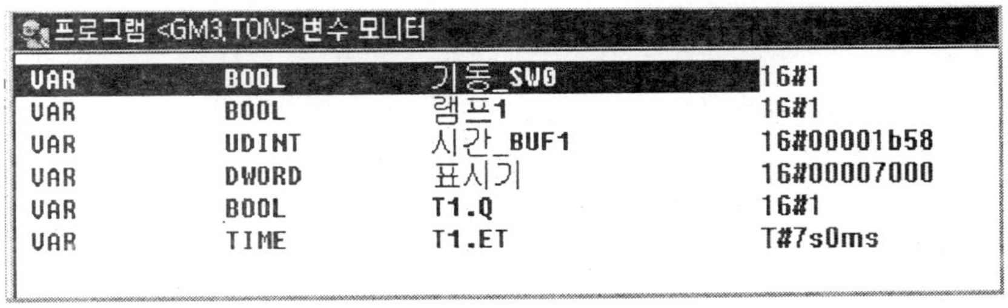

VAR	BOOL	기동_SW0	16#1
VAR	BOOL	램프1	16#1
VAR	UDINT	시간_BUF1	16#00001b58
VAR	DWORD	표시기	16#00007000
VAR	BOOL	T1.Q	16#1
VAR	TIME	T1.ET	T#7s0ms

TOF

Off 딜레이 타이머 (Off Delay Timer)

제품명	GM1	GM2	GM3	GM4	GM5
적용가능	•	•	•	•	•

펑션 블록	설 명
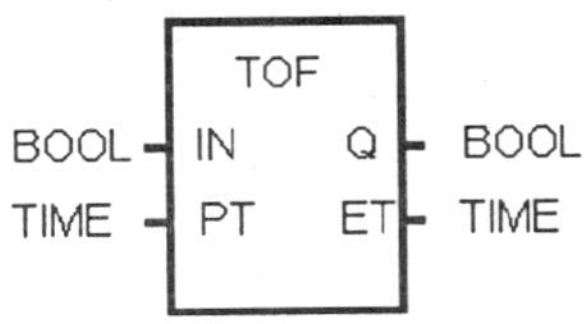	입력 IN : 타이머 기동 조건 PT : 설정 시간(Preset Time) 출력 Q : 타이머 출력 ET : 경과 시간(Elapsed Time)

(1) 기능

① IN이 1이 되면, Q가 1이 되고, IN이 0이 된 후부터 PT에 의해서 지정된 설정시간이 경과한 후 Q가 0이 된다.

② IN이 0이 된 후 경과 시간이 ET로 출력된다.

③ 만일 경과 시간 ET가 설정 시간에 도달하기 전에 IN이 1이 되면, 경과시간은 다시 0으로 된다.

(2) 타임 차트

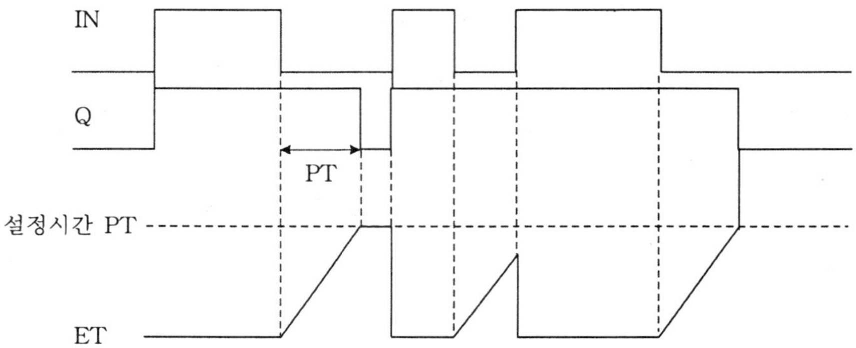

(3) 프로그램 예

TOF는 펑션 블록이므로 연산 중 누계되는 데이터를 잠시 보관하기 위한 인스턴스 변수를 반드시 선언해야 한다.

GMWIN에서 프로그램 편집시 TOF의 인스턴스 변수를 선언하면 타이머 출력은 인스턴스 이름.Q, 경과 시간은 인스턴스 이름.ET로 변수가 자동 생성된다.

- TOF의 인스턴스 변수 T2를 선언한다.
- 타이머 T2의 설정 시간을 5초(T#5S)로 설정한다.
- 기동 스위치 1(%IX0.0.1)을 ON하면 타이머 출력 T2.Q가 ON된다.
- 기동 스위치 1(%IX0.0.1)을 OFF하면 경과 시간(T2.ET)이 디지털 표시기에 출력된다.
- 경과 시간 T2.ET가 설정시간 5초에 도달하면 타이머 출력 T2.Q가 OFF된다.

① 편집 프로그램

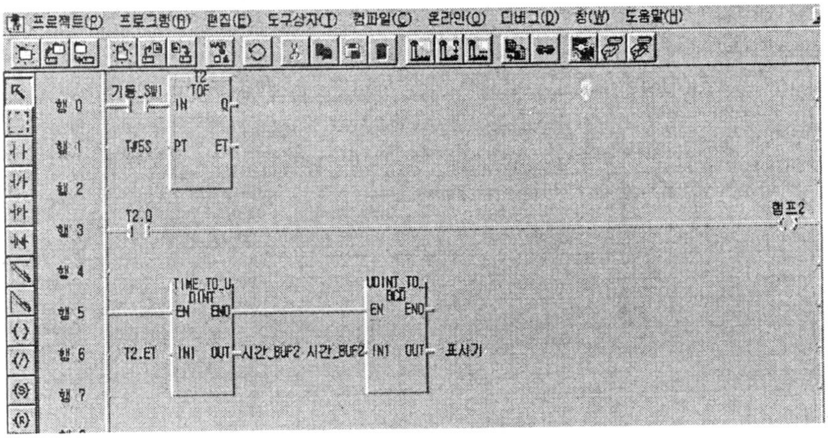

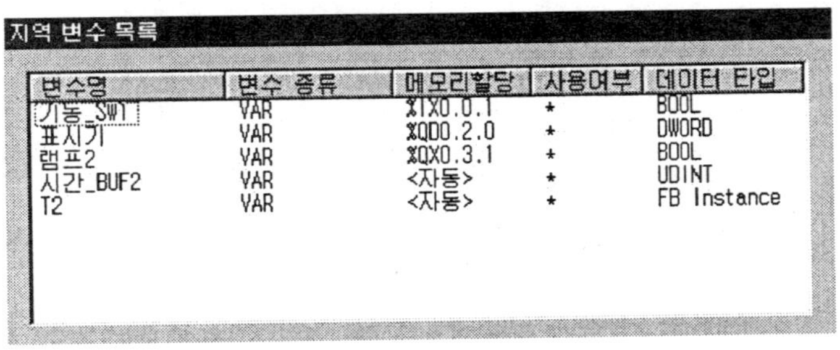
지역 변수 목록

변수명	변수 종류	메모리할당	사용여부	데이터 타입
기동_SW1	VAR	%IX0.0.1	*	BOOL
표시기	VAR	%QD0.2.0	*	DWORD
램프2	VAR	%QX0.3.1	*	BOOL
시간_BUF2	VAR	<자동>	*	UDINT
T2	VAR	<자동>	*	FB Instance

② LD 모니터링

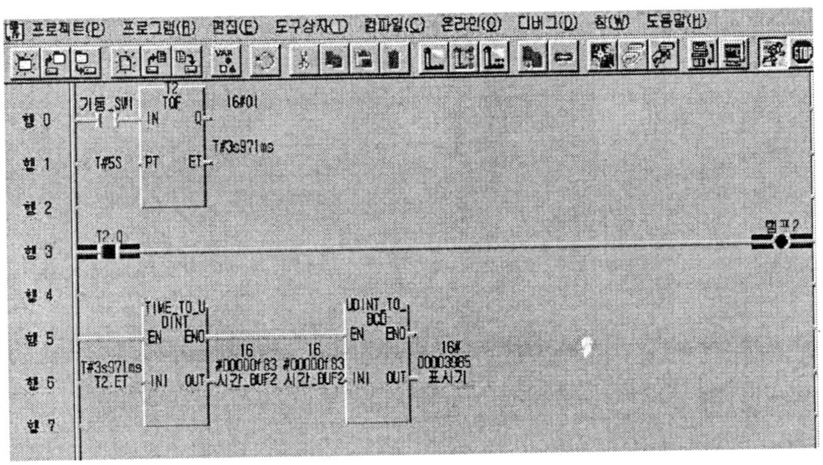

TP

펄스 타이머 (Pulse Timer)

제품명	GM1	GM2	GM3	GM4	GM5
적용가능	•	•	•	•	•

펑션 블록	설 명
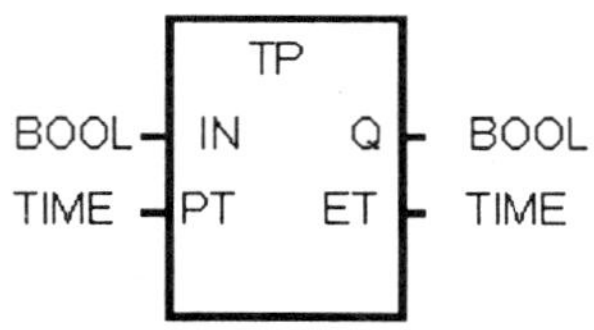	입력 IN : 타이머 기동 조건 PT : 설정 시간(Preset Time) 출력 Q : 타이머 출력 ET : 경과 시간(Elapsed Time)

(1) 기능

① IN이 1이 되면 PT에 의해서 지정된 설정 시간 동안만 Q가 1이 되고, ET가 PT에 도달하면 자동으로 0이 된다.

② 경과 시간 ET는 IN이 1이 되었을 때부터 증가하며 PT에 이르면 값을 유지하다가 IN이 0이 될 때 0의 값이 된다.

③ ET가 증가할 동안은 IN이 0이 되거나 재차 1이 되어도 영향이 없다.

(2) 타임 차트

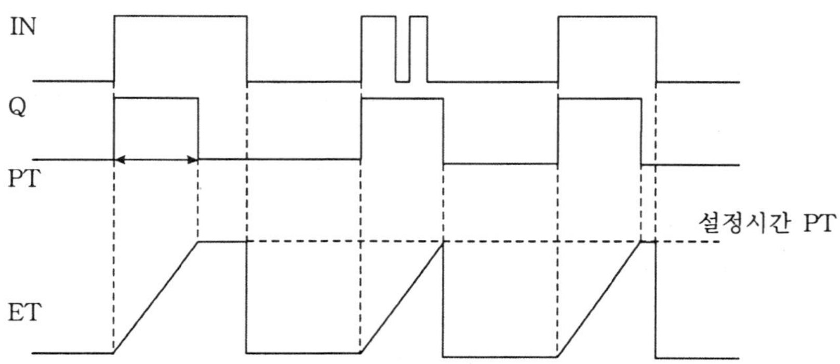

(3) 프로그램 예

TP는 펑션 블록이므로 연산 중 누계되는 데이터를 잠시 보관하기 위한 인스턴스 변수를 반드시 선언해야 한다.

GMWIN에서 프로그램 편집시 TP의 인스턴스 변수를 선언하면 타이머 출력은 인스턴스 이름.Q, 경과 시간은 인스턴스 이름.ET로 변수가 자동 생성된다.

- TP의 인스턴스 변수 T3를 선언한다.
- 타이머 T3의 설정 시간을 5초(T#5S)로 설정한다.
- 기동 스위치 0(%IX0.0.0)를 OFF→ON하면 타이머 출력 T3.Q가 5초 동안 ON했다 OFF한다.
- T3.ET가 증가할 동안 기동 스위치 0가 OFF되거나 다시 ON되어도 영향이 없다.
- T3.ET가 증가할 동안 경과 시간(T3.ET)이 디지털 표시기에 출력된다.

① 편집 프로그램

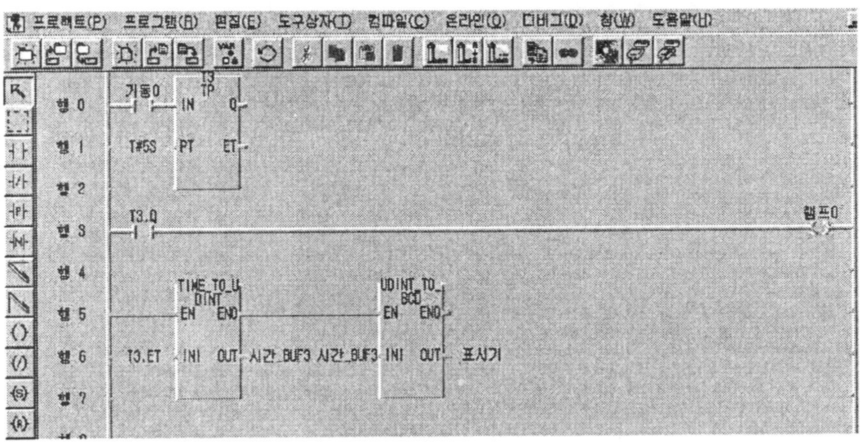

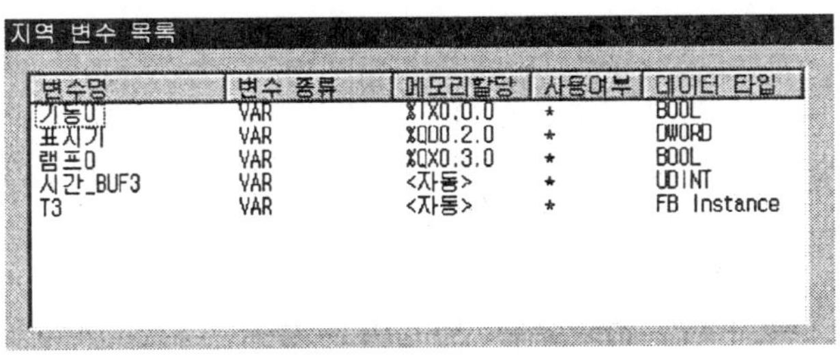

지역 변수 목록

변수명	변수 종류	메모리할당	사용여부	데이터 타입
기동0	VAR	%IX0.0.0	*	BOOL
표시기	VAR	%QD0.2.0	*	DWORD
램프0	VAR	%QX0.3.0	*	BOOL
시간_BUF3	VAR	<자동>	*	UDINT
T3	VAR	<자동>	*	FB Instance

② LD 모니터링

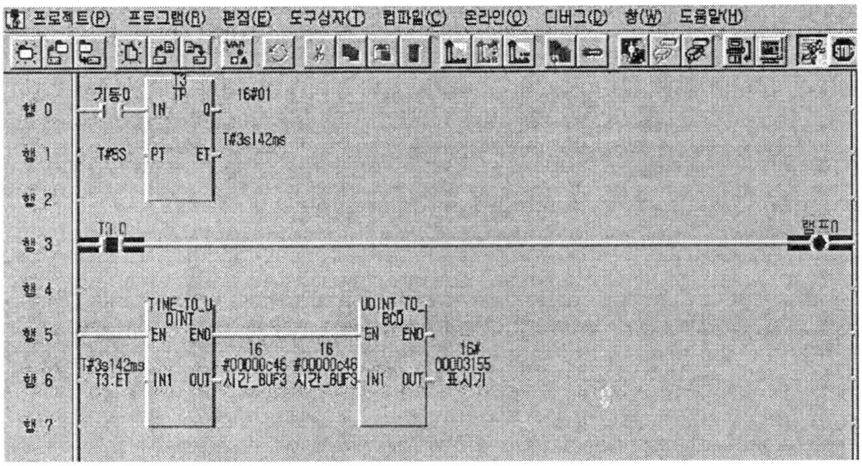
프로젝트(P) 프로그램(R) 편집(E) 도구상자(T) 컴파일(C) 온라인(O) 디버그(D) 창(W) 도움말(H)
기동0
T3
TP
IN
Q
16#01
T#5S
PT
ET
T#3s142ms
T3.Q
램프0
TIME_TO_UDINT
EN
ENO
UDINT_TO_BCD
T#3s142ms
T3.ET
IN1
OUT
16#00000c46
시간_BUF3
16#00003155
표시기

연 습 문 제

1. GLOFA-GM PLC의 명령어 종류에 대하여 설명하시오.

2. GLOFA-GM PLC의 시퀀스 연산자에 대하여 각각의 기능을 설명하시오.

3. 시퀀스 연산자의 각각의 기능에 대하여 설명하시오.

4. 시퀀스 연산자를 이용한 프로그램 예를 작성하시오.

5. 기본 펑션의 종류와 각각의 기능을 설명하시오.

6. 전송 펑션의 기능에 대하여 설명하시오.

7. 형변환펑션에 대하여 프로그램 예를 들어 설명하시오.

8. 비교 펑션에 대하여 프로그램 예를 들어 설명하시오.

9. 카운터 펑션블록에 대하여 프로그램 예를 들어 설명하시오.

10. 타이머 펑션블록에 대하여 프로그램 예를 들어 설명하시오.

제 8 장 PLC응용제어

8.1 따라하기

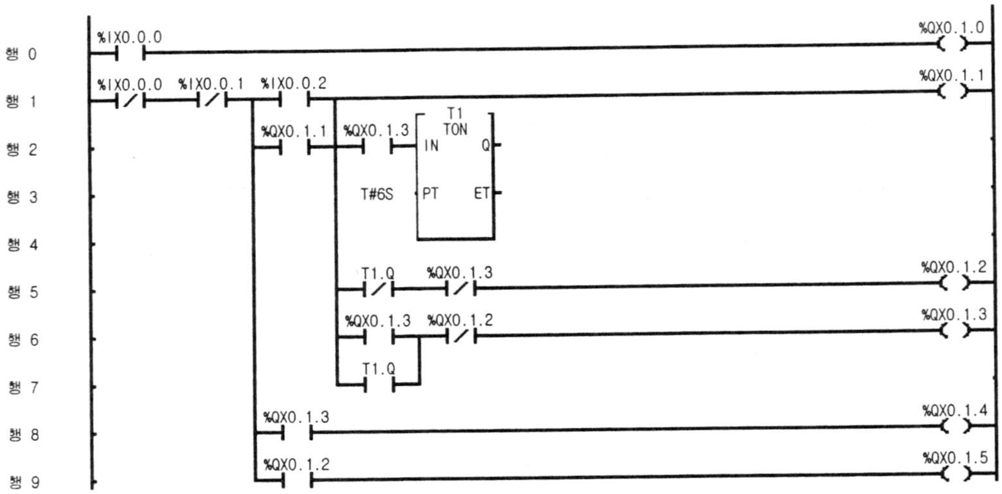

행 0
행 1
행 2
행 3
행 4
행 5
행 6
행 7
행 8
행 9
%IX0.0.0
%QX0.1.0
%IX0.0.0 %IX0.0.1 %IX0.0.2
%QX0.1.1
%QX0.1.1 %QX0.1.3
T1
TON
IN Q
T#6S
PT ET
T1.Q %QX0.1.3
%QX0.1.2
%QX0.1.3 %QX0.1.2
%QX0.1.3
T1.Q
%QX0.1.3
%QX0.1.4
%QX0.1.2
%QX0.1.5

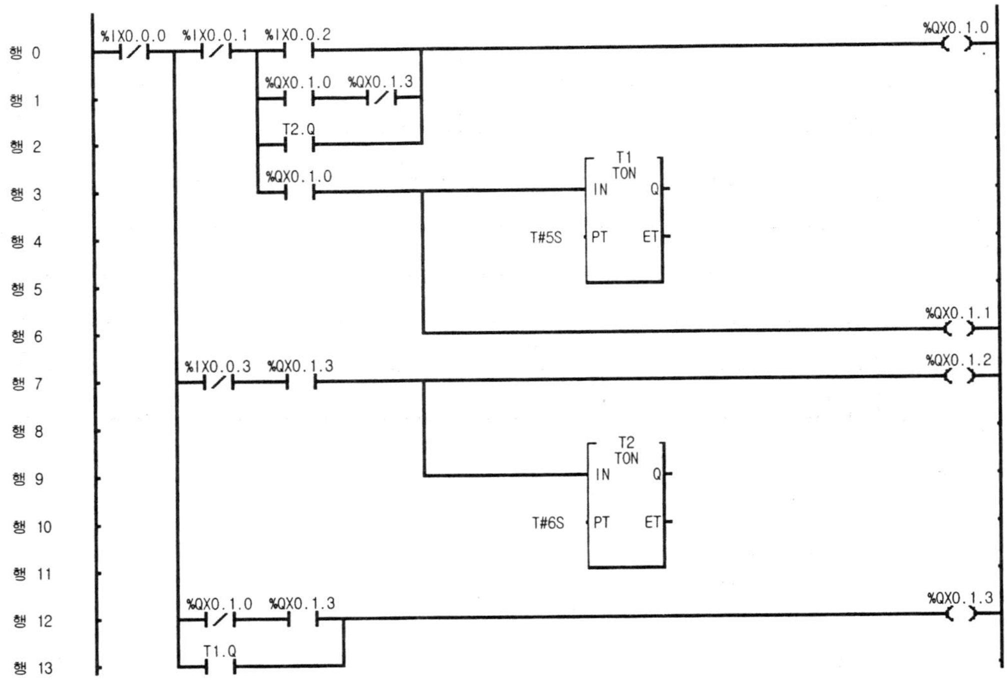

행 0
행 1
행 2
행 3
행 4
행 5
행 6
행 7
행 8
행 9
행 10
행 11
행 12
행 13
%IX0.0.0 %IX0.0.1 %IX0.0.2
%QX0.1.0
%QX0.1.0 %QX0.1.3
T2.Q
%QX0.1.0
T1
TON
IN Q
T#5S
PT ET
%QX0.1.1
%IX0.0.3 %QX0.1.3
%QX0.1.2
T2
TON
IN Q
T#6S
PT ET
%QX0.1.0 %QX0.1.3
%QX0.1.3
T1.Q

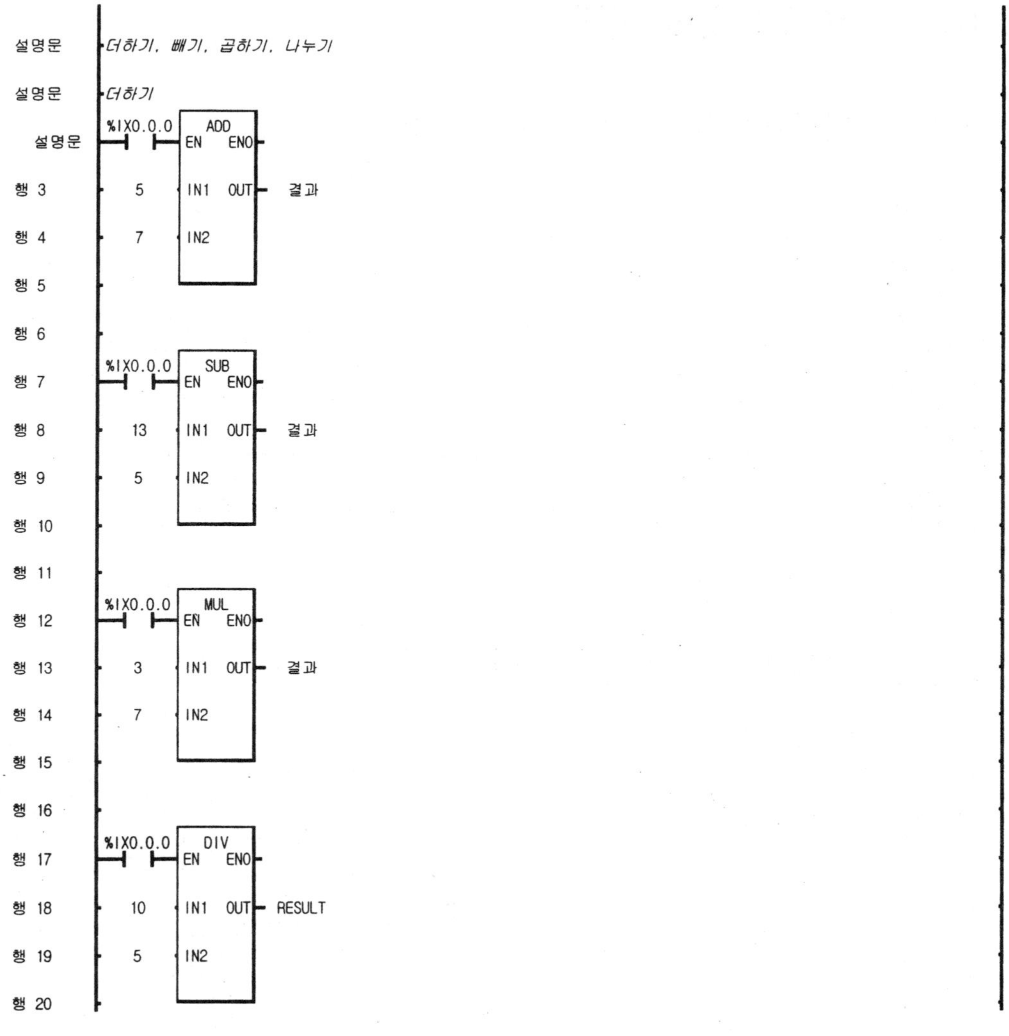
설명문
더하기, 빼기, 곱하기, 나누기
설명문
더하기
설명문
%IX0.0.0
ADD
EN ENO
5 IN1 OUT 결과
7 IN2
행 3
행 4
행 5
행 6
행 7
%IX0.0.0
SUB
EN ENO
13 IN1 OUT 결과
5 IN2
행 8
행 9
행 10
행 11
행 12
%IX0.0.0
MUL
EN ENO
3 IN1 OUT 결과
7 IN2
행 13
행 14
행 15
행 16
행 17
%IX0.0.0
DIV
EN ENO
10 IN1 OUT RESULT
5 IN2
행 18
행 19
행 20

8.2 타이머 응용회로

8.2.1 카운터를 이용한 장시간 타이머

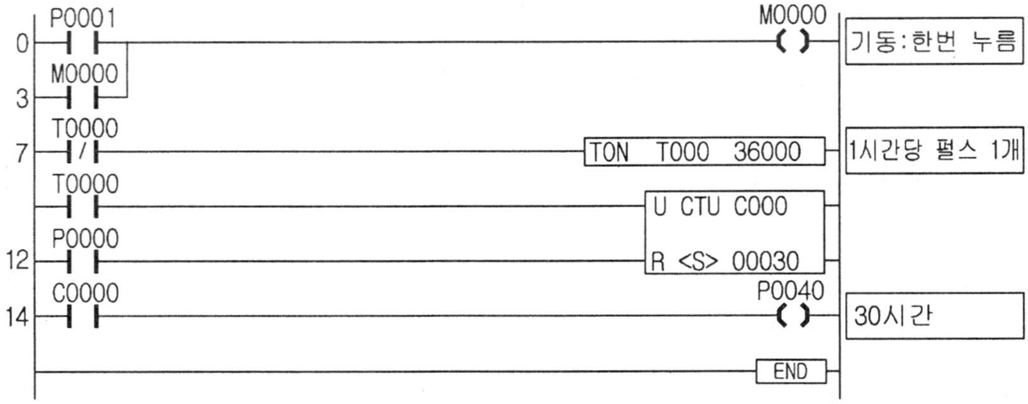

8.2.2 TON을 이용한 프리커 회로

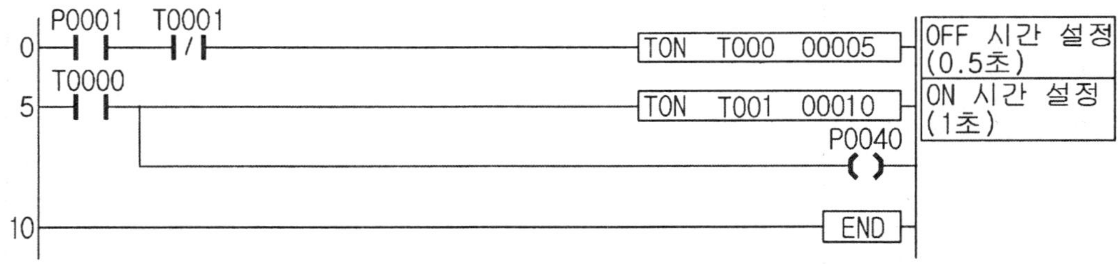

8.2.3 TMON을 사용하지 않은 One Shot 회로

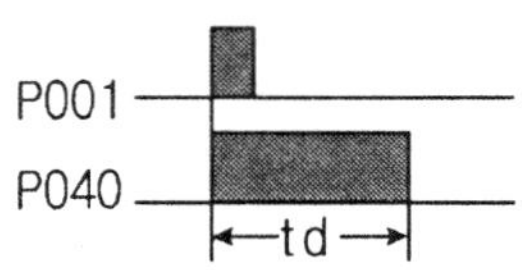

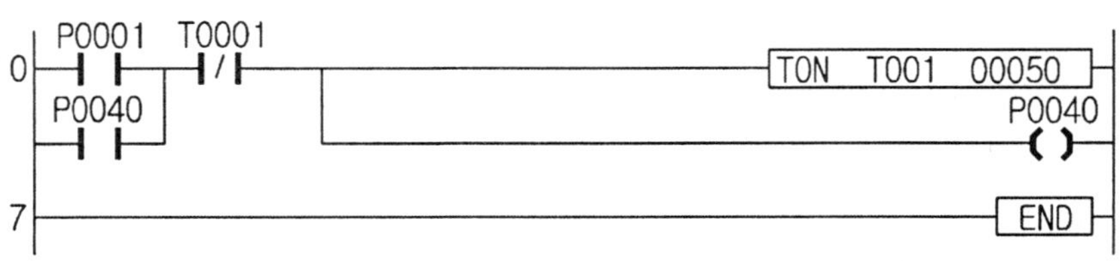

8.2.4 5회 카운트 후 3초간 점등

8.3 스위치를 누를 때마다 출력을 반전시키기

8.3.1 D를 이용한 것

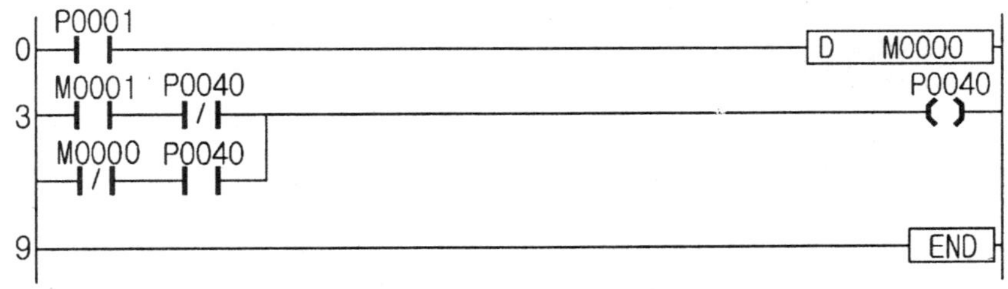

8.3.2 내부 보조 릴레이를 이용한 것

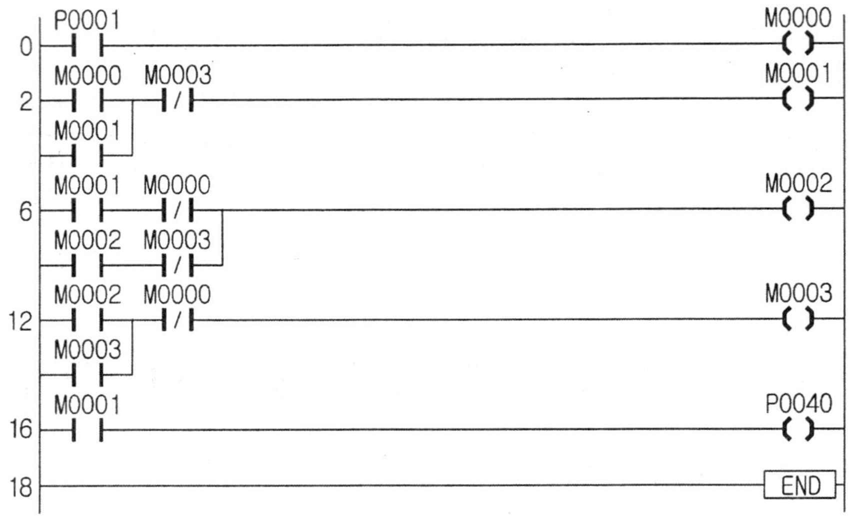

8.4 순차제어

8.4.1 1회만 순차 Shift 동작

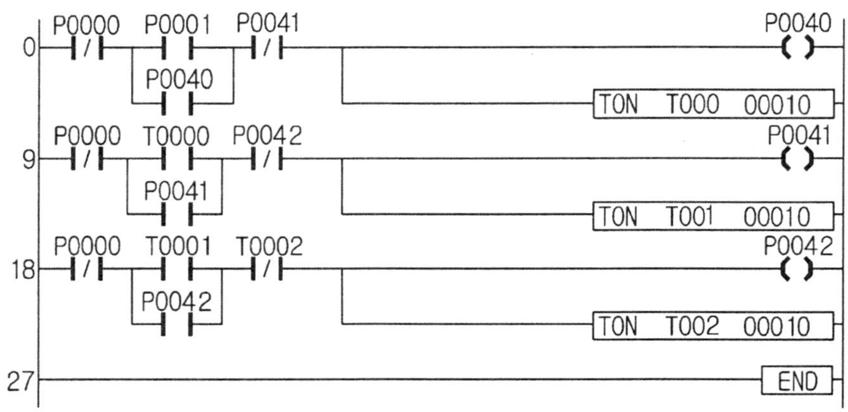

8.4.2 순차 Shift(1)

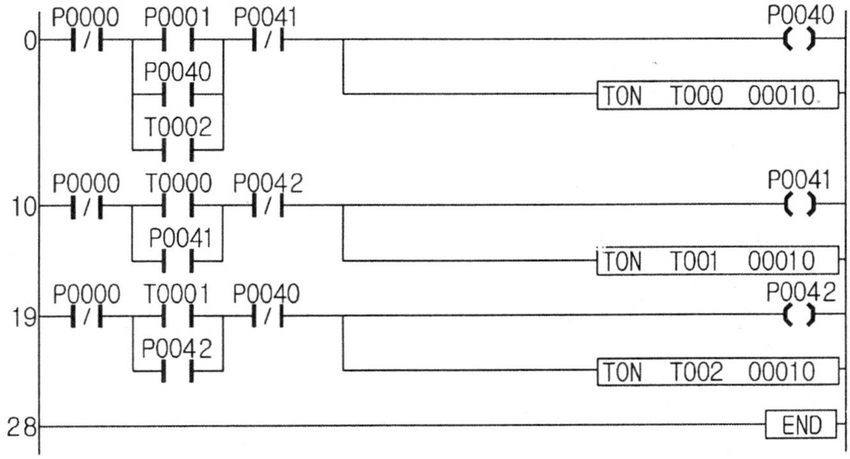

8.4.3 순차 Shift(2)

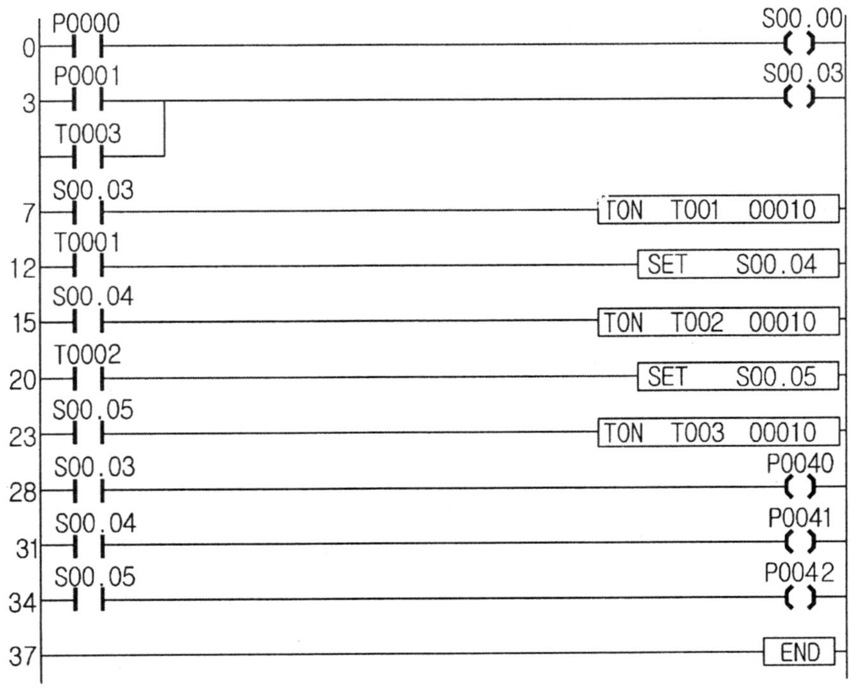

8.4.4 3회 카운트 후 순차 Shift

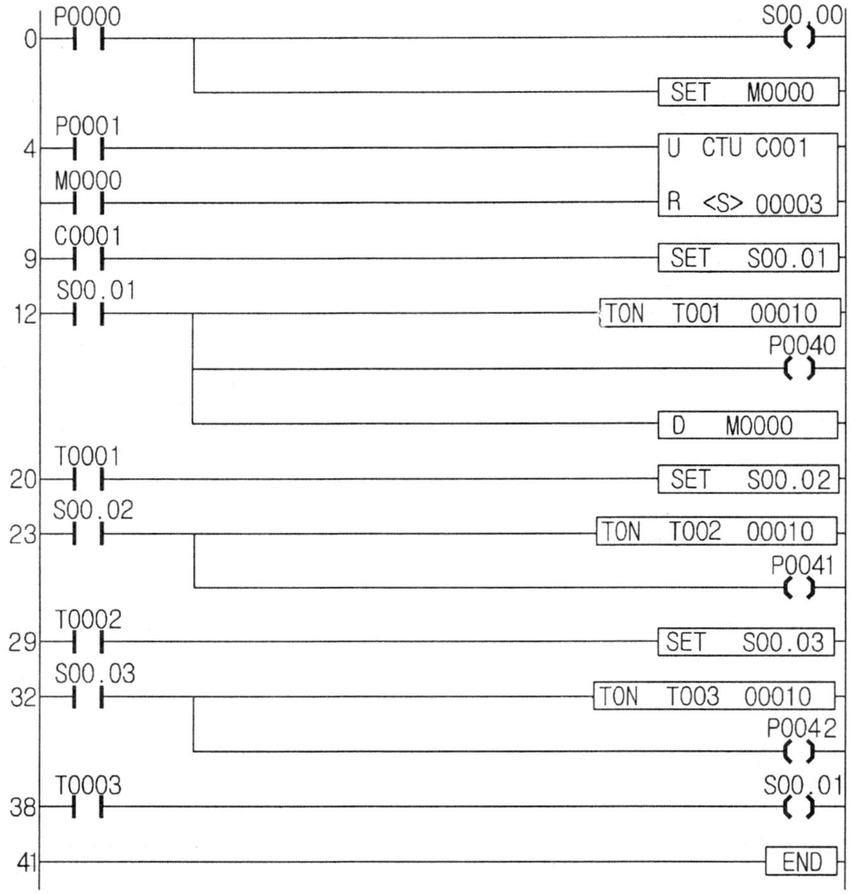

8.4.5 스위치(P001)를 누를 때마다 출력 Shift

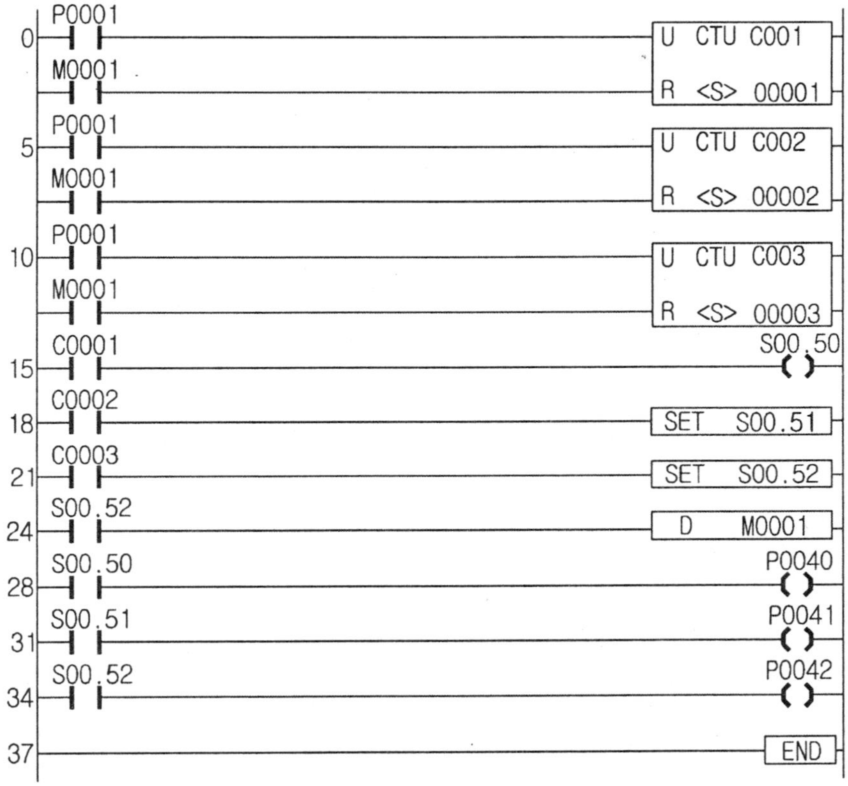

제 9 장 자동화 응용 프로그램

9.1.1 전동기 제어회로

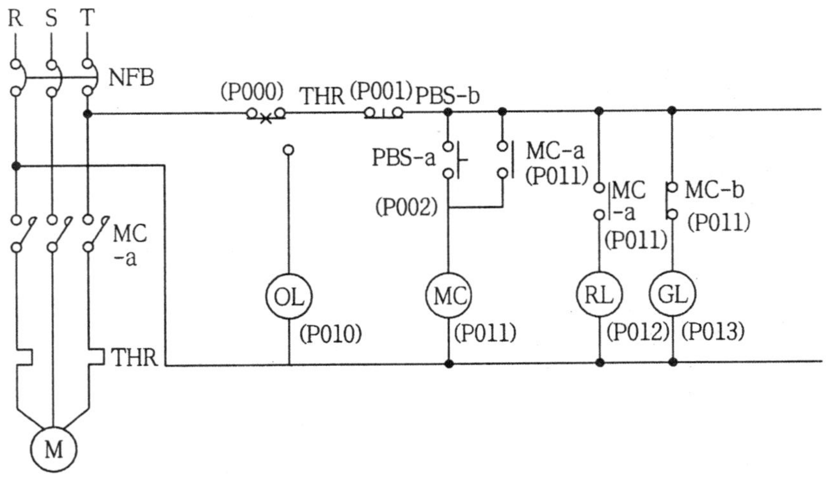

(1) 동작설명

① 우선 NFB를 투입한다.

② 이때 MC-b접점을 통하여 정지 표시등 ㉿이 점등한다.

③ PBS_1-a를 누르면 MC가 부세(여자)되어 MC의 주접점 MC-a가 붙어 전동기가 운전된다. 동시에 MC의 보조접점 MC-a가 붙어 자기유지회로가 구성되고 운전 표시 등 Ⓡ이 점등된다.

④ 운전을 정지하려면 PBS_2-b를 누르면 MC가 소자되어 주접점 MC-a이 떨어져 전동기는 정지하고 MC-b접점이 붙어 ㉿이 점등한다.

⑤ 정상 운전 상태에서 과부하가 걸리면 열동계전기(THR)가 동작하여 즉 THR-b접점이 떨어져 MC가 소자되어 전동기는 정지하고 ⓇⓁ소등, 경고등 ⓄⓁ이 점등한다.

(2) 입 · 출력 결선도

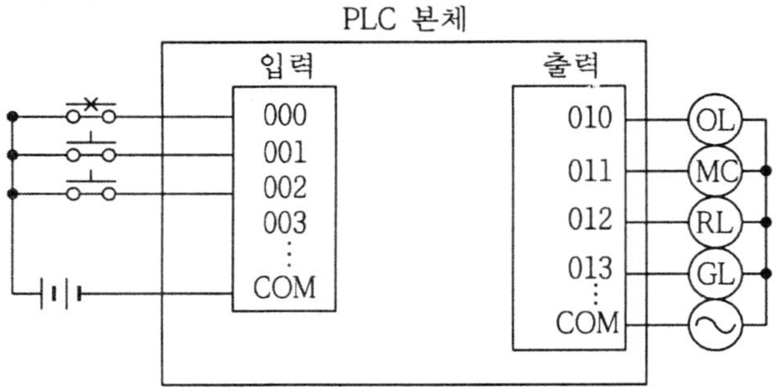

(3) 입 · 출력 할당표

입력기기	접속단자		출력기기	접속단자	
	MASTER PLC	GLOFA PLC		MASTER PLC	GLOFA PLC
THR	P000	%IX0.0.0	OL	P010	%QX0.1.0
PBS2-b	P001	%IX0.0.1	MC	P011	%QX0.1.1
PBS1-a	P002	%IX0.0.2	RL	P012	%QX0.1.2
			GL	P013	%QX0.1.3

(4) 프로그램(MASTER-K PLC)

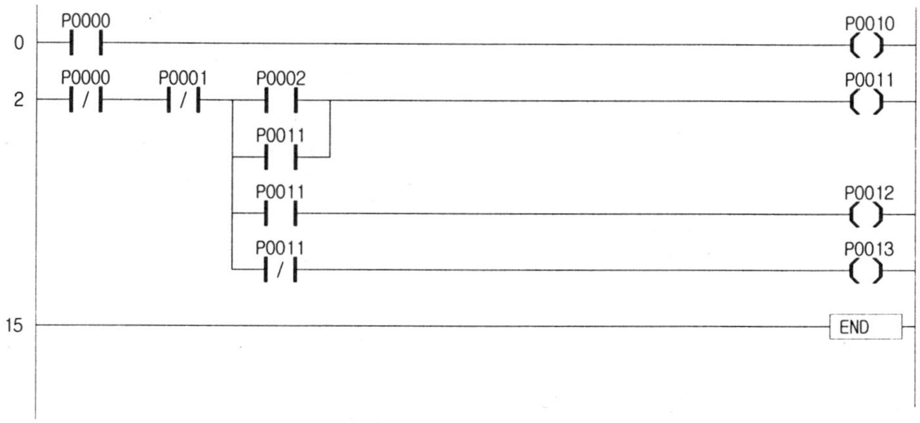

(5) 프로그램(GLOFA PLC)

9.1.2 단상 유도전동기 운전회로

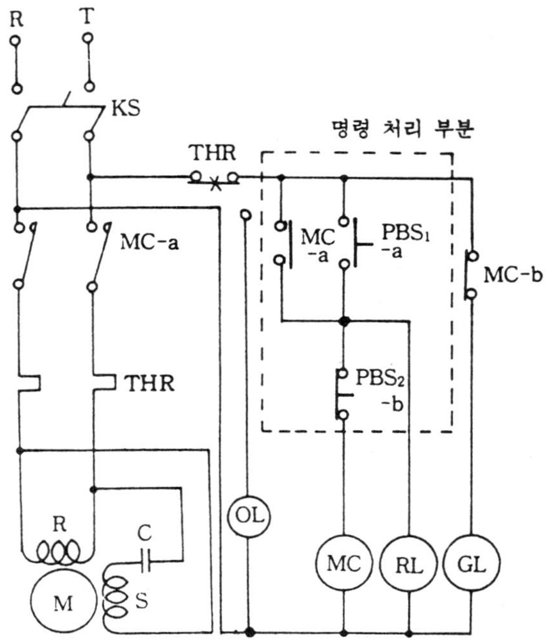

(1) 동작설명

① 우선 커버나이프 스위치(KS)를 투입한다.

② 이때 MC-b접점을 통하여 정지 표시등 GL이 점등한다.

③ PBS_1-a를 누르면 MC가 부세(여자)되어 MC의 주접점 MC-a가 붙어 전동기가 운전된다. 동시에 MC의 보조접점 MC-a가 붙어 자기유지 회로가 구성되고 운전표시등 RL이 점등된다.

④ 운전을 정지하려면 PBS_2-b를 누르면 MC가 소자되어 주접점 MC-a이 떨어져 전동기는 정지하고 MC-b 접점이 붙어 GL이 점등한다.

⑤ 정상 운전 상태에서 과부하가 걸리면 열동계전기(THR)가 동작하여 즉 THR-b접점이 떨어져 MC가 소자되어 전동기는 정지하고 RL소등, 경고등 OL이 점등된다.

(2) 입 · 출력 할당표

입력기기	접속단자		출력기기	접속단자	
	MASTER PLC	GLOFA PLC		MASTER PLC	GLOFA PLC
THR	P000	%IX0.0.0	OL	P010	%QX0.1.0
PBS-a	P001	%IX0.0.1	MC	P011	%QX0.1.1
PBS-b	P002	%IX0.0.2	RL	P012	%QX0.1.2
			GL	P013	%QX0.1.3

(3) 프로그램(MASTER-K PLC)

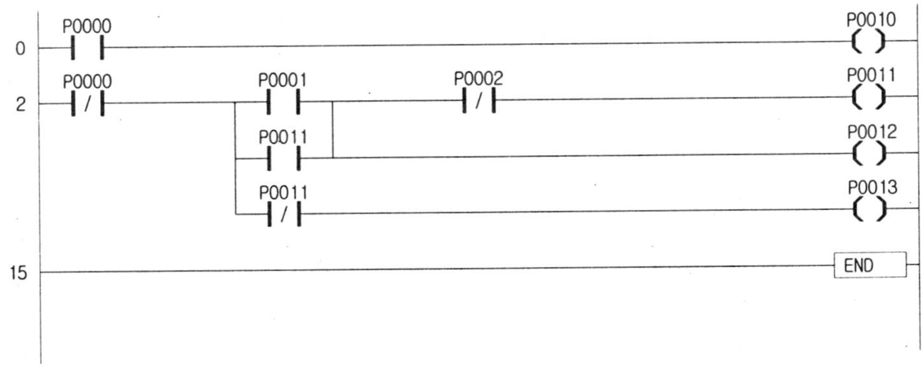

(4) 프로그램(GLOFA PLC)

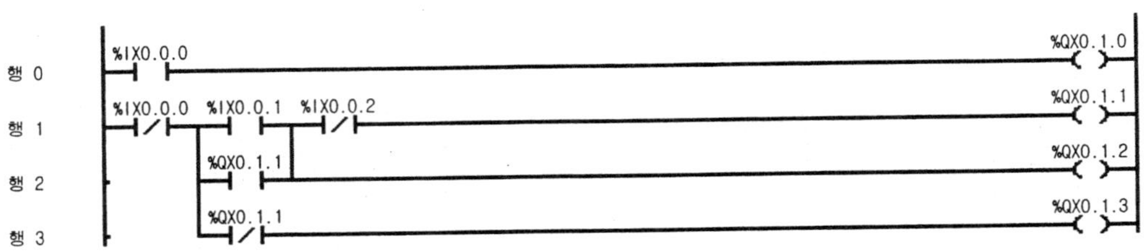

9.1.3 3상 유도전동기의 2개소 기동 운전회로

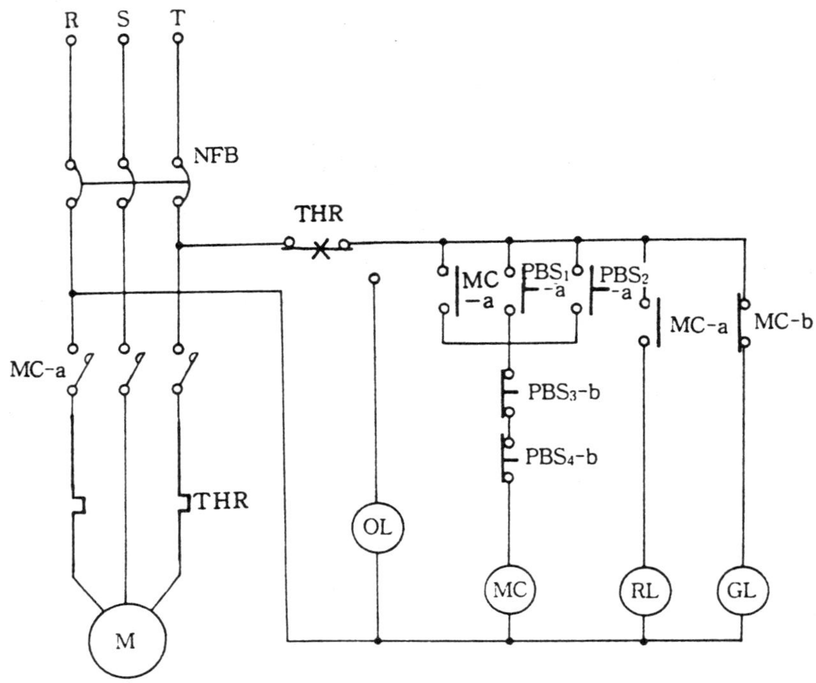

(1) 동작설명

1개소 기동의 동작 설명과 같으나 다만 기동시에는 PBS_1-a와 PBS_2-a를 병렬로 사용하여 2개소에서 기동시키고 정지시에는 PBS_3-b와 PBS_4-b를 직렬로 접속하여 2개소에서 정지시킬 수 있다.

(2) 입 · 출력 할당표

입력기기	접속단자		출력기기	접속단자	
	MASTER PLC	GLOFA PLC		MASTER PLC	GLOFA PLC
THR	P000	%IX0.0.0	OL	P010	%QX0.1.0
PBS1-a	P001	%IX0.0.1	MC	P011	%QX0.1.1
PBS2-a	P002	%IX0.0.2	RL	P012	%QX0.1.2
PBS3-b	P003	%IX0.0.3	GL	P013	%QX0.1.3
PBS4-b	P004	%IX0.0.4			

(3) 프로그램(MASTER-K PLC)

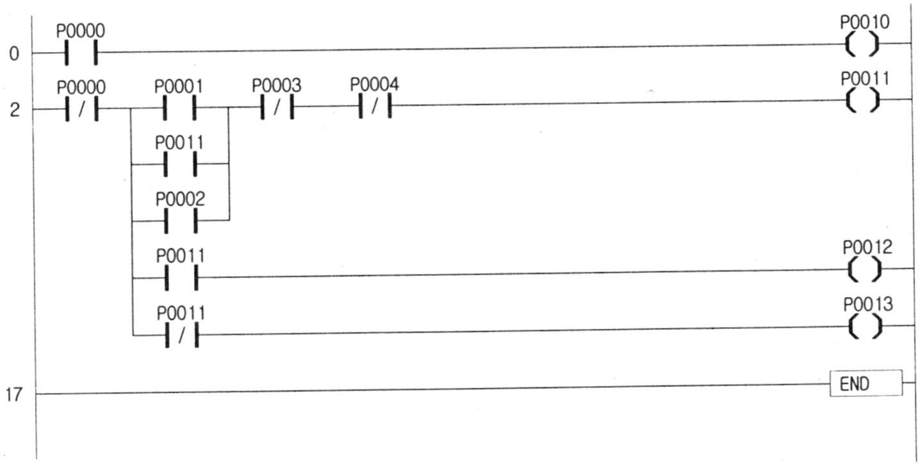

(4) 프로그램(GLOFA PLC)

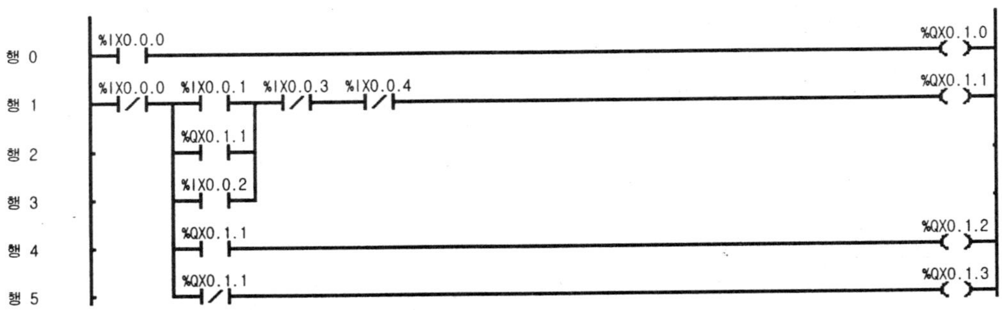

9.1.4 3상 유도전동기의 한시 운전회로

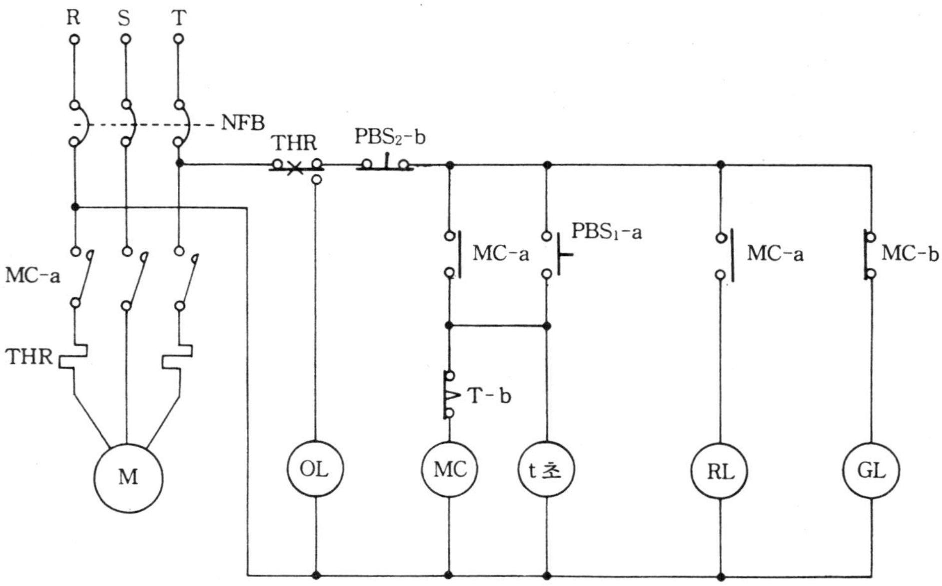

(1) 동작설명

① 전원을 투입하면 전원을 표시하는 ⒼⓁ 램프가 점등한다.

② 기동 스위치 PBS_1-a를 누르면 전자접촉기 MC가 여자되어 주접점 MC-a가 붙어 전동기가 기동된다. 동시에 보조접점 MC-a가 붙어 운전등 RL이 점등과 동시에 자기유지 회로를 구성하고 MC-b는 떨어져 GL은 소등된다.

③ 타이머 Ⓣ가 여자되어 t초 후 타이머의 b접점 T-b가 떨어지므로 MC가 소자되어 전동기가 정지하고 모든 접점이 PBS_1-a를 누르기 전의 상태로 복귀된다.

④ 전동기가 정상 운전하고 있을 때 타이머 접점이 떨어지기전에 PBS_2-b에 의해 전동기를 정지시킬 수 있다.

⑤ 전동기에 과전류가 흐르면 THR-b접점이 떨어져 전동기는 정지하고 OL이 점등된다.

(2) 입 · 출력 할당표

입력기기	접속단자		출력기기	접속단자	
	MASTER PLC	GLOFA PLC		MASTER PLC	GLOFA PLC
THR	P000	%IX0.0.0	OL	P010	%QX0.1.0
PBS2-b	P001	%IX0.0.1	MC	P011	%QX0.1.1
PBS1-a	P002	%IX0.0.2	RL	P012	%QX0.1.2
			GL	P013	%QX0.1.3

(3) 프로그램(MASTER-K PLC)

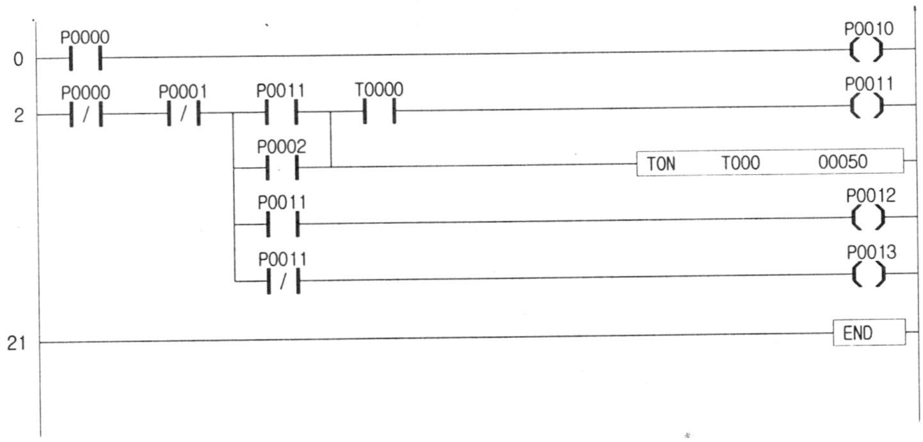

(4) 프로그램(GLOFA PLC)

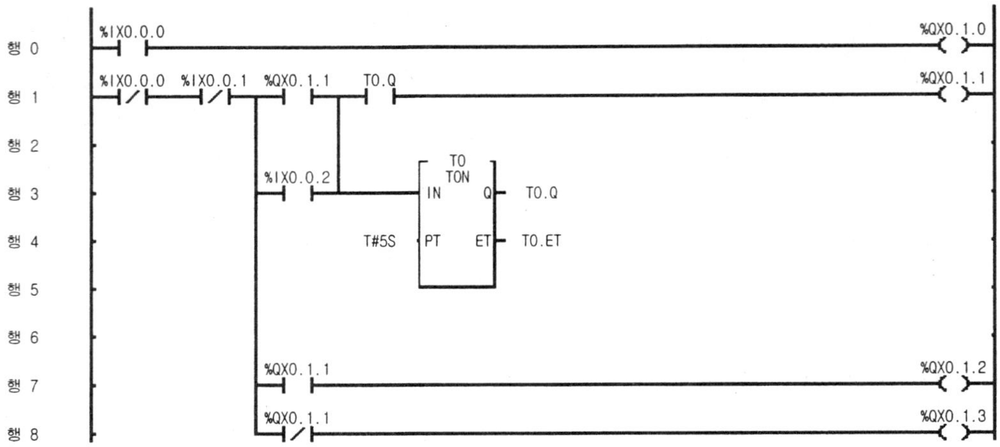

9.1.5 3상 유도전동기의 정역 운전회로

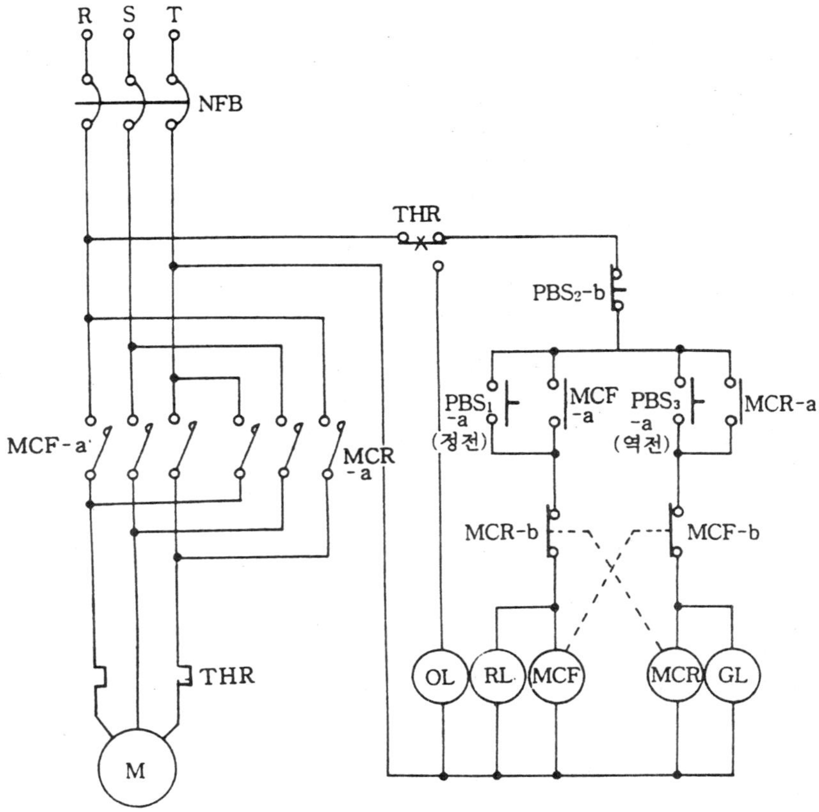

(1) 동작설명

① 전원을 투입하여 정회전용 누름버튼 스위치 PBS_1-a를 누르면 MCF가 여자되어 MCF의 주접점 MCF-a가 닫혀 전동기가 정회전된다.
이때 보조접점 MCF-a가 닫혀 표시등 RL이 점등되고 누름버튼 스위치에서 손을 떼어도 자기유지되어 계속 운전된다.
동시에 MCF-b도 열려 인터록이 이루어져 안전 운전이 된다.

② PBS_2-b를 누르면 회로가 차단되어 전동기가 정지되고 RL이 소등된다.

③ 역방향 스위치 PBS_3-a를 누르면 정회전 때와 반대 상황이 일어나 표시등 GL이 점등되면서 역방향 운전이 계속된다.

④ 과부하가 걸리면 열동계전기(THR)의 b접점이 열려 전동기는 정지되고 표시등 OL이 점등된다.

⑤ 운전 중에 회전 방향을 변경할 수는 없으며 일단 정지 스위치를 누른 후 회전방향을 변경하여야 한다.

(2) 입 · 출력 할당표

입력기기	접속단자		출력기기	접속단자	
	MASTER PLC	GLOFA PLC		MASTER PLC	GLOFA PLC
THR	P000	%IX0.0.0	OL	P010	%QX0.1.0
PBS2-b	P001	%IX0.0.1	RL	P011	%QX0.1.1
PBS1-a	P002	%IX0.0.2	MCF	P012	%QX0.1.2
PBS3-a	P003	%IX0.0.3	MCR	P013	%QX0.1.3
			GL	P014	%QX0.1.4

(3) 프로그램(MASTER-K PLC)

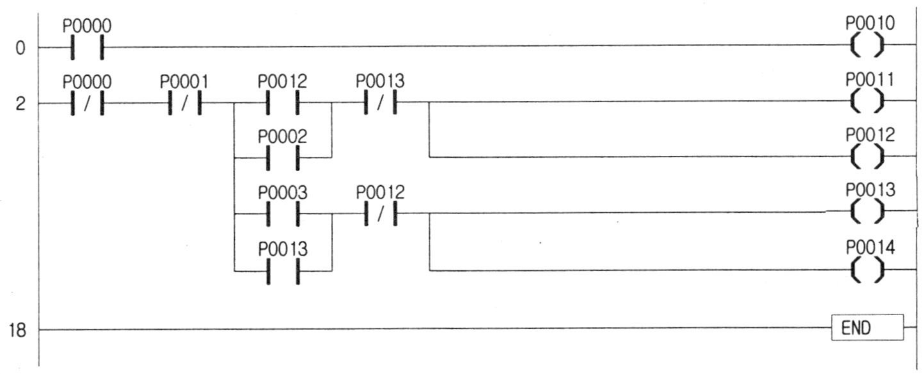

(4) 프로그램(GLOFA PLC)

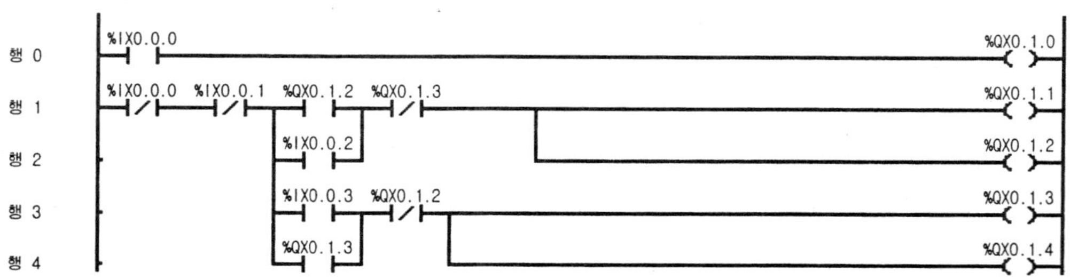

9.1.6 타이머를 사용한 자동 Y-Δ 기동회로

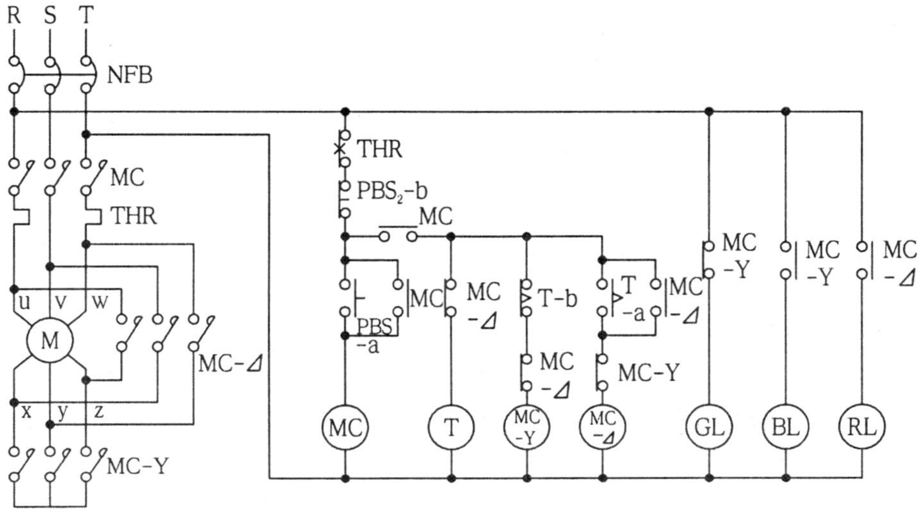

(1) 동작설명

① 전원을 투입하면 전원 표시등 (GL)이 점등된다.

② PBS_1-a를 누르면 (MC)와 (MC-Y)가 여자되어 주접점 MC가 닫히면서 전동기가 Y운전되고 보조접점 MC-Y가 붙어 표시등 (BL)이 점등되고 동시에 (GL)은 소등되고 손을 떼어도 계속 Y운전된다. 동시에 타이머 코일도 여자된다.

③ 타이머의 설정 시간 t가 지나면 T-b접점이 열려 (MC-Y)가 소자되어 Y운전이 정지되고 T-a가 붙어 (MC-Δ)가 여자되면서 Δ운전으로 전환된다. 이때 (BL)은 소등되고 (RL)과 (GL)이 점등된다.

④ MCY와 MCΔ는 인터록이 유지되어 안전운전이 된다.

⑤ 정지용 PBS_2-b를 누르면 전동기는 정지되고 (RL)은 소등되고 (GL)은 점등된다.

(2) 입 · 출력 할당표

입력기기	접속단자		출력기기	접속단자	
	MASTER PLC	GLOFA PLC		MASTER PLC	GLOFA PLC
THR	P000	%IX0.0.0	MC	P010	%QX0.1.0
PBS2-b	P001	%IX0.0.1	MC-Y	P011	%QX0.1.1
PBS-a	P002	%IX0.0.2	MC-Δ	P012	%QX0.1.2
			GL	P013	%QX0.1.3
			BL	P014	%QX0.1.4
			RL	P015	%QX0.1.5

(3) 프로그램(MASTER-K PLC)

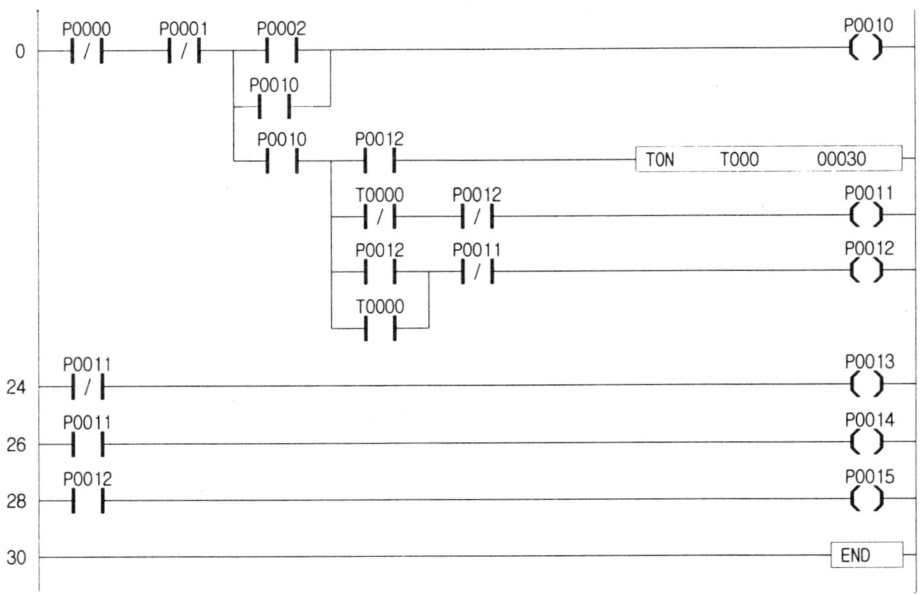

(4) 프로그램(GLOFA PLC)

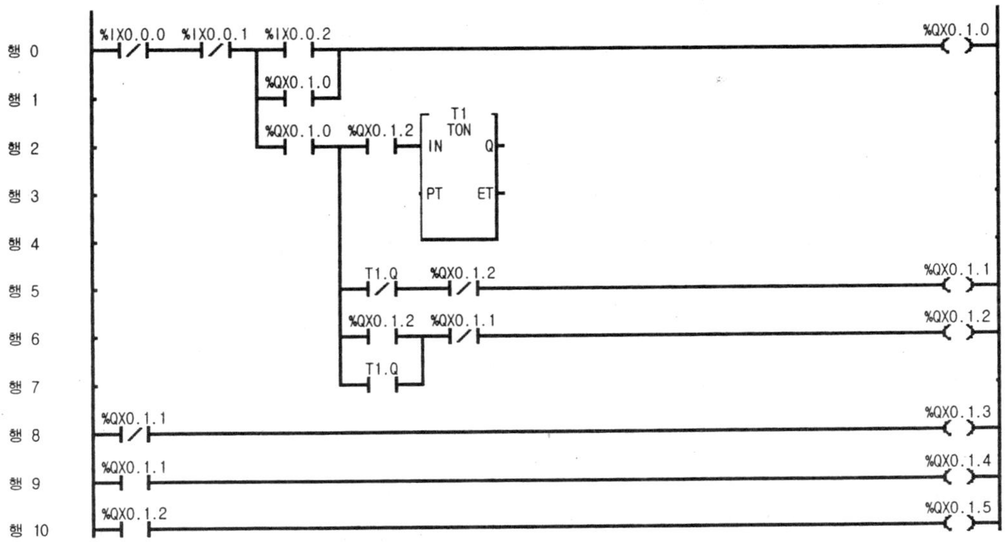

9.1.7 기동 보상기회로

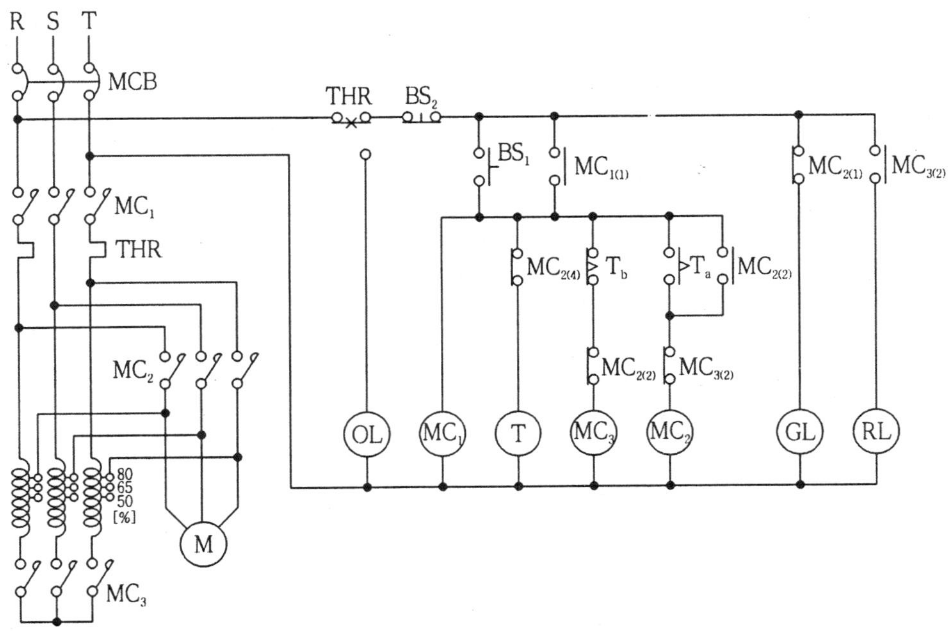

(1) 동작설명

① 전원을 투입하면 램프 ⒼⓁ이 점등된다.

② BS_1을 누르면 MC_1이 여자되어 모선을 접속하고, MC_3가 여자되어 전압의 80[%]를 전동기에 가하여 기동한다. 동시에 타이머가 Ⓣ가 여자되고 ⓇⓁ이 점등된다.

③ 동시에 $MC_{1(1)}$에 의해 자기유지된다.

④ t_1초 후에 T_b로 MC_3가 소자되어 기동 보상기 80[%] 탭은 개방되며 이어서 T_a와 $MC_{3(2)}$로 MC_2가 동작하여 저전압으로 운전된다. 이 때 보상기의 20[%] 부분은 단락된다. 또 $MC_{2(4)}$로 타이머 Ⓣ가 복구한다.

(2) 입 · 출력 할당표

입력기기	접속단자		출력기기	접속단자	
	MASTER PLC	GLOFA PLC		MASTER PLC	GLOFA PLC
THR	P000	%IX0.0.0	OL	P010	%QX0.1.0
BS2	P001	%IX0.0.1	MC1	P011	%QX0.1.1
BS1	P002	%IX0.0.2	MC3	P012	%QX0.1.2
			MC2	P013	%QX0.1.3
			GL	P014	%QX0.1.4
			RL	P015	%QX0.1.5

(3) 프로그램(MASTER-K PLC)

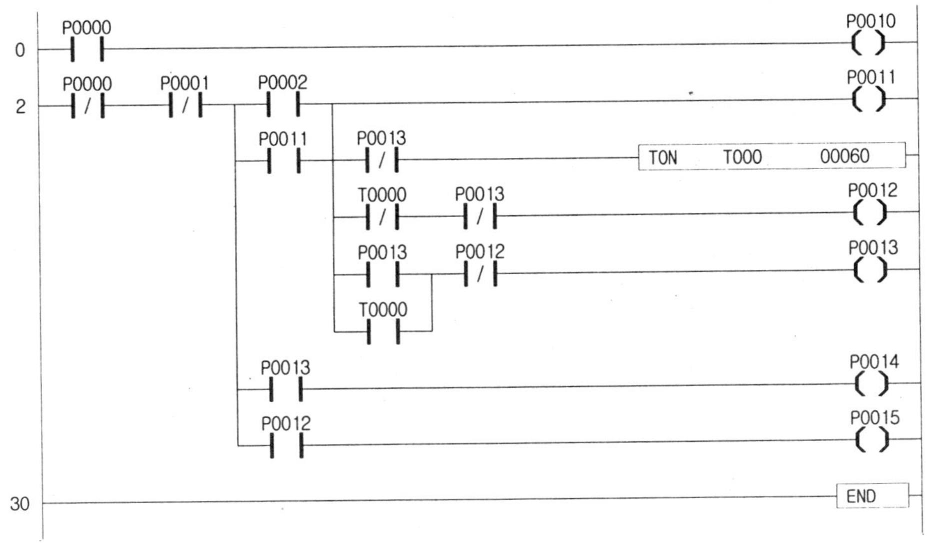

(4) 프로그램(GLOFA PLC)

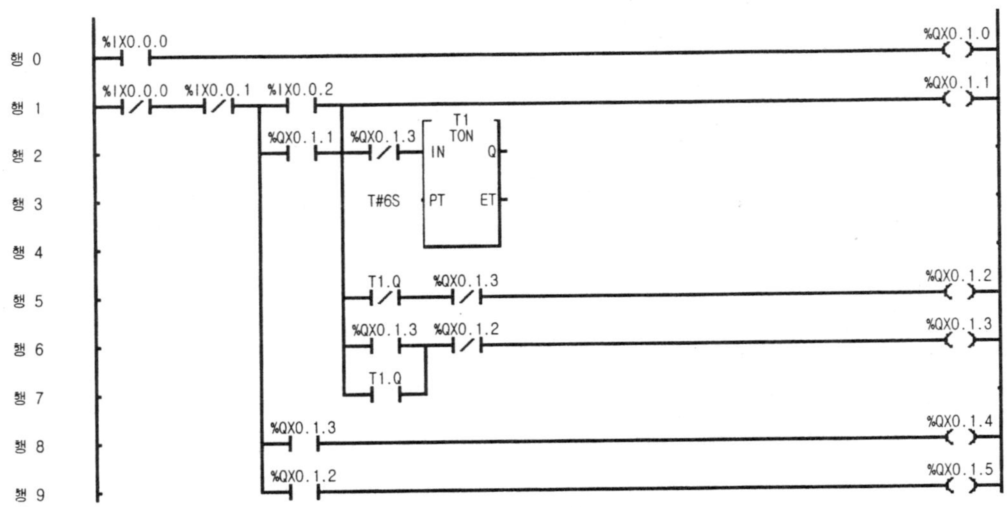

9.1.8 1개의 PBS로 전동기의 운전·정지회로

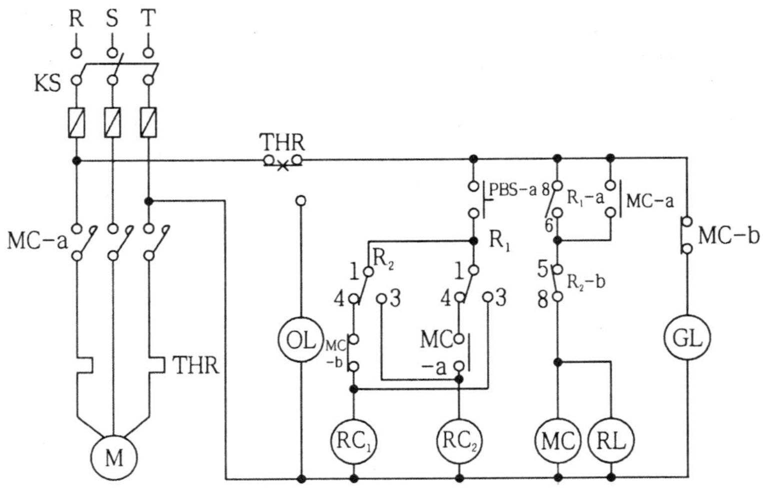

(1) 동작설명

① 전원 스위치(KS)를 넣으면 전동기의 정지 표시등 GL이 점등한다.

② PBS-a를 누르면 계전기 RC_1이 여자된다. 이때

㉠ ⓡⓒ₁의 1번 단자가 4번에서 3번으로 이동하여 붙는다.

㉡ ⓡⓒ₁의 8번 6번이 붙어, MC가 여자되고 운전 표시등 ⓡⓛ이 점등된다.

㉢ MC가 여자되어 MC-a 주접점이 붙어 전동기 운전, 보조접점에 의해 자기 유지된다. 보조접점 MC-b가 떨어져 ⓖⓛ이 소등된다.

㉣ PBS를 놓으면 RC_1이 소자되어 위의 ㉠ ㉡의 R_1 접점이 원래 상태로 된다.

③ 운전 중에 PBS-a를 다시 누르면 MC-a가 붙어 있으므로 ⓡⓒ₂가 부세되어

㉠ ⓡⓒ₂의 1번 단자가 4번에서 3번으로 이동하여 붙고,

㉡ ⓡⓒ₂-b 접점의 8번 5번이 떨어져 ⓜⓒ가 소자되어 주접점 MC-a가 떨어져 전동기가 정지되고 운전등 ⓡⓛ이 소등되며 ⓖⓛ이 점등된다.

④ 정상 운전 중에 전동기에 과부하가 되면 열동계전기(THR)가 동작하여 전동기는 정지되고 과부하 경고 램프 ⓞⓛ이 점등된다.

(2) 입 · 출력 할당표

입력기기	접속단자		출력기기	접속단자	
	MASTER PLC	GLOFA PLC		MASTER PLC	GLOFA PLC
THR	P000	%IX0.0.0	OL	P010	%QX0.1.0
PBS-a	P001	%IX0.0.1	MC	P011	%QX0.1.1
			RL	P012	%QX0.1.2
			GL	P013	%QX0.1.3

(3) 프로그램(MASTER-K PLC)

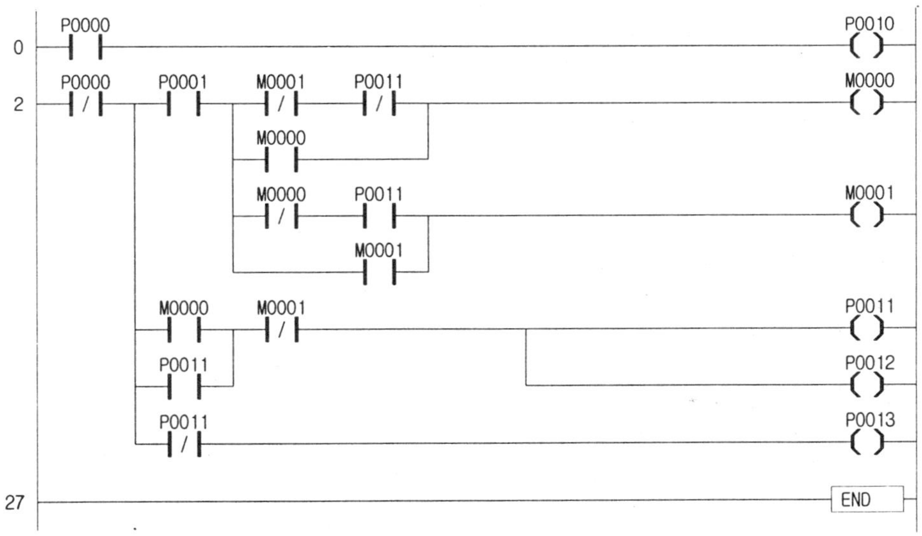

(4) 프로그램(GLOFA PLC)

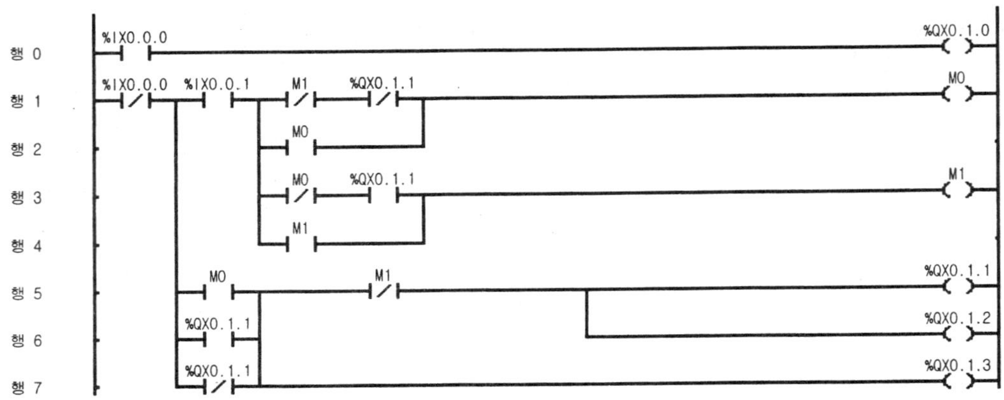

9.1.9 Y-Δ(스타-델타) 운전회로

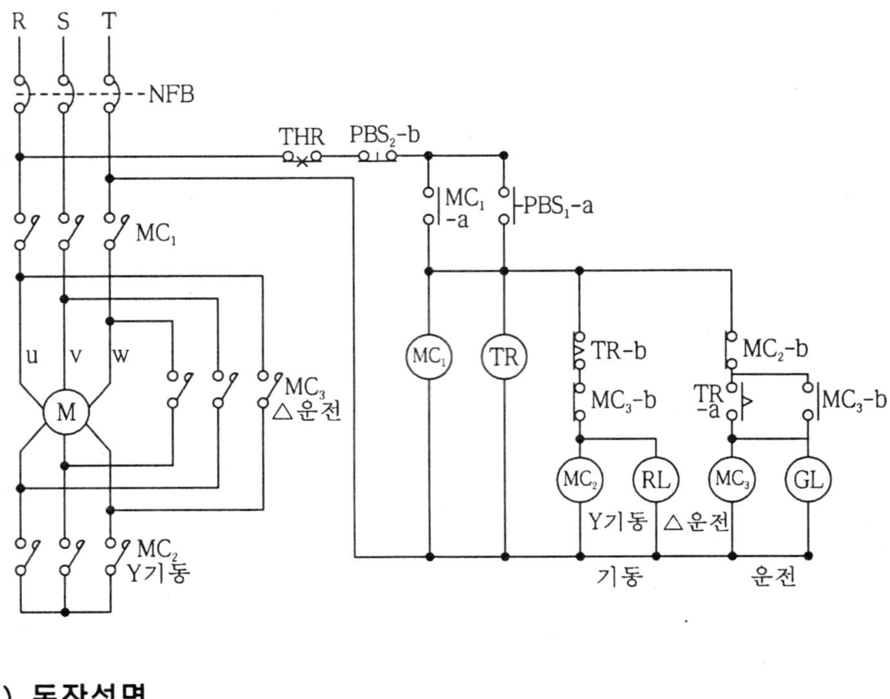

(1) 동작설명

① 기동용 누름버튼 스위치(PBS_1-a)를 누른다.

② 타이머 TR과 전자접촉기 MC_1과 Y기동용 전자접촉기 MC_2의 코일이 여자되고

(RL)이 점등된다.

③ 타이머 (TR), Y운전용 전자접촉기 (MC_2), 전자접촉기 (MC_1)은 접점 MC_1-a에 의해 자기유지된다.

④ Y운전용 전자접촉기 (MC_2)의 주접점이 동작하여 닫히고, 전동기는 Y결선에서 기동한다.

⑤ 동시에 (MC_2)의 b접점이 열려서 Δ운전회로는 인터록한다.

⑥ 타이머의 설정 시간이 지나면 타이머 (TR)의 b접점은 열리고 a접점은 닫혀 (RL)이 소등된다.

⑦ Y운전용 전자접촉기 (MC_2)가 소자되어 주접점 a접점이 열려, 전동기의 Y기동은 종료한다.

⑧ 동시에 (MC_2)의 b접점도 복귀하므로 Δ운전회로의 인터록이 풀어져, 이미 동작하고 있는 타이머 (TR)의 a접점을 통하여 Δ운전용 전자접촉기 (MC_3)가 여자되어 Δ운전과 동시에 (GL)램프가 점등된다.

이 Y－Δ운전회로는 전동기의 1차 권선, 즉 각 모양의 권선에서 양단자를 빼내어 놓아두면 된다. 또 다른 기동방법에서는 리액터와 변압기 등을 필요로 하지만 이 방법에서는 필요 없기 때문에 가격을 싸게 할 수 있다.

(2) 입·출력 할당표

입력기기	접속단자		출력기기	접속단자	
	MASTER PLC	GLOFA PLC		MASTER PLC	GLOFA PLC
THR	P000	%IX0.0.0	MC1	P010	%QX0.1.0
PBS2-b	P001	%IX0.0.1	MC2	P011	%QX0.1.1
PBS1-a	P002	%IX0.0.2	RL	P012	%QX0.1.2
			MC3	P013	%QX0.1.3
			GL	P014	%QX0.1.4

(3) 프로그램(MASTER-K PLC)

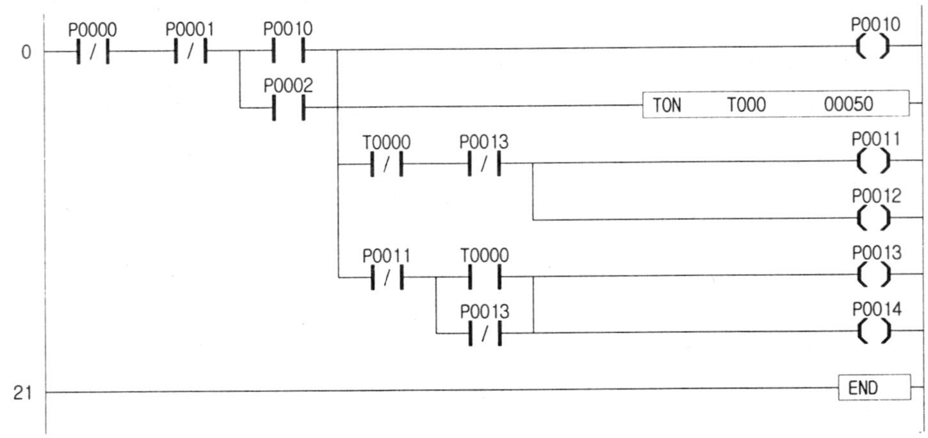

(4) 프로그램(GLOFA PLC)

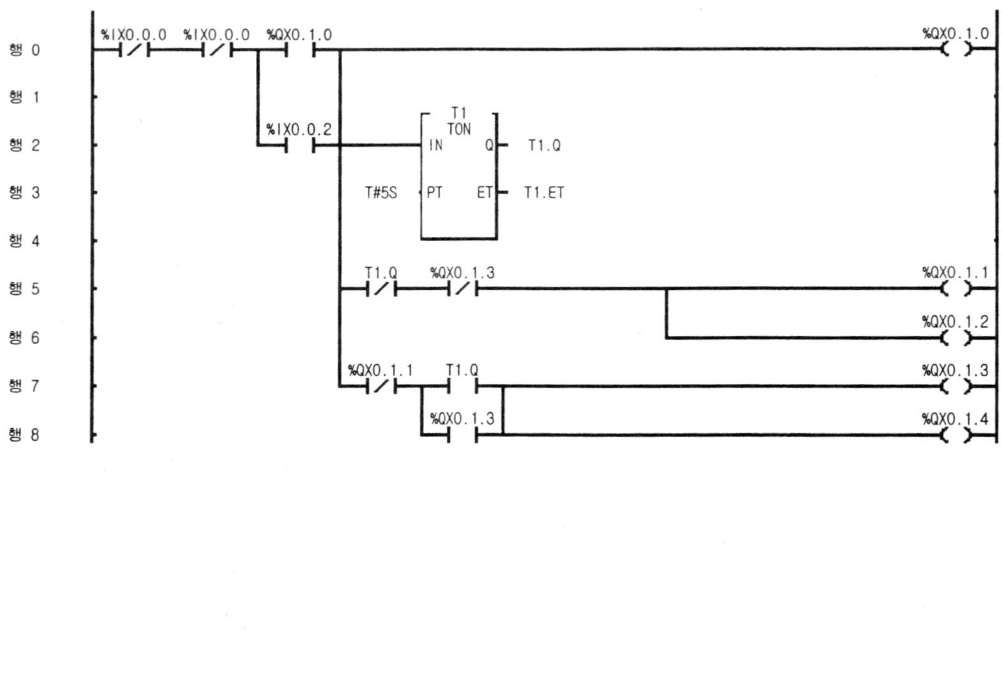

9.1.10 타이머를 사용한 전동기의 연속교환 운전회로

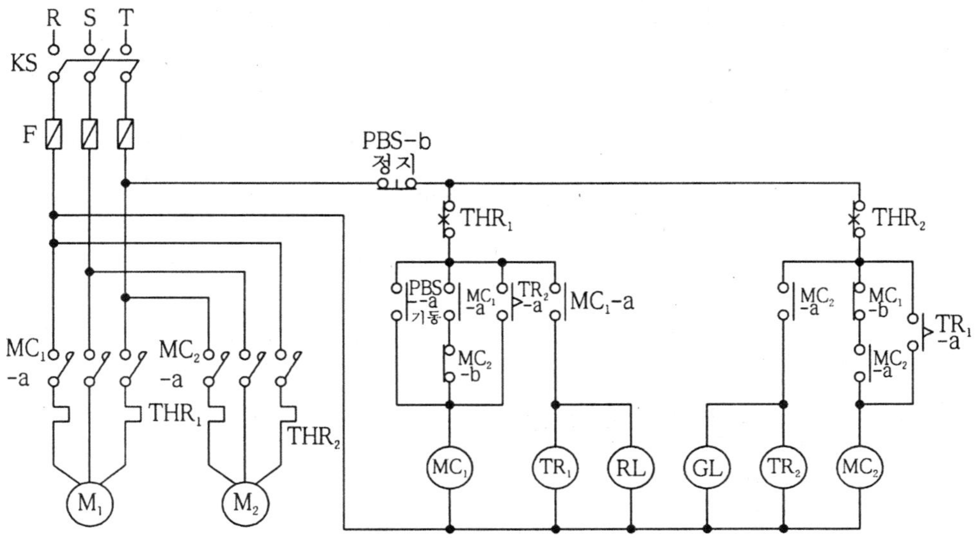

(1) 동작설명

① 커버나이프 스위치를 투입한다.

② 기동 스위치 PBS-a를 누르면 (MC_1)이 여자된다.

㉠ 주접점 MC_1-a가 붙어 전동기 (M_1)이 기동하고 자기유지회로를 구성한다.

㉡ 보조접점 MC_1-a에 의해 타이머 (TR_1)이 여자되고 전동기 (M_1)의 운전을 표시하는 (RL)램프가 점등된다.

③ 일정 시간 t_1초 후 TR_1-a가 붙는다.

㉠ (MC_2) 여자되어 전동기 (M_2)가 운전되고 MC_2-b 접점이 떨어져 (M_1)이 정지한다.

㉡ MC_2-a 보조접점이 붙어 (TR_2)가 여자됨과 동시에 (M_2) 운전 표시등 (GL)이 점등된다.

④ 일정 시간 t_2초 후 TR_2-a가 붙어

㉠ (MC_1)이 여자되고 (M_1)이 운전되며, (RL)램프가 점등된다.

즉, 자동으로 t_1초간 (M_1)이 운전하고, t_2초간 (M_2)가 연속 교환 운전하는 제어회로가 된다.

(2) 입 · 출력 할당표

입력기기	접속단자		출력기기	접속단자	
	MASTER PLC	GLOFA PLC		MASTER PLC	GLOFA PLC
PBS-b	P000	%IX0.0.0	MC1	P010	%QX0.1.0
THR1	P001	%IX0.0.1	RL	P011	%QX0.1.1
PBS-a	P002	%IX0.0.2	GL	P012	%QX0.1.2
THR2	P003	%IX0.0.3	MC2	P013	%QX0.1.3

(3) 프로그램(MASTER-K PLC)

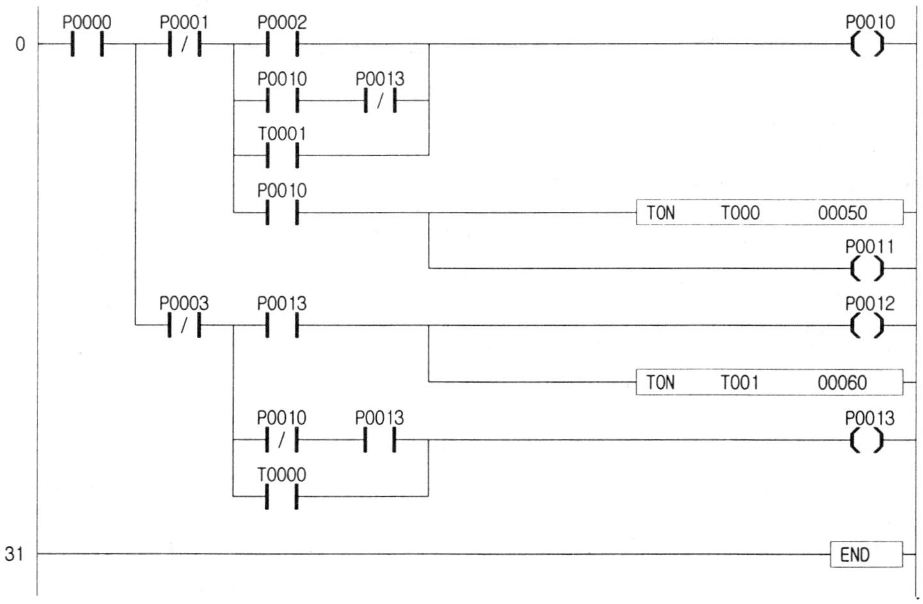

(4) 프로그램(GLOFA PLC)

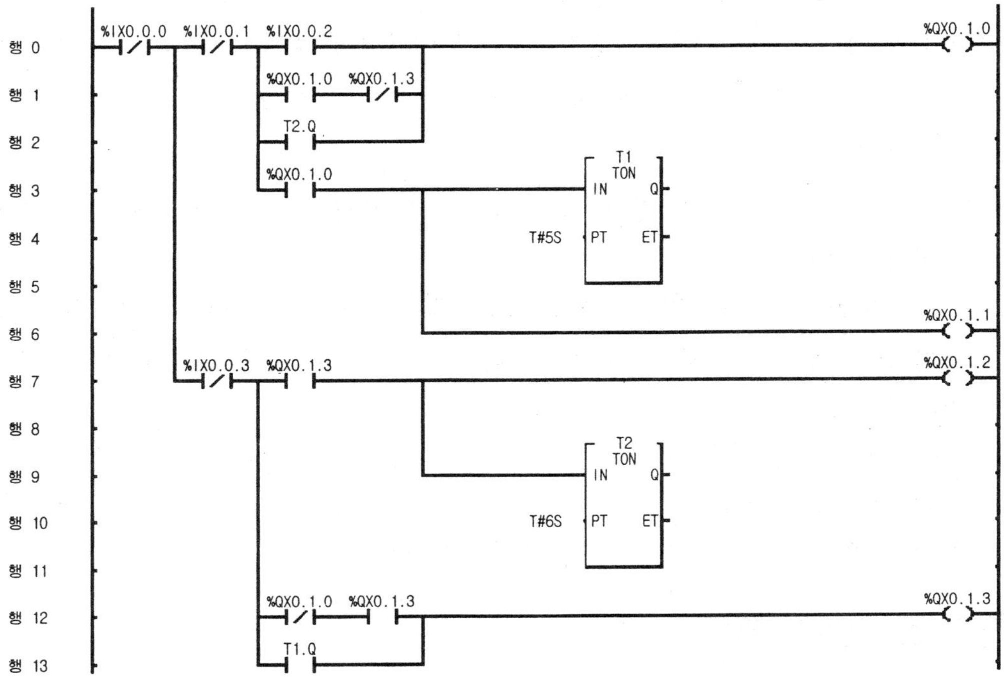

9.1.11 역상 제동회로

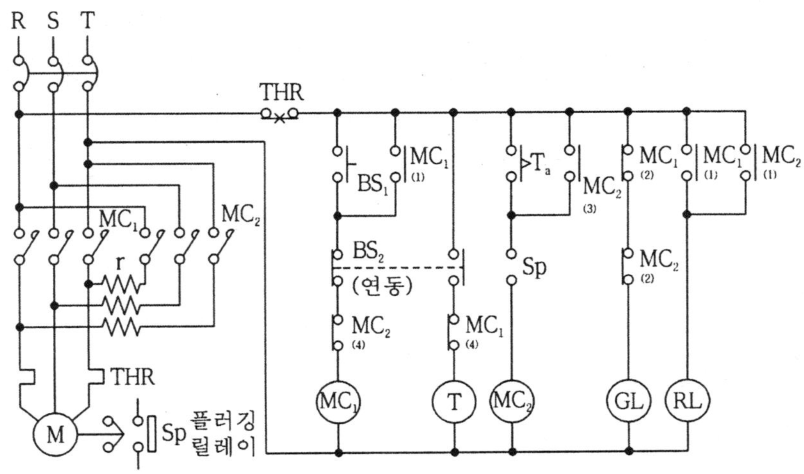

(1) 동작설명

① 전원을 투입하면 정지 표시등 Ⓖ Ⓛ점등.

② 기동용 BS_1을 누르면 전자접촉기 (MC_1)이 여자되어 주접점 MC_1-a가 붙어 전동기 Ⓜ이 운전한다. 동시에 $MC_{1(1)}$ 접점이 붙어 운전 표시용 (RL)램프가 점등하고 $MC_{1(2)}$ 접점이 떨어져 (GL)램프 소등.

③ 전동기의 회전 속도가 상승하면 플러깅계전기(Sp)는 화살표와 같이 움직여 접점이 닫힌다.

④ 역상 제동을 위하여 BS_2를 누르면 전자접촉기 (MC_1)가 소자되고, 타이머 Ⓣ가 동작하여 수십[ms] 후 (MC_2)가 여자되어 정지 직전에 Sp가 열린다. 이때 Ⓣ는 잠시 동안만 동작한다.

⑤ 역상 제동용 전자접촉기 (MC_2)가 동작하여 역회전하므로 제동이 된다.

⑥ 타이머 Ⓣ는 수십[ms] 동안의 한시동작으로 전자접촉기 (MC_1)과 (MC_2)가 동시에 동작을 방지하고 제동 순간의 과전류를 방지하는 시간적 여유를 주도록 한다.

(2) 입 · 출력 할당표

입력기기	접속단자		출력기기	접속단자	
	MASTER PLC	GLOFA PLC		MASTER PLC	GLOFA PLC
THR	P000	%IX0.0.0	MC1	P010	%QX0.1.0
BS1	P001	%IX0.0.1	MC2	P011	%QX0.1.1
BS2	P002	%IX0.0.2	GL	P012	%QX0.1.2
SP	P003	%IX0.0.3	RL	P013	%QX0.1.3

(3) 프로그램(MASTER-K PLC)

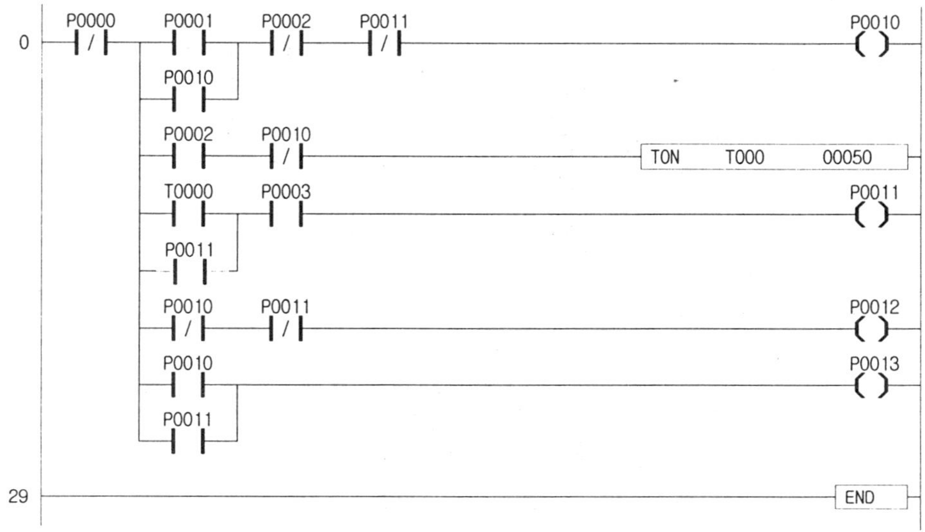

(4) 프로그램(GLOFA PLC)

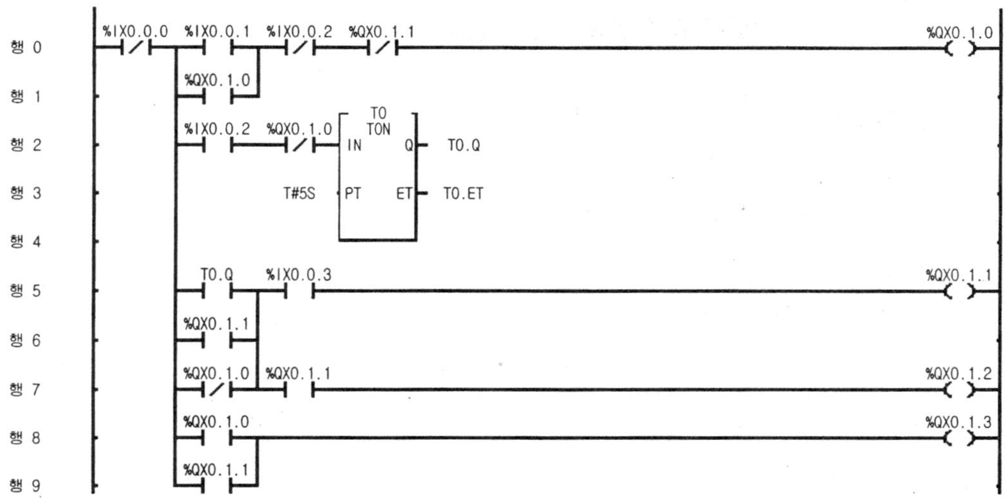

9.1.12 세척통 제어회로

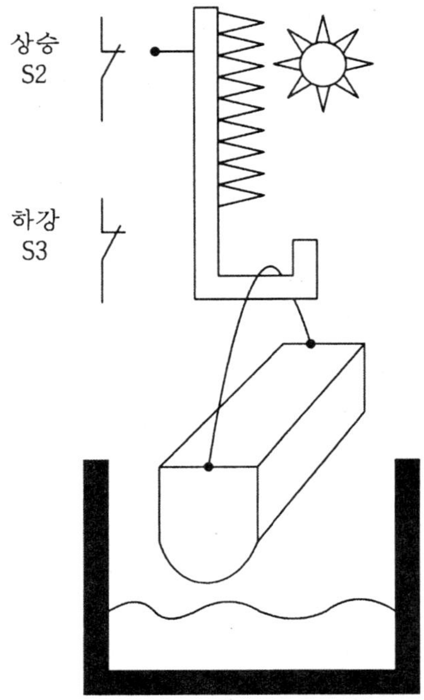

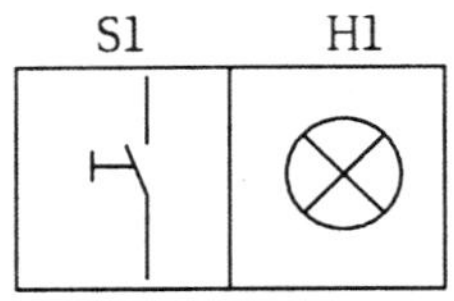

(1) 동작설명

① 세척통은 수동으로 올리고, 내려 놓는다.

② S1을 ON하면 세척통은 자동으로 세 번을 담갔다가 나오며, 잠기는 시간은 각 10초이다.

③ 작업이 완료되면 표시램프가 켜지고, 작업행거(hanger)는 멈춘다.

④ S1을 ON함으로서 작업은 다시 시작된다.

(2) 입 · 출력 할당표

변 수 명	M-K접점	GLOFA-GM 접점	내 용
S1	P001	%X0.0.1	START SWITCH
S2	P002	%X0.0.2	상부 검출 리미트 스위치
S3	P003	%X0.0.3	하부 검출 리미트 스위치
M1	P021	%QX0.2.1	정회전 Magnet
M2	P022	%QX0.2.0	역회전 Magnet
H1	P023	%QX0.2.3	작업완료 표시 램프
	M000	%MX000	시스템 동작 초기조건
	T001	T1	세척통 잠기는 시간
	C001	C1	욕조잠김 횟수 카운터

(3) 프로그램(MASTER-K PLC)

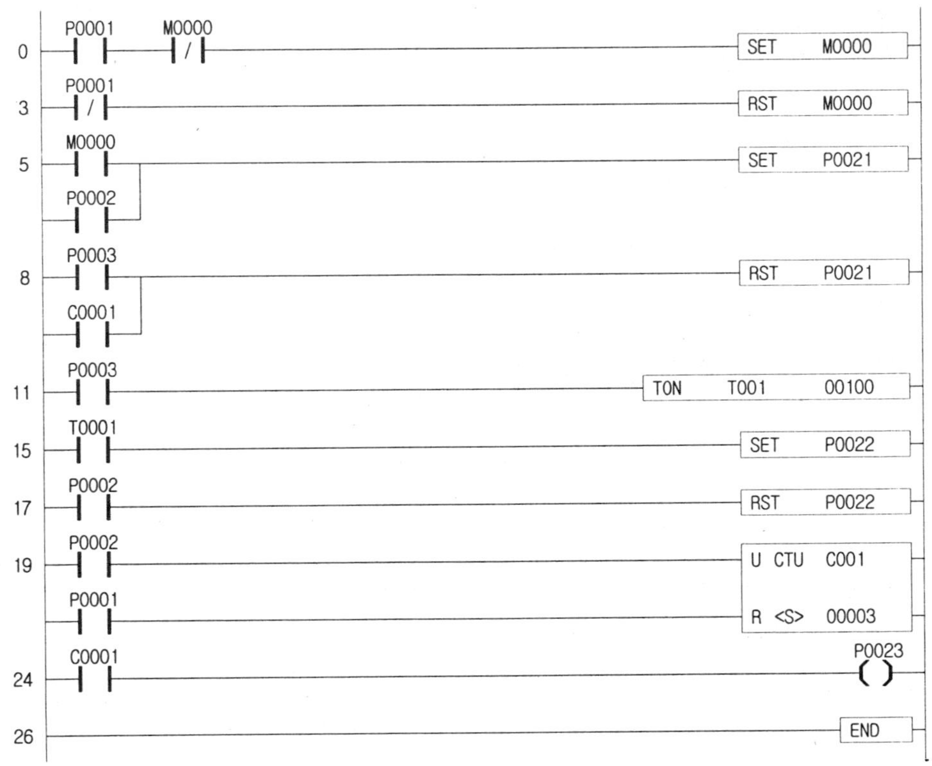

(4) 프로그램(GLOFA PLC)

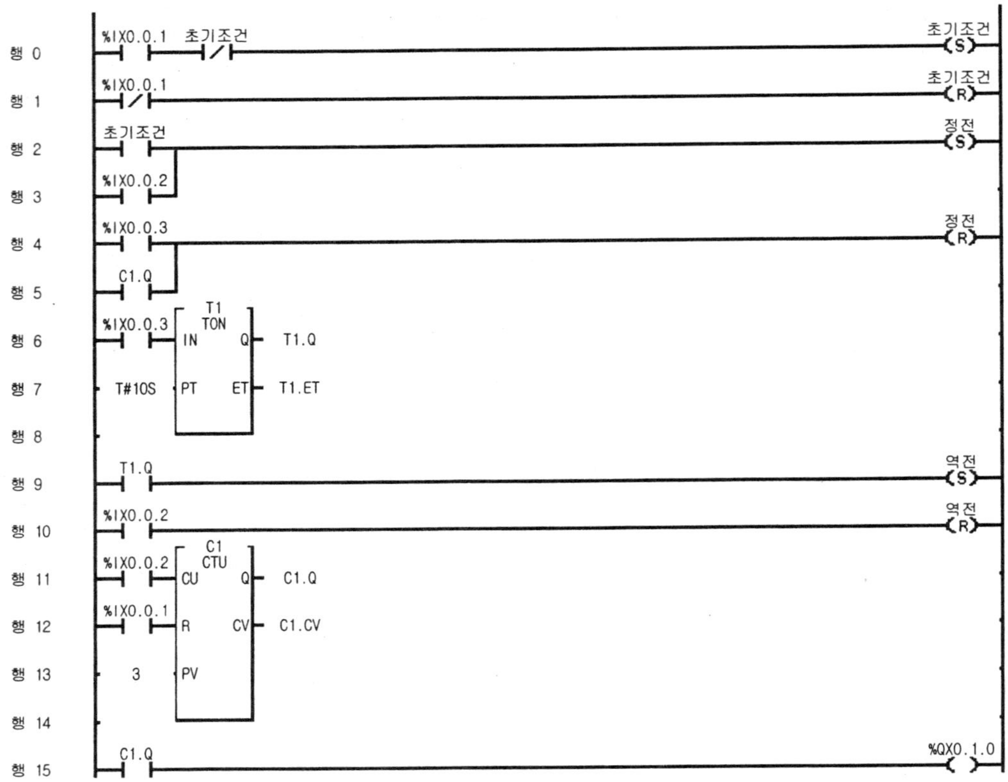

9.1.13 전동기의 동작수 증감 제어회로

(1) 동작설명

① 4대의 전동기를 제어한다.

② PB1을 ON할 때마다 전동기 동작수는 1개씩 증가하고, PB2을 ON할 때 마다 전동기 동작수는 1개씩 감소한다.

③ 4개의 전동기가 동작하고 있을 때, PB1을 ON하면 모든 전동기는 정지한다.

④ 1개의 전동기가 동작하고 있을 때, PB2을 ON하면 전동기는 한 대도 동작하지 않는다.

⑤ 전동기는 각각 OCR로 보호된다.

(2) 입 · 출력 할당표

변 수 명	M-K접점	GLOFA-GM 접점	내 용
PB0	P000	%IX0.0.0	START PBS
PB1	P001	%IX0.0.1	STOP PBS
MC1	P021	%IX0.2.1	MOTOR1 CONTACTOR
MC2	P022	%IX0.2.2	MOTOR2 CONTACTOR
MC3	P023	%IX0.2.3	MOTOR3 CONTACTOR
MC4	P024	%IX0.2.4	MOTOR4 CONTACTOR
	C001	C1	현재값이 1 이상일 때 ON
	C002	C2	현재값이 2 이상일 때 ON
	C003	C3	현재값이 3 이상일 때 ON
	C004	C4	현재값이 4 이상일 때 ON
	C005	C5	RESET

(3) 프로그램(MASTER-K PLC)

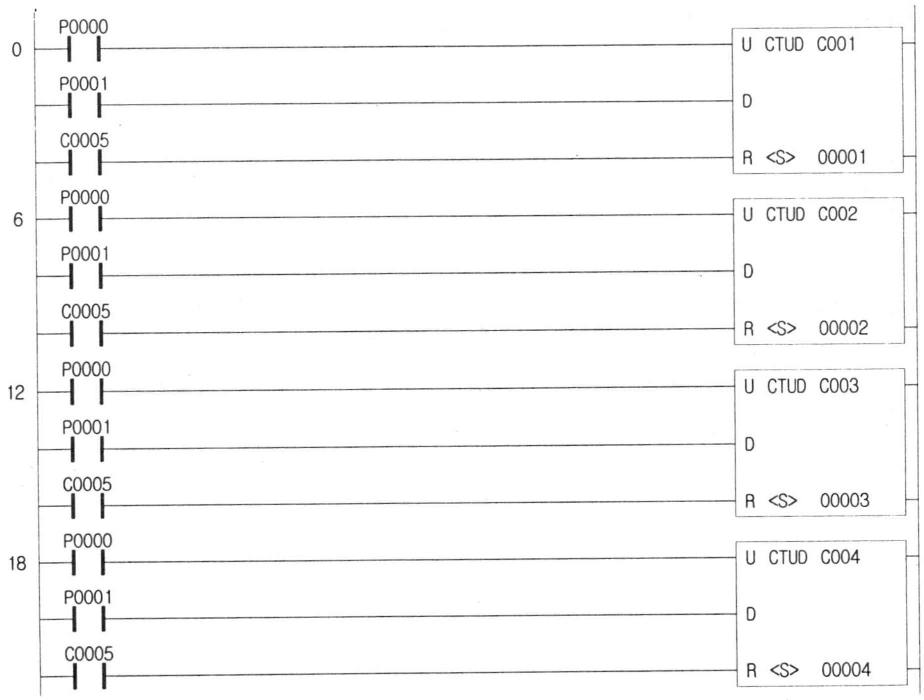

(4) 프로그램(GLOFA PLC)

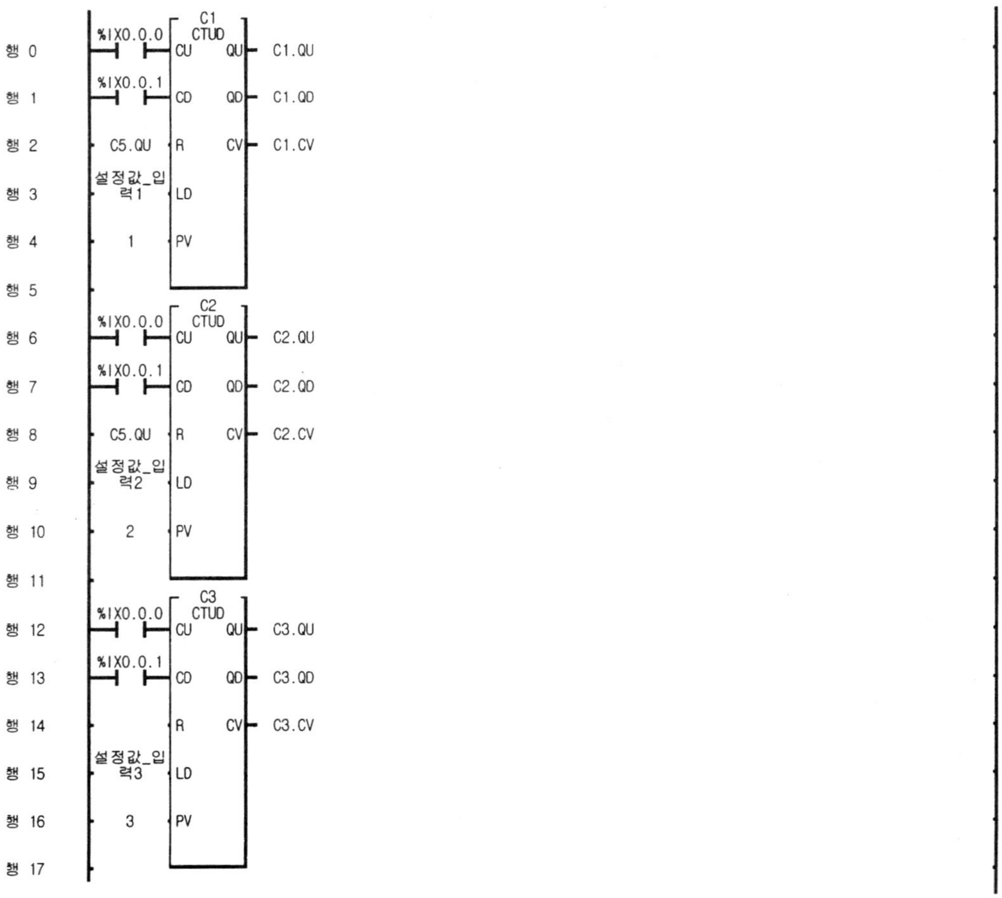

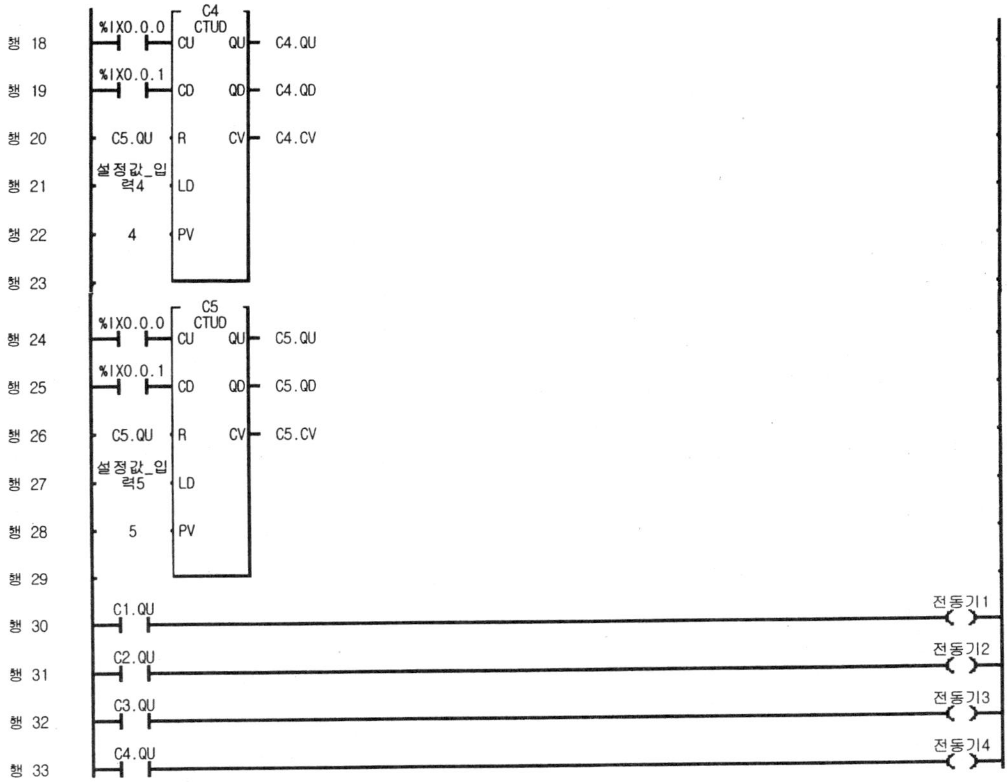

9.1.14 탱크 수위 조절회로

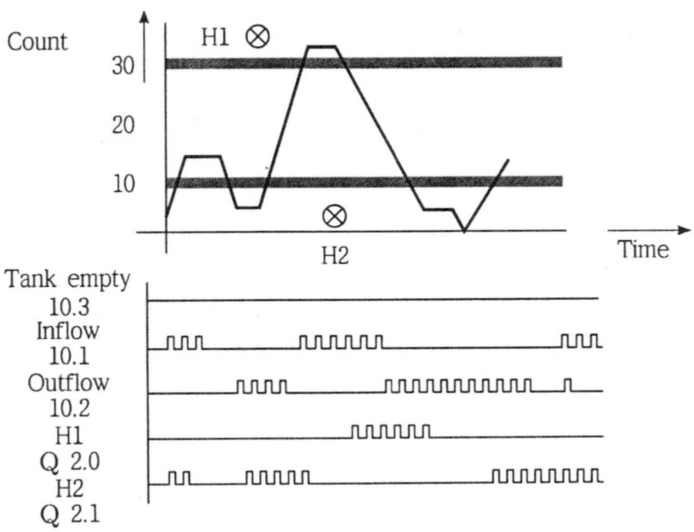

(1) 동작설명

① 탱크의 수위는 상하 LIMIT SWITCH에 의해서 검출된다.

② 탱크가 완전히 비면 유량계를 0으로 SETTING한다.

㉠ 유량 센서의 정도를 맞춘다.

③ PILOT LAMP H1, H2는 상한값(30)과 하한값(10)을 나타내며, 0.5[sec] 간격으로 점멸한다.

(2) 입 · 출력 할당표

변 수 명	M-K접점	GLOFA-GM 접점	내 용
LS1	P001	%IX0.0.1	흡입, 상위 검출 리미트
LS2	P002	%IX0.0.2	배출, 하위 검출 리미트
PBS3	P003	%IX0.2.3	[0] 사전 세트
H1	P020	%QX0.2.0	수위 30표시
H2	P021	%QX0.2.1	수위 10표시
	T001	T1	ON 점멸주기 타이머(0.5[초])
	T002	T2	OFF 점멸주기 타이머(0.5[초])
	M100	%MX100	수위 10 이하
	M101	%MX101	수위 30 이하
	M102	%MX102	점멸주기 보조 릴레이
	PBS4	%IX0.0.0	시스템 정지

(3) 프로그램(MASTER-K PLC)

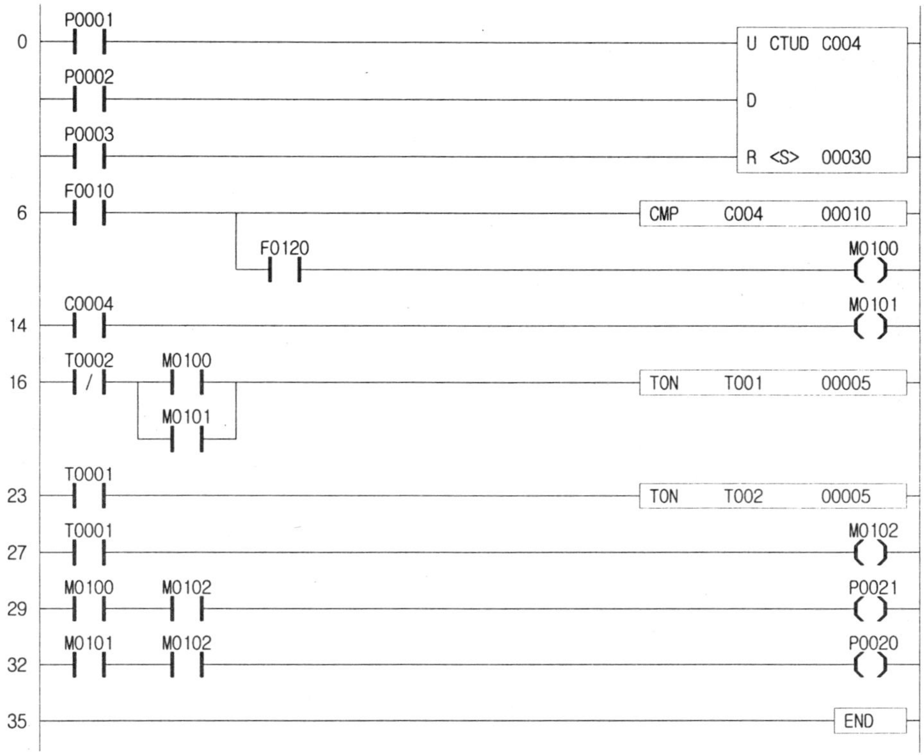

(4) 프로그램(GLOFA PLC)

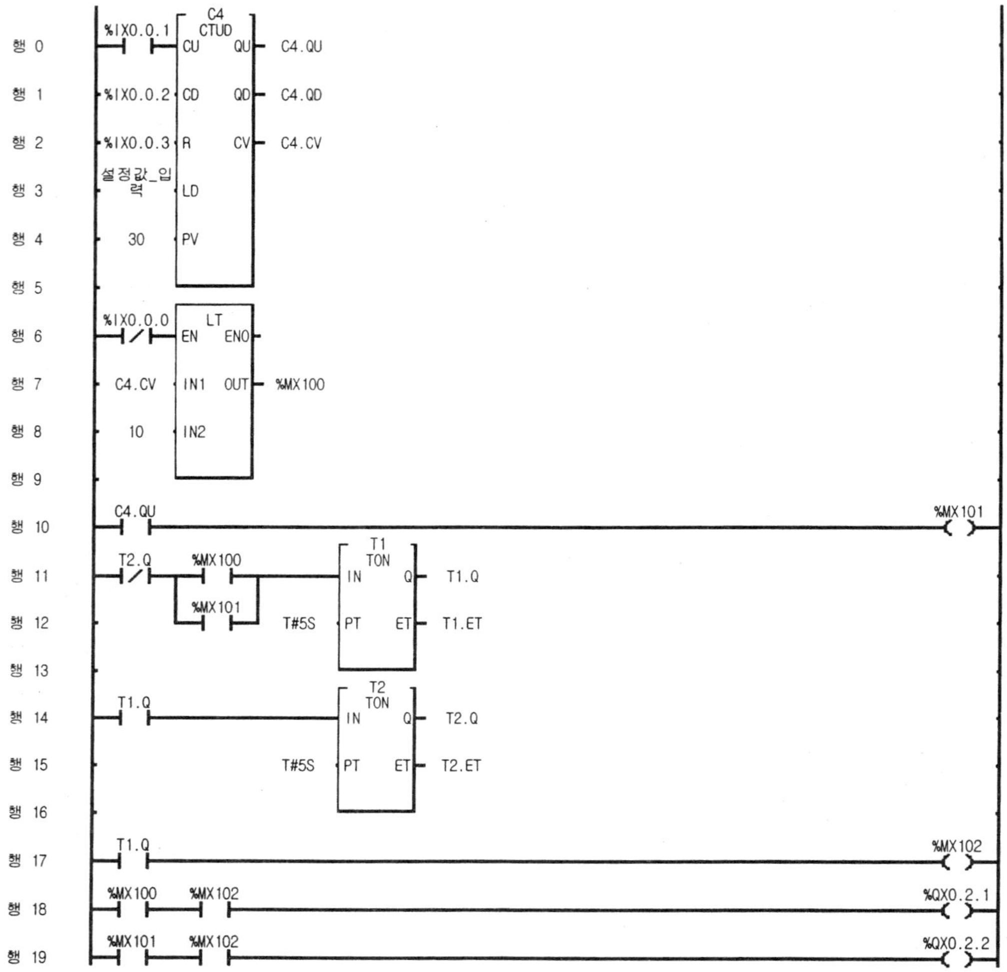

9.1.15 주차장 제어 설비회로

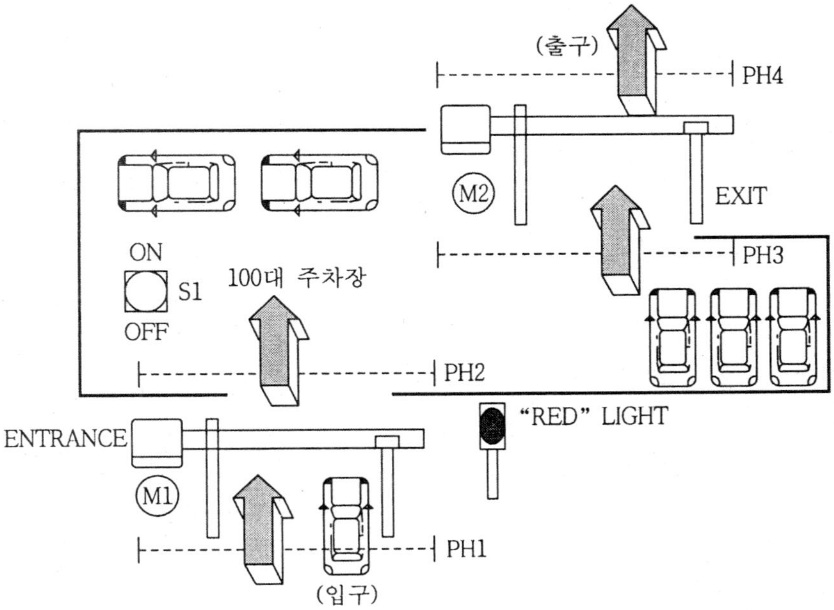

(1) 동작설명

① 차량의 차고 입출은 셔터에 의해 제어된다.

㉠ 두 개의 셔터는 개별 모터 M1, M2에 의해 상승, 하강한다.

㉡ 각 셔터의 전후면에는 광전 스위치 PH1, PH2, PH3, PH4가 설치되어 있다.

② 차량 입고

㉠ PH1 신호에 의해 차량입고가 확인될 때 셔터는 M1에 의해 올려진다.

㉡ 차량이 PH2를 통과하면 셔터1은 닫혀지고, 카운터는 1을 더한다.

㉢ 주차대수가 100대를 넘을 때 셔터는 자동으로 내려지고 주차장 입구에는 적색 표시램프가 켜진다.

③ 차량 출고

출구제어는 PH3, PH4에 의해 되는데, 차량이 PH3를 통과하면 셔터2가 열리고 차량이 PH4를 통과하면 셔터2는 닫히며 카운터는 1을 감소한다.

④ 주차대수의 초기화는 S1에 의한다.

(2) 입 · 출력 할당표

변 수 명	M-K접점	GLOFA-GM 접점	내 용
S1	P000	%IX0.0.0	주차수량 초기화
PH1	P001	%IX0.0.1	shutter 1 up sensor (차량입고 전 상승)
PH2	P002	%IX0.0.2	shutter 1 down sensor (차량입고 후 하강)
PH3	P003	%IX0.0.3	shutter 2 up sensor (차량출고 전 상승)
PH4	P004	%IX0.0.4	shutter 2 down sensor (차량출고 후 하강)
H1	P020	%IX0.20.0	만차 표시 램프(적색)
M1	P021	%QX0.2.1	shutter1(up)
M2	P022	%QX0.2.2	shutter1(down)
M3	P023	%QX0.2.3	shutter2(up)
M4	P024	%QX0.2.4	shutter2(down)
C1		C1	주차 대수 카운터

(3) 프로그램(MASTER-K PLC)

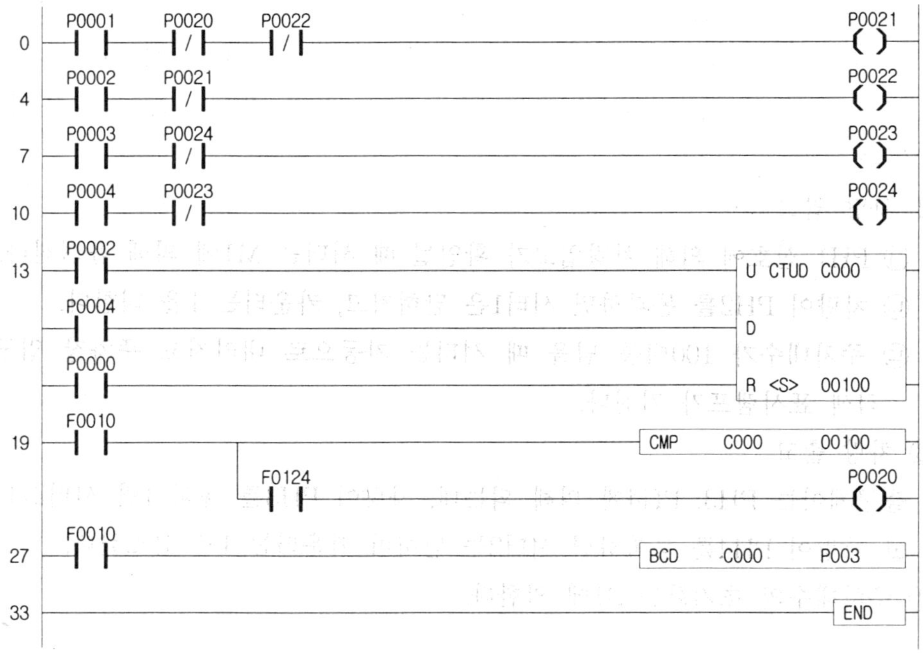

(4) 프로그램(GLOFA PLC)

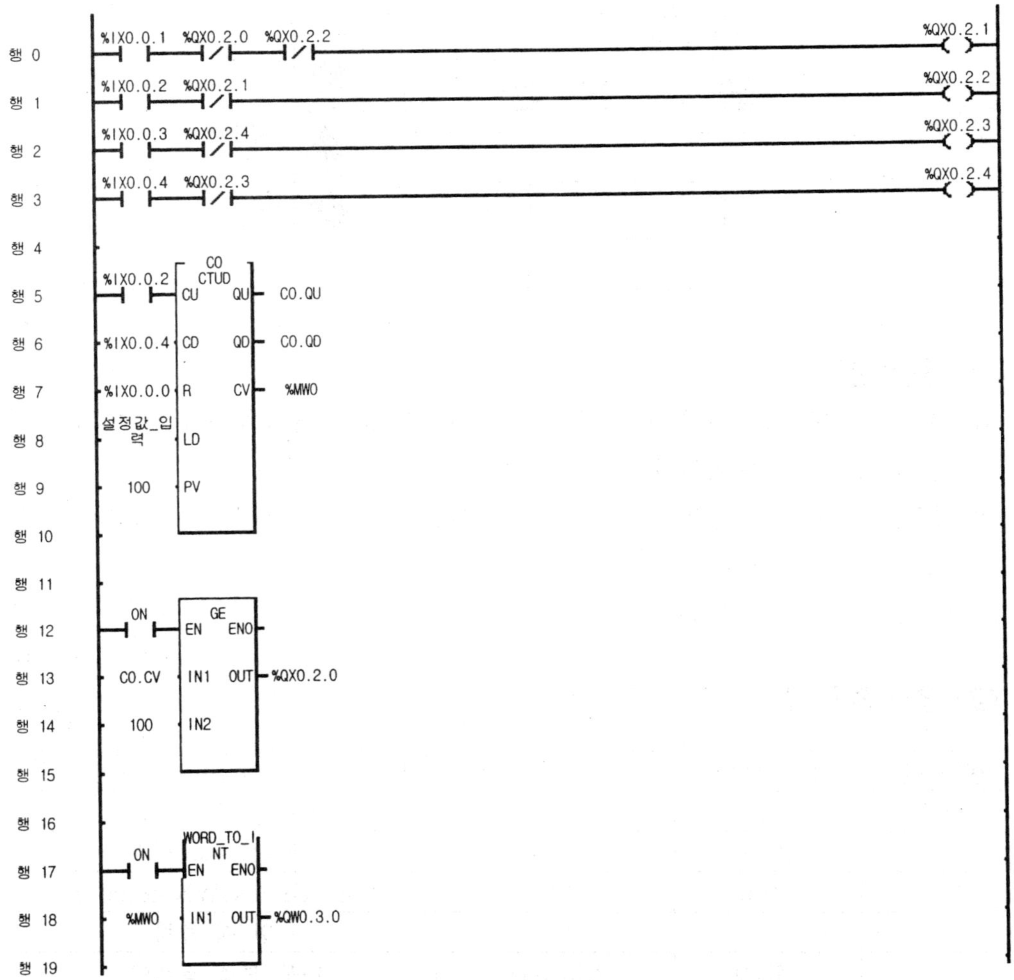

9.1.16 입력값에 따라 출력제어회로

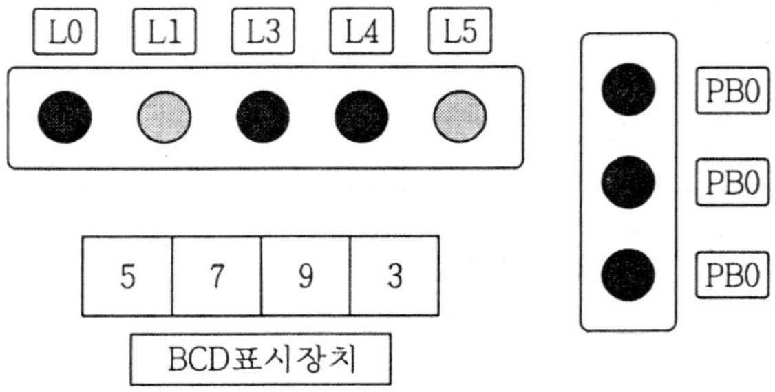

(1) 동작설명

① UP-DOWN counter를 사용하여 입력값이 일정 범위내에 도달하면 해당 신호를 출력하도록 제어한다.

② 입력값이 10 미만이면 P020을, 10~19이면 P021를, 30~39이면 P0을, 40이면 P024를 출력한다.

③ 입력값은 디지털 값으로 표시한다.

(2) 입 · 출력 할당표

변 수 명	M-K접점	GLOFA-GM 접점	내 용
PB0	P000	%IX0.0.0	입력값 증가 펄스
PH1	P001	%IX0.0.1	입력값 감소 펄스
	C000	CO	Data UP-DOWN counter
	F120	LT	<일 때 출력
	M000	%MX000	내부 보조 릴레이
	M001	%MX001	내부 보조 릴레이
	M002	%MX002	내부 보조 릴레이
	M003	%MX003	내부 보조 릴레이
L0	P020	%QX0.2.0	입력값이 10 미만일 때 ON
L1	P021	%QX0.2.1	입력값이 10~19 미만일 때 ON
L2	P022	%QX0.2.2	입력값이 20~29 미만일 때 ON
L3	P023	%QX0.2.3	입력값이 30~39 미만일 때 ON
L4	P024	%QX0.2.4	입력값이 40 이상일 때 ON
BCD	P003	%QX0.3.0	입력값 디지털 표시기
PB2	P002	%IX0.0.2	Reset

(3) 프로그램(MASTER-K PLC)

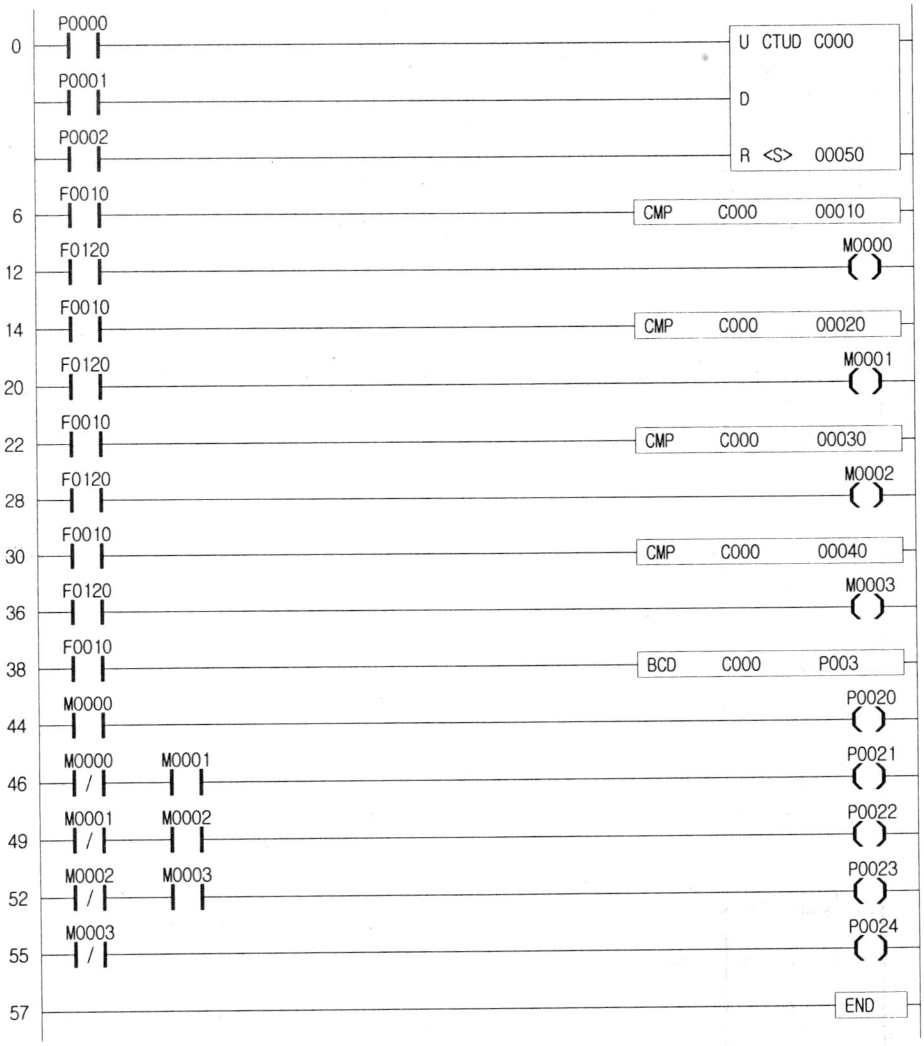

(4) 프로그램(GLOFA PLC)

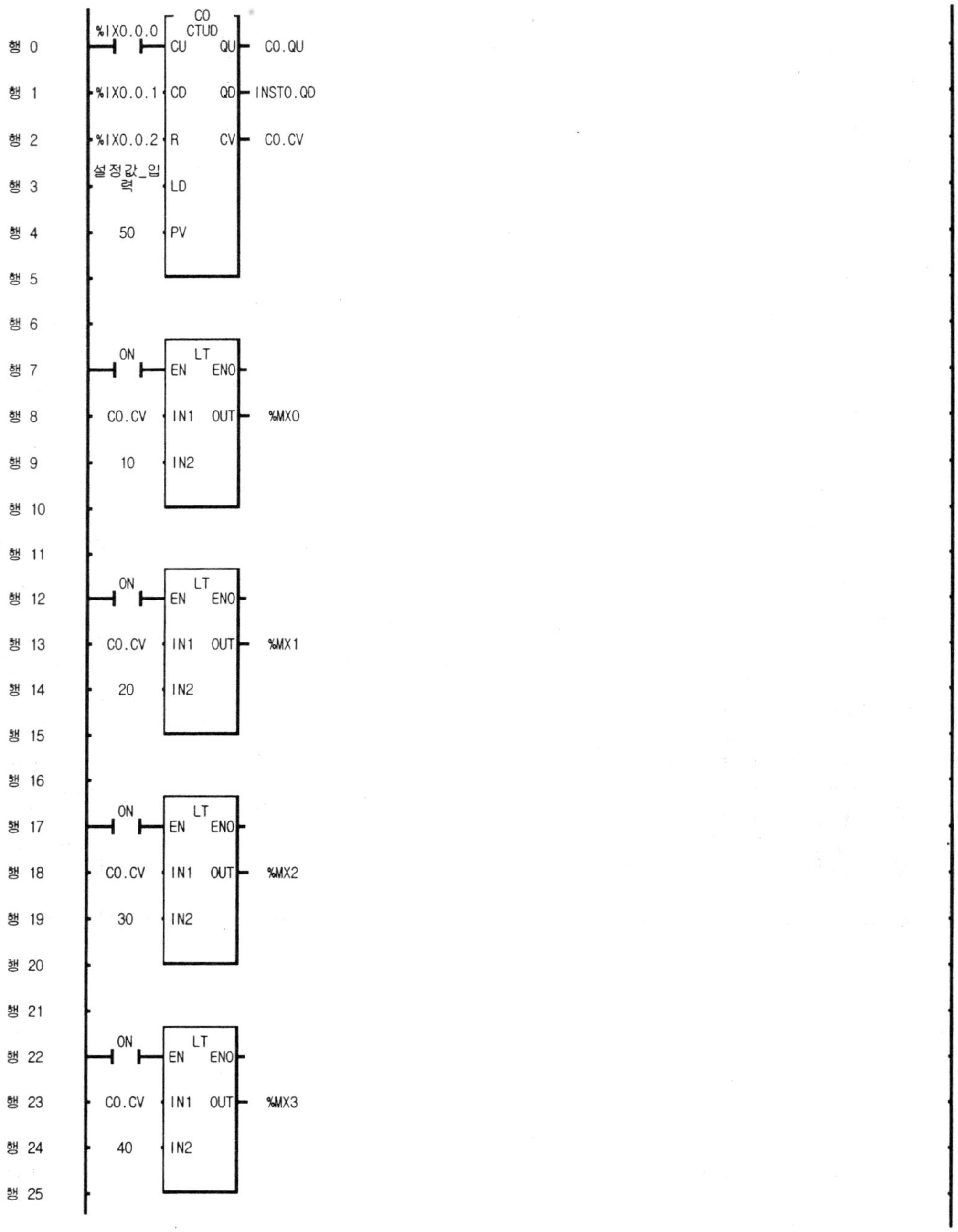

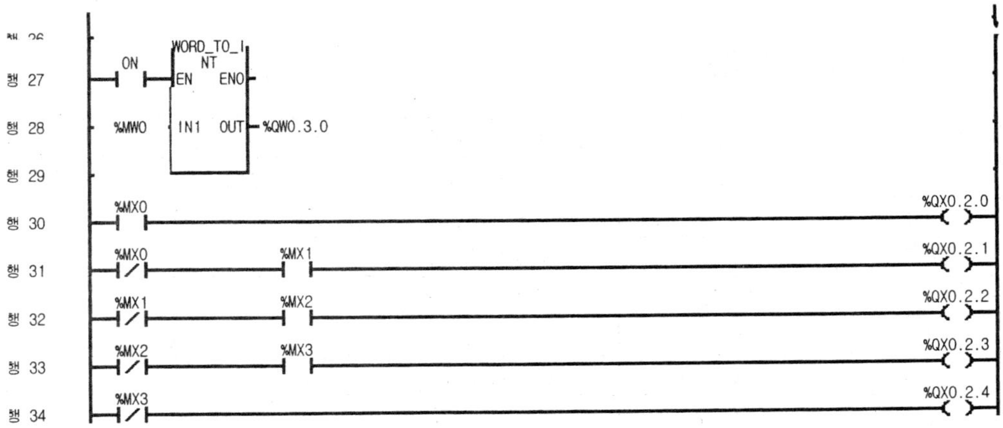

9.1.17 네온사인장치

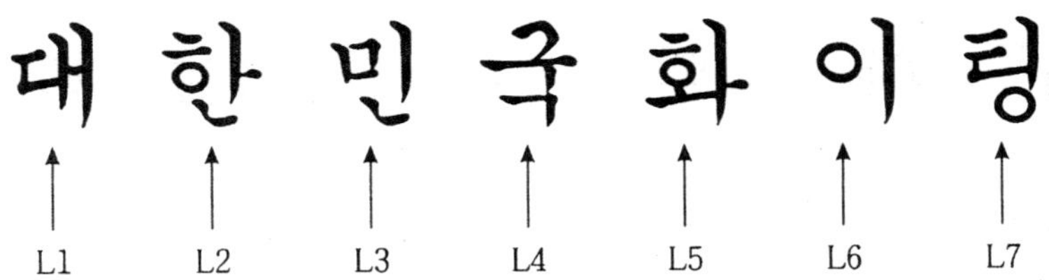

(1) 동작설명

① 광고판에 다음과 같이 문자마다 네온사인이 배선되어 있고, 각 문자 네온사인이 깜박거림은 PLC에 의해 제어된다.

② 네온사인의 동작

㉠ PBS을 ON하면 문자광고보드는 한 글자씩 순차적으로(1초 간격) 점등한다.

㉡ 문자공고보드가 완전히 점등된 5초 후에 전체 문자판이 1초 간격으로 5회 반복 점멸한다. 약 15초 후에 PLC의 접점 출력에 의한 RESTART 신호에 의해 위의 동작이 반복된다.

③ 네온사인 정지

㉠ PBS를 OFF하면 동작은 멈춘다.

(2) 입 · 출력 할당표

변 수 명	M-K접점	GLOFA-GM 접점	내 용
PBS	P000	%IX0.0.0	START/STOP(유지형)
L1	P020	%QX0.2.0	대
L2	P021	%QX0.2.0.1	한
L3	P022	%QX0.2.0.2	민
L4	P023	%QX0.2.0.3	국
L5	P024	%QX0.2.0.4	화
L6	P025	%QX0.2.0.5	이
L7	P026	%QX0.2.0.6	팅
	P027	%QX0.2.0.7	RESTART SIGNAL

(3) 프로그램(MASTER-K PLC)

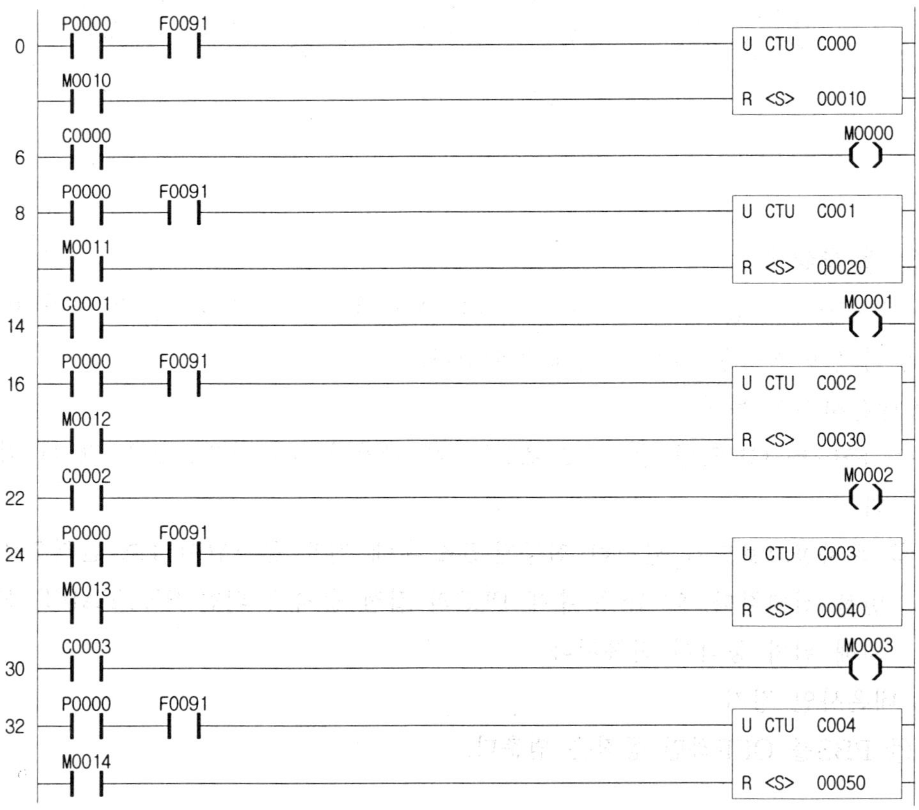

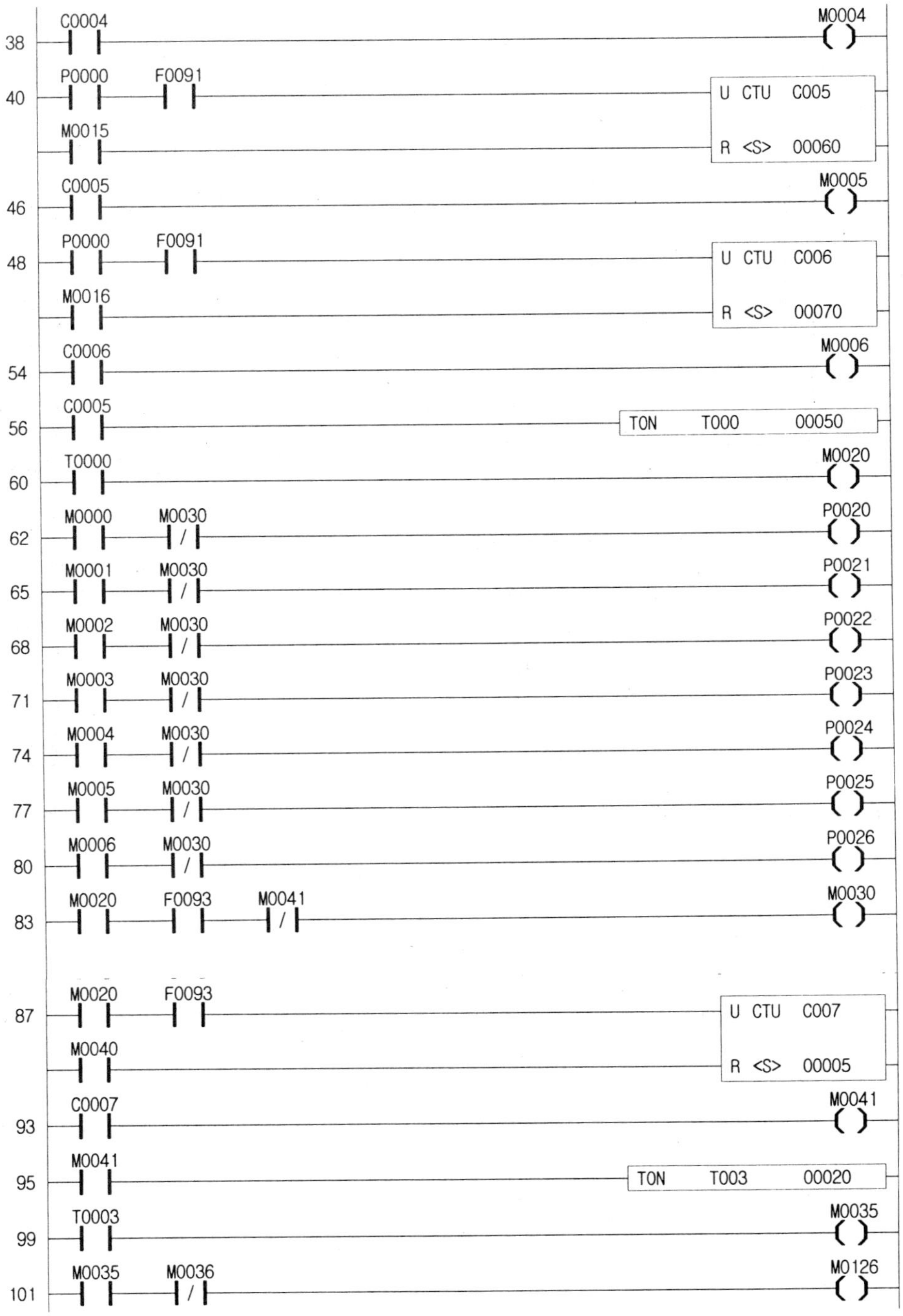
38 C0004 M0004
40 P0000 F0091 U CTU C005
M0015 R <S> 00060
46 C0005 M0005
48 P0000 F0091 U CTU C006
M0016 R <S> 00070
54 C0006 M0006
56 C0005 TON T000 00050
60 T0000 M0020
62 M0000 M0030 P0020
65 M0001 M0030 P0021
68 M0002 M0030 P0022
71 M0003 M0030 P0023
74 M0004 M0030 P0024
77 M0005 M0030 P0025
80 M0006 M0030 P0026
83 M0020 F0093 M0041 M0030
87 M0020 F0093 U CTU C007
M0040 R <S> 00005
93 C0007 M0041
95 M0041 TON T003 00020
99 T0003 M0035
101 M0035 M0036 M0126

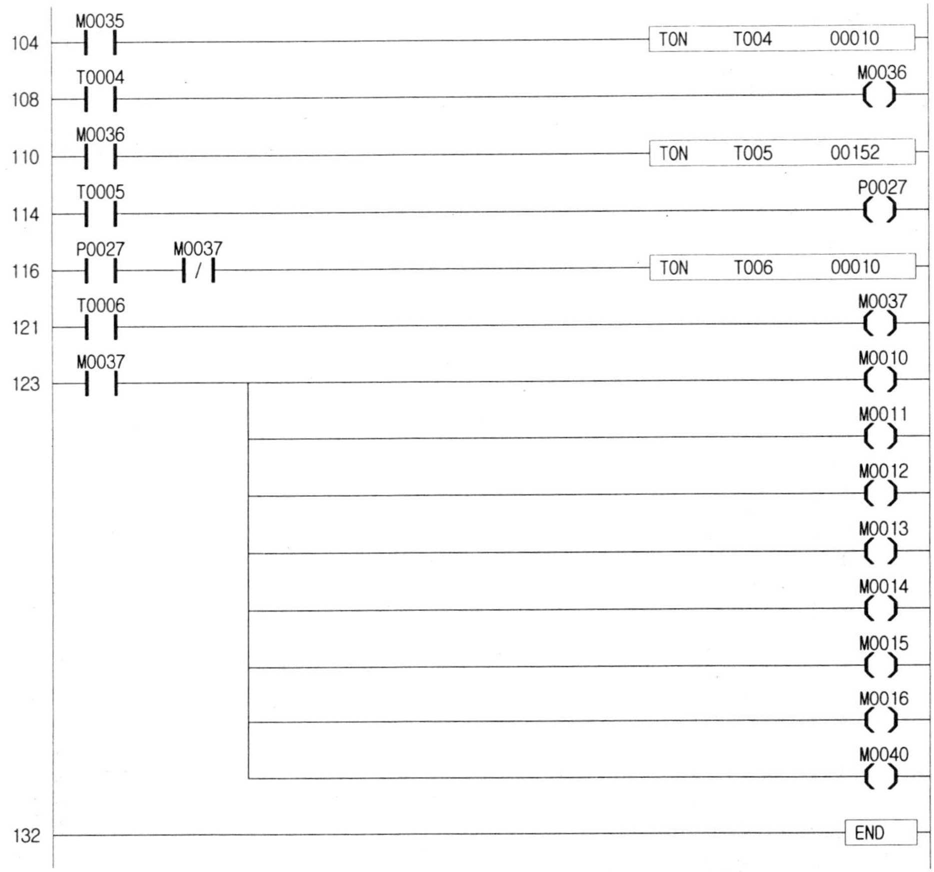
104
M0035
TON T004 00010
108
T0004
M0036
110
M0036
TON T005 00152
114
T0005
P0027
116
P0027
M0037
TON T006 00010
121
T0006
M0037
123
M0037
M0010
M0011
M0012
M0013
M0014
M0015
M0016
M0040
132
END

(4) 프로그램(GLOFA PLC)

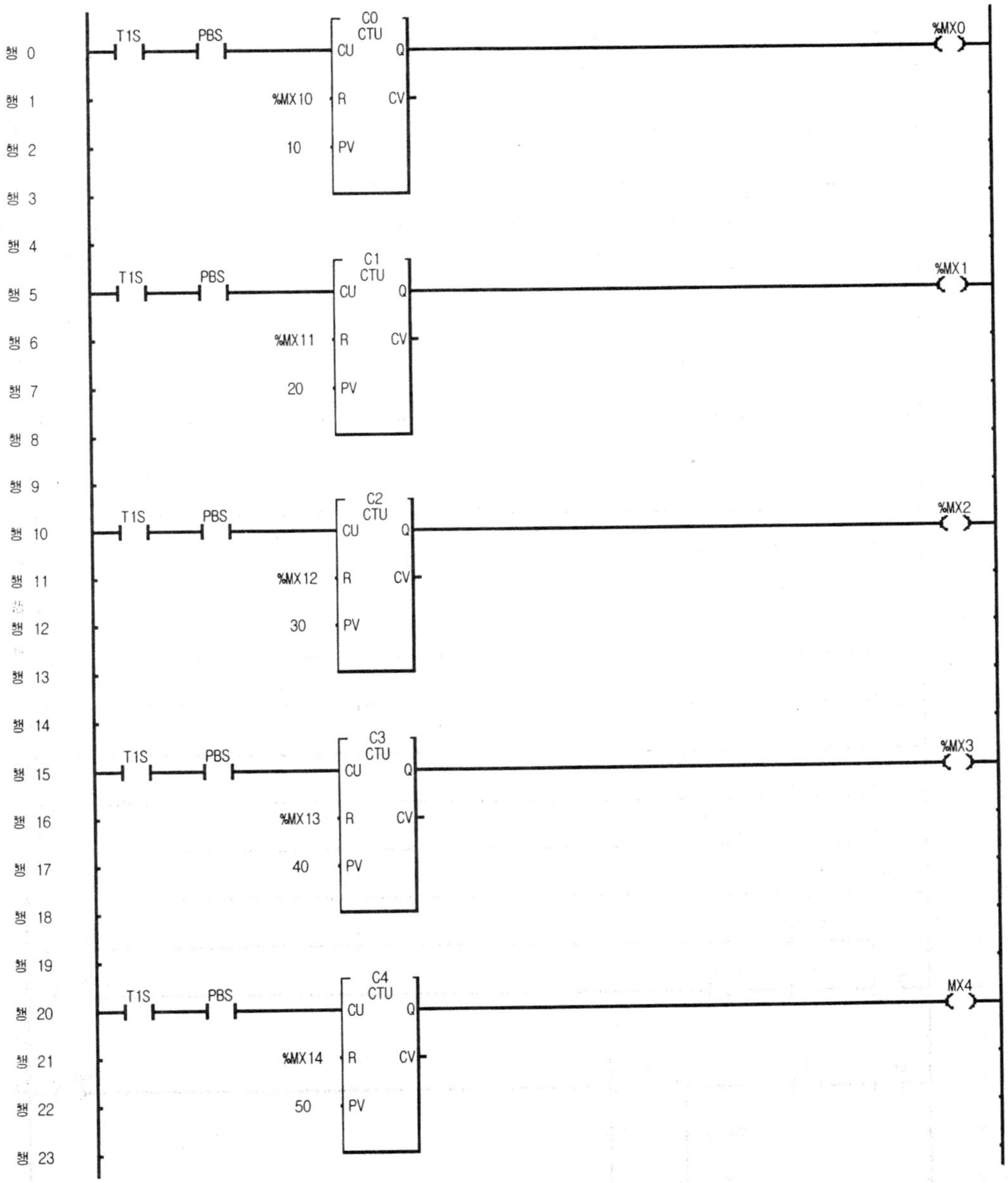

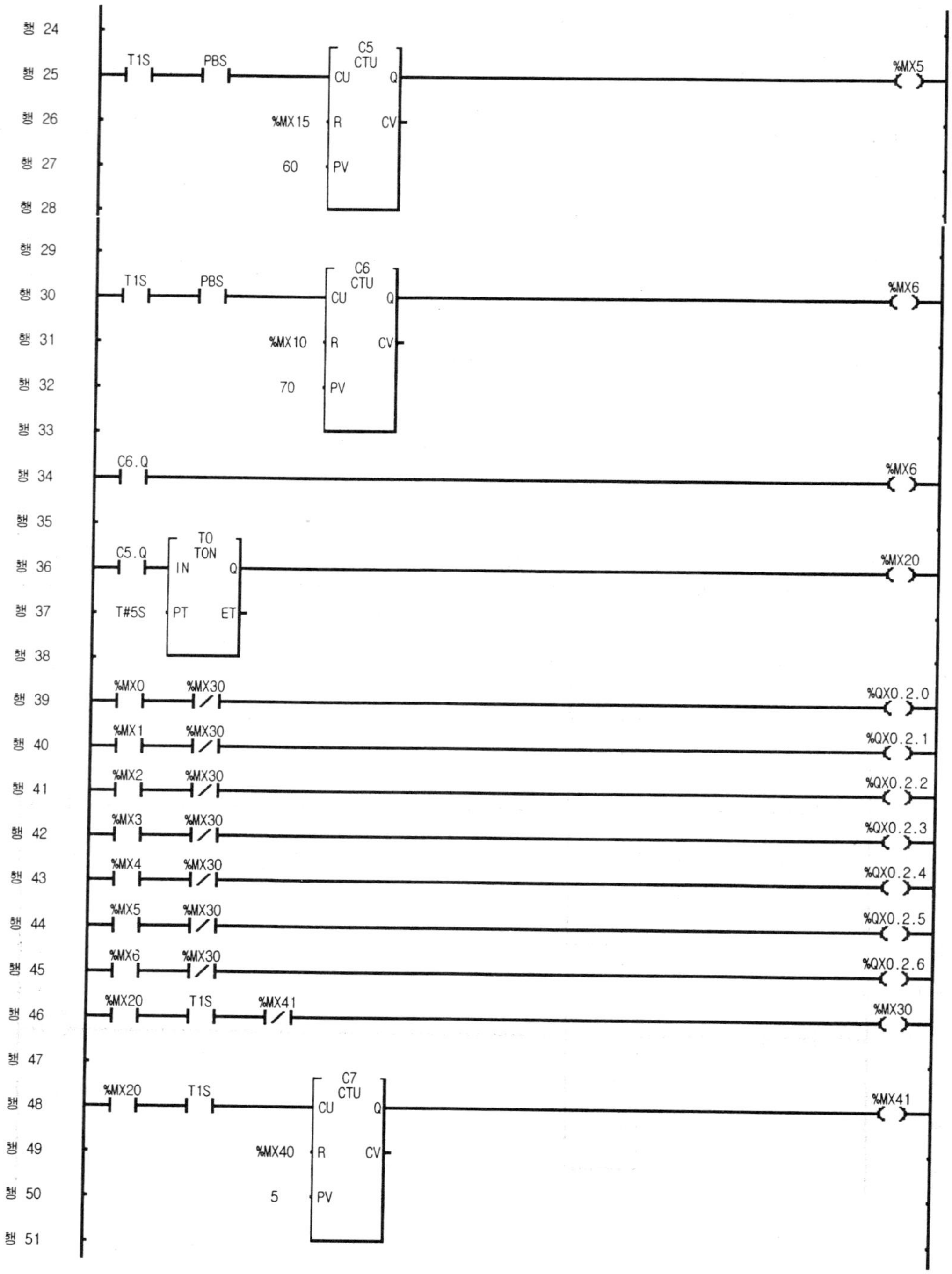
행 24
행 25
T1S
PBS
C5
CTU
CU
Q
%MX5
행 26
%MX15
R
CV
행 27
60
PV
행 28
행 29
행 30
T1S
PBS
C6
CTU
CU
Q
%MX6
행 31
%MX10
R
CV
행 32
70
PV
행 33
행 34
C6.Q
%MX6
행 35
행 36
C5.Q
T0
TON
IN
Q
%MX20
행 37
T#5S
PT
ET
행 38
행 39
%MX0
%MX30
%QX0.2.0
행 40
%MX1
%MX30
%QX0.2.1
행 41
%MX2
%MX30
%QX0.2.2
행 42
%MX3
%MX30
%QX0.2.3
행 43
%MX4
%MX30
%QX0.2.4
행 44
%MX5
%MX30
%QX0.2.5
행 45
%MX6
%MX30
%QX0.2.6
행 46
%MX20
T1S
%MX41
%MX30
행 47
행 48
%MX20
T1S
C7
CTU
CU
Q
%MX41
행 49
%MX40
R
CV
행 50
5
PV
행 51

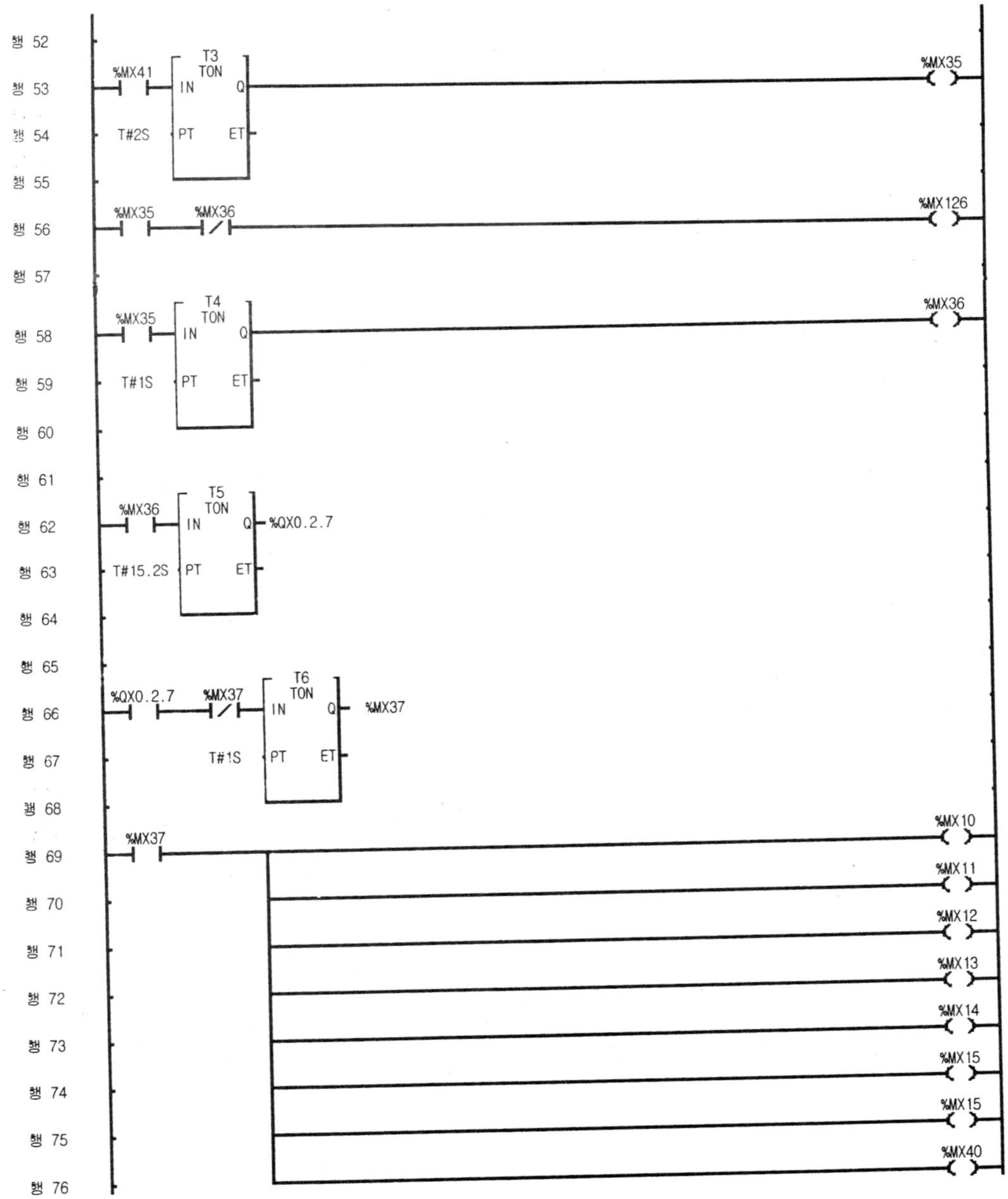
행 52
행 53
행 54
행 55
행 56
행 57
행 58
행 59
행 60
행 61
행 62
행 63
행 64
행 65
행 66
행 67
행 68
행 69
행 70
행 71
행 72
행 73
행 74
행 75
행 76
%MX41
T3
TON
IN
Q
T#2S
PT
ET
%MX35
%MX35
%MX36
%MX126
%MX35
T4
TON
IN
Q
T#1S
PT
ET
%MX36
%MX36
T5
TON
IN
Q
%QX0.2.7
T#15.2S
PT
ET
%QX0.2.7
%MX37
T6
TON
IN
Q
%MX37
T#1S
PT
ET
%MX37
%MX10
%MX11
%MX12
%MX13
%MX14
%MX15
%MX15
%MX40

부 록

부록 1. 기능·규격

◎ 제어방식

TYPE	1000S, 300S, 200S	10, 60, 200	10S1	10S, 30S, 60S, 100S	30, 50	500, 1000
CPU	반복연산, 정주기 연산, 인터럽트연산	CYCLIC INTRERPRET		저장 프로그램의 반복 연산		CYCLIC INTERRUPT INTERPRET
입출력 제어방식	INDIRECT,DIRECT		INDIRECT		INDIRECT,DIRECT	

◎ 명령수

TYPE	1000S, 300S, 200S	10, 60, 200	10S1	10S, 30S, 60S, 100S	30, 50	500, 1000
기본	30	30				30
응용	223	151	154		147	177

◎ 처리속도 (단위 : μ sec/step)

TYPE	1000S, 300S, 200S	10, 60, 200	10S1	10S, 30S, 60S, 100S	30, 50	500, 1000
기본	0.2	1.2	3.2	1.2	6.06	0.2

◎ 프로그램 용량 (Unit : Program Memory ; K steps, Data Memory ; words)

TYPE	1000S	300S	200S	10, 60, 200	10S1	10S, 30S, 60S, 100S	30, 50	500	1000
PROGRAM	30	15	7	4	0.8	2	1.5	15	30
DATA	64K	32K	16K						

◎ **Max. I/O Points** (Unit : Points)

TYPE	1000S	300S	200S		10	60	200	10S1
I / O 점수	1024	512	192		24	60	192	14
TYPE	10S	30S	60S	100S	30	50	500	1000
I / O 점수	24	48	88	96	32	48	512	1024

◎ **PLC Type**

PLC	1000S,300S,100S,50,200,500,1000	200S, 10S1,10S,30S,60S,10,30,60
TYPE	MODULE	BLOCK

부록 2. 일반 사양

전기 사양

◎ **전원**

▣ DC 24 V(-15/+20 %)

▣ AC 110/220 V(-15/+10 %), 50/60 Hz(±5 %)

▣ Free Voltage (Optional)

◎ **최대소비전력** (Unit : VA)

TYPE	1000S	300S	200S	300B	10	60	200	10S1
VA					24	28	49	7.4
TYPE	10S	30S	60S	100S	30	50	500	1000
VA	10	15	19.6	96	15	42		

◎ **정전허용시간**

TYPE	K1000S,K300S,K200S	K10S1,K10S,K30S,K60S,K100S	K10,K30,K50,K60,K200,K500,K1000
	20ms 이내		10ms 이내

◎ **Output Current for Power supply(DC 24 V)** (Unit : A)

TYPE	1000S	300S	200S	300B	10	60	200	10S1
A	2	1.5	1.2	1.5	1	0.7	1.2	0.1
TYPE	10S	30S	60S	100S	30	50	500	1000
A	0.2	0.3	0.4	0.7	0.3	1.3	2.5	

◎ **절연 전압**

▣ AC : AC 1500 V, 1minute

▣ DC : DC 500 V, 10 MΩ

◎ **절연 저항** : 50 MΩ or more (DC 500 V)

◎ **내노이즈**

▣ AC : ± 1500 V, 1 μsec, Impulse Noise

▣ DC : ± 1000 V, 1 μsec, Impulse Noise

◎ **접지** : 100Ω or less for grounding resistance

환경 사양

◎ **사용 온도** : 0 ~ 55 ℃

◎ **보관 온도**

TYPE	1000S,300S,200S	10,60,200,10S1,10S,30S,60S,100S,30,50,500,1000
℃	-25 ~ 75	-10 ~ 70

◎ **습도** : 이슬 맺힘 없을 것

TYPE	1000S,300S,200S	10,60,200,10S1,10S,30S,60S,100S,30,50,500,1000
%RH	5 ~ 95	20 ~ 90

◎ **운전 환경** : 부식성 가스 없을 것

◎ **내진동** (Standards : IEC68-2-6, KSC0903)

주파수 (Hz)	연속적인 조건	단속적인 조건
10≤ f≤ 57	편진폭 0.0035mm	편진폭 0.0075mm
57≤ f≤ 150	가속도 0.5g	가속도 1.0g

◎ **내충격** (표준 : IEC2-27, KSC0905) - 15 G, (상호 직교하는 3 축 방향, 11 ms)

부록 3. 특수 릴레이(F/M)

1) F 영역 릴레이 일람(K80S/K200S/300S/1000S)

접점	기능	설명
F0000	RUN 모드	CPU 가 RUN 모드 인 경우 On
F0001	프로그램모드	CPU 가 프로그램 모드 인 경우 On
F0002	Pause 모드	CPU 가 Pause 모드 인 경우 On
F0003	디버그 모드	CPU 가 디버그 모드 인 경우 On
F0006	Remote 모드	CPU 가 Remote 모드 인 경우 On
F0007	User 메모리 장착	User 메모리 장착 시 On
F0008 ~ F0009	미사용	
F000A	User 메모리 운전	User 메모리 운전 시 On
F000B ~ F000E	미사용	
F000F	STOP 명령 수행	STOP 명령 수행시 On
F0010	상시 On	상시 On
F0011	상시 Off	상시 Off
F0012	1 스캔 On	1 스캔 On
F0013	1 스캔 Off	1 스캔 Off
F0014	매 스캔 반전	매 스캔 반전
F0015 ~ F001F	미사용	
F0020	1 스텝 RUN	디버그 모드 1 스텝 RUN 운전 시 On
F0021	Break Point RUN	디버그 모드 Break Point RUN 운전 시 On
F0022	스캔 RUN	디버그 모드 스캔 RUN 운전 시 On
F0023	접점값 일치 RUN	디버그 모드 접점값 일치 RUN 운전 시 On
F0024	워드값 일치 RUN	디버그 모드 워드값 일치 RUN 운전 시 On
F0025 ~ F002F	미사용	
F0030	중고장	중고장 에러 발생시 On
F0031	경고장	경고장 에러 발생시 On
F0032	WDT 에러	Watch Dog 시간 에러 발생시 On
F0033	I / O 조합 에러	I /O 에러 발생시 On (F0040 ~ F005F 중 한 개 이상의 비트가 On 인 경우)
F0034	배터리 전압 이상	배터리 전압이 기준 값 이하일 경우 On
F0035	Fuse 이상	출력 모듈 Fuse 단락시 On
F0036 ~ F0038	미사용	
F0039	백업 정상수행	데이터 백업이 정상일 경우 On
F003A	시계 데이터 에러	시계 데이터 Setting 에러 시 On
F003B	프로그램 교체중	RUN 중 프로그램 Edit 시 On
F003C	프로그램 교체중 에러	RUN 중 프로그램 Edit 에러 발생시 On

접점	기능	설명
F003D ~ F003F	미사용	
F0040 ~ F005F	I / O 에러	예약된 I / O (파라미터 설정)와 실 I / O 모듈이 다르거나 I / O가 착탈 되었을 경우 해당 비트 On
F0060 ~ F006F	에러 코드 저장	시스템의 고장 번호 저장 (2.9 항 참조)
F0070 ~ F008F	Fuse 단락 상태 저장	출력 모듈 Fuse 단락시 해당 슬롯 비트 On
F0090	20ms 주기 Clock	일정주기 간격으로 On / Off 반복 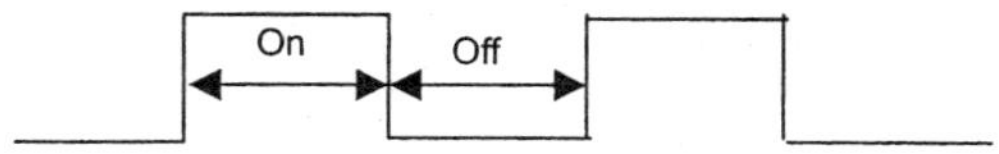
F0091	100ms 주기 Clock	
F0092	200ms 주기 Clock	
F0093	1s 주기 Clock	
F0094	2s 주기 Clock	
F0095	10s 주기 Clock	
F0096	20s 주기 Clock	
F0097	60s 주기 Clock	
F0098 ~ F009F	미사용	
F0100	User Clock 0	Duty 명령에서 지정된 스캔 만큼 On / Off 반복 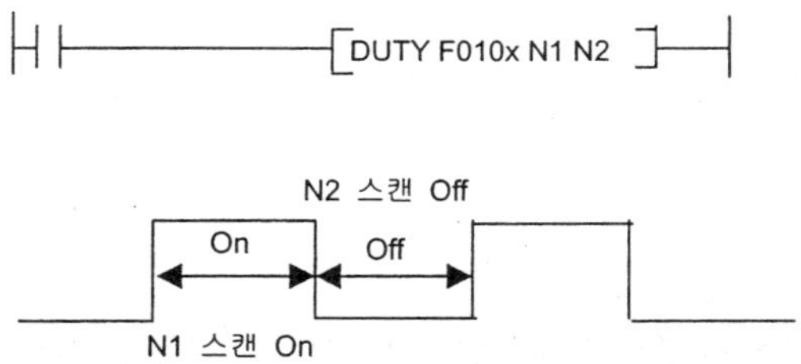
F0101	User Clock 1	
F0102	User Clock 2	
F0103	User Clock 3	
F0104	User Clock 4	
F0105	User Clock 5	
F0106	User Clock 6	
F0107	User Clock 7	
F0108 ~ F101F	미사용	
F0110	연산 에러 플레그	연산 에러 발생시 On
F0111	제로 플레그	연산 결과가"0"인 경우 On
F0112	캐리 플래그	연산 결과가 캐리 발생시 On
F0113	전출력 Off	OUTPUT 명령 실행시 On
F0114	공용 RAM R/W 에러	특수 모듈 공용 메모리 Access 에러 On
F0115	연산 에러 플레그(래치)	연산 에러 발생시 On(래치 됨)
F0116 ~ F011F	미사용	
F0120	LT 플레그	CAP 비교 연산 결과 $S_1 < S_2$ 인 경우 On
F0121	LTE 플레그	CAP 비교 연산 결과 $S_1 \leq S_2$ 인 경우 On
F0122	EQU 플레그	CAP 비교 연산 결과 $S_1 = S_2$ 인 경우 On
F0123	GT 플레그	CAP 비교 연산 결과 $S_1 > S_2$ 인 경우 On
F0124	GTE 플레그	CAP 비교 연산 결과 $S_1 \geq S_2$ 인 경우 On

접 점	기 능	설 명
F0125	NEQ 플레그	CMP 비교 연산 결과 $S_1 \neq S_2$ 인 경우 On
F0126 ~ F012F	미사용	
F0130~ F013F	AC Down Count	AC Down 횟수를 Count 하여 저장
F0140~ F014F	FALS 번호	FALS 명령에 의한 고장번호 저장
F0150~ F015F	PUT/GET 에러 플레그	특수 모듈 공용 RAM Access 에러 발생시 해당 슬롯 비트 On
F0160~ F049F	미사용	
F0500~ F050F	최대 스캔 시간	최대 스캔 시간 저장
F0510~ F051F	최소 스캔 시간	최소 스캔 시간 저장
F0520~ F052F	현재 스캔 시간	현재 스캔 시간 저장
F0530~ F053F	시계 데이터(년/월)	시계 데이터(년/월)
F0540~ F054F	시계 데이터(일/시)	시계 데이터(일/시)
F0550~ F055F	시계 데이터(분/초)	시계 데이터(분/초)
F0560~ F056F	시계 데이터(백년/요일)	시계 데이터(백년/요일)
F0570~ F058F	미사용	
F0590~ F059F	에러 스텝 저장	프로그램 에러 스텝 저장
F0600~ F060F	FMM 상세 에러 정보	FMM 관련 에러 발생 정보 저장
F0610~ F063F	미사용	

2) M 영역 릴레이 일람

접 점	기 능	설 명
M1904	시간 설정 비트	On 일때 설정된 시간을 RTC 영역에 Write 합니다. 상세한 내용은 2.6.2 을 참조하기 바랍니다.
M1910	강제 I / O 설정 비트	강제 I/O 설정을 인에이블하는 비트. 상세한 내용은 2.6.3 을 참조하기 바랍니다.

알아두기

F 영역의 접점은 읽기 전용 릴레이로 프로그램에서 입력 접점으로는 사용 가능하나 출력으로 사용할 수 없습니다.

M 영역의 접점은 읽기 쓰기가 가능하며 프로그램에서 입·출력 접점으로 사용할 수 있습니다.

3) F 영역 릴레이 일람(K10,K10S1,K30S,K60S)

접점	기능	설명	
F000	RUN 표시	RUN 운전 상태인 경우 On	
F001	PGM 표시	PGM 상태인 경우 On	
F002	PAUSE 표시	PAUSE 상태인 경우 On	
F010	상시 On	RUN 모드로 동작시 항상 On 됨	
F011	상시 Off	RUN 모드로 동작시 항상 Off 됨	
F012	1 Scan On	PGM→RUN 모드로 변경시 1scan 동안 On	
F013	1 Scan Off	PGM→RUN 모드로 변경시 1scan 동안 Off	
F014	매 Scan 반전	RUN 모드로 동작시 매 scan 마다 On/Off 반복	
F020 ~ F02F	통신 Error 정보 영역	SEND/RECV 명령어 사용시에만 관련됨 상위 Byte : Error 발생 Slave 국번, 하위 Byte : Error Code Time out error 발생시 Error code = h20 기타 통신 Error 발생시 해당 Error code 저장 정상 동작시 Error code = h00	
F030	중고장	F04 Error 발생시 On	
F031	경고장	F05 Error 발생시 On	
F03A	RTC Data Error Flag 접점	RTC Data Error 발생시 On	
F040 ~ F045	I/O 조합 Error	I/O 조합 Error 발생시 On (동작중 I/O 착탈시 발생)	
F050 ~ F05F	Error Code 정보저장	h0000 : No error h0014 : I/O error h0021 : Parameter error	h0023 : Code error h0024 : Missing END error h0025 : Missing RET error
F060 ~ F06F	Error 발생 Step No. 저장	프로그램 Error 가 발생한 Step No. 저장 JMP n, CALL n 에서 Error 가 발생하면 n 값 저장	
F070 ~ F077	고속카운터 출력접점	고속카운터 출력접점영역	HSC 명령 사용시; F070 : HSC 출력접점 F071 : Carry 플래그 F072 : Borrow 플래그
F080 ~ F08F	PLC 기종정보	상위 Byte : RS-485 통신 국번, 하위 Byte : 기종 Code K10S : h0031 K30S : h0036 K60S : h0033	

접점	명칭	설명
F090	0.02 초 주기 Clock	RUN 모드 동작중 일정주기 간격의 Pulse 를 출력합니다. 예) F094 (2 초 주기 Clock) 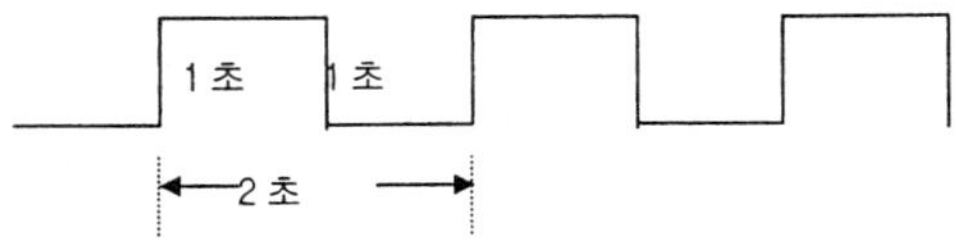
F091	0.1 초 주기 Clock	
F092	0.2 초 주기 Clock	
F093	1 초 주기 Clock	
F094	2 초 주기 Clock	
F095	10 초 주기 Clock	
F096	20 초 주기 Clock	
F097	1 분 주기 Clock	
F100 ~ F107	사용자 정의 Clock F100 : Clock 0 ~ F107 : Clock 7	Scan time 을 기준으로 정해진 scan 만큼씩 On/Off 를 반복하며, 전원 투입시에는 Off 로 된다. 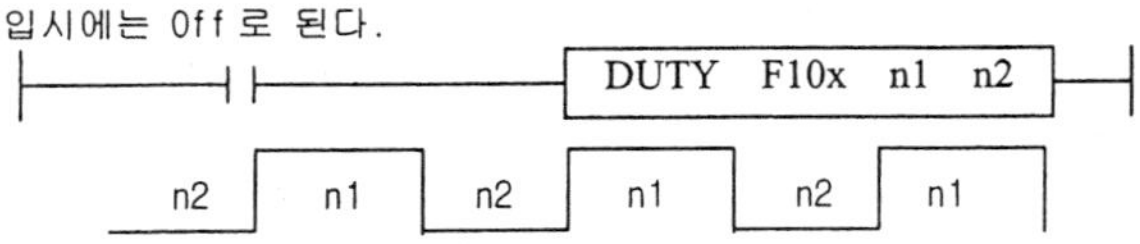
F110	연산 Error 플래그	응용명령 실행중 연산 Error 발생시 On
F111	Zero 플래그	응용명령 연산 결과가 0 인 경우 On
F112	Carry 플래그	응용명령 연산 결과, Carry 또는 Borrow 발생시 On
F11A	송신중 신호	DIN, DOUT 명령 처리중에 송수신 상황에 따라 해당 Bit 를 On 시킵니다. (DIN, DOUT 명령어 참고)
F11C	수신중 신호	
F11E	수신 완료 신호	
F11F	통신 Error 플래그	DIN, DOUT 명령 사용시에는 Time out error 발생시에만 On SEND/RECV 명령 사용시에는 Time out error 발생시와 NAK 를 받아 통신 error 가 발생하였을 경우 On
F120	<	비교명령 (CMP, CMPP, DCMP, DCMPP)처리 후 비교 결과에 따라 해당 Bit 를 On 합니다. (자세한 내용은 명령어집의 CMP, CMPP, DCMP, DCMPP 명령어 참조)
F121	≤	
F122	=	
F123	>	
F124	≥	
F125	≠	
F140 ~ F14F	HSC 현재치/설정치 표시	HSCNT : 고속카운터 현재치 (16 bits) HSC : 고속카운터 현재치(32bits)의 하위 16bits
F150 ~ F15F		HSCNT : 고속카운터 설정치 (16 bits) HSC : 고속카운터 현재치(32bits)의 상위 16bits

4) M/L/D 특수 영역(K10,K10S1,K30S,K60S)

영 역	용 도		비 고
M310 접점	D249~D252 의 영역에 저장된 사용자 정의 시계(RTC) 데이터를 L12~L15 의 영역으로 Write.		On 되면 D249 ~ D252 의 Data 가 시계 Data 로 됨
L12 ~ L15	시계(RTC) 데이터 영역		
D240	아날로그 Unit 1	A/D Ch.0 입력 데이터	K30S-A, K60S-A 에만 사용
D241		A/D Ch.1 입력 데이터	
D242		D/A 출력 데이터	
D243	아날로그 Unit 2	A/D Ch.0 입력 데이터	
D244		A/D Ch.1 입력 데이터	
D245		D/A 출력 데이터	
D246	불휘발성 영역 시작워드 설정		K10S : O/S v1.7 이상 K30S/60S : O/S v3.2 이상
D247	2 상 고속카운터 모드 설정 영역		K30S-A, K60S-A 에만 사용
D248	Time out Value of RS485 Communication		O/S V1.5 이상
D249 ~ D252	사용자 정의 시계 데이터 저장 영역		O/S V1.3 이상 L12~L15 의 Format 과 동일
D253	현재 Scan Time 저장 영역		단위 : msec
D254	최소 Scan Time 저장 영역		
D255	최대 Scan Time 저장 영역		

부록 4. A4 KGLWIN 용어

- ◆ **강제 I/O 설정** — 프로그램 실행에 관계없이 I/O 모듈에 특정한 값(On/Off)을 주는 기능
- ◆ **고속링크** — 파라미터에 의해 지정된 영역의 데이터를 통신망(Fnet/Mnet)을 통하여 PLC 와 PLC, PLC 본체와 리모트 I/O 모듈간 고속, 주기적으로 데이터를 주고받는 통신방법.
- ◆ **렁** — Ladder 프로그램에서 위, 아래로 연결되는 선이 없는 하나의 프로그램 요소.
- ◆ **로컬 접속** — 사용자가 프로그램 다운로드, 또는 감시 및 디버깅을 하려는 PLC CPU 모듈의 RS-232C 커넥터에 접속하는 방법
- ◆ **리모트 접속** — KGLWIN 을 다른 PLC CPU 모듈의 RS-232C 커넥터에 접속해 놓고 프로그램 다운로드, 또는 감시 및 디버깅을 하려는 PLC CPU 모듈과는 Fnet, Mnet 을 통해 접속하는 방법
- ◆ **모뎀** — 일반 전화 교환 선로(공중회선망)를 이용하여 PC 와 PC 간에 원거리에서 데이터 정보를 주고 받을 수 있도록 하는 장치. 컴퓨터에서 발생하는 디지털 신호를 아날로그 신호로 음성대역에 알맞게 변조하여 상대방에게 송신하고 상대방으로부터 수신된 아날로그 신호를 디지털 신호로 복조하여 원거리 컴퓨터와 상호간에 통신을 원활하게 하는 통신 변환 장치임. KGLWIN 이 설치되어있는 PC 와 컴퓨터링크 모듈이 설치되어 있는 NEW-MK 시리즈 PLC 가 전화선을 이용한 통신 시 사용함.
- ◆ **모듈** — 독립적인 기능을 갖는 부분 제품으로, 베이스보드 등에 장착되어 사용되는 것. (CPU 모듈, 전원 모듈, 입출력 모듈, 즉수기능 모듈, 통신 모듈 등)
- ◆ **브레이크 포인트** — 사용자가 작성한 프로그램 구성요소를 디버그할 때 수행을 중지하고자 하는 위치.
- ◆ **스캔** — PLC 가 운전할 때 입력 리프레시와 사용자 프로그램, 출력리프레시를 수행하는 총 시간.

◆ 아이템 — 프로젝트에 속하는 프로그램, 파라미터, 변수/설명문을 의미합니다. 프로젝트의 생성시 자동으로 세개의 아이템이 만들어지며, 개개의 아이템은 파일로 저장되어 있는 프로그램, 파라미터, 변수/설명문으로 바꿀수 있습니다. 아이템은 파일로 저장되지 않으면 이름이 주워지지 않으며 단지 프로젝트에 속하는 개체입니다. 프로젝트의 저장시 아이템은 자동으로 저장됩니다.

◆ 워치독 타임 — PLC 가 허용하는 최장의 스캔 시간. 워치독 타임보다 스캔이 길어지면 워치독 에러가 발생하고 PLC 는 프로그램 수행을 중지함

◆ 이진파일 — Binary 파일을 의미하며, 프로젝트를 ROM 에 저장할 수 있도록 하는 파일형태 입니다.

◆ 프로젝트 — 하나의 PLC 시스템을 구성하는 PLC 에 필요한 프로그램, 시스템 구성, 파라미터, 통신 등을 포함한 KGLWIN 의 처리 단위 하나의 PLC 시스템은 하나의 프로젝트로 구현함.

◆ 파일 — 아이템(프로그램, 파라미터, 변수/설명)이 이름과 확장명을 갖는 파일로 저장된 상태를 의미합니다. 파일은 *.prg, *.pmt *.var 의 확장자를 갖는 파일로 보관되며, 다른 프로젝트에서 아이템으로 사용될 수 있습니다.

◆ 플래시 메모리 — K80S/200S/300S/1000S 에서 사용하는 보조 메모리 모듈. 읽고, 쓰기가 편리하며, 지울 필요없이 바로 데이터를 쓸수 있습니다.

◆ 트리거 — 사용자가 원하는 순간에 디바이스값의 정지된 값을 모니터하고자 할 때 사용하는 기능입니다.

◆ EPROM — Erasable Programmable Read Only Memory 의 약자로 MASTER-K 에서 사용하는 보조 메모리 모듈. 읽고, 쓰기가 편리하지만 새로운 데이터를 쓸 때는 Eraser 로 지워야만 가능함.

◆ PLC 시스템 — PLC 운전을 위한 구성요소가 완비되어, 사용자 프로그램에 의하여 제어 대상체의 제어가 가능 하도록 구성된 것.

◆ Fnet

Fieldbus 는 제어기기와 계장기기를 연결하는 최하위 네트워크로 ,OSI 의 7 계층중 3 계층을 채택한 규격. 3 계층은 H2(1Mbps 전기), H1(31.23K bps 전기) , 광, 무선(Wireless)등으로 다양하게 구성되는 물리층 , Scheduled 및 Circulated Token bus 를 채택한 데이터 링크층 어플리케이션 역할을 담당하는 어플리케이션 층으로 구성되어 있으며 여기서 추가적으로 사용자층을 채택한 규격.

◆ Mnet

OSI 에서 제안한 7 계층 구조의 개념 및 기능을 모두 수용한 Full Map 에 비교되는 개념으로 신뢰성 및 신속한 응답성 그리고 실시간 제어가 요구되는 공장자동화에 적합하도록 하위 2 계층(물리층,데이터 링크층)과 어플리케이션 1 계층, 그리고 사용자와의 인터페이스를 위한 사용자층으로 구성된 “Mini-MAP Network”의 약칭.

◆ Cnet

컴퓨터 네트워크(Computer Network)를 의미하며, Cnet 모듈을 통해서 타사 PLC 및 컴퓨터, 모니터링 기기등 다양한 이기종 프로토콜의 통신 디바이스와 통신할 수 있으며, 모뎀을 통한 원거리의 PLC 를 제어할 수 있음.

PLC 응용제어기술

2019. 1. 15 인쇄
2019. 1. 20 발행

저 자 : 이해기 저
발행자 : 이진권
발행처 : 도서출판 **태영문화사**

주 소 : 서울특별시 강서구 초원로 38
전 화 : 2661-8751
F A X : 2661-8798
등 록 : 1998년 11월 12일 제 2-2682호

정가 20,000원